U0262704

贵州省重大地质灾害事件
及成功避让案例

刘秀伟 赵伟华 李阳春 等 著

科 学 出 版 社

北 京

内 容 简 介

本书是对贵州省重大地质灾害经验教训、监测预警和防治成果的总结。本书分为三篇,第一篇概括介绍贵州省自然和地质环境条件、地质灾害发育分布特征,以及贵州地质灾害监测预警体系;第二篇为贵州省重大地质灾害事件,包括六个滑坡案例、三个崩塌案例和一个泥石流案例,重点阐明重大地质灾害的地质背景、成因背景、造成危害,总结重大地质灾害的经验和教训;第三篇为贵州省重大地质灾害成功避让的九个案例,经群测群防、自动化监测预警,避免了重大伤亡损失,重点阐明地质灾害的地质背景、成因机制和预警响应过程,为地质灾害防控提供参考。

本书可供自然资源、应急管理、防灾减灾等部门的地质、岩土、监测工程技术人员及高等院校的师生参考。

审图号:黔 S(2023)004 号

图书在版编目(CIP)数据

贵州省重大地质灾害事件及成功避让案例 / 刘秀伟等著 . —北京:科学出版社,2023.5
 ISBN 978-7-03-074453-1

Ⅰ. ①贵… Ⅱ. ①刘… Ⅲ. ①地质灾害–灾害防治–案例–贵州
Ⅳ. ①P694

中国版本图书馆 CIP 数据核字(2022)第 252594 号

责任编辑:韦 沁 李 静 / 责任校对:何艳萍
责任印制:肖 兴 / 封面设计:北京图阅盛世

科 学 出 版 社 出版
北京东黄城根北街 16 号
邮政编码:100717
http://www.sciencep.com
北京九天鸿程印刷有限责任公司 印刷
科学出版社发行 各地新华书店经销
*
2023 年 5 月第 一 版 开本:787×1092 1/16
2023 年 5 月第一次印刷 印张:25 1/4
字数:599 000
定价:358.00 元
(如有印装质量问题,我社负责调换)

编写指导组

组　　长：周　文
副组长：殷跃平　杨　兵　肖才忠　许　强　巨能攀
成　　员：高玉平　吕　刚　赵建军　王　瑞　杜国模　汪睦军

作者名单

刘秀伟　赵伟华　李阳春　张成强　朱要强　胡才源
张　欢　张喻哲　冷洋洋　蹇志权　解明礼　胡　屿
陆安良　杜方哥　李小玲　蔡　韵　鲁　响　饶西安

序

我国是世界上地质灾害影响最严重的国家之一，灾害种类多、地域分布广、发生频率高、造成损失重。特别是在高山峡谷地区，崩塌、滑坡和泥石流具有分布范围广、隐蔽性高、突发性强和破坏性强的特点，每年都造成巨大的经济损失和人员伤亡，严重制约了新时代中国特色社会主义的建设和发展。只有建立高效科学的地质灾害防治体系，提高地质灾害综合防治能力，才能为保护人民群众生命财产安全提供有力保障。

贵州省地处云贵高原向东部低山丘陵过渡的高原斜坡地带，也是突起于四川盆地和广西丘陵之间的一个强烈喀斯特化高原山地。全省大部分地区地质环境脆弱，人类工程活动扰动频繁，近年来多次发生重大地质灾害，导致人民群众生命财产遭受巨大损失。例如，2010 年 6 月 28 日，关岭县岗乌镇发生特大地质灾害，造成 99 人被掩埋。2019 年 7 月 23日，六盘水市水城县鸡场镇坪地村突发特大型山体滑坡，造成 52 人遇难和失踪，直接经济损失近 2 亿元。这些地质灾害造成的重大伤亡和损失，暴露出地质灾害防灾体系尚不十分健全、防灾手段还显单一，防灾能力不足，教训非常惨痛。

近年来，贵州省不断利用信息化技术手段提升地质灾害防治能力，加强制度建设，探索各种地质灾害隐患的早期识别方法，着力化解隐患在哪里的难题；建设大数据防灾中心，通过空–天–地一体化的监测预警，倾力破解灾害什么时候发生的问题。增强科技防灾能力，推进地质灾害防治综合体系建设，确保群众生命财产安全。依托地质灾害综合防治平台建设，通过完善"人防+技防"和"点面双控"相结合的地质灾害新型管控模式，成功预警数十起地质灾害，为保障人民群众生命财产安全做出了有力的探索，取得了明显的成果。例如，2019 年 2 月 17 日凌晨，贵州省地质灾害监测预警系统提前约一小时对兴义市马岭镇龙井村滑坡进行了成功预警，实现了人员零伤亡、财产零损失的奇迹。

前事不忘，后事之师。在充分总结过去地质灾害防治经验与教训的基础上，贵州省地质环境监测院联合成都理工大学，历时数年，通过大量的现场调查与研究，编写了《贵州省重大地质灾害事件及成功避让案例》一书。本书在对贵州省地质灾害发育分布规律和监测预警体系阐述基础之上，选取了 10 个重大地质灾害典型案例和九个重大地质灾害成功避让典型案例，着重从灾害的地质背景、成因机制、经验教训、监测预警及应急响应等方面，进行了真实的记录和系统阐述，是对贵州省历年重大地质灾害教训、监测预警和防治成果的总结，可为我国重大地质灾害的研究、防治等提供难得的研究数据，对于理论研究和工程实践都具有重要的理论和现实意义，可为进一步提高地质灾害防治水平提供一定参考。

中国科学院院士 欧阳自远

2022 年 11 月 8 日

前　言

　　贵州省地处云贵高原向东部低山丘陵过渡的高原斜坡地带，也是突起于四川盆地和广西丘陵之间的一个强烈喀斯特化高原山地。地势由西分别向北、东、南三面倾斜，受河流的侵蚀切割，地形相当破碎，残留有中高山、中山、低山、丘陵、山间盆地、深谷等地貌类型。贵州省在大地构造单元上处于环青藏高原东南侧周边地带，在青藏高原隆升这一大的地质背景下，贵州省的构造应力场、地下水运移场地质体风化与卸荷等地质作用均表现出较为强烈的地域特色，各种褶皱和断裂构造发育，常成为岩溶及崩滑流地质灾害易发部位。贵州省具有独特的岩溶地质环境条件，岩溶作用强烈，各种岩溶地貌形态广泛分布，岩溶工程地质问题和地质灾害问题众多且复杂。正是受这些特殊的地形地质条件的影响，贵州省大部分地区地质环境脆弱，加之不合理的人类工程活动进一步恶化了地质环境，造成贵州省地质灾害表现出"点多面广、突发性强、灾害损失大"等特点。

　　贵州每年发生地质灾害的次数、人员伤亡和直接经济损失在全国一直处于前几位，因地质灾害造成的人员伤亡和经济损失不可小视，地质灾害日渐成为影响和制约贵州社会经济发展的重要因素之一。2017年，全省发生地质灾害147起。其中，8月28日，毕节市纳雍县张家湾镇发生山体崩塌灾害，造成26人死亡、9人失踪、52栋房屋被掩埋，直接经济损失近亿元。2018年，全省共发生地质灾害22起，其中中型地质灾害5起、小型地质灾害17起，全年没有一起大型及以上规模的地质灾害发生，是2000年以来首次没有地质灾害造成人员死亡的一年。2019年，地质灾害防治形势严峻，灾情较上年偏重。全省18个县（市、区）32个乡（镇）发生地质灾害，出现地质灾害险情39起，水城县"7·23"特大山体滑坡灾害，滑坡方量约200万 m³，因灾死亡43人、失踪9人，滑坡体掩埋房屋21栋。全省受地质灾害影响或威胁3716人，因灾死亡49人、失踪13人，直接经济损失1.96亿元（据贵州省民政厅，2017～2019年，年度自然灾害情况资料）。大量地质灾害隐患点威胁着许多城镇、建筑、交通、重要工程设施，涉及面积60%以上。

　　近年，国家和贵州省各级地方政府对地质灾害防治工作均给予了高度重视，各部门团结一致，以高度负责的态度，坚持以人为本的理念，在地质灾害防治工作方面取得了显著的成绩，作为地质灾害防治基础工作的群测群防体系建设常抓不懈，已经成为主动防灾的重点环节，也是最大限度减少人民群众生命财产损失的现实可靠选择。同时，国家和地方逐年投入大量地质灾害防治专项资金，在地质灾害防灾避险搬迁安置、重大地质灾害工程治理方面也取得了显著成绩。然而毋庸讳言，由于地质环境条件的复杂性，地质灾害的分散性、突发性和复杂性，加之贵州省地质灾害防治基础相对薄弱，暴露出现有地质灾害防灾体系尚不十分健全、防灾手段还显单一、监测预警有效性尚待提高、防灾意识有待进一步加强等问题。

　　贵州省监测预警平台以服务于贵州省地质灾害防治工作为宗旨，围绕贵州省在地质灾害防治方面面临的系列问题，借鉴国内外先进经验，在充分利用、整合已有地质灾害建设成果基础上，综合运用信息化手段、大数据技术、GIS 技术、地质灾害空–天–地一体化监测技术、三维可视化技术、云计算技术等，建立从多渠道汇聚而来的地质灾害防治信息的大数据资源池和地质灾害监测预警模型，建成地质灾害监测、预警、应急指挥等全流程的技术支撑平台，实现数据汇聚、数据管理、动态监测、预警预报、指挥调度、综合防治等全过程信息化、智能化和标准化管理。近几年来，贵州省依托地质灾害监测预警平台，通过"人防+技防"的地质灾害管控，成功预警崩塌、滑坡数十起。

本书共分为三篇，第一篇分为三章，分别概要介绍贵州省自然和地质环境条件、地质灾害发育分布特征，以及贵州地质灾害监测预警体系；第二篇为重大地质灾害事件，以水城区鸡场镇坪地村滑坡等六个滑坡案例、纳雍县张家湾镇普洒村山体崩塌等三个崩塌案例以及望谟县特大泥石流案例，共计 10 个案例，重点阐明了重大地质灾害的危害、地质背景、成因机制，总结重大地质灾害的经验和教训；第三篇为贵州省重大地质灾害成功避让九个典型案例，经群测群防、自动化监测预警，避免了重大伤亡损失，重点阐明地质灾害概况、地质背景、灾害特征、成因机制和预警响应过程。

本书是贵州省环境监测院和成都理工大学对贵州省重大地质灾害监测预警和防治成果的总结。在编著过程中，参考了国内外专家学者的相关成果，作者在此一并表示感谢。由于作者能力有限，书中难免存在不妥之处，请同行专家不吝赐教，以便纠正和改进。

作　者

2022 年 3 月

目　　录

序

前言

第一篇　贵州省地质灾害发育特征及监测预警体系

第1章　贵州省自然和地质环境条件 ················· 3
1.1　地形地貌 ················· 3
1.2　气象水文 ················· 5
1.3　地层岩性 ················· 6
1.4　地质构造 ················· 8
1.5　水文地质条件 ················· 10
1.6　人类工程活动概况 ················· 13

第2章　贵州省地质灾害发育分布特征 ················· 16
2.1　地质灾害损失 ················· 16
2.2　地质灾害类型及分布 ················· 17
2.3　地质灾害发育规律 ················· 22

第3章　贵州省地质灾害监测预警体系 ················· 23
3.1　地质灾害监测预警基本理论 ················· 23
3.2　地质灾害监测预警平台建设思路 ················· 25
3.3　地质灾害监测预警网络体系 ················· 28
3.4　地质灾害监测预警及避灾成效 ················· 35

第二篇　贵州省重大地质灾害事件

第4章　六盘水市水城区鸡场镇坪地村滑坡 ················· 39
4.1　研究区自然和地质环境条件 ················· 40
4.2　坪地村滑坡分区及特征 ················· 45
4.3　坪地村滑坡历史变形回溯 ················· 54
4.4　坪地村滑坡运动过程及成因机制分析 ················· 58
4.5　经验及教训 ················· 61

第5章　纳雍县张家湾镇普洒村崩塌 ················· 62
5.1　研究区自然和地质环境条件 ················· 62
5.2　普洒村崩塌变形破坏历史 ················· 66
5.3　普洒村崩塌基本特征 ················· 72
5.4　普洒村崩塌发生过程初步分析 ················· 79

　5.5　经验及教训 ··· 86

第6章　大方县理化乡偏坡村金星组滑坡 ································· 88
　6.1　研究区自然和地质环境条件 ··· 88
　6.2　金星组滑坡基本特征及其运动过程 ································· 90
　6.3　金星组滑坡成因机制分析 ··· 92
　6.4　经验及教训 ··· 95

第7章　贵阳市云岩区宏福景苑滑坡 ······································ 96
　7.1　研究区自然和地质环境条件 ··· 96
　7.2　宏福景苑滑坡基本特征及其运动过程 ···························· 97
　7.3　宏福景苑滑坡成因机制分析 ·· 99
　7.4　经验及教训 ·· 100

第8章　福泉市道坪镇英坪村小坝组滑坡 ······························ 101
　8.1　研究区自然和地质环境条件 ·· 102
　8.2　小坝组滑坡基本特征 ··· 102
　8.3　小坝组滑坡成因机制分析 ··· 103
　8.4　小坝组滑坡运动过程模拟分析 ····································· 104
　8.5　小坝组滑坡涌浪模拟分析 ··· 106
　8.6　经验及教训 ·· 110

第9章　纳雍县鬃岭镇左家营村崩塌 ······································ 111
　9.1　研究区自然和地质环境条件 ·· 112
　9.2　左家营村崩塌危岩体结构及发育特征 ···························· 115
　9.3　左家营村崩塌成因机制分析 ··· 121
　9.4　左家营村崩塌演化过程分析 ··· 122
　9.5　经验及教训 ·· 127

第10章　关岭县岗乌镇大寨村滑坡 ·· 128
　10.1　研究区自然和地质环境条件 ······································· 129
　10.2　大寨村滑坡基本特征 ·· 134
　10.3　大寨村滑坡成因机制分析 ·· 138
　10.4　大寨村滑坡运动过程模拟分析 ···································· 145
　10.5　经验及教训 ·· 151

第11章　凯里市龙场镇龙场崩塌 ··· 154
　11.1　研究区自然和地质环境条件 ······································· 154
　11.2　龙场崩塌基本特征 ··· 159
　11.3　龙场崩塌成因机制分析 ··· 166
　11.4　经验及教训 ·· 178

第12章　望谟县特大泥石流 ··· 180
　12.1　研究区自然和地质环境条件 ······································· 180
　12.2　望谟县泥石流基本特征 ··· 183

12.3　望谟县泥石流危害 ··· 196

12.4　望谟县泥石流发展趋势 ··· 198

12.5　经验及教训 ··· 198

第 13 章　印江县岩口滑坡 ··· 200

13.1　研究区自然和地质环境条件 ··· 201

13.2　岩口滑坡基本特征 ·· 209

13.3　岩口滑坡成因机制分析 ··· 214

13.4　岩口滑坡运动过程模拟分析 ··· 216

13.5　块体型滑坡特征、判别及监测预警建议 ····································· 219

第三篇　贵州省重大地质灾害成功避让案例

第 14 章　六盘水市水城区发耳镇尖山营滑坡 ·································· 233

14.1　研究区自然和地质环境条件 ··· 233

14.2　尖山营滑坡基本特征 ·· 238

14.3　尖山营滑坡变形特征 ·· 247

14.4　斜坡变形破坏影响因素及过程分析 ··· 255

14.5　尖山营滑坡监测预警及应急响应 ·· 259

14.6　经验及教训 ··· 261

第 15 章　兴义市马岭镇龙井村滑坡 ··· 263

15.1　研究区自然和地质环境条件 ··· 263

15.2　龙井村滑坡变形历史及变形迹象 ·· 268

15.3　龙井村滑坡基本特征 ·· 270

15.4　龙井村滑坡失稳破坏过程分析 ··· 274

15.5　龙井村滑坡监测预警及应急响应 ·· 279

第 16 章　晴隆县团坡组大寨滑坡 ·· 283

16.1　研究区自然和地质环境条件 ··· 283

16.2　团坡组大寨滑坡基本特征 ·· 289

16.3　团坡组大寨滑坡失稳破坏过程分析 ··· 291

16.4　团坡组大寨滑坡监测预警及应急响应 ··· 293

16.5　经验及教训 ··· 295

第 17 章　遵义市浅层土质滑坡群 ·· 296

17.1　研究区自然和地质环境条件 ··· 297

17.2　遵义市滑坡群基本特征 ··· 304

17.3　遵义市滑坡群成因机制分析 ··· 315

17.4　经验及教训 ··· 316

第 18 章　松桃县甘龙镇石板村滑坡 ··· 317

18.1　研究区自然和地质环境条件 ··· 317

18.2　石板村滑坡基本特征 ·· 323

18.3 石板村滑坡失稳破坏过程及成因分析 ………………………………………… 329

18.4 经验与教训 ……………………………………………………………………… 332

第 19 章 德江县荆角乡角口村滑坡 …………………………………………………… 333

19.1 研究区自然和地质环境条件 …………………………………………………… 334

19.2 角口村滑坡基本特征 …………………………………………………………… 338

19.3 角口村滑坡失稳破坏过程分析 ………………………………………………… 342

19.4 角口村滑坡失稳因素分析 ……………………………………………………… 343

19.5 角口村滑坡监测预警及应急响应 ……………………………………………… 344

第 20 章 印江县横镇革底村滑坡 …………………………………………………… 345

20.1 研究区自然和地质环境条件 …………………………………………………… 346

20.2 革底村滑坡基本特征 …………………………………………………………… 350

20.3 革底村滑坡成因机制分析 ……………………………………………………… 359

20.4 革底村滑坡监测预警、应急响应及灾后综合治理 …………………………… 365

第 21 章 六盘水市水城区鸡场镇岩脚组崩塌 ……………………………………… 368

21.1 研究区自然和地质环境条件 …………………………………………………… 368

21.2 岩脚组崩塌基本特征 …………………………………………………………… 370

21.3 岩脚组崩塌失稳破坏过程分析 ………………………………………………… 374

21.4 岩脚组崩塌监测预警及应急响应 ……………………………………………… 376

21.5 经验及教训 ……………………………………………………………………… 378

第 22 章 织金县少普乡联盟村崩塌 ………………………………………………… 379

22.1 研究区自然和地质环境条件 …………………………………………………… 379

22.2 联盟村崩塌基本特征 …………………………………………………………… 381

22.3 联盟村崩塌失稳破坏过程分析 ………………………………………………… 384

22.4 经验及教训 ……………………………………………………………………… 386

参考文献 …………………………………………………………………………………… 387

第一篇　贵州省地质灾害发育特征及监测预警体系

第1章　贵州省自然和地质环境条件

贵州省地处云贵高原向东部低山丘陵过渡的高原斜坡地带，是突起于四川盆地和广西丘陵之间的一个强烈喀斯特化高原山地。地势由西分别向北、东、南三面倾斜，受河流的侵蚀切割，地形相当破碎，残留有中高山、中山、低山、丘陵、山间盆地、深谷等地貌类型。贵州省在大地构造单元上处于环青藏高原东南侧周边地带，在青藏高原隆升这一大的地质背景下，贵州省的构造应力场、地下水运移场地质体风化与卸荷等地质作用均表现出较为强烈的地域特色，各种褶皱和断裂构造发育且常成为岩溶及崩塌、滑坡、泥石流地质灾害易发部位。贵州省具有独特的岩溶地质环境条件，岩溶作用强烈，各种岩溶地貌形态广泛分布，岩溶工程地质问题和地质灾害问题众多且复杂（李龙和补翔成，2015）。正是受这些特殊的地形地质条件的影响，贵州省大部分地区地质环境脆弱，加之不合理的人类工程活动进一步恶化了地质环境，造成贵州省地质灾害表现出"点多面广、突发性强、灾害损失大"等特点。本章主要简述地质灾害发育的自然地质背景（宁凤娟等，2021）。

1.1　地　形　地　貌

贵州在地势上处于我国青藏高原第一梯级到第二梯级的高原山地向东部第三梯级的丘陵平原过渡地带，并处于我国长江水系与珠江水系的分水岭地区，因而又成为高耸于四川盆地与广西丘陵间的一个受到河流强烈切割的岩溶化高原山地（图1.1）。其地势特点是西高东低，中部高，南、北低，即由西向东形成一个大斜坡带，由西、中部向南、向北再形成两个斜坡带（图1.2）。平均海拔为1100m，习惯上把它看成是云贵高原的组成部分，以北部的大娄山、东部的武陵山、西部的乌蒙山、西南部的老王山和横亘中部的苗岭五大山脉构成贵州高原的地形骨架，六大水系侵蚀切割着高原主体（罗建平，1988）。

贵州的地貌，由于地质基础复杂，碳酸盐岩分布广泛，新构造运动强烈的构造隆升，以及古近纪、新近纪以来所受热带、亚热带气候环境的影响，地貌发育演化过程复杂，区域分异明显，地貌类型多样，与周围的云南高原、四川盆地、广西丘陇、湖南丘陵都有显著差异，已有的研究成果表明贵州地貌区域特征为地貌类型复杂多样、地貌深受地质构造控制、高原隆升显著、第四纪沉积不发育、岩溶地貌发育且层状地层分布广泛。

贵州的地貌发育史也有其独有的特征，即晚新生代以来，贵州地壳进入新的发展时期——地貌形成演进时期。由于印度板块向欧亚板块碰撞、A型俯冲的远程效应扩张以及青藏高原的隆升影响，本区进入新构造活动阶段，主要表现为地壳的间歇性面型隆升和局部挤出变形。

经过古近纪的剥蚀和破坏，燕山期的地貌已荡然无存，从新近纪开始，本区进入了新构造作用的造貌时期。本期地貌形成于中新世早期，一般发育了三级剥夷面，形成层状的山岳地貌。中新世中期为本区多层地貌的主要时期，主要形成中低起伏的中山到中低山，

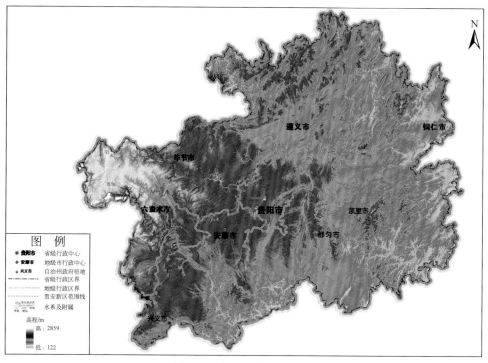

图 1.1　贵州省高程分布图

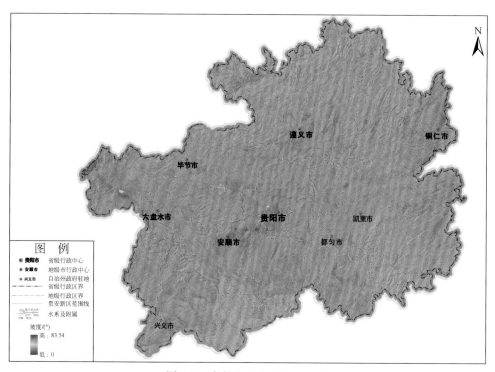

图 1.2　贵州省地形坡度分布图

层状构造地貌发育，包括Ⅳ～Ⅵ级剥夷面，发育多层喀斯特洞穴及多级河流阶地。本区形成东部变质岩中山区和西部喀斯特中低山区，后者形成众多的喀斯特地貌形态，如峰林洼地、峰丛谷地及喀斯特峡谷等景观。

新近纪中新世晚期至第四纪更新世，本区地壳继续上升，在海拔2200m以上出现孤立的残山，可能代表了此时期残存的层状山岳地貌，主要分布在至今仍在隆起上升的梵净山变质岩分布区，此类地貌至今仍在继续演进，并受到破坏和改造，如第四纪山岳冰川刨蚀作用、流水侵蚀作用和剥蚀作用形成了梵净山顶奇特的地貌景观。

贵州是我国南方一个岩溶极为发育的省份，碳酸盐岩石出露面积占全省总面积的61.9%，除黔东南和黔西北赤水一隅外，其余广大地区都有不同程度的岩溶发育，分布着不同的岩溶地貌类型和形态类型组合。岩溶地貌发育的特征主要表现在以下几个方面：①在岩溶发育区，因受地质构造和结构的控制，岩溶地貌与流水常态侵蚀地貌交错分布，致使岩溶分布具有明显的条带性；②岩溶地貌类型齐全；③岩溶具有向纵深发育和叠置发育的特征（龚效宇等，2020）。

1.2　气象水文

2019年，全省年降水量分布不均，为854.3（思南）～1847.8mm（望谟），年降水量在1000mm以下的区域主要集中在毕节市，其余地区在1000mm以上，其中织金、晴隆、册亨、长顺、望谟超过1600mm（图1.3）。与常年相比较，除望谟、册亨、长顺、惠水、龙里、贵定、三穗、仁怀、桐梓偏多25.0%～48.9%（望谟）外，其余大部地区降水基本正常（图1.4）。

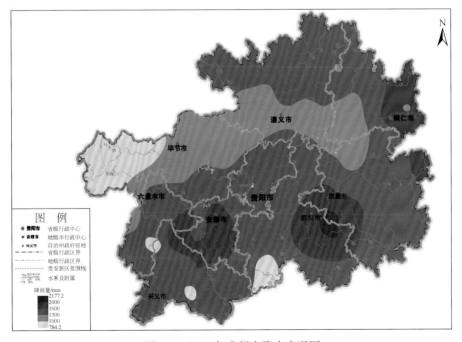

图 1.3　2020 年贵州省降水实况图

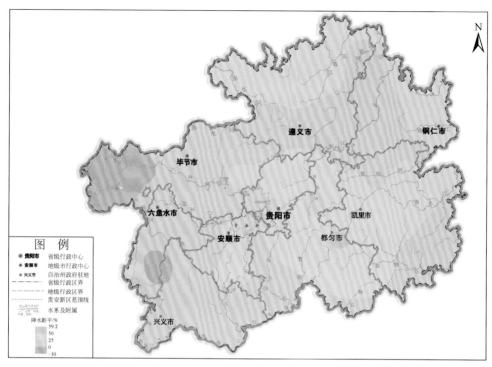

图 1.4　2020 年贵州省降水距平百分率图

2020 年，全省年降水量分布不均，为 784.2（赫章）～2177.2mm（丹寨），威宁、赫章年降水量在 1000mm 以下，其余地区在 1000mm 以上，其中开阳、六枝、赤水、惠水、兴义、平塘、独山、安顺、雷山、紫云、江口、都匀、麻江、晴隆、松桃、万山、三都、丹寨超过 1600mm（图 1.3）。与常年相比较，除遵义北部、铜仁东部、贵阳大部、黔东南大部、黔南大部以及黔西、安顺、紫云偏多 25.0%～59.2%（丹寨）外，其余大部地区降水接近常年（图 1.4）。

1.3　地 层 岩 性

贵州的地层发育齐全，自中元古界至第四系均有出露（表 1.1）。中、新元古代沉积物以海相碎屑沉积岩为主，夹火山碎屑岩及碳酸盐岩；古生代至晚三叠世中期沉积物由海相碳酸盐岩夹碎屑岩组成；晚三叠世晚期以后则全为陆相沉积。地层最大累积厚度为50000m，区域性古（深）断裂对地层发育有明显控制性作用。省内主要属扬子地层区，次为江南地层区（刘丽萍等，2010）。

表 1.1　贵州地层层序与岩性（据杨胜元，2008）

地层单位	分布	岩性特征
新生界	零星分布	第四系为多种成因类型的砂、泥、砾及钙华等堆积物； 新近纪为含砾泥岩及黏土岩； 古近纪为紫红色砂砾岩

续表

地层单位	分布	岩性特征
中生界	黔东南以外的全省各地	侏罗系—下白垩统：主要为紫红色硅质陆源碎屑岩，厚350~2200m； 上白垩统以紫红色粗碎屑沉积岩为主，厚50~450m； 三叠系：扬子区下三叠统至上三叠统下部以海相碳酸盐岩为主，右江区则以陆源碎屑浊积岩为主
上古生界	贵州中部、西部和西南部	二叠系：中、下二叠统以海相碳酸盐岩为主，夹少量砂页岩，厚150~1000m；贵州西部上二叠统为峨眉山玄武岩组及龙潭组含煤地层，东部则为海相灰岩地层，厚130~1400m。 石炭系：下石炭统夹有陆源碎屑岩，其余主要为海相碳酸盐岩，厚450~2500m。 泥盆系：下泥盆统以陆源碎屑岩为主，中—上泥盆流海相碳酸盐岩占绝对优势，厚1100~2200m
下古生界	贵州东部、东北部和中部	志留系：下志留统较发育，以硅质陆源碎屑岩为主，兼夹生物碎屑灰岩；中志留统全为陆源碎屑岩，厚数百米。 寒武系和奥陶系：下部为陆源碎屑岩，上部主要为海相碳酸盐岩，厚1200~2300m
新元古界	贵州东南部和中东部	震旦系：上震旦统为海相白云岩或硅质岩；下震旦统为细碎屑岩、白云岩和磷块岩，厚度几十米至250m。 南华系：浅变质陆源碎屑岩，变杂砾岩占很大比例，厚数千米。 青白口系板溪群、下江群和丹洲群：以变质硅质陆源碎屑岩为主，兼有变质火山碎屑岩，最大厚度8000m
中元古界	梵净山区及九万大山	梵净山群、四堡群：变质海相火山-沉积岩系，中部发育有枕状玄武岩，厚数千米

贵州省内沉积岩发育好、分布广，以内源（盆内）沉积的非蒸发相可溶碳酸盐岩为主，次为硅质陆源碎屑岩。碳酸盐岩主要包括灰岩、白云岩两类，次为它们的过渡类型，以古生界和中生界下部最发育，分布广泛。按结构-成因分为生物灰岩、生物碎屑灰岩、生物云灰岩、藻灰岩和颗粒灰岩五类，主要分布在贵州扬子陆块海相浅水沉积地层中。在贵州扬子地块沉积盖层中，发育了四大套海相碳酸盐岩建造，即上震旦统灯影组，下寒武统上部至下奥陶统中部，中泥盆统顶部至下二叠统和下、中三叠统。硅质陆源碎屑岩可分为海相碎屑岩、非海相（陆相）碎屑岩和海陆过渡相碎屑岩三类。海相碎屑岩主要赋存于除晚二叠世煤系地层以外的震旦纪至晚三叠世中期地层中，岩石类型包括砾岩、砂岩、粉砂岩和泥质岩（黏土岩）等，以砂岩最发育。陆相碎屑岩主要赋存于晚三叠世晚期—新近纪地层中，以中粗碎屑岩为主，比较集中地分布在四川盆地边缘的赤水、习水和桐梓地区。海陆过渡相碎屑岩主要赋存于上二叠统龙潭组中，厚180~350m，主要为黏土岩、粉砂岩和细砂岩，与煤层同为海陆交替相潮坪-潟湖聚煤盆，为江南最大的煤炭资源富集区（朱要强，2020）。

贵州变质岩连片出露在黔东南、黔南东部，并分散分布在黔东北和黔中等地，约占全省面积的17%，是构成中新元古代地层的主体。以区域变质岩分布最广，是中—新元古界梵净山群、四堡群、板溪群、下江群、丹洲群和南华系的主要岩石（段启杉等，2013）。

贵州岩浆岩分布零星，出露面积不大（约占全省面积的 2%）。贵州火山岩主要形成于中元古代和晚二叠世，次为新元古代。中元古代是贵州火山作用最活跃时期，是一套以枕状玄武岩为主，兼有块状玄武岩的海底镁铁质（基性）熔岩，赋存于梵净山群、四堡群中；晚二叠世玄武岩，即峨眉山玄武岩，出露在贵州西部，面积约 3200km²，是一套以大陆溢流拉斑玄武岩为主的镁铁质岩浆喷发组合，西厚东薄，最厚者达 1249m。贵州侵入岩不发育，主要形成于中、新元古代。

贵州第四系土体成因类型复杂，如红黏土、坡残积、崩坡积、河流冲积物、崩塌堆积体、古滑坡堆积体、泥石流堆积体和洞穴沉积等。

1.4　地质构造

贵州位于江南造山带的西南段和扬子地块的东南缘，是一个以新元古代浅变质岩系为中、上层变质褶皱基底的复杂褶皱带，梵净山群、四堡群构成测区出露最老的地层，为一套巨厚的变质火山岩系和陆源碎屑岩系，其上不整合覆盖着板溪群、下江群的浅变质岩系，武陵运动形成该地区的褶皱基底，使梵净山群、四堡群褶皱变质。该区保存的晚古生代地层，不整合于新元古界或下古生界之上，呈明显的角度不整合-平行不整合，反映出加里东期发生造山运动，并在影响区域发生区域变质，普遍发育区域性劈理，局部地段发育较大规模的倒转和平卧褶皱。燕山运动又使该地区褶皱断裂，形成以侏罗山式褶皱为代表的薄皮构造，喜马拉雅运动表现为整体隆升而遭受剥蚀[①]。

贵州省的大地构造位置一级分区属羌塘-扬子-华南板块，二级分区属扬子陆块，根据贵州在地史演化过程中明显边界及浅层地壳变形特点，划分出两个构造大区（三级构造分区），即上扬子地块和江南造山带（饶红娟等，2019）（图 1.5）。

盘县-贵阳-梵净山北断裂带是贵州省内的一级构造单元划分界线，相当于全国划分的三级构造单元界线，该断裂带呈 NE 向展布，向 SW 延入云南衔接师宗-弥勒断裂带，向 NE 衔接湖南 NE 向断裂带，可能沿幕阜山北麓延至九江甚至更远，即区域上的师宗-松桃-慈利-九江断裂带，也是所划分的江南造山带之武陵造山带，性质可能属基底断裂带。

上扬子地块（Ⅳ-4-1）位于盘县-贵阳-梵净山北断裂带北西侧，是武陵运动形成的，位于扬子陆块之上，自南华纪以来的一个相对隆起区，其基底逐渐过渡至以四川盆地为代表的由新太古界—古元古界组成的"川中式"，新元古代梵净山时期地层与上覆地层之间均呈高角度不整合接触，新元古代沉积的板溪群，相对丹洲群显然处于较稳定的构造环境，震旦纪到中三叠世基本均为浅海台地相沉积，从晚三叠世开始逐渐为陆相沉积。岩浆活动较弱，只发育二叠纪的大陆溢流拉斑玄武岩，但与江南造山带发育的该时期大陆溢流拉斑玄武岩碱度差异明显，本区以钙性-钙碱性为主，而江南造山带以碱钙性为主（石明科等，2019）。

根据不同时期构造活动特点和构造形迹组合特征可进一步划分为四个次一级构造单元：威宁隆起区（威宁穹盆构造变形区，Ⅳ-4-1-1）、六盘水裂陷槽（六盘水北西向构造

---

① 王尚彦，2006，贵州东部金矿研究（科研项目），贵州省地质调查院。

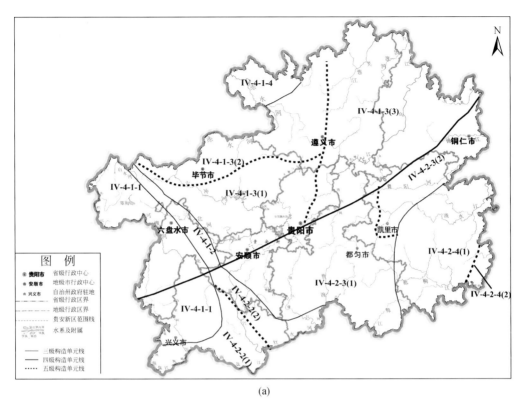

(a)

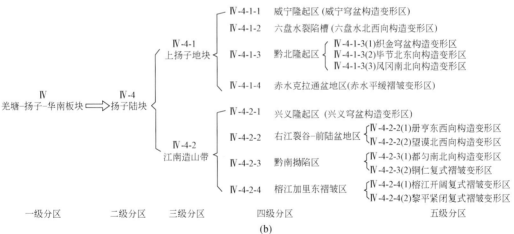

(b)

图 1.5　贵州省构造单元分区图（据 2017 年，《贵州地质志》）

变形区，Ⅳ-4-1-2）、黔北隆起区（Ⅳ-4-1-3），其中黔北隆起区（Ⅳ-4-1-3）根据构造形迹之间的平面展布及组合特点：该区可进一步划分为织金穹盆构造变形区、毕节北东向构造变形区、凤冈南北向构造变形区三个构造单元。

江南造山带（Ⅳ-4-2）位于盘县–贵阳–梵净山北断裂带南东侧，羌塘–扬子–华南板块、扬子陆块之上，自南华纪以来的一个相对拗陷区，是武陵运动以来多期次构造运动所形成的武陵期及加里东期造山带的主体部分。盘县–贵阳–梵净山北断裂带南东侧为江南造山带，其基底属"江南式"，主要由新元古界浅变质岩系组成，新元古界梵净山群、四堡群与上覆地层之间，由高角度不整合、低角度不整合，过渡到假整合，新元古代下江时期至早古生代为过渡型（江南型）和活动型（华南型）沉积，晚古生代的断块活动，导致出现盆、台沉积分异，早三叠世之后，从 NE 向 NW 逐渐转为陆相沉积。岩浆活动相对较强，断续有基性–超基性岩浆的喷溢、侵入和酸性岩浆侵入。

根据不同时期构造活动特点和构造形迹组合特征可进一步划分为四个次一级构造单元：兴义隆起区（兴义穹盆构造变形区，Ⅳ-4-2-1）、右江裂谷–前陆盆地区（Ⅳ-4-2-2）、黔南拗陷区（Ⅳ-4-2-3）、榕江加里东褶皱区（Ⅳ-4-2-4），其中右江裂谷–前陆盆地区（Ⅳ-4-2-2）进一步分为册亨东西向构造变形区和望谟北西向构造变形区，黔南拗陷区（Ⅳ-4-2-3）进一步划分为都匀南北向构造变形区和铜仁复式褶皱变形区。

1.5　水文地质条件

贵州地下水可分为喀斯特和非喀斯特地下水类型，以下将它们进行分述。

1.5.1　喀斯特地下水补给、径流、排泄

1. 补给条件

1）补给源及影响因素

贵州喀斯特地下水的补给主要源于大气降水，其次为地表河水、水库、稻田灌溉及渠道渗漏。

降水入渗量的大小与降水强度、可溶岩裸露程度和喀斯特化程度等有关。贵州省降水充沛，但时空分布不均。空间上，总体趋势是从东向西、从南向北降水量有逐渐减少；时间上，每年 5～9 月的降水量占全年降水量的 50%～70%，是地下水的主要补给期，其他季节降水量较少。

地形、地貌条件是影响降水入渗补给强度的重要因素。各级高原台面及喀斯特盆地、谷地中，地形较平缓，地表覆盖有较厚的红黏土层，地面持水能力相对较强，但黏土层渗透能力较差，多年平均大气降水入渗系数为 0.20～0.30；斜坡区地貌以峰丛洼地为主，少有谷地，山体基岩多裸露，洼地中落水洞、漏斗、竖井极发育，覆盖层浅薄，加之地形坡度大，大气降水在地表迅速汇集于地势低洼地带，沿落水洞、漏斗和竖井等直接"灌入"地下，补给迅速，且补给量大，多年平均入渗系数为 0.35～0.50，局部达 0.60（李彩侠和马煜，2019）。

灰岩分布的斜坡地带发育较多盲谷，地表河流在盲谷中转入地下，并在地下河径流途中往往呈明、暗流交替；贵州省水库多坐落于碳酸盐岩地区，部分位置较高的水库库区及坝体渗漏严重，导致库水补给地下水。农灌期稻田水、渠道渗漏亦是地下水的补给源，但总体上而言，稻田及渠道渗漏补给量较小。

2）主要补给方式

渗透补给：大气降水及水库水、稻田灌溉回归水等沿岩石溶隙、溶孔入渗补给喀斯特

区地下水系统, 此类补给方式是贵州省内地下水最普遍, 也是最重要的补给方式, 以分散、连续、面广, 补给量小、速度慢为特点。

灌 (注) 入补给: 大气降水形成的坡面流、地表溪流水直接沿地表落水洞、地下河天窗、竖井和漏斗注入地下, 补给地下水。此类方式在斜坡区较明显, 以补给量大, 集中、迅速为其特点。例如, 贵州省罗甸大小井地下河系统上游的三岔河明流约 20km, 于航龙一带潜入地下完全成为地下河。

2. 径流特征

喀斯特水的径流受岩性、构造、地貌条件及水文网控制。纯灰岩分布区溶洞和管道等喀斯特形态发育, 喀斯特水多以快速管流为主。赋存于白云岩及泥质碳酸盐岩中的喀斯特水多为分散流, 径流通道为溶孔及细小溶隙或小溶洞。

根据地质构造和地貌条件, 喀斯特水的径流形式可分为汇流型和分流型。

1) 汇流型

汇流型是指地下水由四周向中心汇流, 按地下径流场的构造, 地貌条件不同又可分为向斜谷地汇流、断裂槽谷汇流和背斜槽谷汇流。

(1) 向斜谷地汇流。向斜构造完整, 向斜成谷, 喀斯特水常从构造两翼向轴部径流、汇集, 排泄入发育于向斜谷地中的河谷或地下河主流中, 如织金三塘向斜、平塘向斜等地下河均受向斜构造控制, 主流沿向斜轴部向水力坡度递减的下游流动, 支流则由向斜两翼向轴部汇流。

(2) 断裂槽谷汇流。断裂带及附近岩石破碎, 节理、裂隙强烈发育, 抗蚀能力低, 沿断裂易形成地势低洼的槽谷, 地下水常沿断裂带向低洼处径流, 利于喀斯特水富集, 如晴隆–兴仁间的碧痕营断陷谷地、潘家庄断陷谷地的地下水均汇集于龙摆尾地下河。

(3) 背斜槽谷汇流。背斜轴部张裂隙发育, 溶蚀形成槽谷或盆地, 其四周高位喀斯特裂隙水向盆地 (槽谷) 径流、排泄。在背斜核部, 地下水常沿其裂隙向倾伏端径流, 于构造地貌低洼处形成富水块段, 如瓮安丁家寨背斜北端富水块段即属此情况。

2) 分流型

分流型是指喀斯特水流排泄无一定方向或呈不规则的径流, 多发生于穹窿台地背斜垄脊。其特点是构造核部处于分水岭地带, 地下水由核部沿裂隙、管道向翼部运移, 径流于倾伏端排泄, 如威宁穹窿、王佑穹窿、兴仁回龙背斜、罗甸西关背斜等。

(1) 穹窿台地分流。威宁穹窿地处北盘江、乌江与赤水河分水岭交汇处, 其核部地层为下石炭统灰岩及泥质碳酸盐岩, 翼部上石炭统及二叠系灰岩大面积分布, 富含溶洞–管道水, 地下水流向受地形影响, 从台面中心分别向四周相对低洼地带呈放射状分散径流、排泄。

(2) 背斜台地分流。背斜成山、向斜成谷区域, 核部为碳酸盐岩地层的宽缓背斜中, 轴部地层倾角小, 常发育地下河 (系), 而沿向斜轴部则发育地表沟谷或地表河流。受地形条件控制, 背斜核部地下水沿两翼向河谷径流, 形成背斜分流型。在黔南斜坡地带, 大部分地下河的径流均属于此类型。

3. 排泄特征

喀斯特水的排泄受地形及构造条件控制, 集中于地势低洼处或阻水断裂、岩层界面处出露。受地质构造控制，在断裂带、褶皱转折端和相变带地下水排泄点集中，且水量较大。层状地貌结构区则分层排泄，多呈悬挂泉；深切河谷往往是当地最低侵蚀基准面，是喀斯特地下水排泄的主要场所。大泉、地下河出口大多分布于此。

按排泄出口水量大小及水点分布可分为集中排泄、分散排泄、多层排泄和悬挂排泄。

（1）集中排泄多出露于灰岩分布的斜坡区深切河谷地段，地下水露头点少，但流量大，如罗甸大小井、黄后、天生桥等地下河，以及贵阳市汪家大井等。

（2）分散排泄分布于不纯碳酸盐岩、白云岩分布的各级台地、盆地及谷地区，地下水多以小泉群或散流状分散出流，单个水点流量小，只有在断裂带上才有喀斯特上升泉和承压水呈带状出露，如遵义海龙坝、凯里、玉屏龙井街、瓮安丁家寨水源地等。

（3）多层排泄出露于受地壳抬升形成的层状台面的台缘。高序次台面出露的地下水补给低序次台面。例如，贵阳阳关（1250～1300m）台面上小龙潭等地下水露头向南径流，补给和尚坡至金关（1150～1200m）次级台面地下水，最后于二桥市西河排泄。

（4）悬挂排泄形成于向斜成山、碳酸盐岩与碎屑岩间互产出的地区。碳酸盐岩层位置高，而下伏碎屑岩隔水层作为隔水垫层，使碳酸盐岩层中地下水在高悬于谷地的山腰出露。此类型多见于黔北地区。

1.5.2　非喀斯特地下水补给、径流、排泄特征

非喀斯特区的岩石，多为相对隔水层，富水性弱、导水性差，地下水主要是通过岩石各种裂隙为主组成的含水网络或含水结构面进行循环。

1. 地下水补给特征

地下水主要靠大气降水直接或间接渗透补给，其次是地表水体对地下水渗透补给，还有来源于外围其他含水岩层的越流补给。补给量的大小与降水量、降水时间、岩石裂隙发育程度、岩层倾角、地形坡度和植被生长覆盖率等因素密切相关，一般降水时间长、岩石节理裂隙发育且张开性好、地形平缓、坡度小和植被茂盛覆盖率高的地区或地段，地下水接受补给量大，反之则小。地下水补给形式和途径主要有以下三种。

（1）贵州气候湿润，降水时间较长，降水量较大，在基岩裸露区，主要由大气降水直接渗入岩石裂隙补给或侧向补给；在植被覆盖区或第四系松散层覆盖区，大气降水储存于松散层后缓慢渗入岩石裂隙对地下水进行间接补给，其补给时间较长，但补给量受上覆盖层渗透性制约。

（2）地表河流或山塘、水库等地表水体通过岩石节理裂隙渗入补给地下水，补给量大小受地表水体分布范围大小限制，山塘和水库与基岩之间常有弱透水的黏土层，一般分布范围小、补给量小。

（3）外围含水层越流补给：无论是红层、煤系与玄武岩或是碎屑岩，其下伏均有富水性强的碳酸盐岩含水层，断裂构造使非喀斯特区岩层与下伏喀斯特含水岩组产生水力联系，喀斯特地下水顶托或侧向补给碎屑岩或煤层、玄武岩中地下水。

2. 地下水径流特征

影响地下水径流的因素主要有地势高低、地形坡度、地质构造发育情况、岩石节理裂

隙（孔隙）发育程度、地层岩性组合等。地下水在重力作用下由高处向低处运移，由于细碎屑岩、煤层及玄武岩富水性弱，为相对隔水层，成岩裂隙（层间裂隙）和构造裂隙中赋存的层状裂隙水及脉状（带状）裂隙水在深部多具承压性，在高水位静水压力作用下常产生上升运移形成上升泉。

地下水的运动方式主要有两种，即沿成岩裂隙（层间裂隙）的面状流动和沿构造裂隙运移的线状流动。地下水径流速度随地貌单元、构造部位、岩性组合类型的不同而有明显的差异。非喀斯特区地下水运移速度缓慢、径流途径较短；地下水往往沿张性断裂或张性裂隙运移，压性断裂常起阻水作用；向斜构造因地下水汇流往往形成富水构造或富水地段。变质岩区、碎屑岩区及煤系中砂岩与页岩、泥岩呈互层组合，地下水受透水性差的黏土岩、泥页岩和煤层阻隔，在垂直剖面上常形成多层层状裂隙水，地下水主要在透水性较强的砂岩裂隙含水网络中侧向径流。

3. 地下水排泄特征

地下水排泄主要受地形地貌、地质构造及岩性组合所控制，主要以泉水方式排泄，其次呈散流或片流形式排泄，当地形切割强烈，含水层被切割或被断层阻隔，泉水出露于含水性相对较强的砂岩与含水性微弱的黏土岩或泥页岩接触部位，多为下降泉；受断层阻隔或断层切穿隔水层时形成的泉水则为上升泉；地下水均向地势低洼处或沟谷地带排泄，具有泉水流量小、沟长水量大、沟短水量小和山高水高的特点。地势低洼处、河谷或沟谷地带是基岩裂隙水和松散层孔隙水主要排泄场所。

1.6　人类工程活动概况

人类工程活动也是影响坡体应力状态，诱发斜坡变形的重要营力。在贵州，矿产开发、水利水电开发和交通建设、城镇建设及农村民房改建等方面对斜坡稳定性的影响都较为突出。

1.6.1　水利水电开发

贵州水能理论蕴藏量大于 10MW 的河流有 170 条，年发电量为 1584.37 亿 kW·h，平均功率为 18086.4MW，占全国的 2.8%，居全国第六位。贵州现有大型水电站 16 座，装机容量为 1270 万 kW。

水电开发对边坡的影响包括直接影响和间接影响：直接影响包括坝区地表开挖和地下硐室影响、堆渣场边坡等三个方面；间接影响主要是对水库运营蓄水期间的影响，包括地表水位抬高对库区边坡的影响和河流水文条件改变对水库下游的影响，此外，大型水库改变局部气象条件，也必然会影响边坡的演化。

1.6.2　矿产开发

贵州是我国的矿产资源大省，已发现矿种 137 种，其中查明资源量有 92 种，煤、磷、铝、金、锰、锑、重晶石等优势矿产深部找矿潜力巨大，资源量位居全国前列，其中锰矿和重晶石居全国第一，磷矿和铝土矿居全国第三，锑矿居全国第四，煤炭居全国第五，金矿居全国第八。贵州省依托资源优势，在煤及煤化工、磷及磷化工、铝及铝加工、锰及锰加工、钡加工等方面已初步形成产业集群（贵州省自然资源厅，2022 年）。

矿山开采有露天开采和地下开采两种方式。截至 2008 年，贵州 6329 个矿山中，露天开采矿山 2960 个，主要有磷矿、铝土矿、金矿、黏土矿、建筑用砂石和水泥用灰岩。井下开采矿山 3369 个，矿种有煤矿（2394 个）、铅锌矿、硫铁矿、金矿、磷矿等。2005 年，贵州矿山年产出废渣量为 25107 万 t，年排放废渣量为 21869 万 t；多年积累的弃渣堆积规模很大，如六盘水煤矸石的堆积，在 20 世纪 60 年代以来大型煤矸石山有 30 余座，一般高度为 80m，最高达 200 余米。

1.6.3　交通建设

随着国家西部大开发的不断深入，按照基础设施先行的原则，贵州交通基础设施和路网建设取得很大的进展，交通基础设施也得到较大的改善。先后在西部地区率先实现"县县通"高速，"村村通""组组通"公路，加上"市市通"民航、"市市通"高铁的深入推进，贵州作为西南重要陆路交通枢纽的区位优势不断凸显。截至 2021 年底，贵州省高速公路总里程达 8010km，较 2011 年增长近四倍，排全国第五、西部第三，高速公路综合密度升至全国前列，省际通道累计达到 24 个；贵州铁路建成规模达 4014km，其中高速铁路 1609km，铁路通县达 52 个，高铁通县 36 个。"十四五"时期，贵州省规划新增高速公路通车里程近 1900km，高速公路通车里程达到 9500km，实施普通国省干线改造 3100km，完成县乡公路路面改善工程 6000km，届时普通国道二级及以上比例、乡镇通三级及以上公路比例将分别达到 90%、65%，新增超过 100 个乡镇实现通三级及以上公路。此外，航道通航里程将突破 4100km。与此同时，由于贵州地处高原山区，地形切割较强烈，水系发育，沟壑纵横，地形坡度较大，无论是道路工程或是机场、码头建设过程中，都要进行切、填方工程，易引发切、填方边坡滑坡、崩塌，填方区地面塌陷、地裂缝，以及弃渣引发泥石流等地质灾害。因此，贵州交通工程施工为人为地质灾害的发生提供了可能。

高速公路的建设、水电设施的开发利用，都不同程度改变了原有的地质地貌，一些加载或卸荷，都是诱发地质灾害发生的因素。例如，库水位的变化可对库岸造成浮托力，岩土体条件力学性质改变可以造成库岸坡体失稳。同样，在水位急落的情况下，库岸坡体水流产生的渗透压可促使坡体加速变形以致失稳；高速公路路堑的开挖，在增大坡体临空面的情况下，能造成卸荷裂隙的发育，可引发地质灾害。

1.6.4　城镇建设及农村民房改建

贵州，中国西南部高原山地全国唯一没有平原支撑的省份，随着新型城镇化建设的加快推进，正在迎来崭新变化。"十三五"时期，贵州大力推进以人为核心的城镇化、以高质量发展为导向的新型城镇化，取得明显成效。2020 年，全省常住人口城镇化率突破

50%，比 2015 年提高 8% 以上；户籍人口城镇化率超过 43%，比 2015 年提高 10% 以上；城镇建成区面积 1960km² 左右，比 2015 年增加 500km² 左右。"十四五"时期，贵州提出推进以高质量发展为统揽、以人为核心、以县城为重要载体的新型城镇化，大力实施城镇品质和城镇经济双提升行动。到 2025 年，省会贵阳、市（州）中心城市、县城人口集聚能力将大幅提升，贵阳将建成特大城市。全省城镇建成区面积超过 2200km²，城镇化率提高到 62% 左右。环贵阳贵安城市经济圈加快形成，带动黔中城市群加快发展。强化区域中心城市和县城支撑。做强遵义，与贵阳唱好"双城记"。加快发展毕节、六盘水、兴义、安顺、凯里、铜仁、都匀等区域中心城市。城区新增常住人口突破"3 个 100 万"，省会贵阳、市（州）中心城市、县城分别新增城区常住人口 100 万以上。黔中城市群常住人口达到约 1950 万，贵阳—贵安—安顺都市圈、遵义都市圈常住人口分别达到约 1090 万、约 510 万，一体化取得明显进展。建成 5 个千亿级、10 个五百亿级、40 个百亿级开发区。展望到 2035 年，全省常住人口城镇化率达到 70% 以上。贵州省已将地质灾害的调查评价作为城镇规划、基础设施建设的重要依据。

　　近些年来，贵州山区农村民房的改造和新建也逐年增多，多数由原木结构房子改建为砖石结构，或在民房前缘修建石砌堡坎，由此导致建筑荷载明显增加，造成了局部房屋开裂。

第2章　贵州省地质灾害发育分布特征

2.1　地质灾害损失

贵州省地处西部，经济不发达，且多为山区，亟须摆脱贫困面貌，为此需要大力开发各种山区资源、开展各种山区经济建设，然而在地质灾害易发区，这些活动必然会受到地质灾害的制约和阻碍。随着经济工程建设活动的加速发展，与工程建设活动有关而发生人员死亡的地质灾害有加剧的趋势。同时，由于地质环境条件复杂，在开发建设过程中，人地矛盾突出，近年来人为工程活动导致防灾压力剧增（杨胜元等，2005）。例如，伴随矿业开发，六盘水、毕节、遵义、黔西南等地煤矿区，贵阳、黔南等地磷矿区，遵义、铜仁等地汞矿区成为矿山地质灾害高易发区域，特别是在采空区、矿区陡崖、废弃堆积地带发生滑坡、崩塌、泥石流、地面塌陷等地质灾害的频率明显高于非矿区；各类采石采砂形成的陡峻边坡地带较易发生崩塌和滑坡。黔渝、贵昆、水柏、南昆、内六线贵州段等铁路，G321、G326、G201等国道，遵崇、水黄、清黄、贵新、关兴、贵毕、三凯、凯麻、镇胜、贵遵等高级公路的斜坡地段，滑坡、崩塌等地质灾害也时有发生，威胁行车安全。

贵州省每年发生地质灾害的次数、人员伤亡和直接经济损失在全国一直处于前几位，因地质灾害造成的人员伤亡和经济损失不可小视，地质灾害日渐成为影响和制约贵州社会经济发展的重要因素之一。2017年，全省发生地质灾害147起。其中，8月28日，毕节市纳雍县张家湾镇发生山体崩塌灾害，造成26人死亡、9人失踪、52栋房屋被掩埋，直接经济损失近亿元[①]。2018年，全省共发生地质灾害22起，其中中型地质灾害5起、小型地质灾害17起，全年没有一起大型及以上规模的地质灾害发生，是2000年以来首次没有地质灾害造成人员死亡的一年。2019年，地质灾害防治形势严峻，灾情较上年偏重，全省18个县（市、区）32个乡（镇）发生地质灾害，出现地质灾害险情39起，水城县"7·23"特大山体滑坡灾害，滑坡方量约200万m^3，因灾死亡43人、失踪9人，滑坡体掩埋房屋21栋。全省受地质灾害影响或威胁3716人，因灾死亡49人、失踪13人，直接经济损失1.96亿元[②]。大量地质灾害隐患点威胁着许多城镇、建筑、交通、重要工程设施，涉及面积60%以上（李慧，2020）。

贵州省地质灾害以中小规模为主，占比90%以上，但几乎每年都有重大级以上的地质

---

① 贵州省民政厅，2017，省减灾办发布全省2017年度自然灾害情况，http://mzt.guizhou.gov.cn/xwzx/mzyw/201801/t20180103_21417614.html［2023-02-18］。

② 贵州省应急管理厅，2019，省应急厅发布2019年度全省自然灾害基本情况，http://www.yinjiang.gov.cn/xxgkml/tjxx_26233/sjfx/202002/t20200224_51203719.html［2023-02-18］。

灾害发生。1993 年以来全省共发生重大级以上的地质灾害逾 50 起，其中死亡 30 人以上或经济损失 1000 万元以上的特大地质灾害近 20 起。2004 年 12 月 3 日凌晨 3 时许，贵州省纳雍县鬃岭镇左家营村岩脚组发生一起特大山体垮塌，44 人死亡或失踪，受灾房屋 25 间，受灾群众 108 人（朱要强等，2018）。2010 年 6 月 28 日，关岭布依族苗族自治县（关岭县）岗乌镇发生特大地质灾害，造成 37 户、99 人被掩埋，其中 57 人失踪、42 人死亡，教训非常惨痛（图 2.1）。同时，地质灾害的频繁发生，也影响了大量城乡建筑设施、耕地、工厂和交通干线的安全，如乌江源头的大方县城滑坡，中游地段的思南、石阡、沿河等县城滑坡，印江土家族苗族自治县（印江县）的岩口、杉树完小滑坡，赤水大同滑坡等，滑坡体不但规模大，而且危害严重。地质灾害破坏铁路、公路、航道，威胁交通安全的实例时有发生，如 2003 年 5 月 11 日 1 时 55 分，黔东南苗族侗族自治州（黔东南州）三穗县台烈镇台烈村三穗至凯里高速公路平溪特大桥 3 号桥墩附近发生滑坡，造成 35 人死亡、1 人受伤，16 间工棚被毁；2010 年 7 月 9 日 8 时，川黔铁路贵州桐梓县内塘水溪大桥南端发生山体滑坡，导致铁路被迫中断，近 40 户被围困群众紧急转移。地质灾害也曾破坏水利、水电工程，如 1996 年 9 月 19 日凌晨 1 时，印江县岩口发生山体滑坡，方量 260 万 m³，造成 3 人死亡、2 人失踪，滑体阻断印江河，形成堰塞湖，上游 10 余千米的朗溪镇 1 座小型电站、3 个提水站、4 个村 1830 户居民房屋及 3000 亩（1 亩≈666.667m²）良田被淹没，直接经济损失达 1.5 亿元。

图 2.1　贵州省关岭县岗乌镇大寨村大型滑坡–碎屑流灾害

2.2　地质灾害类型及分布

贵州省的地质灾害主要有滑坡、崩塌、泥石流、塌陷、不稳定斜坡等。据统计，本次完成的全省 88 个县（市、区）重点地区重大地质灾害隐患详查调查，共调查到地质灾害隐患点 10907 处（图 2.2）。

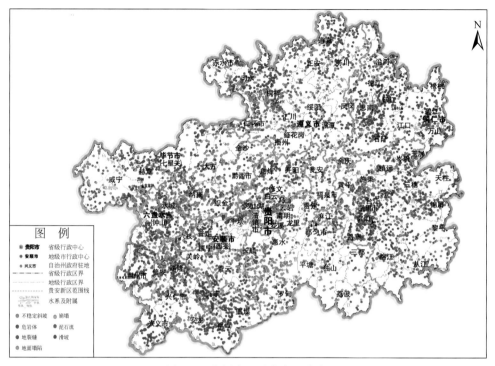

图 2.2　贵州省地质灾害及分布

2.2.1　滑坡地质灾害

　　滑坡地质灾害规模：全省滑坡地质灾害最发良，共排查了 5322 个灾害点，其中，特大型滑坡有 12 个、大型滑坡 109 个、中型滑坡 981 个、小型滑坡 4220 个。调查表明，贵州滑坡地质灾害规模上以小型滑坡为主，占滑坡总数的 79%（图 2.3）。

　　滑坡地质灾害灾情：据统计，近 20 年来全省 88 个县（区、市）地质灾害共造成 1566 人死亡，直接经济损失 53179.06 万元。而死亡人数主要是由滑坡、崩塌两种地质灾害造成的，二者造成的死亡人数占总数的 96.1%。其中滑坡造成的死亡人数最多，达 985 人（孙玮，2013）。

　　滑坡地质灾害物质组成：贵州滑坡地质灾害以土质滑坡为主，共计 4894 个，占滑坡总数的 92%；岩质滑坡 428 个，占滑坡总数的 8%。

　　滑坡地质灾害以滑面深度分类：根据调查资料统计，贵州滑坡主要以表层、浅层滑动为主（图 2.4），滑坡面埋深小于 15m 的滑坡灾点占大多数，表明滑坡滑面多以岩土界面为滑面下滑。

　　不同运动方式的滑坡分类：根据滑坡滑动速度，将滑坡分为蠕变型滑坡、慢速滑坡、中速滑坡和高速滑坡。在现有调查及发生滑动的滑坡中，蠕变型滑坡和慢速滑坡居多，一般具有滑坡滑动迹象如张裂缝的下错逐渐加大，后缘裂缝逐渐形成弧形连通等迹象，但造成群死群伤的高速滑坡在事前没有任何迹象。

滑动力学特征分类：根据滑动力学特征滑坡可分为牵引式、推移式、平推式及混合式。滑坡主要以牵引式下滑为主，为 2912 个，占滑坡灾害总数的 54.7%；推移式滑坡 2226 个，占滑坡灾害总数的 41.8%；复合式滑坡最少，为 112 个，占滑坡灾害总数的 2.1%（任敬，2019）。

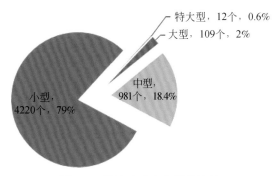

图 2.3　滑坡地质灾害规模统计

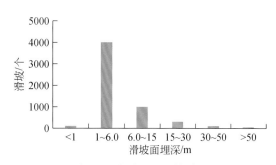

图 2.4　滑坡面埋深统计图

滑坡区域分布特征：在各市（州）中，小型滑坡地质灾害占主导地位。规模为特大型的滑坡地质灾害在六盘水市分布最多，有 8 个；遵义市有 2 个；黔西南布依族苗族自治州（黔西南州）和华节市各 1 个；在贵阳市、安顺市、铜仁市、黔南布依族苗族自治州（黔南州）和黔东南州没有特大型滑坡地质灾害分布（图 2.5）。

全省重大滑坡地质灾害隐患区域分布：首先，滑坡重大地质灾害点在六盘水市分布较多，有 303 个，占滑坡重大地质灾害点总数的 23.7%；其次是黔西南州，为 242 个，占总数的 18.9%；再次是遵义市和铜仁市，分别为 174 个和 181 个，分别占总数的 13.6% 和 14.2%；从次，为毕节市、黔东南州、安顺市和黔南州；最后，分布最少的是贵阳市，仅有 36 个重大地质灾害点。从发育密度上，每 100km² 发育的重大地质灾害点由大到小依次为六盘水市（3.1 个）>黔西南州（1.4 个）>铜仁市（1.0 个）>安顺市（0.8 个）>遵义市（0.6 个）>贵阳市、毕节市（0.4 个）>黔东南州、黔南州（0.3 个）。滑坡地质灾害中，以小型滑坡为主，为 643 个，占总重大地质灾害滑坡数的 50.3%；中型滑坡 542 个，占总重大地质灾害滑坡数的 42.4%；大型滑坡 81 个，占总重大地质灾害滑坡数的 6.3%；特大型滑坡仅 12 个，约占总重大地质灾害滑坡数的 1%（图 2.6）。

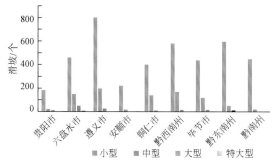

图 2.5　各地区滑坡等级分布图

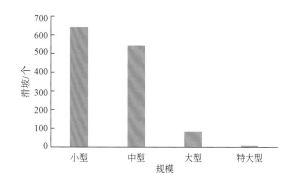

图 2.6　重大滑坡地质灾害规模类型

2.2.2　崩塌地质灾害

崩塌地质灾害是各类灾害中次发育的一种，有 2616 个地质灾害点，占总灾害点的 24.0%。崩塌在贵州的规模类型上以小型居多，达 1669 个，占崩塌总数的 63.8%；中型次之，为 695 个，占崩塌总数的 26.6%；大型崩塌数 210 个，占崩塌总数的 8.0%；特大型崩塌 40 个，占崩塌总数的 1.5%。这些崩塌灾害点严重威胁灾害点所在地一定范围的人员财产安全。

从图 2.7 可以看出，在各市（州）都显示小型崩塌地质灾害占主导地位。规模为特大型的崩塌地质灾害在黔西南州分布最多，有 16 个；规模为大型的崩塌地质灾害在黔西南州分布最多，有 48 个；规模为中型的崩塌地质灾害在毕节市分布最多，有 135 个；规模为小型的崩塌地质灾害在黔南州分布最多，有 322 个。总体上，黔南州崩塌地质灾害总数最多，为 423 个，每 100km² 有 1.6 个；黔东南州崩塌地质灾害最不发育，为 160 个，每 100km² 仅有 0.5 个。

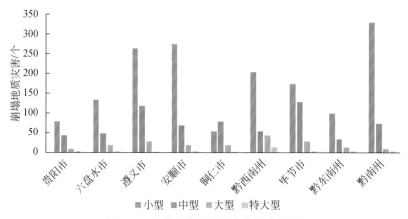

图 2.7　贵州省崩塌地质灾害发育特征

全省重大崩塌地质灾害点共 651 个，崩塌地质灾害中以小、中型崩塌为主，灾点分别为 285 个和 233 个，分别占重大地质灾害崩塌总数的 43.8% 和 35.8%；大型崩塌 108 个，占重大地质灾害崩塌总数的 16.6%；特大型崩塌灾点数目少，仅 25 个，占重大地质灾害崩塌总数的 3.8%。在盘州市、水城区、纳雍县、普定县和紫云苗族布依族自治县（紫云县）等地崩塌重大地质灾害隐患较发育。

2.2.3　泥石流地质灾害

根据贵州省 88 个县（市、区）地质灾害调查与区划数据，泥石流沟谷 490 条，均位于山区，分布在全省各地，尤以贵州西部六盘水市、黔西南州和毕节市一带较为发育，主要原因是松散物质丰富，山高谷深，易在暴雨下启动沿沟谷运移。

按固体物质分类：根据固体物质大小、黏粒成分等，分成泥石流、泥流、水石流三种类型。根据重大地质灾害详细调查，泥石流地质灾害有 184 个，占总灾害点的 1.7%。泥石流地质灾害主要以泥石流类型为主，有 137 个地质灾害点，占泥石流地质灾害总数的 74.5%；其次为水泥流，有 27 个地质灾害点，占泥石流地质灾害总数的 14.7%；第三为泥流，有 8 个地质灾害点，占泥石流地质灾害总数的 4.3%；其他不明的有 12 个，占 6.5%。

按泥石流规模分类：泥石流地质灾害威胁 5 万余人，分布全省共 182 条泥石流沟谷中，规模上以小型居多，占泥石流总数的 84.2%，中型次之，占泥石流总数的 9.2%，大型和特大型的数量较少，表明泥石流危害相对于滑坡和崩塌，其影响较小。

按流域形态分类：在流域形态方面，具有沟谷型和山坡型泥石流的特征。贵州以沟谷型泥石流为主，统计数据显示，沟谷型泥石流占 50% 以上。但在暴雨激发下，一些斜坡地带容易产生坡面泥石流，如在松散物质丰富，降雨使之达到饱水状态的坡体。在西部山区垦殖大多位于 20° 以上的斜坡，在玉米等农作物尚未成长的 3 月左右，耕种土壤疏松，极易被降水冲刷触发泥石流。一些沟谷地带，形成的泥石流也具有坡面泥石流的混合，严格区分比较困难。总体上，贵州泥石流流体在不同地带具有不同的流体特征，调查显示所有形态皆有，但要清楚区分流体形态，尚缺少数据支撑，需深入研究。

按发生频率分类：贵州山区物源丰富，风化剥落的松散体、人工形成的表层疏松物较多，为泥石流灾害提供固体物质。随着气候变化的影响，极端天气较多，在难以精准预报下容易产生灾害性泥石流。贵州降水较多，除毕节市威宁一带降水小于 1000mm 外，大多降水丰沛，为泥石流提供了动力源，加之山区地形易汇水，在有沟谷地带具备形成泥石流的条件。因暴雨中心处于不同区域，每年均有泥石流发生且分布分散。具体到每一条沟谷，根据暴发泥石流的历史，均处于低频度的范围，但暴发时因物源丰富，致灾较为严重。

按发育阶段分类：根据调查数据，贵州泥石流发育阶段大多处于发展期和旺盛期，其原因主要是云贵高原尚处于隆升阶段，沟谷的下切、侧蚀不断在发展，重力地貌随处可见，泥石流作为山区物质运移的最大通道，对地貌改造具有重要意义。

按区域分布分类：毕节市泥石流地质灾害最发育，有 50 个；而六盘水市泥石流发育较少，仅九个。在规模上，在黔西南州和黔东南州分别发育有一条特大型泥石流沟；大型仅在贵阳市、黔东南州和黔南州发育；中、小型在全省区域内均有分布，毕节市最多、贵阳市最少。

2.2.4　其他地质灾害

其他地质灾害主要包括地裂缝、地面塌陷，这两类地质灾害在贵州发育程度不高。

地裂缝地质灾害是各类灾害中最不发育的一种，有 176 个地质灾害点，占总灾害点的 1.6%。地裂缝主要以地下开挖引起为主，有 114 个地质灾害点，占地裂缝地质灾害总数的 64.8%；其次由胀缩土引起，有 25 个地质灾害点，占地裂缝地质灾害总数的 14.2%；第三由地震和构造活动引起，有 11 个地质灾害点，占地裂缝地质灾害总数的 6.2%；第四由抽排地下水引起，有 9 个地质灾害点，占地裂缝地质灾害总数的 5.1%；第五由地下开挖引起和抽排地下水引起，有 6 个地质灾害点，地裂缝地质灾害总数的 3.4%；第六由地震和构造活动及胀缩土引起，有 1 个地质灾害点，占 0.6%；最后，其他不明原因的有 10 个，占 5.7%。地裂缝区域分布中，黔西南州地裂缝地质灾害最发育，分布有特大型、大型地裂缝点，其余区域均以小型地裂缝为主。地裂缝可分为人为和自然形成的两类，人为地裂缝主要处于矿山开采地区，因采空造成地表形成移动盆地，裂缝随采掘巷道的推进而发展；自然地裂缝主要是斜坡变形、张性裂隙蠕变拉开形成，一般平行于坡体走向，在有滑坡迹象的地段呈弧形、有错台。

地面塌陷地质灾害发育有 843 个地质灾害点，占总灾害点的 7.7%。首先，地面塌陷以冒顶型塌陷为主，有 583 个地质灾害点，占地面塌陷地质灾害总数的 69.2%；其次为岩溶型塌陷，有 238 个地质灾害点，占地面塌陷地质灾害总数的 28.2%；再次为土洞型塌陷，有 19 个地质灾害点，占占地面塌陷地质灾害总数的 2.3%；最后，其他不明的有 3 个，占 0.3%。地面塌陷可分为人为和自然形成的两类，人为塌陷与采矿密切联系，也与地下水抽汲造成岩溶地段陷落有关；自然形成塌陷主要与岩溶作用有关，在降水等引起渗透压的作用下，因土岩界面形成的空隙扩大而陷落，形成地面陷坑，一般与溶蚀裂隙、管道等有关，在岩溶洼地一带容易发育。

2.3　地质灾害发育规律

贵州地质灾害发育具有一定的规律性。首先，具有区域性分布特征。滑坡主要分布在贵州西部、西南部和东北部，而在南部及东南部区域分布较少。崩塌分布在贵州西部、西北部、西南部和东北部，其他区域发育程度低。泥石流主要分布在贵州中部以西，南部分布有不少规模不等的泥石流沟谷，主要以低频率泥石流为主。地面塌陷主要在贵州西部采煤区域发育；岩溶塌陷分布在河边阶地或洼地周围，与地下水分布有一定联系。地裂缝多与采矿密切联系，在西部分布集中。不稳定斜坡分布与滑坡地质灾害分布接近，在西部比较发育。其次，具有地带性。滑坡分布在地形坡度较大或河谷地带，即具有临空面且易受扰动地带；在极端天气较多地带易发育。崩塌发育在较陡峭的地带，沿河谷深切地带分布较集中。泥石流主要分布在具有较陡坡度、松散物源丰富且有汇水条件的地带。地面塌陷在采矿区集中分布，沿采矿巷道的移动盆地呈线性分布；岩溶塌陷则在阶地和有地下水开采地带或洼地周围分布。地裂缝多沿采矿巷道延伸方向发展，或在地面上表现为平行斜坡坡体，有向下蠕滑的趋势，在软质及硬质岩类中均有分布。不稳定斜坡沿坡体变形，松散物质越多，变形越明显，在软质岩类坡体上分布较多。再次，影响因素叠加多的区域地质灾害发育。在降水与地形坡度大、松散物质厚、有地下水在坡脚出露并受河流冲刷的条件下，易产生滑坡。而崩塌在降水、地面震动、陡峭山崖和软弱基座组合下易发生。泥石流在降水强、土体松散、汇水区大、人类活动强度大的地区易产生。地面塌陷在采矿、降水、土岩界面水位波动影响下易发生。在人类开挖、采矿等活动，以及降水等影响因素综合作用下，易产生地裂缝和不稳定斜坡。最后，地质灾害主要以小型为主，危害上由小至大依次增加。一些隐蔽型地质灾害危害最大。

第3章 贵州省地质灾害监测预警体系

近年来，中央及贵州省各级地方政府对地质灾害防治工作均给予了高度重视，各部门团结一致，以高度负责的态度，坚持以人为本的理念，在地质灾害防治工作方面取得了显著的成绩，作为地质灾害防治的基础工作的群测群防体系建设常抓不懈，已经成为主动防灾的重点环节，也是最大限度减少人民群众生命财产损失的现实可靠选择。同时，中央和地方逐年投入大量地质灾害防治专项资金，在地质灾害防灾避险搬迁安置、重大地质灾害工程治理方面也取得了显著成绩。然而毋庸讳言，由于地质环境条件的复杂性，地质灾害的分散性、突发性、复杂性，加之贵州省地质灾害防治基础相对薄弱，类似关岭"6·28"这样的特大地质灾害的发生，也暴露出现有地质灾害防灾体系尚不十分健全、防灾手段还显单一、监测预警有效性尚待提高、防灾意识有待进一步加强。

具体到地质灾害技术支撑方面，近年来，贵州省地质灾害防灾减灾战线广大科技工作者在地质灾害防治领域开展了卓有成效的工作，取得了可喜成绩，但仍存在一定的不足。第一，对地质灾害发育规律性的系统总结尚有待进一步深入，贵州省地质灾害数量多、分布广，以往对全省地质灾害的发育分布规律和主要影响因素进行系统总结不够，造成地质灾害管理方面缺乏适合贵州省情的理论指导。第二，地质灾害隐患点防治紧迫程度区分困难，由于贵州省地质灾害隐患点多面广，不可能对所有地质灾害进行监测和治理，因此必须筛选出危险性大的地质灾害隐患点进行重点监测和治理。第三，针对潜在地质灾害的不断威胁，研究潜在地质灾害体识别技术方法相当必要。第四，地质灾害预测预报仍然是世界级难题，但是通过对大量典型实例进行深入的机理研究后建立适宜的预报模型及判据，能够取得较合理的地质灾害预测预报效果。第五，区域性地质灾害风险性关系到城镇规划设计，目前还没有较为系统的研究成果。第六，尚缺乏一个统一而有效的地质灾害信息管理和决策支持平台，一个好的集地质灾害图形显示、信息查询、数据分析、实时监测、预警预报、应急指挥决策为一体的地质灾害信息管理和决策支持平台，这对政府部门开展地质灾害管理和应急指挥是不可或缺的（吴爽等，2012）。

3.1 地质灾害监测预警基本理论

在地球岩石圈浅表层的一类灾害性物质运动，通常表现为滑坡、崩塌、泥石流、地面塌陷、地面沉降、地裂缝等形式。要实现对地质灾害有效地防治，必须在全面掌握地质灾害的类型、规模、危险性和分布特征的基础上，开展重点地质灾害隐患点的自动化专业监测，开发地质灾害监测预警信息系统，构建一个以地质灾害灾情信息采集系统为基础、通信系统为保障、计算机网络系统为依托、国土部门为中心的地质灾害信息管理系统和决策支持平台，研究探索适合贵州省具体实际的地质灾害调查、评价、监测、预警、应急响应理论和方法体系，为贵州省地质灾害监测预警和信息化建设提供示范，为贵州省各级国土部门地质灾害防治管理和决策提供强有力的技术支撑。地质灾害监测预警基本理论主要包括以下七个方面。

3.1.1　地质灾害发育分布规律

研究地质灾害形成背景，以及在时间和空间上的发育分布规律，对地质灾害形成机理研究、典型示范区的选择及地质灾害风险评价具有重要意义。开展针对研究区地质环境条件的资料分析和补充调研，查明地质灾害成灾背景，包括研究区自然地理、气象水文、地层岩性、地质构造、水文地质条件，以及新构造运动、地震等；在此基础上，研究崩塌、滑坡、地面塌陷、泥石流等地质灾害在时间和空间上的发育分布规律，为典型示范区的选择和地质灾害主控因素研究奠定基础。

3.1.2　重大地质灾害形成机理

地质灾害形成机理研究及据此进行的地质灾害工程地质分类是进行地质灾害监测预警的基础。针对崩滑地质灾害，主要通过典型灾害案例的现场调研、补充试验、数值模拟、物理模拟等，研究崩滑体地质灾害形成机理，在此基础上进行工程地质分类，并结合地质灾害发育分布规律研究结果，选择典型示范区，为后续开展地质灾害监测预警示范研究提供基础。针对泥石流灾害，也是在前面地质灾害分布规律研究的基础上，通过进一步开展泥石流形成的水力条件，结合降水、地形等其他影响因素研究，获取水力类泥石流起动机理，为该类泥石流的预测预报和监测预警提供理论和方法上的支持。

3.1.3　潜在地质灾害识别方法

在地质灾害形成背景、发育分布规律及形成机理研究的基础上，通过分析影响地质灾害形成的主要因素，深入研究地质灾害稳定状况与控制性因素之间的相互关系，从而建立地质灾害现场调查识别指标体系。另外，将建立的评价指标体系运用到现场调查的潜在地质灾害的快速识别中，可以进一步提高野外潜在地质灾害识别可信度，为地质灾害早期监测预警奠定可靠基础。

3.1.4　地质灾害预警模型与判据

与地震预警一样，地质灾害预警也是一个世界性难题。由于地质灾害影响因素众多，且复杂性程度较高，地质灾害从孕育到发生的过程具有很强的非线性和不确定性。因此，地质灾害的预警过程是一个从定性到定量的渐变过程，也是定性预警和定量预警相结合的过程。通常情况下，斜坡灾害是斜坡岩土体在重力以及其他外界因素，如降水、地震、人类工程活动（如开挖卸载和堆载等）作用下，所表现出的一种变形失稳过程和现象（许强，2020）。斜坡从开始出现变形到最终失稳破坏的整个过程中，伴随着岩土体内部的破裂，以及由此导致的外部宏观表现——变形。因此，变形是斜坡灾害预警的关键因素之一，而针对泥石流预警，降水是关键指标之一。基于上述研究成果，针对重点研究的地质灾害隐患点，根据现场调研、变形破坏机制分析和监测结果，建立崩滑体、泥石流等灾害的预警模型，并提出具有针对性的判据标准。

3.1.5　地质灾害监测技术

以典型崩滑体、泥石流为研究对象，研究基于传感网络的地质灾害监测数据自动采集关键技术，开发配套仪器设备，实现地质灾害监测数据的高精度、无人值守、动态分级采集，具备异常即时捕获功能，保证灾前"敏感"信息不丢失；通过现代无线通信技术研究，建立基于 GSM、GPRS、4G 和北斗卫星通信的地质灾害监测数据远程传输体系，实现灾前"敏感"信息的快速、实时、远程传输；以监测示范区为基地，开展崩塌、滑坡、泥石流灾害监测示范工程建设，提供监测信息给上层地质灾害监测预警与决策支持平台（蒿书利等，2013）。

3.1.6　地质灾害综合信息数据库

地质灾害综合信息数据库是通过利用现代 WebGIS、数据仓库、数据挖掘等技术，建立对地质灾害空间、属性及实时监测数据等的多源信息进行管理、操作与分析的数据库操作系统。通过数据库研发将实现地质灾害空间数据与属性数据的统一，增强地质灾害各类数据的相关联系性，特别是针对利用大量烦琐信息而研发的信息提取、转换与重组技术方法，实现了地质灾害信息高效管理与利用，为监测预警平台开发的各功能系统提供有效的数据服务与技术支撑。同时，地质灾害综合信息数据库的建设还将满足国土"一张图"等系统建设的数据需求，实现地质灾害相关数据的互联与共享。

3.1.7　地质灾害实时监测预警平台

进一步集成前述研究成果，构建一套集图形显示、属性查询、数据处理、实时预警、应急决策为一体的地质灾害监测预警平台。该系统将与已有的应急指挥平台充分协调，为政府管理部门实现地质灾害应急决策指挥提供软件和硬件平台。主要在地质灾害综合信息数据库的基础上，进一步完善地质灾害实时监测数据的动态采集、传输及集成，并根据构建的不同地质灾害类型所对应的预警模型与判据条件，对实时监测数据进行重组与调用，并以多种曲线形式进行展示，辅助专家系统进行地质灾害预警等级判断。在此基础上，针对地质灾害的实时稳定状况进行分析与计算，并以预警短信或邮件等方式实现地质灾害预警信息的动态发布（白洁，2020）。

3.2　地质灾害监测预警平台建设思路

地质灾害监测预警平台总体目标：以贵州省为研究区，通过针对地质灾害监测预警基础理论与方法研究，建成一个以地质灾害监测数据实时信息采集系统为基础、地质分析和预测预报为核心、无线远程通信传输系统为保障、3S 技术为辅助、计算机网络系统为依托、地质灾害防治相关产学研用管等单位共同参与的地质灾害监测预警示范平台。

　　贵州省监测预警平台以服务于贵州省地质灾害防治工作为宗旨，围绕贵州省在地质灾害防治方面面临的系列问题，借鉴国内外先进经验，在充分利用、整合已有地质灾害建设成果基础上，综合运用信息化手段、大数据技术、GIS 技术、地质灾害"空-天-地"一体化监测技术、三维可视化技术、云计算技术等，建立从多渠道汇聚而来的地质灾害防治信息的大数据资源池，建立地质灾害监测预警模型，建成地质灾害监测、预警、应急指挥等全流程的技术支撑平台，实现从数据汇聚、数据管理、动态监测、预警预报、指挥调度、综合防治等全过程信息化、智能化和标准化管理。主要包括：

　　（1）在贵州省地质灾害成灾背景调研的基础上，研究贵州省崩塌、滑坡、泥石流和地面塌陷的发育分布规律、形成机理及类型，并在此基础上，研究潜在地质灾害体识别方法和识别指标体系。

　　（2）构建贵州省地质灾害防治监测预警模型，联合云计算、大数据分析技术提升地质灾害防治的预警能力。地质灾害监测预警模型在综合考虑地质灾害点类型、群测群防监测数据、自动化监测数据、无人机监测数据、合成孔径雷达干涉测量（interferometric synthetic aperture radar，InSAR）监测数据、激光雷达（light detection and ranging，LiDAR）监测数据、气象数据、历史监测数据变化趋势等多方面因素的基础上，参考国内外的成熟经验，进一步研究出贵州省崩塌、滑坡、泥石流三种地质灾害监测预警模型。

　　（3）在上述研究的基础上，根据前述指标体系，建立空间数据库，开发相关数据输入输出接口，建立基础地理数据库和各专题数据库。

　　（4）根据贵州省地质灾害的实际特点，开展地质灾害监测方法研究，研发相关监测仪器，建立监测指标体系，同时研究监测数据无线传输技术。

　　（5）多种地质灾害监测数据汇聚，从"面"到"点"，按地质灾害区域发生规律进行系统串接，解决目前存在的碎片化问题。"面"上需进行区划，实现区域上的预警预报，"点"上需对单点进行定量风险排序。按照国家加强地质灾害防治三年行动计划要求，贵州省地质灾害防治工作要求采用"空-天-地"一体化监测技术。"空"通过星载 InSAR 或遥感卫星获取大范围区域地形地貌数据；"天"采用无人机搭载三维激光雷达（LiDAR）获取较小范围区域的监测数据；"地"通过自动化监测系统利用多种传感器获取地灾点 24h 的专业监测数据，通过群测群防体系更加灵活的获取地灾点现场人工巡查观测的数据，通过地基雷达获取危险斜坡动态监测的数据。结合贵州省地质灾害易发分区、危险性、前述的监测数据以及气象数据，制作并发布地质灾害气象风险预警预报的重要数据。通过构建"空-天-地"一体化的"三查"体系，对潜在重大灾害隐患进行早期识别和提前发现，实现多种监测数据汇聚，根据监测数据，分层级、分部门对重要管控对象进行应急处置及调度指挥。

　　（6）地质灾害监测数据管理，多种地质灾害监测数据汇聚之后，需要对这些数据进行数据管理。监测数据管理内容包含实时监测数据和历史监测数据，涉及数据的存储、备份、分类、清洗、访问权限管理、共享等。

（7）建立地质灾害监测预警平台，主要包括基础数据显示和查询平台、数据处理分析和预警平台、地质灾害风险排序等。实现地质灾害隐患多手段、多维度、多通道的监测数据融合，提高地质灾害隐患监测效果。达到常态巡查、专业排查、群测群防、专业监测（星载 InSAR、机载 LiDAR、地基干涉雷达、三维激光扫描、地面与地下传感器等）等各类地质灾害监测数据的汇聚，并与历史数据进行对比；实现地质灾害隐患预警预报的自动化、智能化。融合气象风险、群测群防、专业监测、空天监测等数据，预判各类地质灾害风险，并第一时间发布预警信息。

（8）地质灾害自动化监测预警，自动化预警要求贵州省地质灾害监测预警平台能够自动识别监测数据的异常情况，并发出预警信息。预警判断要尽量提高判断的可靠性，通过构建地质灾害预警模型，以及多种监测系统采集的监测数据，利用大数据分析等现代科学技术，达到提升贵州省地质灾害精细化预警的能力。

贵州地质灾害监测预警体系总体遵循贵州省地质灾害防治工作"1155"（一台多网、一体五位、五台融合、五级管理）指导思想。

一台多网：建成贵州省地质灾害防治指挥平台，实现气象、交通、水利、能源管道、国家地质灾害监测平台等部门的相关数据与地质灾害防治数据融合。通过互联网、电子政务网、国土专网等网络实现互联互通和数据汇聚、关联、分析、计算、应用，为地质灾害综合防治提供数据支撑。

一体五位：对每一个地质灾害隐患点，建成乡镇分管领导、国土所长、村干部、技术保障人员、群测群防员"一体五位"的地质灾害隐患预警和处置模式。

五台融合：将地质灾害防治平台按照业务流程划分为五个业务应用平台：调查评价平台、监测预警平台、指挥调度平台、信息管理平台和项目监管平台。五个平台各自负责不同的地灾防治业务，同时五个平台之间相互配合，相互融通，支撑整个地质灾害防治业务流程。

五级管理：建立省、市、县、乡、村五级管理体系。提升地质灾害监测预警管理能力，夯实监测预警的各项基础工作，打造"自下而上、分级管理、责任监督"的省、市、县、乡、村等"五级管理"体系，加强地质灾害监测预警的日常监督和监管，适应新形势下的地质灾害监测预警大数据的采集、传输、存储、共享、分析和预警，全面提升基层地质灾害预警和快速处置能力（图 3.1）。

在全面掌握贵州全省地质灾害的类型、规模、危险性和分布特征的基础上，开展重点地质灾害隐患点的自动化专业监测，开发地质灾害监测预警信息系统，构建一个以地质灾害灾情信息采集系统为基础、通信系统为保障、计算机网络系统为依托、国土部门为中心的地质灾害信息管理系统和决策支持平台，研究探索适合贵州省具体实际的地质灾害调查、评价、监测、预警、应急响应理论和方法体系，为贵州省地质灾害监测预警和信息化建设提供示范，为贵州省各级自然资源部门地质灾害防治管理和决策提供强有力的技术支撑。平台的建设和研究成果的取得，不仅对贵州省地质灾害防治具有直接的现实意义，而且也将为促进和深化地质灾害防灾减灾领域的理论、技术和研究做出新的贡献。

图 3.1　贵州省地质灾害防治指挥平台

3.3　地质灾害监测预警网络体系

　　监测预警平台业务流程主要将采集的数据接入监测预警平台进行管理、查询、统计，以及地图叠加、展示等。群测群防监测活动主要依靠人工进行，由群测群防员深入野外重大隐患点位置对隐患点的监测数据进行记录，将采集的数据上报监测预警平台；自动化监测主要是依靠各类监测设备进行，在野外对区内灾害点数据进行踏勘，选取需要安装专业监测设备的监测点，安装监测设备，将监测设备采集的监测数据接入监测平台；InSAR 监测利用数据处理软件对数据进行处理，将处理好的监测数据成果接入监测预警平台。

　　监测预警平台接收群测群防监测数据、自动化监测数据、InSAR 监测数据后进行预警分析，通过签批审核后进行信息发布，将预警信息发布给群测群防"一体五位"责任人。

3.3.1　气象风险预警

　　监测预警平台实时接入气象局数据，并通过查看气象数据的雨量等值线、实时雨量监测等，结合过程降水量、预报降水量以及地质灾害易发性条件对造成地质灾害的气象风险进行分析，生成预警结果，对预警预报产品成果进行签批管理，系统根据预警结果自动对预警体系中各行政区划级别，以及"一体五位"群测群防员等发送对应预警等级的短信进行预警预告。利用历史降水量和预报雨量的灾害风险分析，对未来一段时间内的地质灾害发生可能性进行预判，为用户提供决策支持，达到地质灾害的提前预警和提前防治的目的。在处置完预警后，则通过平台对其进行处置记录。

　　气象风险预警业务工作首先是易发性分区图的计算，通过对地形坡度、断层构造、地层岩性、道路等致灾因子与灾害点之间的相关性计算，根据信息量或证据权方法计算出来的结果通过划定等级范围生成地质灾害易发性分区图。然后是对诱发因素降水量的处理和计算，从省气象台收集到的各雨量站和气象站的气象数据需要进行插值计算，生成整个区域的降水量栅格图，并根据降水量分级范围进行分级。最后是将易发性分区图和气象数据进行叠加计算，按照预警矩阵两种方法进行计算，预警矩阵是根据敏感性等级和降水等级进行等级判别，确定地质灾害预警等级，得出预警结果（图3.2）。

针对计算机生成的预警结果可以结合专家经验知识进行人工编辑，生成最终预警结果和预警消息，其中红色预警需要专家签字，预警消息需要相关签批通过之后才能发布，同时最终预警结果还可以与灾险情上报数据对比分析，统计成功预报数据，为大数据分析提供训练样品（图3.2）。

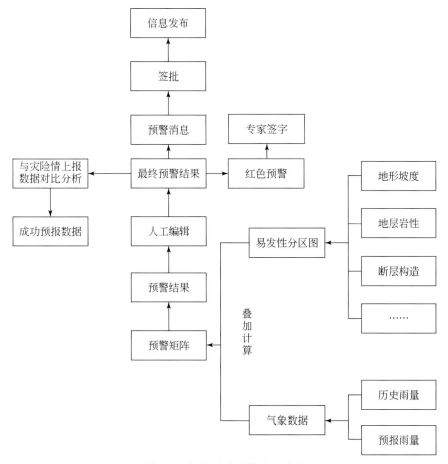

图 3.2　气象风险预警业务流程

3.3.2　InSAR 监测平台

InSAR 监测平台是在地表形变实地测量资料稀缺情况下，基于历史存档雷达数据的 InSAR 技术建立的，可为相关部门提供第一手全面的、大范围的地面沉降历史资料，为各个行业领域及模型的建立提供数据支持。同时，在作业人员无法到达的偏远危险区域及大范围的地面沉降调查方面，InSAR 技术具有独特的优势。通过将 InSAR 监测处理后的数据接入监测平台，在需要时候由指挥平台叠加三维地图分析，可以捕捉地质灾害（地表滑坡）变化征兆、找出可能发生灾害的场所，尽可能地预警潜在灾害，让当地政府做出预案及缩小调查范围，有效降低灾害损失（图 3.3）。

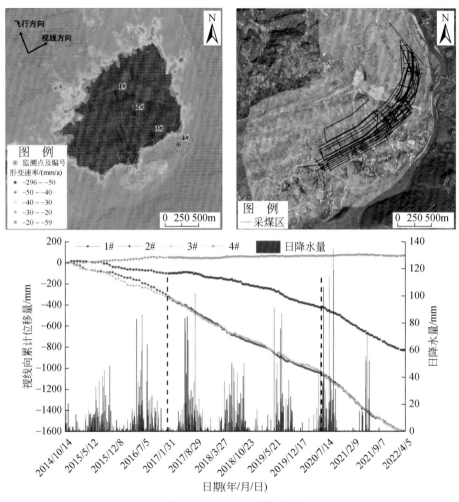

图 3.3　InSAR 监测效果图

InSAR 监测数据经过 InSAR 专业软件进行处理后，得到 InSAR 成果数据，该成果数据能够接入监测平台，用于地质灾害防治工作，再进行 InSAR 成果数据的接入和可视化展示（图 3.4）。

3.3.3　群测群防监测预警

群测群防员的工作主要包括各类监测数据的采集上报，以及重大灾险情发生时候的报警，其中数据采集上报包括日常监测数据（量测、拍照视频等）、对装有自动化监测隐患

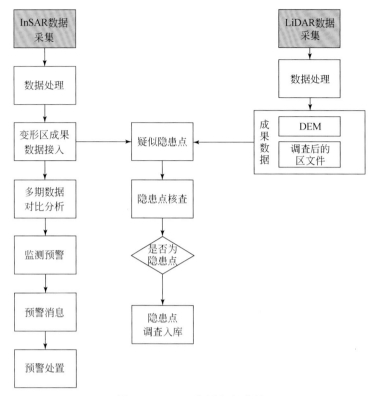

图 3.4　InSAR 监测业务流程

点的监测设备进行巡检并上报巡检数据，在汛期还会接收上级派送的巡查任务对隐患点进行巡查并上报记录。数据采集可在 APP 上进行，方便群测群防员携带，同时还可以利用手机定位功能为群测群防员设置电子围栏，只有当隐患点相关的群测群防员进入隐患点周边一定范围内才可以录入数据，并且还可以利用近场通信（near field communication，NFC）技术在群测群防员到达隐患点处时进行打卡。上报的数据进入数据库中可进行管理维护，管理员可以在后台设置数据上报的频率、时间和位置限制，汛期的时候下发的巡查监测要求数据上报的频率比较高，通过后台设置及任务下发，可以监控群测群防员上报数据是否按时按量，同时基于上报数据的状态（漏报、迟报等次数）统计也可以快速评估某一段时间内群测群防员的工作绩效，对于设定时间还未上报的数据系统会自动给群测群防员发送短信提醒。当有灾险情发生的时候，群测群防员可以按照两卡一表的内容组织人员撤离，同时还需要向上级部门报警，上级接收到报警信息后会组织人员去现场核查，确认属实后会根据灾险情情况启动相应处置，相关部门工作人员对上报信息的处理速度也可以作为对相关人员的绩效考核参数之一（图 3.5）。

　　群测群防监测预警主要包括常规数据采集、重大险情报警、上报数据监督、一体五位体系管理、两卡一表。群测群防监测预警是综合管理信息平台的手持终端，主要用于及时查收群测群防监测预警等各类预警信息，及时开展隐患点现场巡查、监测，利用手机搭载的软件对隐患点险情变化、影像资料等监测结果进行采集、编辑、上报，实现地质灾害隐患点的动态巡查、监测、记录。同时支持 NFC 功能，能够用于群测群防员在地灾隐患点

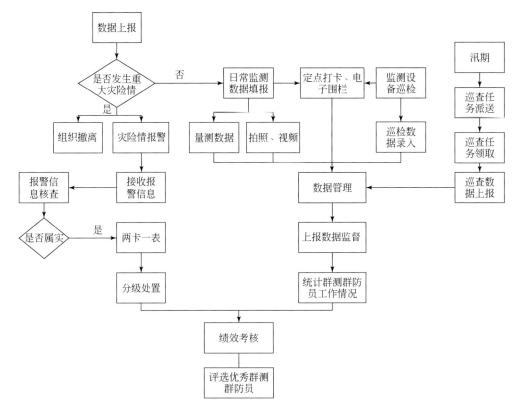

图 3.5　群测群防业务流程

上自动打卡，作为各级行政管理人员进行考核群策群防员的绩效重要指标。

　　通过移动端（如手机、平板等）实现群测群防数据采集、重大灾险情报警、上报数据监督等功能，可快速实现数据采集、安全控制支持、数据访问支持、查询功能支持、信息采集与传输支持等预警预报工作，满足群测群防业务工作机动灵活的工作需求。系统运行后，能够有效地减少人员伤亡和财产损失，尤其是有效避免群死群伤事件的发生，保障人民的生命财产安全。

3.3.4　自动化监测预警

　　自动化监测通过对监测设备信息的自动、连续、实时地在线监测。通过制定数据接入协议标准，规范不同厂商的监测设备数据接入方式，最终将不同厂商的监测数据按照统一标准接入监测数据库，为前端管理和数据分析、展示，提供数据服务和相关应用服务。在信息采集及预报分析决策的基础上，根据预警信息危急程度及地质灾害波及范围，通过短信、传真、无线广播等预警方式及相应的预警流程，将预警信息层层传递，及时准确的传递到地质灾害可能危及的区域，使接收预警区域的人员根据实时掌握的地质灾害整体的安全状态，及时采取防御措施，最大限度地减少人员伤亡和财产损失（窦莉，2014）（图 3.6）。

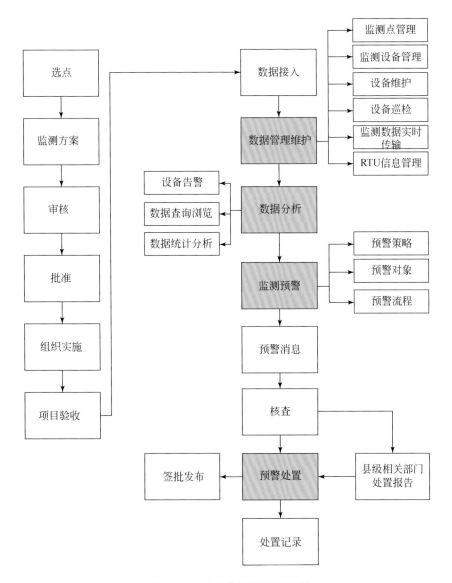

图 3.6　自动化监测预警流程图

地质灾害主要以地图为基础，显示监测点的实时定位、监测项目数据列表、监测设备状态列表、监测设备实时告警信息列表、监测设备图层等内容。

预警策略管理有两种，即单设备预警和隐患点预警（多设备）。通过监测预警模型针对地质灾害隐患点，设置不同预警等级对应的各种类监测数据的组合预警阈值（红、橙、黄、蓝四个等级），根据设定的阈值，当监测数据达到阈值后会自动发送对应等级的预警消息。

省（市、县）分级预警流程管理，包括预警信息回执、预警信息处理流程记录等。

系统后台会自动根据设置好的预警模型进行预警分析计算，预警结果分为两类：区域预警结果和单体预警结果。预警结果需要经过签批流程才能进行发布，一般会提前设置好预警签批发布对应的用户，业务人员预警结果生成后可以提交签批，签批人接收到签批消息根据实际情况执行同意或者不同意两种选择，当签批人同意发布后，该条预警结果就可以发布到网站，以短信发送给对应的五位一体联系人等（图 3.7）。

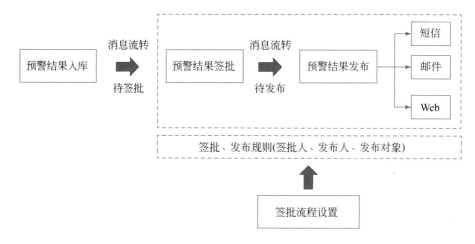

图 3.7　预警流程

针对自动化监测预警，设置监测预警的流程和机制，根据各个监测点的实际情况可设置预警阈值（相对变量、绝对变量、变形加速度等）和预警通知人员的电话号码，当自动化监测设备所传回的数值达到阈值时，则平台自动通过信息平台将预警信息发送至相关人员，并在各级值守调度平台展示预警信息，达到在灾害点发生变化的情况下，平台能够快速预警，用户能够快速响应的目的（图 3.8）。

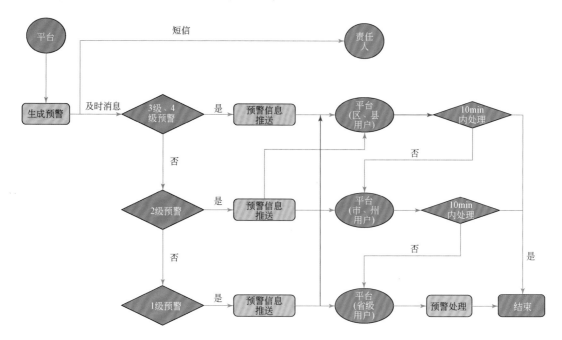

图 3.8　预警处置流程

3.4　地质灾害监测预警及避灾成效

近年来，贵州省多措并举推动全省地灾防治综合能力建设，坚持"预防为主、避让和治理、全面规划和突出重点相结合"的工作原则，加强地质灾害防治工作并取得了明显成效。

2017 年，全省全年共处置地质灾害险情 153 起，紧急撤离 1.3 万人。成功预报避让地质灾害 72 起，避免 7123 人伤亡。与去年相比，地质灾害发生起数增加了 71%，死亡人数减少了 8%。成功预报起数、避免人员伤亡数分别增加了 167% 和 387%。

2018 年，贵州省建成 100 个地质灾害自动化监测点，同时建成地质灾害防治指挥过渡平台，成功接收、分析现有监测点数据。派出优秀技术人员参与省自然资源厅组织开展的地质灾害"百千万"大排查专项行动；与省气象局合作，在所有重大地质灾害隐患点附近安装雨量站，并将全省 3000 余台雨量站的数据共享，实现地质灾害气象风险预警预报从县级层面到地灾隐患点的技术突破；协助管理地质灾害防治"省、市、县、乡"四级微信工作群，及时汇总、上报灾情险情动态、应急处置等情况，编报地质灾害防治工作信息；协助开展"群众报灾、部门查灾、专家核灾"专项行动。组织 28 支专业队伍，投入专业技术人员 995 人、野外工作车辆 360 台、无人机 229 架、野外数据采集终端 200 余台，在全国率先利用 InSAR 技术和 LiDAR 技术，全面完成 88 个县（市、区、特区）及贵安新区高位隐蔽性地质灾害隐患专业排查，排查出新增隐患点 1899 个，其中高位隐蔽性隐患点 966 个，共威胁 3.7 万户 19 万余人。2018 年，全省共发生地质灾害 22 起，其中中型 5 起、小型 17 起，全年没有大型及以上规模的地质灾害发生，成功避让 15 起，避免了 887 人伤亡，实现了 20 年来贵州地质灾害首次"零死亡"记录。

2019 年，贵州完成 1628 个地质灾害隐患自动化监测点的现场技术交底工作，并完成 1220 个地质灾害隐患自动化监测点的设备基础开挖和浇筑。合成孔径雷达差分干涉测量技术监测查明新增形变点 662 个，其中形变量小于 10cm 的形变点 419 个，形变量大于 10cm 的形变点 243 个；并核查形变点 410 个，其中地质灾害隐患点 97 个。全省成功避让地质灾害 20 起，避免人员伤亡 4983 人，避免直接经济损失 3768 万元。同时，贵州省发生 415 起地灾险情，逐一得到有效处置，避免潜在经济损失 22.3 亿元。

2020 年，贵州省运用"人防"+"技防"等举措，共选派 377 名专业技术人员驻守一线，派出处级以上干部共计 400 余人（次）巡查督导，调动 1 万余名人员参与群测群防，全力做好地灾隐患点排查工作。全省排查台账隐患点 345960 个（次），人类工程活动点 70586 个（次），山高坡陡区域 147263 个（次），发现台账内隐患点 192 个，发现新增地质灾害隐患点 206 个。建成 2502 个地质灾害自动化监测站点，安装各类地质灾害专业监测设备 13639 余台（套），建成全省地质灾害监测预警平台，与省气象部门共享 3000 余台雨量站数据，利用卫星合成孔径雷达干涉测量技术开展地质灾害地表位移变形监测。同时对查明的地质灾害隐患点，落实防灾责任人和监测人员，"人防+技防"双保险加强隐患点监测预警工作。此外，对已查明的地灾隐患点开展避险演练，使受威胁群众熟悉"灾害预警信号、紧急撤离路线、临时避险场所"，进一步提高群众避险自救能力。贵州省全省去年开展临灾避险演练 2607 场，参与演练人数 83492 人，开展临灾避险培训 575 次，参与人数 25809 人。2020 年，贵州全省成功避让地质灾害 33 起，避免人员伤亡 3761 人。在防范工作中，有效处置地质灾害险情 451 起，紧急转移避让受威胁群众 10 万余人，避免潜在经济损失 22.3 亿元，最大限度地确保人民群众生命财产安全。

第二篇　贵州省重大地质灾害事件

第4章 六盘水市水城区鸡场镇坪地村滑坡

2019年7月23日20时40分左右，六盘水市水城县（2020年，撤销水城县，设立水城区）鸡场镇坪地村岔沟组山体（104°40′03.09″E，26°15′27.40″N）发生特大型山体滑坡地质灾害，造成43人遇难、9人失踪，受损房屋4600m²、圈舍1150m²，压毁农作物1200亩、普通水泥公路10km、供水管道2000m、高压线2000m、电线杆20棵、变压器2台、"村村通"设施25套、林木5000棵、大牲畜100头。直接经济损失约10300万元，其中，基础设施损失5000万元、农作物损失3000万元、家庭损失2300万元（郑光等，2020）。需搬迁受灾农户69户266人，其中，直接受灾27户109人、周边存在重大安全隐患42户157人。坪地村滑坡（"7·23"滑坡）为一处高速远程滑坡，具有滑移时间短、滑动距离远、破坏性强的特点，滑坡发生前后影像见图4.1。

(a) 2019年8月8日无人机影像　　　　　　(b) 2018年11月14日遥感影像

图4.1　坪地村滑坡发生前后影像图

4.1　研究区自然和地质环境条件

4.1.1　气象水文

　　水城区具有明显的高原季风气候特点，冬无严寒、夏无酷暑，气候温和，雨量充沛，年平均气温为 11～17℃，全年降水量为 940～1450mm。水城区每年的降水主要集中在 6～8 月，这期间为地质灾害的高发区。在雨季，尤其是暴雨时易诱发滑坡、泥石流等地质灾害。

　　滑坡发生前一周内水城区日平均降水量较大。据六盘水市气象局提供资料，在 7 月 18～23 日，水城区鸡场镇共出现三次强降水天气过程（图 4.2），分别出现在 18 日夜间、19 日夜间至 20 日白天、22 日夜间。7 月 18 日 20 时至 23 日 20 时，水城区鸡场镇累计降水量鸡场站点为 141.8mm、坪地村站点为 189.1mm。其中，7 月 22 日 20 时至 23 日 20 时，鸡场镇坪地村站点降水量达 98mm。7 月 23 日 15 时 3 分六盘水市自然资源局联合市气象局发布地质灾害气象风险黄色预警。

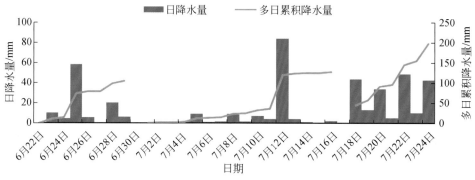

图 4.2　鸡场镇日降水量及累计降水量（在滑坡发生前，鸡场镇经历了三次强降水天气过程）

4.1.2　地形地貌

　　水城区位于云贵高原中部，地处乌蒙山脉东侧滇东高原向黔中丘原过渡、黔西北高原向广西丘陵过渡之梯级大斜坡地段，地形起伏大，以强切割中山及中高山为主。县内总体地势是北西高、南东低，因而北面的三岔河水系和南面的北盘江水系总体上都呈 NW-SE 流向。境内山体多沿地质构造线展布，河谷深邃，嶂谷、"V"形谷发育，正负地形多呈平行梳状排列，侵蚀地貌、溶蚀–侵蚀地貌和岩溶地貌都较发育。

　　滑坡附近区域滑前的三维地形图见图 4.3，滑坡所在斜坡顶部高程最高为 2070m，坡底为河谷洼地，高程为 1250m，高差达 820m。滑坡部位的局部地形见图 4.3（b），滑坡部位斜坡呈折线形，有三级缓坡平台［图中平台 1（P1）、平台 2（P2）和缓坡平台 3

（P3）］，原始地表自然坡度为 15°~35°，缓坡之间地形稍陡，坡度约 35°，局部呈陡坎状，最大坡度近 60°。滑坡在滑坡区域内发育有沟道 1（G1）和沟道 2（G2）两条冲沟。滑坡形成后地表坡度为 17°~38°，滑坡后缘坡度约 42°，滑坡后缘海拔约 1660m、前缘海拔约 1240m，相对高差约 426m。

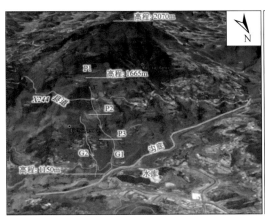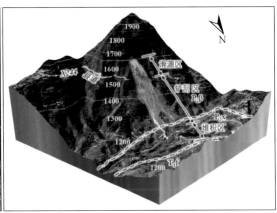

图
例　$\boxed{T_1f}$ 下三叠统飞仙关组薄层泥岩　$\boxed{P_3x}$ 上二叠统宣威组砂岩、泥岩夹煤线　$\boxed{P_2\beta}$ 中二叠统峨眉山玄武岩组　$\boxed{\ /\ }$ 地层界线　$\boxed{\ }$ 滑坡边界　$\boxed{X244}$ 县道名称　$\boxed{P1}$ 平台和编号　$\boxed{G1}$ 斜坡上的沟道

图 4.3　滑坡区三维地形图

滑坡区有三个平台和两条沟；滑源区主要为峨眉山组，岩性为玄武岩

从滑坡的运动和堆积特征，结合航空拍摄，将滑坡分成滑源区、铲刮-流通区和堆积区，滑坡地形总体上呈"上陡—中缓—下缓"的形态特征，发育有三级侵蚀"台地"（第一级平台发育高程为 1658~1700m，第二级平台发育高程为 1400~1450m，第三级缓坡平台发育高程为 1300~1350m），滑坡所在斜坡为顺向坡，剖面总体呈阶梯状。滑源区整体地形坡度较陡，一般为 50°，高程为 1545~1660m；铲刮-流通区整体坡度相对较缓，一般为 35°，局部高临空区地形较陡峻，从航拍影像和调查分析，铲刮-流通区下段现存居民分布区为地形坡度相对缓的 SN 向展布小山脊，为第三级缓坡平台，其南侧陡斜坡与缓平台过渡区地形坡度陡峻的临空段，见玄武岩大块体分布，形成相对的安全岛，其两侧为纵向冲沟，高速碎屑流在此陡峻临空段产生坠落冲击解体后向两侧冲沟分流，塑沿继续铲刮及流通直至堆积区。堆积区为平缓沟口洼地和 EW 向发育槽状地形，坡度为 0°~10°，高程为 1180~1200m。

4.1.3　地层岩性

区内地层由第四系至二叠系，出露较全。以二叠系和三叠系出露最广，发育较好（图 4.4），从新到老分述如下。

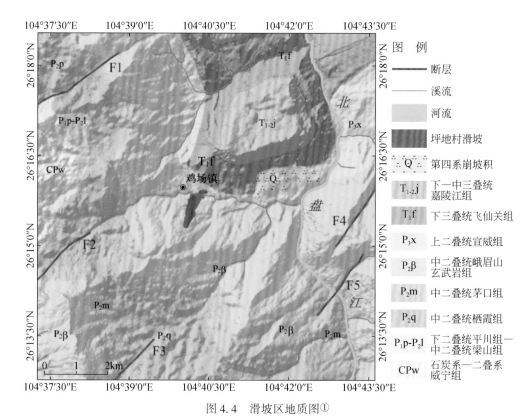

图 4.4　滑坡区地质图①

F1. 大坝古断层；F2. 八大山垭口；F3. 罗基里断层；F4. 妥倮克断层；F5. 望龙包断层

第四系（Q）：主要由残坡积、冲洪积层的黏土、砂质黏土、砂砾石、碎石土组成，广泛分布在河流、河谷两岸、地形低洼地段，厚度变化大，厚 0.2 ~ 20m，一般为 10m。含微弱孔隙潜水，总体上为孔隙弱含水层。

下三叠统飞仙关组（T_1f）：岩性以细碎屑岩为主，夹少量碳酸盐岩。以灰绿、青灰色泥质粉砂岩、粉砂质泥岩的出现与下伏二叠系宣威组划界，两者整合接触。T_1f 可细分为四个岩性段。

上二叠统宣威组（P_3x）：岩性主要为浅灰、深灰色细砂岩、粉砂岩、泥质粉砂岩及粉砂质黏土岩、碳质黏土岩、煤层不等厚互层，岩石中可见大量植物化石碎片。按其岩石组合特征，自下而上可分为三段（图 4.5）。

中二叠统峨眉山玄武岩组（$P_2\beta$）：上部为灰绿、深灰色拉斑玄武岩，间隐结构玄武岩，夹 4 ~ 12m 厚的紫、黄褐、灰绿色凝灰岩或凝灰质、粉砂质黏土岩；下部为深灰黑色块状拉斑玄武岩及少量玄武质熔岩集块岩，玄武质凝灰熔岩（图 4.6）。与下伏茅口组呈不整合接触。含基岩裂隙水，区域内地下水径流速度为 0.1 ~ 0.6L/s。

① 王明章，2009，贵州省岩溶地下水及地质环境（科研项目），贵州省地质调查院。

图 4.5　滑坡下部岔沟旁出露的黄灰色砂岩　　　　图 4.6　县道旁出露的杏仁状玄武岩

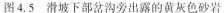

滑坡区玄武岩存在多个喷发旋回，大多以两个为主，显示了区内峨眉山玄武岩组垂向上火山碎屑岩-玄武岩-凝灰岩的韵律组合特征。峨眉山玄武岩组与茅口组接触面上覆岩石为块状玄武岩，下伏地层为茅口组灰岩，该接触面可能为峨眉山玄武岩第一喷发旋回在测区内的开始；第二喷发旋回以第一旋回顶部火山碎屑岩消失开始，以广泛分布的韵律式变化、厚度大的熔岩流为主，上覆地层为上二叠统宣威组（朱和书等，2019）。

中二叠统茅口组（P_2m）：灰黑、深灰色薄-中厚层含燧石生物屑泥晶灰岩、泥晶灰岩，夹透镜状、似层状硅质岩。

滑坡滑源区发生于二叠系峨眉山玄武岩组中，部分覆盖于上二叠统宣威组之上（卢运昌，2018）。

4.1.4　地质构造与地震

区内构造位于扬子准地台，经过漫长地质时期的多次构造运动，断层发育，地质构造相对复杂。地质构造既控制地形地貌，又可控制岩层的岩体结构及其组合特征，对地质灾害的发育起综合控制影响作用。区内地质构造背景复杂，岩石经过了多次构造运动的破坏，岩体中的片理和裂隙较为发育，其均一性和完整性均较差，加之后期遭受强烈风化和剥蚀，岩体强度有所降低，导致岩石的风化、卸荷等地质作用显著，造成滑坡、崩塌、不稳定斜坡地质灾害普遍发育（司江福等，2012）。

从构造方面来看，区内部分地质灾害沿构造破碎带呈条带状分布。水城区 NE 向、NW 向断裂和褶皱构造发育，构造破碎带及附近区域岩体中节理发育，岩层破碎，结构松散，斜坡稳定性差，在人类活动和降水等因素触发下，易发生地质灾害。特别是滑坡、不稳定斜坡主要分布于构造两侧。

根据《中国地震动参数区划图》（GB 18306—2015），该区地震动峰值加速度为 $0.05g$，地震动反应谱周期特征为 0.35s，地震基本烈度值为 Ⅵ 度，本区及邻近区域近年来未发现有强震活动，滑坡发生前也未见可能影响坡体稳定性的地震显示，区域稳定性良好。

4.1.5　人类工程活动

据工程调查组编写的"水城县"7·23"特大山体滑坡成因调查报告"（2019 年 9月），滑源区下部的"鸡场至营盘公路项目于 2016 年启动到至今仍未结束，滑坡区公路里程段落为 K2+570—K2+740（图 4.7），长度约 170m"，"K2+000—终点段采用双车道三级公路标准，路基宽度为 8.5m，老路段路基宽为 6.5m，设计速度为 30km/h"。

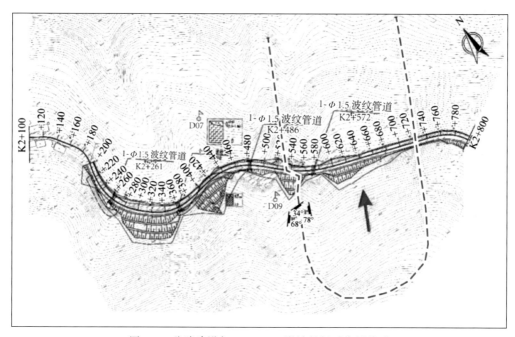

图 4.7　公路建设与"7·23"滑坡的相对位置关系

"K2+200—K2+900 段拟建工程需进行切方、填方施工；切方边坡最大高度为 24.3m，填方边坡高度为 11.6m，出露地层为上二叠统玄武岩组二段，切方边坡主要为顺向坡、切向坡"。

滑源区附近路段"设计有下挡墙、边沟排水和坡面截排水沟。坡面窗式护面墙+植草，拱形骨架护坡。边坡最高 19m，设计坡率为 1∶0.75～1∶1，分两级放坡，设计成果提交时间为 2017 年 12 月。该段勘察工作主要为地面地质调查，调查时在该段未发现裂缝或其他不良地质现象"，未采取工程手段进行勘察工作。

"滑坡区（公路里程段落为 K2+570—K2+740）左侧设计为下挡墙，最高约 8m，填方边坡约 7m，泄水孔间距为 2～3m。"本次钻探及探槽揭露显示，仅在滑坡左侧边缘处（K2+565，图 4.7 红色箭头处）发现路基垫层尚在，其余路段路基已下滑流走。至滑坡发生时，边坡排水及防护工程尚未实施。

4.2 坪地村滑坡分区及特征

根据运动特征和堆积结构将滑坡区分为滑源区（Ⅰ区）、铲刮–堆积区（Ⅱ区）和堆积区（Ⅲ区）三个区（图4.8），三个区域形态呈折线形，滑源区整体地形坡度约为50°；铲刮–堆积区整体坡度约为35°，为一地形减缓的山脊，两侧为沟道，有三级平台；堆积区为平缓沟口洼地，坡度为0~10°。

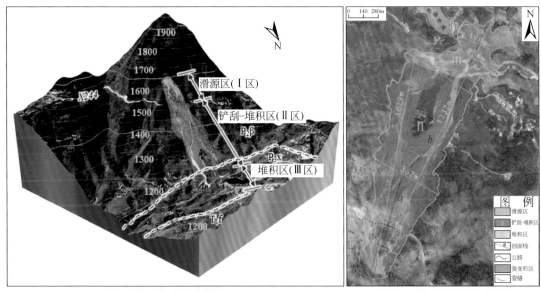

(a) 三维地形及分区图(单位：m)　　　　　　(b) 无人机航拍图及滑坡分区图

图4.8　坪地村滑坡分区图

4.2.1　滑源区特征

滑源区位于斜坡中上部，X244县道从滑源区穿过，顶部高程为1640~1660m，根据现场调查和钻探反映，结合物探成果，滑坡滑面位置低于X244县道原路面5~10m，局部甚至更低，剪出口位于X244县道北侧为90~110m，高差为40~50m，剪出口高程在1500m附近（图4.9）。

1. 滑源区总体特征

滑坡滑源区位于县道上方山脊位置，对比滑前滑后影像及结合现场勘测结果（图4.10），在滑坡顶部有一民房，滑坡发生后民房随滑坡滑落。根据民房滑动方向，确定滑坡滑源区总体滑动方向约为30°，非垂直于滑坡后壁，而是沿滑坡后壁和滑坡右边界呈一定夹角向左前方滑动（图4.10）。经实地勘测，X244县道被滑坡剪切破坏，滑坡区县道已不复存在，滑坡剪出口位于县道之下。

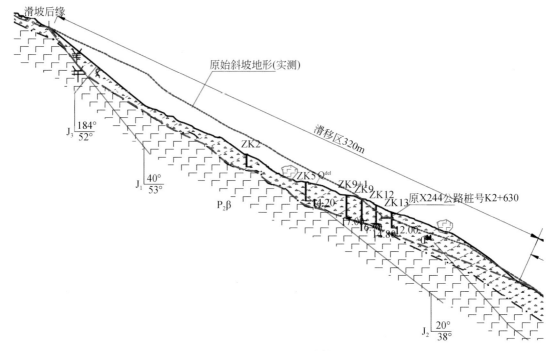

图 4.9　滑源区工程地质剖面图

图 4.10　滑源区总体特征

　　滑坡右侧边界冲沟内揭露坡体为岩质边坡，坡体由发育似层状节理的玄武岩组成 ［图 4.11（a）、（b）、（d）］。滑坡左侧边界外岩体揭露亦为似层状玄武岩 ［图 4.11（b）］。滑坡所在山脊区域，由县道开挖揭露坡体结构特征则表现为坡表由 2 ~ 5m 的残坡积层和散体–碎裂结构的强风化玄武岩组成 ［图 4.11（c）、（e）］。

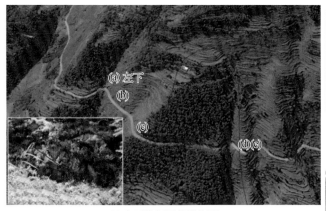

(a) 左下为似层状结构面

(b) 滑坡右侧边界的似层状玄武岩

(c) 滑坡左侧似层状玄武岩

(d) 滑坡右侧边界山脊处坡体结构

(e) 滑坡左侧由开挖揭露的坡体结构

图4.11　滑源区边界外侧及边界附近坡体特征

2. 滑源区后缘边界特征

滑坡发生后在源区后部形成了一处高差35～40m的玄武岩基岩滑壁（图4.12），壁面呈弧形起伏，现场调查发现滑坡发育三组节理（J_1～J_3；两组优势外倾节理面，一组倾角近水平），第一组节理（J_1）为滑坡后壁，为一贯通性较好的长大似层状优势外倾结构面，产状为N52°～70°W∠42°～53°NE；第二组节理（J_2）发育在第一组优势外倾节理面下端，为滑坡底滑面，仅倾角较滑坡壁要稍缓一点，产状为N72°W∠31°NE，延伸性较长，两组优势外倾节理面相交形成双滑块状；第三组节理（J_3）发育在滑坡左侧纵向冲沟玄武岩似层面以上，产状为N74°W∠0～3°SW，与上面两组节理面组合形成滑坡台阶式底滑面（折线形）。另外，滑坡区还发育三组片理：① 160°∠26°（内倾）；② 300°～305°∠50°～55°（斜倾W侧）；③ 136°∠69°（斜倾SE侧）。滑坡后壁上覆为厚约2m的残坡积层，下伏为中风化块状岩体，岩性为杏仁状玄武岩、凝灰岩（图4.12）。

在滑坡发生后7月25日调查时，大量水由基覆界面带状流出，汇集于光壁，似泉状。8月6日调查发现基覆界面仅有少量水流出，滑坡后壁呈潮湿–湿润状。结合气象条件，7月25日前有大量降水，而8月6日前则降水较少。由此可分析，基覆界面水主要受大气降水补给。由于下伏为完整性较好的块状玄武岩、凝灰岩，地下水沿基覆界面汇集于长大优势外倾节理，在长大节理界处渗出。

图 4.12　滑坡后壁特征

由后壁上残留滑带分析，位于强、中风化界限的凝灰岩，在地下水饱和条件下，逐渐软化、泥化。泥化滑带具有明显的摩擦剪切特征，局部见擦痕。

3. 滑坡右后侧边界揭露坡体结构特征

岩土体滑走后在滑坡区右侧和右后侧形成了基岩陡壁（图 4.13），高差为 30～40m。由于陡壁突然临空，上部的残积层和强风化岩体二次失稳，形成数个小型垮塌体覆盖在滑坡残留体后部，这些小滑塌宽度为 30～40m，前后高差约 20m，方量为 6000～8000m³。原位于滑坡区右后侧的一处混凝土民房随滑体滑移后破坏（图 4.10），经测量运动距离约 122m，运动方向为 18°。

滑坡后壁由一长大光壁（节理面）组成，光壁外侧坡体表面为薄层黄棕、红色残坡积层，厚度较小，平均厚度约 2m；残坡积体以下为强风化、碎裂 – 散块状玄武岩（图 4.13）。

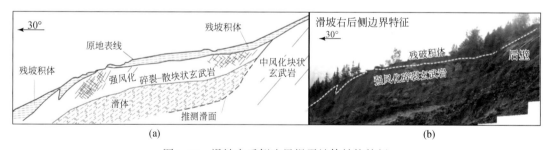

（a）　　　　　　　　　　　　　　　　　　　（b）

图 4.13　滑坡右后侧边界揭露坡体结构特征

4. 滑坡左侧边界特征

滑坡左侧（西侧）残留体较薄，至左侧边界陡坎下部，残留体被水流冲蚀后，底部出露墨绿、绿白色凝灰岩基岩面（图 4.14）。滑坡残留体与滑坡左侧边界之间为陡坎，陡坎为土层覆盖，颗粒较细，有向 NW 倒伏的柏树，倒伏方向为 315°（图 4.15）。

(a) 基岩面整体情况(镜向S)　　　　　　　　(b) 基岩局部照片

图 4.14　滑坡左侧出露的基岩面

(a)　　　　　　　　　　　　　　　(b)

图 4.15　滑坡左侧树木向外侧倒伏

5. 底滑面（带）特征

图 4.16 为滑体内揭露的底滑面特征。由底滑面两侧滑坡堆积可以看出，滑体主要为碎石土，滑面岩体为弱−强风化的玄武岩、凝灰岩，但岩体完整性较好，为块状结构。底滑面上具有一定的起伏特征，综合上面分析，滑坡底滑面为台阶状。

(b) 后壁下方滑面

(a) 滑体全貌　　　　　　　　　　(c) 阶梯状底滑面

图 4.16　滑体内揭露的底滑面特征

6. 滑源区滑坡堆积体特征

滑坡后壁下部为残留的滑坡体，面积约为 3 万 m², 且东侧厚，厚度为 10 ~ 15m，西侧薄，局部出露滑床凝灰岩基岩面，平均厚度约 8m，则残余体方量为 24 万 m³。滑坡残余体上分布有多级下挫台坎，整体走向为 90° ~ 120°，局部略有偏转。残留体的物质结构如图 4.17 所示，其中玄武岩块石块径为 6 ~ 20cm，间夹有橙红、紫红色黏土，经筛分，玄武岩块石质量占比为 50% 以上。

(a) 右侧冲沟中的堆积体　　　　　　　　　　(b) 中部堆积体

图 4.17　滑源区堆积体的物质组成

滑坡发生后在堆积体上部和中部残留有大片泥淖（图 4.18）。部分坡表水流从堆积体两侧的冲沟中流出。

(a)　　　　　　　　　　(b)

图 4.18　堆积体中部分布有大片泥淖

4.2.2　铲刮-堆积区特征

铲刮-堆积区中部留有幸存房屋，未发生任何变形。由坡体沟道及部分裸露基岩，揭示坡体结构主要为基岩（玄武岩），坡表为薄层的黄、红色残坡积层。

铲刮-堆积区主要分布在高程为 1250 ~ 1520m 的地区。主滑体以较高的初速度滑出剪出口后，由于临空，前缘坠落于平台上产生强烈撞击，进而解体，形成高速碎屑流，沿 NNE 方向向下运动，以巨大动能铲刮下部坡面原有的松散堆积物和强风化岩体。高速运动的碎屑流受到原始斜坡冲沟的导引，在 1450m 高程附近逐渐分流到两条冲沟中（图 4.19），其中左侧支流（西侧）在鼓丘后部先转向北，再沿原地表冲沟转向 27°方向，在鸡场水库南侧转向东侧，与右侧支流（东侧）交汇，左侧支流最大宽度为 140～170m；右侧支流（东侧）在鼓丘后部先转向 NE 方向，再沿地表冲沟转向 25°方向，直至在岔沟中停积。右侧支沟最大宽度为 130～150m。左右两条冲沟为滑坡-碎屑流体高速下滑释放能量提供了有利地形，碎屑流下滑过程中不断铲刮沟底原有残坡积层和强风化岩体（图 4.19），导致碎屑流体积逐渐增大，同时铲刮和掩埋沟谷两侧及下部居民区房屋。

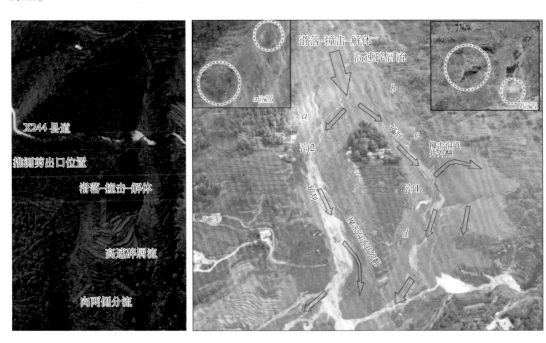

图 4.19　铲刮-堆积区的整体特征及滑坡发生时的运动路径
滑坡后河道松散残积体被铲刮。在河道和斜坡表面的局部位置观测到基岩（如右图中的 a～d 位置）

高速碎屑流对沟道表层残坡积层产生强烈铲刮效应，且由于沟道有拐弯，高速碎屑流在拐弯位置运动受阻产生撞击涌浪外翻现象，翻过沟道小脊，洒落形成薄层覆盖。据抢险开挖揭露剖面（图 4.20），左侧沟道外侧覆盖松散滑坡堆积体厚度总体不厚，为 2～5m，但碎屑流滑动时速度和推力较大，在如图 4.21 所示位置挖出遇难人员。

需要说明的是，碎屑流体滑出滑源区后，源区后部的失稳岩体在运动一定距离后，停积在 X244 县道下部的缓坡平台（1450～1500m）上，使得该区域堆积体较厚，为 10～15m，局部厚度超过 30m。在左右两条支沟中的堆积体厚度为 6～8m，而侧壁上堆积体较薄，部分区域出露原始坡残积物，本区残余堆积体厚度约 6m。

通过对滑坡后的数字高程模型（digital elevation model，DEM）数据分析，铲刮-堆积区投影面积为 21.2 万 m^2，残余碎屑体平均厚度约为 6m，方量约为 130 万 m^3。

(a) 右侧支沟铲刮特征　　　　　　　(b) 左侧支沟铲刮特征

图 4.20　沟道铲刮特征

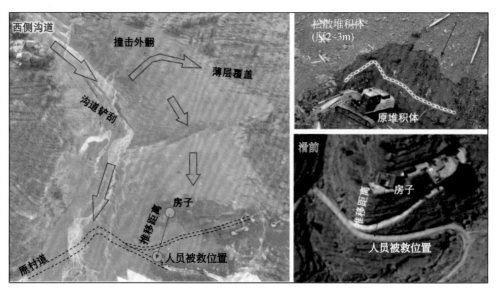

图4.21　左（西）侧沟道 2 高速碎屑流对沟道铲刮、变向撞击外翻现象

4.2.3　主堆积区特征

1. 主堆积区总体特征

主堆积区位于斜坡下部 EW 走向的岔沟宽谷中，该处宽谷西侧高、东侧低，谷底表层为松软的耕植层，平均厚度约为 2m。鸡场镇坪地村岔沟组就位于宽谷的两侧谷坡上。堆积区东侧为鸡场水库，受地形控制，水库没有受到碎屑流冲击。

左侧沟道和右侧沟道有两个运动通道，两个沟道冲出来的碎屑大部分堆积于中间洼地，由于碎屑具有高速特征，在经过中间洼地后仍具有较快的速度，有少量堆积体抛洒于滑坡对岸的田地中。在图 4.22 中存在一小山包，对左侧沟道物质运移具有导向作用，而对于右侧沟道碎屑流则具有阻挡作用。

图 4.22 为左侧沟道内堆积体冲出沟道后，在前缘的运动堆积特征，可见堆积体大部分堆积于洼地，少量堆积体继续向前运动，冲向对岸田地，由沟道内树木倒塌方向，可判断堆积体的运动方向。

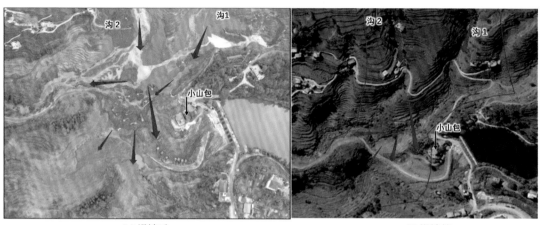

(a) 滑坡后　　　　　　　　　　　　　　　　(b) 滑坡前

图 4.22　堆积区分布及形态特征

2. 滑坡前缘"气浪效应"

失稳的碎屑流体在Ⅱ区两条冲沟的导流下冲下斜坡，停积在岔沟底部的宽谷中，高速动能冲击形成了巨大的气浪。

图 4.23 为右侧沟道碎屑流在小山包（有住房）处产生的气浪效应，小山包上树尖被剪断，或者树被推倒，房屋侧向玻璃（滑坡侧）被打碎。房屋正面墙壁上可见泥点呈抛物线状落下。房前院坝两辆汽车，其中一辆汽车洒落部分泥土，另一辆汽车被推挤到院坝以下。

图 4.23　右侧沟道碎屑流在小山包处产生的气浪效应

据房屋主人介绍,滑坡发生时,"泥土嘣的一下,像放炮一样冲来",根据房屋附近泥土含量可知,滑坡碎屑泥土明显减少,已为"强弩之末",但仍存在较大力度,导致树木被截断、汽车被砸或推挤翻倒。

由于图 4.23 中山包的阻挡作用,后面堆积体很小。但在如图 4.24 所示玉米地对面,仍可观察到滑坡前缘的气浪作用。玉米整体倒向为 35°,且玉米均被截断只剩 30cm 左右高度。在玉米地立有电线杆,上空共有六条输电线,其中四条高度较低、两条高度较高。据现场调查,低空的四条输电线的表皮被打毛,而较高的两条输电线则未受损。从而可判定滑坡堆积体在此位置的运动高度,滑坡运动亦已处于"强弩之末"。

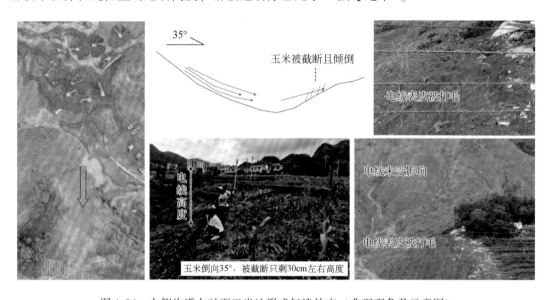

图 4.24   右侧沟道在对面玉米地形成气浪效应(典型现象及示意图)

通过对滑坡后的 DEM 数据分析,堆积区投影面积为 10 万 m^2,平均厚度为 4m,则堆积方量约 40 万 m^3。

根据现场调查和无人机航拍正射影像图可知,滑源区强风化玄武岩体失稳后解体,以碎屑流形式高速运动,并因块体间不断碰撞破碎使能量耗散后最终停积下来。在整个高速运动过程中,块石在运动途中最先停积,主要分布在停积区的中后部,而粒径相对较小的块石和饱水碎屑物质呈流体状运动,一直到岔沟宽谷中才停积下来。

综上所述,滑源区残余体方量为 24 万 m^3,铲刮-堆积区方量约 130 万 m^3,主堆积区堆积方量约 40 万 m^3,则滑坡区现有残余松散堆积体约 200 万 m^3。

4.3   坪地村滑坡历史变形回溯

4.3.1   滑源区周边工作进展及形变影像特征

为综合分析坪地村滑坡("7·23"滑坡)的形成机理,需要详细了解滑源区岩体失稳前的情况。图 4.25 列出了滑坡滑源区的多期历史影像。

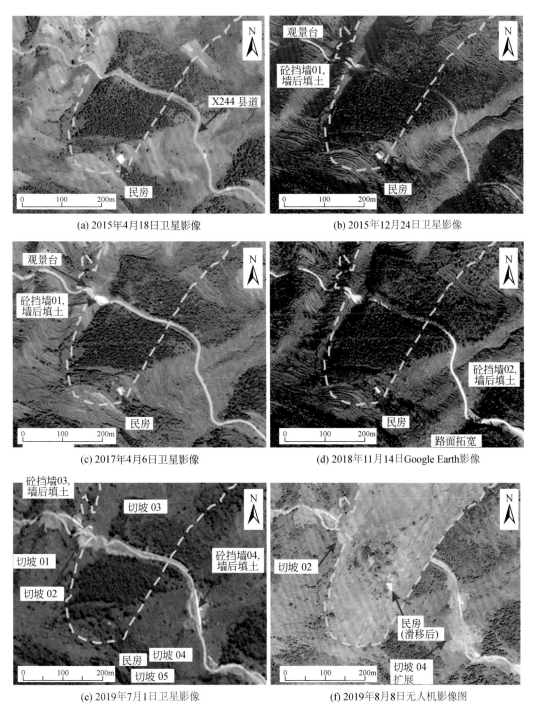

(a) 2015年4月18日卫星影像　　　　　　(b) 2015年12月24日卫星影像

(c) 2017年4月6日卫星影像　　　　　　(d) 2018年11月14日Google Earth影像

(e) 2019年7月1日卫星影像　　　　　　(f) 2019年8月8日无人机影像图

图 4.25　坪地村滑坡滑源区多期历史影像图

从滑前影像图中可以看到，滑源区主要位于斜坡中上部，县道 X244 从滑源区穿过，斜坡中下部为鸡场镇坪地村岔沟组居民区，鸡场水库位于斜坡下部。以影像资料为基础，对"7·23"滑坡滑源区周边的工程进展情况叙述如下。

（1）2015年4月，滑源区中下部的X244县道上没有出现明显的工程施工迹象，在滑源区左侧的水沟畅通。至2015年12月底，滑源区左侧的沟道中建起了挡土墙，墙后填土；沟道西侧的转弯处修建了一处观景台，据当地村民介绍，观景台上修建有中式凉亭。2017年4月前，滑源区周边没有出现明显的工程施工迹象。

（2）2018年11月，滑坡右侧（东侧）的深沟中修建了一处混凝土挡土墙［图4.25(d)］，墙后填土，使该处路面变宽。

（3）2019年7月初，滑源区左侧的公路边坡被大量开挖［图4.25（e）］，切坡02区位于观景台所处公路内侧，长度约40m，坡表向内移动了约10m；切坡03区位于滑源区左前部，长度约为80m，坡表向内移动了约10m。

从图4.25中对工程施工过程中的形变进行分析，可以看到在施工过程中，遥感上并未观察到明显的变形迹象。六盘水市和水城区组织的各类地质灾害巡排查工作也未发现该区域发生人眼可见的变形现象。

4.3.2　滑坡前滑源区周边地表InSAR变形分析

贵州省于2016年开始在全省范围内进行InSAR变形监测工作，"7·23"滑坡区域在监测范围内，根据L波段ALOS-2雷达数据（2017年4月16日至2019年7月7日）的InSAR监测和C波段的哨兵数据（2019年1月11日至7月22日）监测对滑坡滑前周边地形进行InSAR形变分析。

1. L波段ALOS-2雷达数据InSAR监测情况

2017年4月至2019年7月，共计使用16景L波段ALOS-2数据进行D-InSAR处理分析实现该区域的InSAR监测覆盖，结果均显示该滑坡区域无明显形变信息。图4.26为该区域采用2019年5月26日至7月7日数据分析的最新的D-InSAR监测结果，滑坡区域无明显形变信息，该滑坡EN方向约3km处的明显形变信号为InSAR监测结果已上报的49号形变区（鸡场镇坪地村岩脚组、攀枝花煤矿持续14次监测到明显形变）。

2. C波段哨兵雷达数据InSAR监测情况

2019年1~7月，共计使用14景C波段哨兵雷达数据进行D-InSAR处理分析实现该区域的InSAR监测月度覆盖，结果均显示该滑坡区域无明显形变信息。图4.27为该区域采用2019年7月10~22日数据分析的D-InSAR初步处理结果，滑坡区域无明显形变信息。

L波段ALOS-2及C波段的哨兵数据分析结果均显示，数据覆盖时间段内，截止到7月22日，此次滑坡区域均无明显的形变信息。而在此滑坡EN方向存在多个形变区，初步判断形变与煤矿开采有关。这些形变已经得到现场核实验证，从而也证明了InSAR监测的可靠性。

图 例
0　1500　3000　　6000m
☆ 坪地村滑坡

图 4.26　坪地村滑坡区域 L 波段 ALOS-2 雷达数据 D-InSAR 结果（2019 年 5 月 26 日至 7 月 7 日）

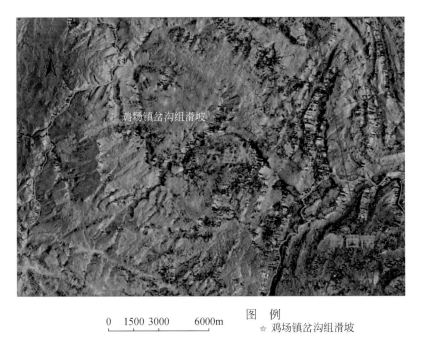

图 例
0　1500　3000　　6000m
☆ 鸡场镇岔沟组滑坡

图 4.27　坪地村滑坡区域 C 波段哨兵雷达数据 D-InSAR 结果（2019 年 7 月 10 ~ 22 日）

4.4　坪地村滑坡运动过程及成因机制分析

4.4.1　滑坡发生过程

据贵州省地震局提供的滑坡附近地震监测站记录的地震动记录,滑坡发生在 7 月 23 日 20 时 40 分 59 秒(图 4.28)。根据滑坡引起的地震动记录显示,坪地村滑坡过程经历了蠕滑、剧烈滑动和散落堆积阶段三个阶段。

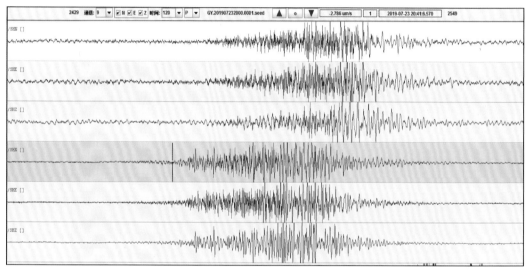

图 4.28　坪地村滑坡引起的地震动波谱图

滑坡启动时间为 7 月 23 日 20 时 40 分 59 秒,历时 61s。第一阶段,滑源区母岩为呈碎裂散体结构的玄武岩,风化强烈。坡面堆积体厚度大。在暴雨和地下水作用下,公路右侧松散层产生蠕滑,蠕滑过程持续约 20s。第二阶段,松散物质启动蠕滑后,受地下水压推动和前缘临空双重影响,产生更大的滑体,滑体快速下滑,撞击早前蠕滑的物质,产生极大的动力,沿途剧烈铲刮沿程岩土体,体积迅速扩容,剧烈滑动阶段持续约 16s。第三阶段过程复杂,地形坡度明显变小,由 20°变成 5°~10°,加上斜坡冲沟形状由"V"形变为扇形,导致碎屑流体速度迅速降低,受到前缘沟道阻挡形成散落堆积体,散落堆积阶段持续约 25s。

4.4.2　滑坡剪出口位置分析

勘查成果显示滑坡沿鸡场—龙场公路下方剪出。为进一步分析不同位置斜坡原有地形,以及滑体厚度变化、分布,沿公路上方水平距离 50m,下方水平距离分别为 50m 和 200m 制作滑坡横剖面,横剖面位置见图 4.29,三条横剖面示意图见图 4.30。

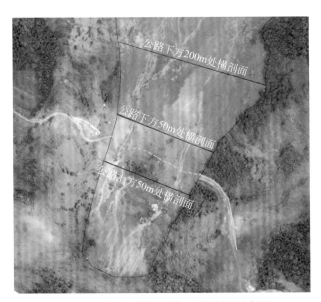

图 4.29　坪地村滑坡横剖面线位置示意图

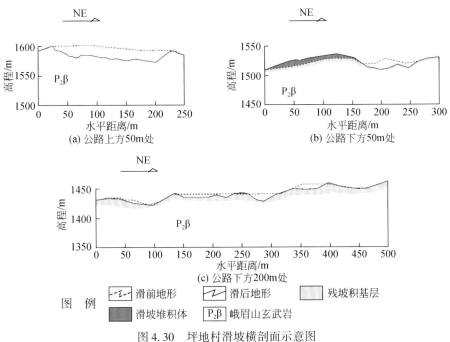

图 4.30　坪地村滑坡横剖面示意图

三条横剖面示意图显示，公路上方左侧冲沟切割深度小，仅在靠近公路出口处沟底基岩出露，公路上方右侧冲沟不发育。公路下方两条横剖面显示发育两条冲沟，左侧冲沟切割深度大于右侧，两条沟壁顶部沿相同高程展布。滑坡堆积体在两条冲沟间堆积最大厚度为 8m；公路下方水平距离 200m 横剖面处滑后地形与滑前地形基本相同，堆积体厚度小。本次调查中沿原公路位置布置了四条物探剖面和两个钻孔，钻探施工深度超过原路面高程近 10m 均未见到原公路路基物质成分，在原公路位置又布置了三个探槽，开挖至原公路高程以下 2m 仍未发现公路路面和路基物质。经综合分析，滑坡滑动面在原公路高程 5m 以下，原公路已与滑坡一起向下滑动。

4.4.3　滑坡成因机制分析

滑坡区域外侧为似层状玄武岩，岩体质量稍好。滑源区地质剖面图及可能的破坏机制示意图如图 4.31 所示。坡体表层为厚约 2m 的残坡积层，由黄、红色粉质黏土、黏土组成。下伏为玄武岩、凝灰岩，以滑坡后壁为岩体风化界限和岩体结构分界，坡体内部为中风化的块状玄武岩，外部为强风化的碎裂–散体状玄武岩。在坡体内部剖面上主要存在倾坡外的节理，节理倾角为 30°～50°，具有一定起伏。

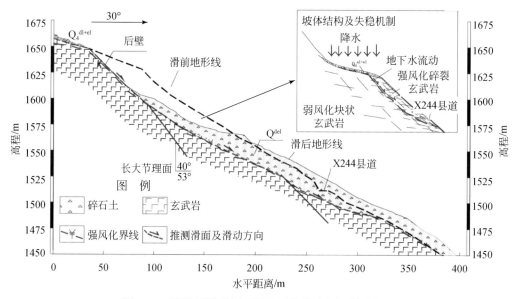

图 4.31　滑源区地质剖面图及可能的破坏机制示意图

据贵州省气象局统计，在 7 月 18～23 日，鸡场镇共出现三次强降水天气过程，分别出现在 18 日夜间、19 日夜间至 20 日白天以及 22 日夜间。7 月 18 日 20 时至 23 日 20 时，鸡场镇累计降水量鸡场站点为 141.8mm，坪地村站点为 189.1mm。其中，7 月 22 日 20 时至 23 日 20 时，鸡场站点降水量为 48.8mm，坪地村站点降水量为 98mm。在强降水条件下，雨水快速入渗，由于内部中风化块状玄武岩透水性较弱，雨水沿基覆界面向坡外流动，而到长大节理所在风化界限时，向长大节理及外侧汇集。长大节理界面凝灰岩饱水软化、泥化，力学强度降低。在超间隙水压力作用下，因起伏而具有锁固特征的滑带突然剪断，滑体整体快速滑出，滑体前缘临空而在下部平台坠落，冲击地面解体，形成高速碎屑流，而滑体后缘则堆积于县道以上区域（朱要强，2020）。

4.5　经验及教训

经调查，"7·23"滑坡区山高坡陡，岩体风化强烈，高陡的地形和不利的岩土组合是滑坡发生的基本条件；斜坡上 X244 县道施工切坡降低了公路内侧坡体的抗滑力，加剧了对斜坡稳定性的不利影响；强降水导致土体和强风化岩体强度降低、下滑力增加，同时降低了岩土体的抗滑力。以上不利因素的叠加，最终导致滑坡发生，并转化为高位远程滑动，形成特大型滑坡地质灾害，该滑坡为高位远程隐蔽突发性滑坡。

这类滑坡具有一定的隐蔽性，预变形检测困难。这类滑坡的上述特点使得目前先进的观测手段（如 InSAR、LiDAR、UAV）失效。如何在早期阶段识别突发性滑坡仍然需要更深入地研究。

滑坡的产状与大型节理面及碎裂构造的玄武岩密切相关，但碎裂玄武岩和长节理的空间分布和形成原因仍需进一步研究。滑面附近的岩体易软化，变泥质，该岩体可进一步取样，以确定矿物成分。水对岩体软化成泥的影响还需要进一步的实验研究。

本书认为降水是诱发滑坡的主要因素，然而，降水如何作用于岩体及滑坡的起裂机制仍需通过分析和实验来详细研究。

为防止类似灾害发生，减少人员伤亡和财产损失，需要加强对类似斜坡地带群众居住区域的地质灾害隐患排查和风险评价，对存在较大风险的隐患进行综合治理，加大实施地质灾害避险移民搬迁工程的力度。

第5章 纳雍县张家湾镇普洒村崩塌

2017年8月28日10时30分左右，纳雍县张家湾镇普洒村老鹰岩山体（105°26′50″E，26°38′6″N）发生高位崩塌地质灾害，致使23栋房屋被掩埋。经现场救援，发现26人遇难、9人失踪、8人受伤，直接经济损失510万元。灾情发生后，贵州省人民政府立即启动Ⅱ级应急响应，积极开展应急抢险救援工作（图5.1）。

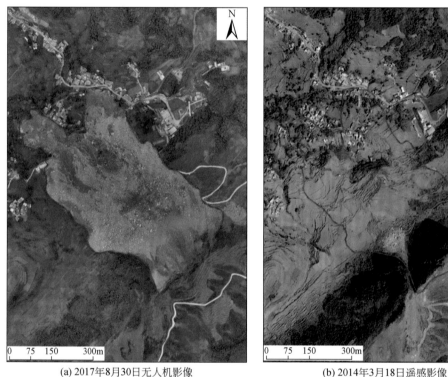

(a) 2017年8月30日无人机影像　　　　　　　(b) 2014年3月18日遥感影像

图5.1　普洒村崩塌发生前后影像图（据郑光等，2018）

5.1 研究区自然和地质环境条件

5.1.1 气象水文

研究区地处中亚热带季风湿润气候带，气候温暖，雨量充沛。年平均降水量为1200～1300mm，其中6月降水量最多，月平均降水量为223.0mm；12月最少，月平均降水量为22.0mm；5～9月降水集中，占全年总降水量的73.7%。图5.2的降水资料显示，进入

2017 年后，纳雍县张家湾 1~5 月降水量为 132.6mm，6 月降水量为 161.6mm，7 月降水量为 228.7mm，8 月崩塌前降水量为 44.3mm。2017 年 8 月 28 日崩塌灾害发生前 3 日无降水。崩塌区近期气候总体呈现"久晴久雨"的特征（余逍道，2020）。

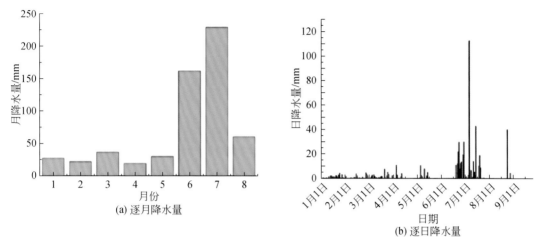

图 5.2　纳雍县张家湾镇 2017 年崩塌前逐月和逐日降水量

灾害发生区处在长江流域的乌江水系的水公河附近，该河水浅滩多，河道蜿蜒，局部水流湍急，多用于水田灌溉和小型水力发电。区内未见大的河流，矿区外西面的水公河为主要河流。自花鱼洞流入，从左家河流出，区内溪沟较多，矿山污废水经过处理后达标并排放于附近溪沟，均向南汇入水公河。

5.1.2　地形地貌

研究区位于乌蒙山系东南麓，是贵州高原第二阶梯黔西山原的一部分，即云贵高原向黔中山原的过渡地带，区内总体地势北低、南高。山脉总体走向为 SW 向，下三叠统夜郎组形成陡峭山脊，纵贯全区，最高点位于南面的山峰顶，标高为 2175m，最低点位于普洒村下的河沟中，标高为 1875m，相对高差为 300m，地形坡度为 10°~25°，局部地段坡度达到 55°，老鹰岩一带为陡崖（崩塌发育于此），高差为 200m 左右，宽度约 1km。上二叠统龙潭组含煤地层露头部位地势平缓，一般标高为 1700~1900m，平均约 1850m，大部分区域多被第四系覆盖（图 5.3、图 5.4）。

崩塌区及堆积区以旱地为主，崩塌区顶部地形坡点一带多有灌木、乔木和草丛。堆积区周边区域植被覆盖率高。

5.1.3　地层岩性和地质构造

研究区内出露地层有第四系（Q）、下三叠统夜郎组（T_1y）、上二叠统长兴-大隆组（P_2c+d）、上二叠统龙潭组（P_2l），现按由新至老分述如下（图 5.5）。

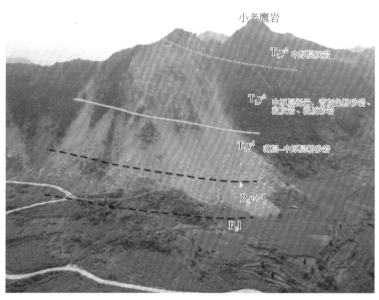

图 5.3　普洒村崩塌地层及崩塌前全境（摄于 2017 年 7 月）

图 5.4　普洒村崩塌地层结构（崩塌发生后，摄于 2017 年 8 月 30 日）

第四系（Q）：主要为黏土、砂质黏土，表层为腐殖层，夹砂岩转块，厚 0～15m。

下三叠统夜郎组（T_1y）：调查区内上部为青灰、灰褐色薄至中厚层状灰岩夹泥灰岩，产状为 170°～180°∠5°～7°，发育三组节理面：① 145°∠80～90°；② 5°～7°∠70°～80°；③ 200°∠70°～80°；在小老鹰岩附近的山脊上能够看到灰岩中岩溶较为发育，并在山坡上分布有成串的落水洞（图 5.6、图 5.7）。中下部为紫红、灰色砂质泥岩夹粉砂岩、泥质砂岩、页岩，产状为 170°～180°∠8°～10°，发育三组节理面：① 100°～105°∠80°～90°；

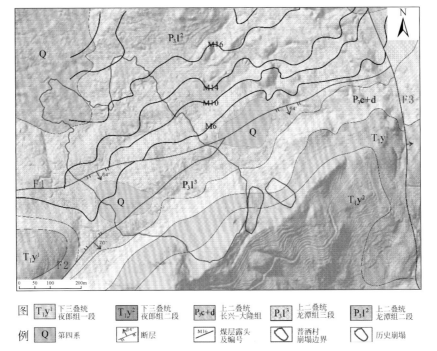

图　
例

T_1y^1 下三叠统 夜郎组一段	T_1y^2 下三叠统 夜郎组二段	P_2c+d 上二叠统 长兴-大隆组	P_3l^3 上二叠统 龙潭组三段	P_3l^2 上二叠统 龙潭组二段
Q 第四系	断层	M16 煤层露头 及编号	普洒村 崩塌边界	历史崩塌

图 5.5　普洒村崩塌区附近地层及地质构造

② 6°~9°∠80°~90°；③ 80°~90°∠80°~90°。崩塌体后壁顶部发育一层 20~30m 的泥岩层，泥岩呈土黄色，手可挖动。

图 5.6　小老鹰岩坡顶上出露的夜郎组灰岩
及下部的裂缝

图 5.7　小老鹰岩坡顶上出露落水洞

上二叠统长兴-大隆组（P_2c+d）：其岩性上部为深灰、灰色泥质灰岩，夹燧石层、页岩、砂质页岩；下部为灰色中厚层状、薄层状灰岩夹黏土岩、页岩。与龙潭组呈连续过渡关系，与龙潭组的分界以习惯称谓的"盖顶煤"顶板为准，该组顶部与下三叠统夜郎组（T_1y）呈整合接触（许世民等，2020）。

上二叠统龙潭组（P_2l）：该组为煤系地层，位于峨眉山玄武岩组假整合面之上，为一套近海相含煤沉积建造。分布于普洒煤矿区大部,主要岩性为细砂岩、粉砂岩、泥质粉砂岩、粉砂质泥岩、泥岩、碳质泥岩、灰岩薄层以及煤层。含煤层26~44层,含可采煤层六层,即M6、M10、M14、M16、M18、M20层。

调查区域位于张维背斜东南翼,整体为一单斜构造。地层倾向为SSE向,走向为NWW向,倾角为5°~10°。区域内发育有三条断层F1、F2、F3。据《纳雍县张家湾镇普洒煤矿矿山地质环境保护与治理恢复方案》(2010年1月,贵州地矿工程勘察总公司编制)可知如下情况。

F1断层:其性质为正断层,呈NE向横穿矿区,东端抵F3横断层,倾向为155°~167°,倾角为63°~70°,断距为5~29m。上盘地层倾向为160°~175°,倾角为8°~9°;下盘地层倾向为161°~187°,倾角为7°~8°。

F2断层:其性质为逆断层,倾向为SE向,倾角为70°~75°,断距为17.0~69.00m。上盘地层倾向为157°~176°,倾角为7°~9°;下盘地层倾向为138°~167°,倾角为7°~8°。该断层位于矿区中西部,北东端与F1相接(杨忠平等,2020)。

F3断层:其性质为正断层,倾向为NE向,倾角为75°~80°,位于矿区东侧矿界外,对矿区内煤层无影响。

其中F1、F2断层发育于普洒崩塌陡崖下部的斜坡中前部,由于被堆积体覆盖,在现场调查过程中未能对这两条断层进行复核,F3发育于调查区北侧的山坳处,距离崩塌源区直线距离为400~500m。

根据《中国地震动参数区划图》(GB 18306—2015),地震动峰值加速度为0.05g,地震动反应谱周期特征为0.35s,地震基本烈度值为Ⅵ度,本区及邻近区域近年来未发现有强震活动,崩塌发生前也未见可能影响坡体稳定性的地震显示,区域稳定性良好。

经调查走访,崩塌发生前,崩塌源区未见地下水出露,由于崩塌源区位于山脊顶部,地下水补给来源主要为降水入渗。在崩塌堆积区前缘的民房后部(距离崩塌源区水平距离约680m,垂直高差约300m)出露有一处下降泉,泉水排出地表后沿人工排水沟最终汇入水公河。

5.2　普洒村崩塌变形破坏历史

从图5.8中可以看到,崩塌源区向前凸出,形成一个类似于鹰嘴的地形,在凸出岩体后部发育有长大的裂缝。陡崖下部的坡体平缓,无阻挡物,斜坡前部即为普洒村大树脚组和桥边组居民组。

为了综合分析张家湾镇普洒村崩塌的发育机理,需要详细了解崩塌源区岩体失稳前的变形破坏情况。

5.2.1　2009年6~12月的变形情况

据贵州地矿工程勘察总公司2010年1月编制的《纳雍县张家湾镇普洒煤矿矿山地质环境保护与治理恢复方案》中展示的普洒村崩塌("8·28"崩塌)源区2009年6月的影

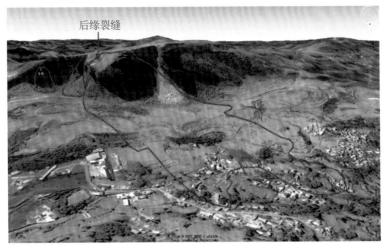

图 5.8　普洒村崩塌前地貌及堆积区范围（据 Google Earth，2014 年 3 月 18 日图像）

像来看（图 5.9），该区域坡体前部植被茂盛，主要崩落体位于源区南侧。据"纳雍县张家湾镇普洒煤矿矿山地质环境保护与治理恢复方案"报告第三章第二节"（一）矿山现状地质灾害评估"描述，该处崩塌体"位于井田南部呈南西向分布的陡壁，崩塌石块堆积于其下平地后壁或斜坡上，其地形陡峻，且有陡崖，上部坡度约 90°，岩体结构面发育，突兀岩石较多，为下三叠统夜郎组（T_1y）岩石经风化、大气降水侵蚀等作用逐渐失稳而向下崩落，其下部落差约 80m 的坡地上遗留有大量早期崩落岩块和砂粒。单体大小为 0.01 ~ 0.5m³，岩性主要为灰岩，总方量约 3000m³，崩落的主要方向约 256°。崩落高度约 50m，岩体破碎，难以控制，目前仍在活动，距居民居住地及村庄较远，不存在威胁，但会对要耕种人员或路过人员构成威胁。"从图像上看，小老鹰岩斜坡无崩塌物质堆积（图 5.10）。

图 5.9　2009 年 6 月普洒村崩塌源区左后侧斜坡特征（摄于 2009 年 6 月 4 日，左下侧图黄色框为图示内容在斜坡的相对位置）

据贵州地矿工程勘察总公司编制的《纳雍县张家湾镇普洒煤矿崩塌地质灾害治理工程施工图设计》中描述普洒村崩塌源区特征（图5.10）："崩塌山体位于纳雍县普洒煤矿工业广场南侧300m处，该处为高140m的陡崖，为该处崩塌的形成提供了临空条件及位移空间，受纳雍县普洒煤矿采矿活动影响，山体后缘产生一较大裂缝，山体上的危岩体时常产生崩落，对其下的工业场地、附近居民的生命财产安全构成巨大威胁。"

从调查资料分析可知，该处山体崩塌的主要崩塌方向为从南向北产生崩塌，崩塌带后缘纵长342m，前缘宽420m，平均宽380m。崩塌体最厚达137.6m（近前缘段），最薄处厚为32m，后缘平均厚度为68m，崩塌体体积约为29.5万m³，为一类、倾倒式崩塌。

崩塌整体平面形态近似呈带状，剖面形态呈阶梯状。崩塌自2006年发生以来均一直不断地变形发展，并且崩塌山体后缘大裂缝逐年变宽，变形逐年加剧，如图5.11所示。

图5.10　2009年12月普洒村崩塌源区斜坡全貌特征

(a) 地裂缝照片1　　　　　　　　　　(b) 地裂缝照片2(后缘)

(c) 地裂缝照片3(后缘)　　　　　　　　　　　　(d) 地裂缝照片4(后缘)

图 5.11　2009 年 11 月普洒村崩塌源区后部裂缝特征

5.2.2　2014 年 3 月的变形情况

图 5.12 为 Google Earth 2014 年 3 月 18 日普洒村崩塌源区后部的裂缝特征卫星图像，从图中可以看到，崩塌源区后部已经发育有数条长大裂隙。其中 1#裂缝长约 132m，走向 N30.7°E；2#裂缝长约 179m，走向 N31.4°E；3#裂缝长约 51m，走向 N40°E；4#裂缝长约 25.7m，走向 N31°E；5#裂缝长约 18.7m，走向 N44°E；6#裂缝长约 15.6m，走向 N43°E；7#裂缝长约 24.5m，走向 N57°E；8#裂缝长约 22.7m，走向 N56° ~ 60°E。需要说明的是，"8·28"崩落位置所述崩落位置位于 7#裂缝下部的斜坡体上（郑光等，2018）。

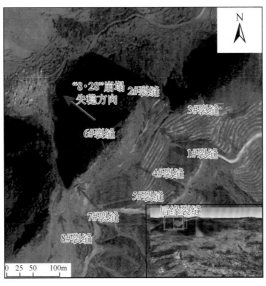

图 5.12　2014 年 3 月普洒村崩塌源区后部的裂缝特征卫星图像（图像为 2014 年 3 月 18 日的
Google Earth 影像，右下侧图中黑框为图示内容在斜坡的相对位置）

上述裂缝在崩塌发生后现场调查时除 2#裂缝、3#裂缝、6#裂缝外皆存在。其中 1#裂缝在崩塌发生后长度延伸至 180m 左右，宽度达到 34m；4#裂缝和 5#裂缝所在位置变成放射状裂缝区，区内裂缝张开度为 4 ~ 5m。

5.2.3　2016 年 6 月的变形情况

据贵州省地质矿产勘查开发局一○六地质大队 2016 年 7 月编写的"纳雍县张家湾镇普洒村老鹰岩组崩塌地质灾害应急调查报告"，"2016 年 6 月受汛期强降水作用，张家湾镇普洒村老鹰岩崩塌地质灾害点再次发生大规模突发性崩塌，崩落体主要为大块状碎石单体及黏土加碎石，崩落体堆积于坡体前缘缓坡平台处及通村公路旁"，"普洒村老鹰岩崩塌地质灾害点崩落体现已造成通村公路损坏约 100m，造成其堵塞不能正常顺畅通行（图 5.13）。"

图 5.13　2016 年 6 月普洒村崩塌源区右后侧斜坡特征（摄于 2016 年 6 月，左下侧图中黄色框为图示内容在斜坡的相对位置）

5.2.4　2017 年 7 月的变形情况

2017 年 7 月 20 日，发生崩塌灾害区域侧缘约 200m 处发生小面积崩塌（未造成灾害）（"纳雍县张家湾镇普洒社区老鹰岩崩塌地质灾害管理情况调查报告"，调查人员：蒋从跃、黄海刚等，提交时间为灾害发生后）。

据"8.28"崩塌灾害发生后的新浪新闻报道：据村民说，7 月时当地就有过小的滑坡，滑坡持续了十几秒，但没有把房子冲垮……另一位村民也证实，在上个月，山上曾陆续发生过落石头的情况，因为次数比较多，他也记不清发生多少次……还有一位村民则表示，普洒村附近的山体曾经发生过垮塌，事发前曾有石块掉落在山下的寨子。

据现场访问附近村民，崩塌源区在整体失稳前一个月就开始出现不间断的小崩小落。由图 5.14 可以看到，崩塌生成的堆积物已经将斜坡坡脚完全覆盖住，通过特征地貌点在 Google Earth 软件中测量，堆积体崩落距离超过 150m。

图 5.14　大规模崩塌发生前,普洒村崩塌源区斜坡特征 (摄于 2017 年 7 月)

5.2.5　崩塌源区岩体变形历史

崩塌发生后,收集到了 2013 年和 2014 年崩塌前的影像资料。在 2013 年的无人机航拍影像上 [图 5.15 (b)] 可以看到此次崩塌源区后部植被较少,清晰可见数条垂直于崩塌方向的裂缝,其中 1#裂缝在崩塌后延伸至 180m 左右,宽度达到 34m;2#裂缝和 3#裂缝对应崩塌的后缘边界;4#裂缝和 5#裂缝位于崩塌体的左后侧,崩塌发生后该区域变成放射状裂缝区 [图 5.15 (d)]。在 2014 年 3 月 18 日的遥感影像图上 [图 5.15 (c)],可以看到 6#裂缝范围略有增大,其他裂缝未见明显扩展和延伸。

根据滑前宏观历时变形情况,推测普洒崩塌源区的变形应发生在 2016 年 5 月以后,到 2017 年 7 月开始在崩塌源区右后侧出现集中密集的持续变形,导致一系列小崩塌发生。

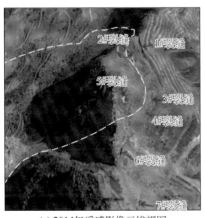
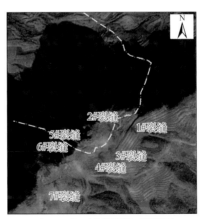

(a) 2014年遥感影像三维视图　　　　(b) 2013年无人机影像三维视图

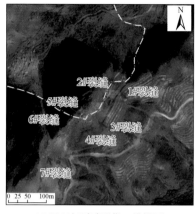
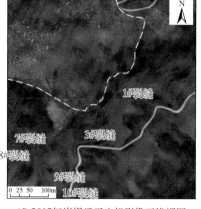

(c) 2014年遥感影像二维视图　　　　　　(d) 2017年崩塌后无人机影像三维视图

图5.15　普洒村崩塌源区岩体裂缝特征

5.3　普洒村崩塌基本特征

5.3.1　崩塌规模与形态

通过对崩塌区多源、多期地形数据的处理、配对校准和分析，结合现场调查对普洒村崩塌特征有了明确的认识。崩塌源区及堆积区均发育于小老鹰岩北侧，其中堆积区平面形态呈不规则的手掌状（图5.16），向300°～310°方向延伸。崩塌源区走向约40°，位于小老鹰岩北侧，崩塌陡壁后缘海拔约为2120m、坡脚海拔约为1922m，相对高差约为200m。

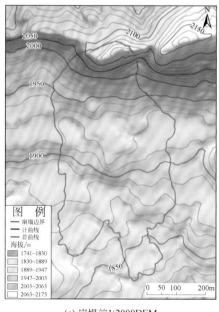
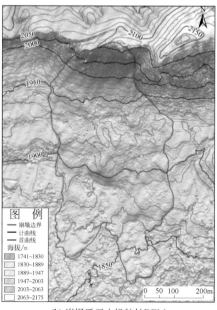

(a) 崩塌前1:2000DEM　　　　　　　　(b) 崩塌后无人机航拍DEM

图5.16　普洒村崩塌区 DEM 影像

整个堆积区前部呈手指状延展，坡体表面舒缓，一般坡度为10°左右，局部发育田坎。堆积体前部直达普洒村大树脚组和桥边组，其高程约为1860m，堆积区前后缘高差为120～130m。堆积区中部 SW–NE 向宽为360～380m，其中北东侧原始斜坡略高，两侧高程差为10～15m。现场调查表明，崩塌发生后岩土体的运动方向为 NW 向，该方向从崩塌后壁至堆积区前缘的水平长度为800～820m，陡壁坡脚至堆积区前缘的水平长度约为660m，堆积区平均厚度约为4m。

通过崩塌前后 DEM 数据差分处理分析，崩塌源区损失岩体方量约为49.1 万 m^3；陡崖下部堆积岩土体方量约为82.3 万 m^3。

根据现场调查和无人机航拍数据分析，可以将普洒村崩塌堆积区分为崩塌源区（A区）、下落铲刮区（B区）、流通停积区（C区）和崩塌源区北侧的扰动崩塌区（D区、E区）（图5.17、图5.18）。

图 5.17　普洒村崩塌及堆积区全貌

图 5.18　普洒村崩塌右后侧次级崩塌全貌

5.3.2 崩塌分区及特征

1. 崩塌源区（A区）

崩塌源区位于斜坡山体顶部，东部高程为2080~2120m，剪出口位于坡顶向下60~90m处。崩塌源区崩落岩体平均高约85m、宽约145m，平均厚度约40m，总方量约49.3万m³。源区所在山体斜坡为岩质斜向坡，岩层产状为N80°E~EW/SE∠5°~7°。崩塌物质主要为下三叠统夜郎组（T_1y）泥岩、粉砂岩夹泥灰岩，岩体内发育三组节理面：① N10°~15°E/SE∠80°~90°；② N81°~84°W/NE∠80°~90°；③ N10°W/NE~NS/E∠80°~90°。现场调查发现，崩塌体后壁顶部发育一层20~30m的泥岩层，泥岩呈土黄色，手可挖动。从岩体结构分析：第①组结构面构成崩塌源区的原始临空面；第②组结构面将源区岩体与小老鹰岩陡壁切割开；第③组结构面将源区岩体与稳定岩体切割开，形成一个不规则的三棱柱体。这个"三棱柱体"在下部采煤等荷载的影响下，逐渐向临空方向变形，使第②和③组结构面逐渐拉开，并具备一定的贯通性，为岩土体的进一步变形提供了基础（翟克礼，2019）。

后壁上部为陡立的中厚-厚层灰岩，厚度约为20m，由于下部岩体已经崩落，在灰岩下部形成了两个凹腔。在中下部岩壁上发育有擦痕，倾向为305°（图5.19、图5.20）。

图5.19　普洒村崩塌源区与下落铲刮区特征　　　　图5.20　普洒村崩塌源区后壁特征

剪出口附近的主要岩体是粉砂岩和泥灰岩，虽经受多组结构面切割作用影响，但仍保持较大的块状结构，如崩塌堆积前部及中部岩体最大保持了10m×10m×15m的块径。

2. 下落铲刮区（B区）

下落铲刮区主要高程为1920~2030m，当失稳岩体突然崩落后，以巨大的势能和动能铲刮下部坡表面原有的松散堆积物，甚至是凸出于坡表的岩体也受到铲刮（图5.21），被铲刮的物质包括坡表原始覆盖层、老崩塌堆积物及少量基岩，铲刮作用使得本区域的陡壁表面退后约1.5m。铲刮区宽约180m、高约80m，铲刮方量约2.1万m³。

3. 流通停积区（C区）

崩塌堆积区原本是一处相对开阔的缓斜坡区，斜坡整体坡度为10°~15°，斜坡体表层为松软的耕植层，推测厚度约为2m。斜坡前部是普洒村大树脚组和桥边组居民区，居民区多位于斜坡前部的陡坎下。崩塌体突然失稳和高速崩落后，流经下落铲刮区，继续高速运动到达开阔的缓斜坡区，巨大的动能使得耕植层土体被高速铲刮和推挤（图5.22），并将耕植层土体推挤到堆积区中前部，推测被铲刮耕植土厚度约1.5m，埋没部分普洒村大树脚组和桥边组的居民房屋，造成重大人员伤亡。

图5.21　普洒村崩塌下落铲刮区特征　　　　图5.22　普洒村崩塌停积区被铲刮的耕植土

流通停积区后部覆盖有一层棕黄色泥岩破碎物质，乃是陡壁上部发育的下三叠统夜郎组（T_1y）泥岩失稳后残留的。流通停积区中部分布有大量碎块石，成分主要是粉砂岩、泥灰岩，停积块体最大块径为10m×10m×15m。流通停积区底部和前部为夹杂植物根系的松散棕黄色黏土，为耕植土被铲刮后的残留物。由于停积区整体呈手指状延伸，故采用平均纵长约575m、宽约360m，推测铲刮厚度约1.5m，则堆积区受铲刮方量约为31万m³。

根据现场调查和无人机航拍正射影像图可知，岩体崩塌后解体，以碎屑流形式高速运动，并因块体间不断碰撞破碎使能量耗散后最终停积下来。在整个高速运动过程中，大块石在运动途中最先停积，主要分布在停积区的中后部，而粒径相对较小的块石和碎屑物质呈流体状运动，一直到掩埋大树脚组和桥边组的居民房屋才停积下来。本崩塌堆积区的岩石块体具有明显的分选特征。

4. 扰动崩塌区（D区、E区）

崩塌区右后侧（N侧）因侧面临空，伴随主体变形，北侧发育有一小型崩塌区（图5.17D区、图5.18中D区），该次级崩塌纵向斜长约为140m，横向宽度为50~70m，平均厚度约为2m，则总放量为1.4万~1.9万m³。

E区（图5.17、图5.18）崩塌发生于2016年，滑塌方向与本次崩塌体运动方向相同，堆积区域纵向长70~80m，宽50~60m，平均厚度约为2m，则总方量为0.7万~1.0万m³。

综上所述，崩塌源区失稳岩体总方量约49.3万m³，下落铲刮区铲刮方量约2.1万m³，流通堆积区受铲刮方量约为31万m³，合计普洒村崩塌总堆积物质方量约为82.4万m³。

这与通过滑前滑后 DEM 数据进行差分计算出的堆积体总方量是一致的。

5.3.3 崩塌影响区特征

通过现场调查发现，崩塌发生时，受岩体变形而产生的牵引和拖拽作用的影响，在崩塌源区两侧和后部还分别残留有一系列的欠稳定岩体和区域，后部变形体（Ⅰ区）、北侧变形体（Ⅱ区）和南侧变形体（Ⅲ区），其分布如图 5.23 所示。

(a) 现场照片(图中红色线为地面裂缝)

(b) 无人机航拍高清三维模型影像

图 5.23　普洒村崩塌发生后后部变形体特征

1. 后部变形体（Ⅰ区）

崩塌发生后，在崩塌源区后部产生了一系列走向 35° 的拉裂缝，其中最大的呈拉陷槽状，长约 180m，可见深达 12m。该拉陷槽北侧张开，张开处下部即为扰动崩塌区（D

区），张开度约 34m，南侧与山体相连，发育有一系列的张性放射状裂隙，这些裂隙向南侧逐渐变小至闭合。拉陷槽的 SE 侧槽壁上出露棕黄色泥岩，已经中强风化，手可挖动，发育有二组结构面，即 108°∠82° 和 25°∠71°。

以该拉陷槽的北侧壁为边界，可构成一处长约 250m、宽约 45m、高约 30m，方量约 22 万 m³ 的后部变形体。该变形体主要由泥岩构成，下部靠粉砂岩、泥灰岩支撑，且后部拉陷槽的贯通性较好，使得自稳能力较差（图 5.24、图 5.25）。

图 5.24　普洒村崩塌 I 区后部的拉陷槽

图 5.25　普洒村崩塌 I 区右后部（北侧）的长大裂缝

2. 北侧变形体（Ⅱ区）

普洒村崩塌源区北侧上部也残留有一处变形体（Ⅱ区），其顶部高程约为 2100m，Ⅱ区下部即为 E 区小型崩塌区（图 5.26）。在本区东侧发育有一条长 31m、走向 235° 的长裂缝，张开度约为 20cm。

本欠稳定区长约 130m、宽约 20m，高差约 30m，估算方量约 8 万 m³。

现场调查表明，本区下部已经失稳形成 E 区崩塌（2016 年发生），虽然后部发育有长裂缝，但是其与母岩保持较好的联结，整体失稳的可能性不大，不过较易发生局部掉块。

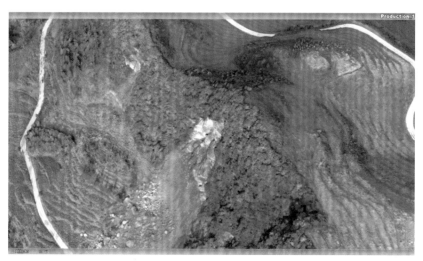

图 5.26　普洒村崩塌Ⅱ区变形体全景特征（无人机航拍三维模型影像）

3. 南侧变形体（Ⅲ区）

普洒村崩塌的南侧为小老鹰岩，出露灰岩陡壁，其岩层产状为 170°∠7°，发育两组结构面：① N40°E/NW∠85°；② N83°W/NE∠74°。经过现场调查，崩塌发生后，在小老鹰岩东侧坡体上发育有一系列的走向 40°左右的张性裂缝，最长的延伸可达 50m，裂缝中部出现塌陷，可见深度为 4～5m，宽度可达数米。甚至顶部坚硬的小老鹰岩灰岩体也被裂缝错断。这些裂缝走向基本平行于第①组结构面走向。综合分析认为，本区张性裂缝为第①组结构面张开所致，其贯通性较好，使得斜坡整体稳定性较差，一旦失稳对下部普洒村居民区的影响最大。

从成因机理方面分析，崩塌岩体失稳时，对其左侧的小老鹰岩坡体施加了拖拽作用，由此导致小老鹰岩岩体沿第①组结构面被拉开，其变形区方量为 38 万 m³（图 5.27）。

(a) 现场照片(图中红色线为地面裂缝)

(b) 无人机航拍高清三维模型影像

图 5.27　普洒村崩塌Ⅲ区后部地面裂缝特征

5.4　普洒村崩塌发生过程初步分析

5.4.1　斜坡和岩体结构条件

本区存在以下斜坡和岩体结构条件。

（1）山体岩体破碎。岩层面总体向南侧倾斜（岩层走向为 N80°E～EW），倾角为 5°～10°，整体呈缓内倾岩体结构。这种岩体结构总体上讲不利于岩体发生失稳破坏。但是崩塌区域岩体结构破碎，节理裂隙发育，加之崩塌源区山体北西侧和北侧两面临空（其中前缘陡崖临空方向为 N50°W）。在崩塌源区的南西前缘，由于受到稳定岩体（中厚层灰岩山体）的阻挡，导致岩体易于沿接触面向 NW 方向发生偏转变形。

（2）三组结构面将山体切割成分离块体。通过对崩塌后部坡体上出露的岩体结构面进行统计，岩体内发育三组节理面（图 5.28）：① N10°～15°E/SE∠80°～90°；② N81°～84°W/NE∠80°～90°；③ N50°～60°E/SE∠80°～90°。现场调查发现，崩塌体后壁顶部发育一层 20～30m 的泥岩层，泥岩呈土黄色，手可挖动。

从岩体结构分析，第③组结构面构成崩塌源区的原始临空面，第②组结构面将源区岩体与小老鹰岩陡壁切割开，第①组结构面将源区岩体与稳定岩体切割开，形成一个不规则的三棱柱体。这个"三棱柱体"在下部采煤等荷载的影响下，逐渐向临空方向变形，使第①和②组结构面逐渐拉开，并具备一定的贯通性。岩层中存在砂岩、粉砂岩、砂质泥岩和泥灰岩等软硬相间岩层互层，在重力作用下，软岩具一定的压缩空间，而硬岩则被错断，加之泥灰岩沿层面受到溶蚀的作用，强度降低，使得下部岩体出现沿 $45°+\varphi/2$ 的压剪性裂隙，为岩体向临空面方向滑动提供了底滑面。

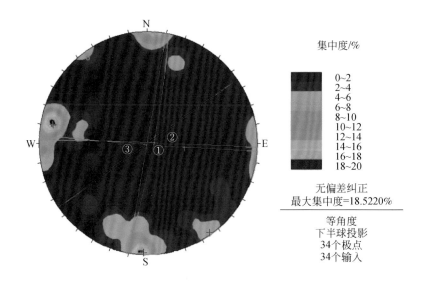

图 5.28　崩塌区岩体结构面统计极点等密图

（3）斜坡顶部的灰岩中发育有岩溶。在小老鹰岩附近的山脊上能够看到灰岩中存在一系列的溶蚀现象，包括岩石被溶蚀出凹腔、坡面山分布一系列成串的小型洼地、堆积体灰岩中存在的橙黄色溶蚀面等（图 5.29）。

图 5.29　灰岩中存在的溶蚀现象（左图黄色箭头指向小型洼地）

如前所述，整个斜坡岩体总体质量较差，强风化岩体分布范围广、深度大，在坡度较陡的部位容易产生局部滑塌。这些软硬相间且风化强度高的岩体在重力的长期作用下，逐渐向下部挤压变形而变得破碎，会使顺坡向的结构面被拉开。

5.4.2　既往的采矿活动

根据贵州省有色地质勘查局二总队 2004 年 12 月提供的资料（表 5.1），矿区可采煤层为 M6、M10、M14、M16、M18、M20，在矿界范围内此六个煤层厚度变化不太大，本区六层煤厚总计 8.06m。

表 5.1　纳雍县普洒煤矿可开采煤层特征

煤层编号	煤层厚度/m 最小值～最大值（平均值）	复杂程度	稳定程度评价				煤层间距/m 最小值～最大值（平均值）	煤层变化规律
			可采率/%	变异系数/%	可采程度	稳定程度		
M6	0.95～2.15（1.38）	简单	100	33	全区可采	较稳定	20.68～33.10（28.02）	全区可采，厚度变化大
M10	0.79～2.95（2.12）	简单	100	36	全区可采	较稳定	10.41～12.87（11.85）	全区可采，煤厚变化大，最小0.79m，最大为2.95m
M14	0.77～1.95（1.23）	简单	100	36	全区可采	较稳定	20.39～35.16（24.18）	全区可采，煤厚变化不大，最小0.77m，最大为1.95m
M16	0.76～2.04（1.48）	简单	100	35	全区可采	较稳定	22.94～32.64（27.53）	全区可采，可采范围内煤厚变化不大
M18	0.76～1.58（1.13）	简单	100	27	全区可采	稳定	13.76～23.31（17.76）	全区可采，煤厚变化不大
M20	0.88～1.53（1.18）	简单	100	20	全区可采	稳定		全区可采，煤厚基本稳定，变化不大

纳雍县普洒煤矿于 1999 年开始建设，2001 年 12 月取得采矿许可证，矿区面积为 0.9577km²，开采标高为 1870～1640m，有效期至 2006 年 12 月，生产规模为 6 万 t/a，建有主井、风井、水泄井等完整的矿井系统，采用斜井二级提升作为运输巷道，根据 2008 年核实报告，老系统开采消耗 16 万 t。2011 年技改扩能为 30 万 t/a，2011 年 9 月 6 日取得新的采矿许可证，开采深度为 1640～1930m，生产规模为 30 万 t/a，有效期至 2018 年 9 月，2014 年完成采矿证变更。新系统采用斜井进行开拓，布置有主斜井、副斜井和回风斜井三个井筒。主斜井铺设胶带输送机运输煤炭，副斜井铺设轨道作辅助运输，回风斜井安设主要通风机作专用回风，原煤通过胶带输送机运至工业场地。通风方式：采用中央并列式。采用走向长壁后退式采煤法。主采 M16 煤层，现形成采空区面积 0.205km²，开采消耗 44 万 t。

纳雍张维普洒煤矿于 2004 年 6 月 24 日取得采矿许可证，矿区面积为 0.7511km²，生产规模为 6 万 t/a，开采标高为 2100～1800m，2006 年底正式开始建设，矿井采用平硐开拓，布置有主平硐和回风平硐共两条井筒，主采 M16 煤层。2007 年贵州省国土资源厅颁发新的采矿，矿区面积及开采深度不变，有效期延至 2009 年 6 月。2007 年根据《关于调整纳雍张维普洒煤矿矿区范围的通知》（黔国土资矿管函〔2007〕1920 号），矿区扩界后面积为 0.8799km²，开采标高为 2100～1800m，于 2009 年 8 月取得采矿许可证，矿区面积为 0.8799km²，有效期至 2012 年 8 月，生产规模为 6 万 t/a，2010 年 9 月江苏省第一工业设计院有限责任公司编制了《纳雍张维普洒煤矿开采方案设计（技改）》（21 万 t/a），于 2011 年 1 月 25 日取得新的采矿许可证，矿区面积为 0.8799km²，生产规模为 21.00 万 t/a，开采深度为 2100～1800m，有效期至 2021 年 1 月。2014 年 6 月 16 日，采矿许可证变更，生产规模为 21 万 t/a，有效期至 2021 年 1 月。

张维普洒煤矿生产规模为 21 万 t/a，现为平峒开拓，抽出式通风，走向长壁采煤法，金属支架支护，全部陷落法管理顶板。掘进方式为打眼放炮、人工装渣。排水方式为机械抽排至地面。工作面运输巷采用皮带运输机运输、地面汽车运输。主采 M16 煤层，现形成采空区面积 0.134km²，开采消耗 34 万 t。

下部存在空洞会使得上部岩体在重力作用下不断差异沉陷，对陡崖来说，将使垂向裂隙逐渐张拉开，并向下贯通。当裂隙拉开到一定程度时，上部岩体脱离母岩，下部的岩桥在岩体自身重力的作用下被剪断，将造成上部岩体整体失稳崩塌。

推测普洒村崩塌区岩体破碎及垂向裂隙发育正是在上述机理的作用下加剧恶化产生的。岩体失稳时，右后侧最先临空，而左后侧与小老鹰岩岩体联结，使得崩塌危岩体右后侧首先向临空面发生倾倒位移，大量松散岩体掉落。当危岩体持续向临空方向变形，最终使岩体完全脱离母岩，下部中风化的粉砂岩、泥灰岩体强度不足以承担上部岩体的重量（约 1400t），岩桥被剪断，上部岩体整体倾倒失稳后堆积在斜坡下部。

5.4.3　崩塌发生过程分析

2017 年 8 月 28 日 10 时 30 分许，崩塌源区进入最后加速失稳阶段，通过资料收集，共收集到两段崩塌发生过程的视频，分别是一段无人机视频和一段手机视频。

1. 无人机视频记录崩塌发生过程

（1）8 月 27 日，"乡镇监测人员在 8 月 27 日下午在监测过程中报告乡镇国土所所长，称老鹰岩崩塌隐患点有变化"（据灾害发生后编制的"纳雍县张家湾镇普洒社区老鹰岩崩塌地质灾害管理情况调查报告"）。

（2）8 月 28 日上午 10 时 23 分左右（无人机视频 27s），崩塌源区开始有小范围崩塌，并主要发生在崩塌源区的北侧。其后，无人机视频时间分别在 1min16s、1min44s、2min17s、2min45s、3min16s、3min38s、3min58s、4min9s、4min42s、5min54s、6min14s、6min43s 北侧坡体分别有不同规模的小范围崩塌发生，至 6min14s 时南北两侧坡体都开始发生小规模崩塌。

（3）无人机视频时间在 6min14s 时，南北两侧坡体都开始发生小规模崩塌。

（4）无人机视频时间在 6min43s 时，在源区的右后侧（北侧）出现一处小规模的滑塌，同时源区下部岩体开始出现挤压破碎变形带 ［图 5.30（m）］。

（5）无人机视频时间在 6min52s 时，崩塌源区岩体下部的破碎带完全贯通，岩体开始向下失稳变形。

（6）至 6min55s 时，岩体完全失稳，49 万 m³ 破碎的岩体向临空方向坠落。

（7）至 7min21s 时，崩塌岩体整体失稳过程基本结束，仅有后部的少许小规模岩体在不断垮落。

普洒村崩塌从开始出现持续小规模崩塌至整体失稳堆积在斜坡上，总体时间约 7min 21s。

(a) 27s

(b) 1min16s

(c) 1min44s

(d) 2min17s

(e) 2min45s

(f) 3min16s

(g) 3min38s

(h) 3min58s

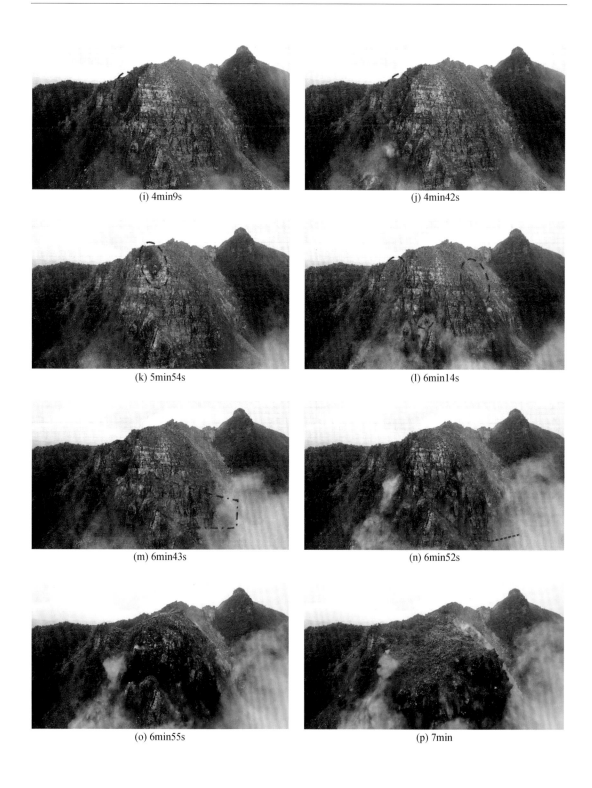

(i) 4min9s

(j) 4min42s

(k) 5min54s

(l) 6min14s

(m) 6min43s

(n) 6min52s

(o) 6min55s

(p) 7min

(q) 7min2s　　　　　　　　　　　　　　　　(r) 7min21s

图 5.30　无人机视频展示崩塌发生过程

2. 手机视频记录崩塌发生过程

手机视频从崩塌区侧面全程记录了岩体失稳的过程，能够较好地说明本次崩塌的失稳机理，具体过程分析如下。

（1）2s 时，发生一次源区北侧岩体滑塌，对应图 5.31（a）所示崩塌。

（2）16s 时，山体顶部发生小规模垮塌，对应图 5.31（b）所示崩塌。

（3）1min6s 时，山体北侧发生小规模垮塌，对应图 5.31（c）所示崩塌。

（4）1min36s~1min42s 时，山体北侧持续发生小规模垮塌，对应图 5.31（d）、（e）所示崩塌。

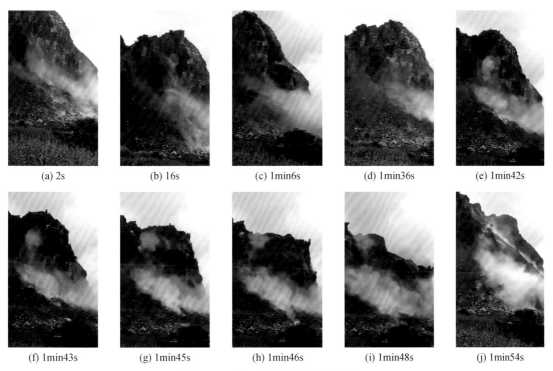

(a) 2s　　　　(b) 16s　　　　(c) 1min6s　　　　(d) 1min36s　　　　(e) 1min42s

(f) 1min43s　　　(g) 1min45s　　　(h) 1min46s　　　(i) 1min48s　　　(j) 1min54s

图 5.31　手机视频展示崩塌发生过程

（5）1min43s时，山体整体开始向临空方向运动、滑塌，能够清楚地看到岩体整体向斜坡下部倾倒→坍塌，山体整体开始向临空方向运动。

（6）1min45s时，上部岩体开始向临空方向弯曲倾倒；1min46s时，岩体下部被剪断，整体被挤压破碎；1min48s时，破碎的岩体整体向临空方向坍塌滑移，在斜坡前部形成巨大的烟尘，约60万m³岩体完全破碎，并整体向下崩落。20s后，崩塌岩体整体失稳过程基本结束，仅有后部的少许小规模岩体在不断垮落。

从崩塌的失稳过程看，崩塌源区山体被结构面切割形成块体，在重力作用下逐渐向临空方向长期缓慢蠕动，致使下部起支撑作用的岩体长期受到挤压，应力不断积累增大，加上长期"久晴久雨"对岩体强度和采矿活动对应力环境的影响，使岩体结构逐渐解离，最终导致崩塌源区岩体向临空面倾覆，并产生连锁式的破坏解体，发生大规模垮塌（图5.32）。

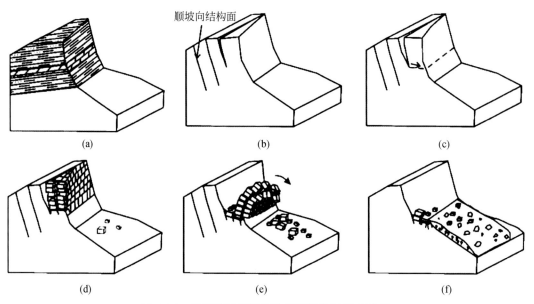

图5.32　崩塌源区变形岩体发展演化过程示意图

5.5　经验及教训

纳雍县张家湾镇普洒村老鹰岩山体发生高位崩塌地质灾害，给群众生命财产安全造成重大损失。贵州省的山体有很多都和此次发生灾害的山体的地质条件类似，存在着大小不一的岩体陡壁，岩石长期受风化作用影响，剥蚀现象显著，再加上雨水和卸荷作用的影响，对裂隙的发育提供了充足的条件。为了防止类似的灾害在其他地方重演，总结经验教训，可为防治此类灾害提供经验。

（1）搬迁避让。崩塌体变形剧烈而复杂，且陡壁上部裂缝发育，斜坡下部的居民区位于危岩体的威胁范围内，现有居民均需搬迁避让异地安置。

（2）监测预警。除继续进行现有地表形变和裂缝监测外，在勘查进一步查明坡体特征和成因机理的基础上，及早布设深部位移监测、雨量观测等监测手段，以便更好地进行预警预报。要求做好崩塌源区和堆积区域的警戒隔离工作。特别是在降水期间防止居民进入崩塌及其影响区。

（3）开展高位隐蔽性地质灾害隐患再调查、再评价。通过调查纳雍县张家湾镇"8·28"崩塌灾害，发现过去对崩塌灾害的认知不足，对崩塌成灾模式有了新的认识。为防范类似地质灾害的发生，按照"主动查、主动防、主动治"的原则，以县为单元，开展全省高位隐蔽性地质灾害隐患再调查、再评价。优先完成城镇、乡村、学校、医院、集市、矿区、交通干线、长输油气管道、河流两岸和重要工程区等区域的调查评价，逐步完成全面排查和综合评估工作，并形成调查评价报告。重点对灾害类型、威胁范围、危害程度、危及人数进行全面评估，并对发现的隐患点逐一制订防治方案或处理意见，确保调查评价工作全面、完整、具体、有效。

（4）提升地质灾害科技防范能力，加强地质灾害监测预警技术研究和运用，安装自动化、智能化自动报警设备，提升地质灾害群测群防科技水平。

（5）加强矿山地质灾害成灾机理研究。加强矿山地质灾害成灾机理、影响范围的研究，形成符合全省矿山地质灾害隐患时空分布、发生规律的理论体系。建立矿山地质灾害生成、发展、发生模型，构建拥有关键技术支撑的矿山地质灾害防治技术体系。提高矿山地质灾害研判水平，制订科学合理的应急预案，主动防范类似纳雍县张家湾镇普洒村崩塌地质灾害的发生。

第6章 大方县理化乡偏坡村
金星组滑坡

2016年7月1日上午5时30分，贵州省毕节市大方县理化乡偏坡村金星组（105°34′57.9″E，27°00′12.5″N）发生山体滑坡地质灾害（图6.1），掩埋金星组居民11户30人被埋，共造成23人死亡、7人受伤。

图6.1 金星组滑坡全貌

6.1 研究区自然和地质环境条件

6.1.1 地形地貌

大方县位于贵州省的西北部，大娄山西端，处在黔西高原向黔中山原丘陵过渡的斜坡上，地形地貌和地质环境条件较为复杂（张楠等，2017）。区域最大相对高差1605m，具有地势高、起伏大、山高坡陡、沟多谷深的高原山地特征。地貌类型以岩溶地貌为主，仅少数为侵蚀型地貌。滑源区坡度为18°～22°，属低中山侵蚀剥蚀斜坡沟谷地貌，微地貌类型为洼地、斜坡、槽谷，山体发育呈NE-SW向，地形坡度为10°～22°，局部因村民修建房屋切坡形成陡坎。斜坡部分地段受耕种及建房条件影响，整体形成台阶状，台阶宽度一般为2.5～4.5m。

6.1.2　地层岩性

滑坡区出露地层为第四系残坡积层（Q_4^{el+dl}）和下三叠统夜郎组一段（T_1y^1），具体自上而下描述如下。

第四系残坡积层（Q_4^{el+dl}）：分布于斜坡表层、沟谷、槽谷内，以黏土、耕植土为主，厚度为 0.5～1.5m，局部地段厚度超过 3m。结构松散、力学强度较低。

下三叠统夜郎组一段（T_1y^1）：为滑坡区下伏岩层，出露岩层上部为厚约 1.5m 的紫红色泥质粉砂岩、页岩，含泥质夹层，岩体较破碎，节理较发育，其中发育一组走向近 EW 向的张性节理；下部岩层为灰色中层泥灰岩，岩层倾向为 175°，倾角为 22°～25°，表层中风化，岩体完整，力学强度高。

根据岩（土）体的力学性质及组合关系，按岩性岩组分为第四系松散岩组和夜郎组泥岩、泥灰岩的软硬质岩组。

6.1.3　地质构造

金星组滑坡附近存在一近 NE-SW 向发育的正断层，南东盘出露地层为永宁镇组灰岩，北西盘出露地层为夜郎组紫红色粉砂质泥岩、泥灰岩，断层带在滑坡东北角洼地处出露，在滑坡区未明显出露。因该断层切割地层为三叠系及更老地层，而滑坡区地层连续，整体呈单斜构造，未见断层破碎带及褶皱特征，故推测该断层对坡体的稳定性影响较小。根据《中国地震动参数区划图》（GB 18306—2015），理化乡地震动反应谱特征周期为 0.45s，地震基本烈度 Ⅵ 度，地壳稳定。

6.1.4　水文地质条件

滑坡周边无地表水体分布，区内地下水主要为岩溶溶洞水。补给方式主要为大气降水，雨水入渗进入泥岩和灰岩接触面后，沿着岩层层面形成径流，在台阶土坎底部形成溢流，在滑坡所处斜坡体右侧底部形成泉点，流量约 1L/s，表层水量受降水量的补给影响较大，富水性较弱。

6.1.5　人类工程活动

滑坡区斜坡底部为村民集中分布区，人类工程活动较强烈，主要为人工耕作旱地及切坡建房形成高 2～5.5m 的靠山侧边坡。

6.2 金星组滑坡基本特征及其运动过程

6.2.1 滑坡基本特征

1. 滑源区

金星组滑坡滑源区平面呈舌形（图6.2），后缘高程约1440m，剪出口高程约1390m。滑坡体纵长为200m、横宽为60~80m，最大厚度约6m，平均厚度4m，滑坡区面积1.9万m²，共约9.6万m³物质发生滑动，滑动方向155°。滑坡体物质主要为广泛分布的第四系残坡积粉质黏土夹碎石以及下伏的三叠系夜郎组一段薄层粉砂质泥岩及泥灰岩互层，其中第四系残坡积物推测厚度为0~3m，结构松散（图6.3）。通过现场调查，可以将金星组滑坡滑源区分为两个区域：东侧的滑源1区（I-1）和西侧的滑源2区（I-2）。两个区域的滑体物质均相同，但I-2的滑体较I-1多出一套粉砂质泥岩和泥灰岩回旋，因此前者滑面较后者深0.4~1.0m（图6.4）。作为滑体的灰岩层（与泥岩的岩性分界面处）发育有小溶孔，小溶孔连通性较差，灰岩层整体溶蚀率较低（图6.5）。

图6.2　金星组滑坡滑源区平面分区图

滑带为遇水软化后的薄层粉砂质泥岩，发生滑动时被软化的泥岩含水率几乎达到液限。滑床为下三叠统夜郎组一段薄层灰岩，表面光滑，风化程度低，岩体偶见贯通性较差的结构面，且结构面闭合程度好，无充填，地层产状为150°∠18°，与坡向近乎一致（图6.6）。因此，该滑坡为典型的浅层顺层基岩滑坡。

2. 滑动堆积特征

滑坡体剪出后，沿155°方向发生滑动，直接冲入位于剪出口下方约70m处的理化乡偏坡村金星组（图6.2）。由于受到建筑物阻挡，最远滑动距离仅约200m，最大堆积厚度约10m。

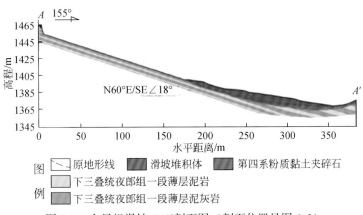

图
例

| 原地形线 | 滑坡堆积体 | 第四系粉质黏土夹碎石 |

下三叠统夜郎组一段薄层泥岩

下三叠统夜郎组一段薄层泥灰岩

图 6.3　金星组滑坡 A-A' 剖面图（剖面位置见图 6.2）

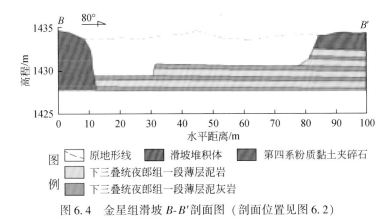

图
例

| 原地形线 | 滑坡堆积体 | 第四系粉质黏土夹碎石 |

下三叠统夜郎组一段薄层泥岩

下三叠统夜郎组一段薄层泥灰岩

图 6.4　金星组滑坡 B-B' 剖面图（剖面位置见图 6.2）

图 6.5　泥灰岩层下部小溶孔

图 6.6　滑床与少量残留滑带土

6.2.2　滑坡运动过程

滑坡运动主要包括以下三个过程。

（1）滑体形成过程：降水反复入渗径流→岩土变形蠕动→滑体形成。滑坡在发生前，受大气降水入渗的影响，灰岩表层的泥岩局部变软，岩土之间内聚力降低，形成局部块体蠕动，各块体单元相互挤压，在重力分力的作用下，形成整体性向斜坡坡向蠕滑。根据2016年6月20日的影像图，滑体周界已形成圈闭裂缝，与周边地形出现不连续的情况（图6.7）。

（2）启动过程：强降水→斜坡中部滑体（斜坡坡度由陡变缓处）剪出→整体滑移。已形成的滑体在连续强降水的作用下，灰岩表层形成径流，滑体自重增大至临界滑移状态，在斜坡中部村民集中分布区靠山侧剪出口自由面突然剪出，滑体整体滑移。

（3）受阻堆积过程：抗滑阻力增大→滑体冲毁并覆盖居民住房→滑动停止。滑体整体滑移后，受房屋的阻挡及地面的反作用力，主滑方向抬升，下滑力减弱，在斜坡坡脚居民集中分布区形成堆积（图6.8），滑动停止。

图6.7　2016年6月20日金星组滑坡发生前影像

图6.8　2016年7月1日金星组滑坡发生后影像

6.3　金星组滑坡成因机制分析

6.3.1　滑坡成因分析

经过分析，滑坡地质灾害发生主要是内因与外因的综合作用。

1. 内因（易滑的地质结构）

易滑的坡体结构和地层是金星组滑坡发生的主要内在因素。

（1）滑坡区地质环境脆弱，表层第四系厚度为0.5~1.5m，土层松散，物质成分主要为粉质黏土夹碎石，下伏地层表层为泥质粉砂岩、页岩，含泥质夹层，岩体较破碎，节理较发育，岩层倾向为175°，倾角为22°～25°，坡向为175°，滑体坡度为30°，倾向与坡向一致，倾角略小于坡角，坡体前缘形成了天然的临空面，这是天然状态下稳定性最差的坡体结构之一，易形成顺向岩质滑坡。

（2）滑坡区出露地层为三叠系夜郎组粉砂质泥岩与泥灰岩互层，以Ⅰ-1区为例，自地表至滑床依次为第四系堆积物及两个回旋的强风化粉砂质泥岩和泥灰岩。其中，粉砂质泥岩层厚度为0.5～1m，泥灰岩层厚度约为0.4m，层厚均较薄。现场调查结果显示，泥灰岩风化程度低，溶蚀性较差，只是在岩层下部偶见小型溶孔，岩体结构完整，偶见贯通性不强的结构面，且结构面闭合程度高。因此，在其上覆岩层的自重压力作用下，作为含水层的泥灰岩中的岩溶水会与粉砂质泥岩发生强烈的水岩作用，加速泥岩的风化，即发生泥化而成为软弱面，导致坡体的稳定性大大减弱。

（3）斜坡直线上呈阶梯状，坡体结构不利于大气降水的排泄；水体容易滞留，加快岩土体饱和程度，不利于斜坡的稳定性。

2. 外因

（1）降水通常是触发滑坡等突发地质灾害的直接诱因，金星组滑坡便发生在贵州省的汛期。大方县在2016年6月遭遇了七次强降水（图6.9），总降水量达310.5mm，其中仅6月15日降水量达71.6mm，而6月26～30日，累计降水量达95.3mm，其中滑坡发生前12h累计降水量40.7mm。前期多次集中降水不仅导致作为滑体的第四系堆积物及强风化泥岩层处于饱和状态，增加了坡体自重，增大了坡体的下滑力；同时也导致滑床上的薄层泥灰岩处于饱水状态，加速了与薄层粉砂质泥岩的水岩相互作用，大大减小了坡体的抗滑力。

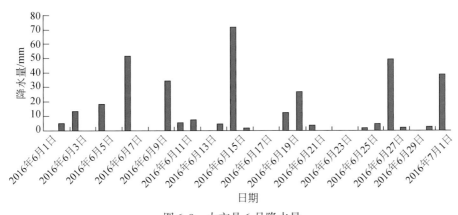

图6.9　大方县6月降水量

（2）当地居民在日常生活劳作过程中，切坡建房和耕作旱地，破坏了原始自然斜坡体连续性，由直线缓斜坡渐变形成台阶式斜坡，并在村民集中建房区形成滑体自由面剪出口。

综上所述，该滑坡具不良的岩土结构、不利的地形特征，在强降水的触发下形成的浅层小型推移式顺层岩质滑坡。

6.3.2　滑坡形成机制探讨

1. 坡体临界稳定下的极限深度计算

根据孙广忠（1988）提出的顺层边坡滑动深度计算公式，本次研究对金星组滑坡原始斜坡在临界稳定状态下的最大滑体厚度进行计算。

设滑动深度为 h，对滑坡 A-A′计算单宽剩余下滑力（s）为

$$s = l_0(\gamma h \sin\alpha - \gamma h \cos\alpha \tan\varphi - c) \tag{6.1}$$

式中，l_0 为滑体长度，m，金星组滑坡长度为200m；γ 为滑体平均重度，（t/m³），本次滑坡滑体为第四系残坡积物、粉砂质泥岩及泥灰岩，按照各层厚度及重度，本次计算取 2.4t/m³；α 为滑面倾角，（°），本计算取岩层倾角为18°；φ 为 l_0 软弱夹层内摩擦角，（°）；c 为软弱夹层内聚力，MPa。

为了快速对粉砂质泥岩的 c、φ 值进行确定，对现场粉砂质泥岩取样后进行粒度分析试验。本次共取两个试样，试验结果见图6.10。

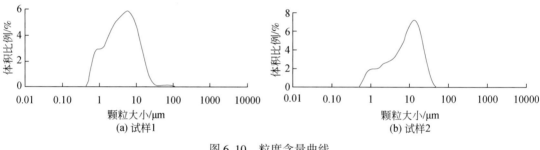

图 6.10　粒度含量曲线

试验结果表明，作为软弱夹层的粉砂质泥岩其黏粒含量远大于30%，最高接近60%，同时粉粒含量也在40%以上。另外，现场调查显示，金星组滑坡中粉砂质泥岩的含水量远高于塑限，接近液限，调查时无法在残留有泥化物质的滑床上站立，说明泥岩在遇水软化后强度降低非常明显。根据泥岩软化后的经验公式保守取值，c 取 0.2MPa，φ 取 15°。

计算结果显示，当 $h>1.54$m 时会产生剩余下滑力，即由于降水入渗当粉砂质泥岩剪切强度下降至本书保守取值时（c 取 0.2MPa，φ 取 15°），金星组滑坡保持稳定的最大滑体厚度只有 1.54m。而金星组滑坡发生前软弱夹层上部覆盖的平均厚度达 4m，显然，原始斜坡由于降水入渗变得极为不稳定。

2. 滑坡形成机制分析

由式（6.1）可知，顺层斜坡中软弱夹层的含水量及剪切强度对其稳定性具有控制性作用。在软弱夹层遇水剪切强度降低时坡体极易发生滑动。通过对大方县区域内的坡体现场调查发现，该县分布大面积的三叠系夜郎组粉砂质泥岩与泥灰岩互层，且大部分斜坡均为顺向坡，但在此轮强降水中，仅金星组发生了滑坡。通过分析，主要原因有如下两个。

（1）贵州省出露大片碳酸盐，部分地区灰岩溶蚀率高，发育岩溶管道，在区域内形成

了一套完整的补给、径流、排泄系统。例如，金星组滑坡西侧 1km 处，在一顺向坡中发育大型岩溶管道，在强降水条件下将坡体内的地下水快速汇集及排泄，减小降水入渗对斜坡稳定性的影响。而金星组滑坡及周边却无有效的岩溶通道，导致地下水极易在坡体内聚集。

（2）滑坡体右侧发现古滑坡，平面呈圈椅状地形，有利于降水的汇集，加之周边没有良好的排泄通道，导致降水短时间内可在负地形内汇集并进一步向金星组滑坡渗流，为金星组滑坡中粉砂质泥岩的泥化提供了充足的地下水。

金星组滑坡的成因机制为降水入渗没有通畅的排泄途径，只能通过泥灰岩下部的溶孔向粉砂质泥岩中渗流，使其发生泥化，剪切强度降低，坡体的抗滑力也随之减小并失稳。

6.4　经验及教训

（1）通过将滑坡区前后影像图进行对比分析，斜坡在发生滑坡前 20 天，地形上已经出现与周边不连续的特征，滑体能够完整勾绘，说明类似滑坡具有一定时间的蠕动滑移演变过程，早期已经形成滑体的迹象，影像图的对比分析可作为今后地质灾害排查的手段。

（2）发生滑坡区域整体上为灰岩、泥灰岩出露，少部分为灰岩夹泥质粉砂岩、页岩，在岩性分布上容易形成地质灾害防治盲区，以点代面，经验性地认为灰岩地区发生滑坡可能性小、危险性小。反之，在今后的地质灾害防治工作中，应更加重视灰岩、泥灰岩中存在软弱夹层这一不良的地质结构，加大对地层结构的认识和分析。

（3）发生滑坡处存在"上陡下缓"的地形特点，存在顺向岩层，岩层倾角小于坡角特征，存在斜坡底部村民集中分布、切坡建房的现象，今后应把存在类似地质环境区域作为重点排查、巡查区域。

（4）基于大方县金星组滑坡的失稳机理，建议在今后岩溶山区地质灾害调查过程中，以承载体为核心，加强区域径流特征及岩溶特征的调查，以求对浅层基岩滑坡进行早期识别，防止类似灾害再次发生。

（5）应急处置过程中，因地形地貌改变，难以第一时间判定被埋房屋的准确位置，影响抢险救援进程。后期经过对前后影像图反复对比分析，制订救援方案，精准地实施救援。在今后的救援及防灾过程中，应充分利用影像图资料，指导抢险救灾工作的开展。

第7章 贵阳市云岩区宏福景苑滑坡

2015年5月20日11时29分，贵阳市云岩区海马冲宏福景苑小区因连续强降水发生滑坡灾害，致使宏福景苑小区第21栋居民楼的第3、4单元垮塌，共造成16人遇难、1092人受灾，紧急撤离35户98人（李阳春和田波，2015）。滑坡体总长度为100m，平均高度为36m，滑坡体积约6000m³。据气象部门信息显示，5月19日8时至5月20日8时，该区域24h降水量达59.3mm。滑体分为两部分：一部分位于倒塌居民楼之下；另一部分停留在陡坡至居民楼之间的斜坡中部（图7.1）。

图7.1　宏福景苑滑坡全貌及垮塌居民楼全景照

7.1　研究区自然和地质环境条件

宏福景苑滑坡在区域上位于黔中山原丘陵中部，长江与珠江分水岭地带，总体地势西南高、东北低。区域内地层以三叠系分布最为广泛，主要岩性为灰岩、白云岩、泥质白云岩等碳酸盐岩。区内海拔为1070~1120m，为溶蚀-侵蚀地貌，地貌组合为低切峰丛槽谷，出露的地层为中三叠统，常见多级阶梯台面。山体内多发育垂直岩溶形态。

宏福景苑滑坡位于黔灵山一带，区内地层主要有下二叠统茅口组、上二叠统吴家坪组、长兴组、下三叠统大冶组、安顺组，中三叠统关岭组，第四系残坡积层等。其中，中三叠统关岭组白云岩夹泥质白云岩厚度为60~240m。

滑坡区地处黔灵山一带东北部，地质构造复杂多样，主要为NE-SW向的岭谷相间所控制，由背斜所组成的山岭坡度大，地形陡峻，主要岩性为三叠系关岭组灰岩、白云岩、白云质灰岩等，岩层产状为100°~110°∠40°~47°，节理裂隙发育。

滑坡区附近地质构造复杂，主要位于圣泉水断层及黔灵山断层接触处，以 NW 向断裂构造占主导地位。主要的构造有五里冲背斜、黔灵山冲断层。调查区因断层构造影响，节理极发育，主要发育两组的节理，其中第一组产状为 170°∠70°，线密度为 2 ~ 4 条/m，结构面粗糙，无填充，张开度为 5 ~ 6mm。第二组节理产状为 30°∠72°，线密度为 1 ~ 3 条/m，结构面粗糙，无填充，张开度为 4 ~ 5mm。

根据滑坡区及邻近区域出露的地层岩性含水介质及地下水动力条件，区内地下水分为碳酸盐岩类岩溶水和第四系松散岩类孔隙水两类。碳酸盐岩类岩溶水主要赋存于滑坡区后缘三叠系关岭组泥质白云岩中，形成管道流，动态变化较大，尤其是雨季易形成泉水。第四系松散岩类孔隙水主要赋存于分水岭两侧及邻近沟谷松散堆积体中，在谷地或洼地等土层较厚处有部分季节性泉点出露，流量小、动态变化较大。

由于区内泉水流量、地下水位受大气降水因素控制，地下水动态变化大，与大气降水的变化规律基本同步。因此，在汛期，降水对坡体的稳定性具有非常关键的作用。

大气降水是滑坡区域地下水的重要补给来源。受地质构造、地貌形态等综合因素影响，地表水通过松散岩体孔隙、岩溶管道等下渗，补给地下水。地下水主要通过裂隙及岩土接触带排泄。

根据贵阳市 1984 ~ 2014 年气象资料显示（图 7.2），滑坡所在区域雨量充沛。其中，5 ~ 7 月总降水量在全年中处于较高水平，约 500mm，约占年均降水量的 44%，且降水多集中在夜间，给地质灾害的防范及人员撤离带来极大困难。

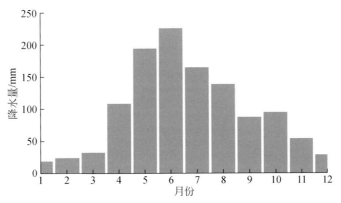

图 7.2　1984 ~ 2014 年贵阳市月平均降水量图

滑坡区天气信息显示，5 月 1 日以来，贵阳市以阵雨和雷雨天气为主。事发前一天，贵阳市下了一场 4h 的雷雨，贵阳机场航班较大面积延误。事发日，当地仍在下雨。

7.2　宏福景苑滑坡基本特征及其运动过程

7.2.1　滑坡基本特征

根据地面调查及航拍影像资料综合分析，滑坡主要分为滑移区及堆积区两个部分。滑移区主要位于滑坡后壁至中下部一带，分布高程为1110～1135m，中后部滑坡体（包括坡体植被）较完整地滑移至中下部。堆积区分布高程为1094～1110m，主要堆积于坡体中下部，部分处于倒塌建筑废墟之下。

据现场估算，滑坡体原始坡度近乎垂直，高差为45m，宽度为58m，平均厚度约5.0m，体积约6000m³。滑体主要为第四系残坡积层及强风化泥质白云岩，其中以强风化泥质白云岩为主，残坡积层厚度相对较薄。滑坡体破碎块度为0.1～0.4m，滑塌物质向堆积区逐渐变细（图7.3）。根据失稳现状分析，滑体运动后，滑体中强风化泥质白云岩节理裂隙发育，微观上表现为顺层裂隙化松动，近似无黏结块体的滑移变形，在宏观上表现为"结构崩溃式滑坡"。受地形控制，滑动段较短，滑面角度总体呈上缓下陡的趋势（图7.4）。

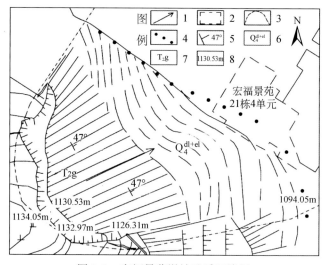

图 7.3　宏福景苑滑坡地质环境图

1. 主滑方向；2. 建筑倒塌范围；3. 滑坡边界；4. 前缘堆积压；5. 地层产状；6. 第四系残坡积层；
7. 中三叠统关岭组；8. 高程点

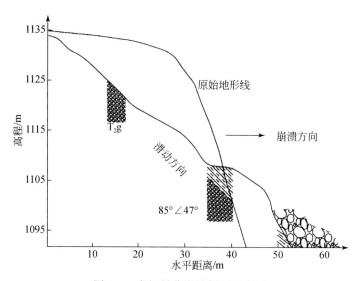

图 7.4　宏福景苑滑坡剖面示意图

在强降水作用下，滑坡发生拉裂变形，并沿顺层向滑移，这一阶段速度达到最大值，随后从坡体中下部剪出，冲击近似静态刚体的坡体底部居民楼，由于滑体与滑床间摩阻力及与建筑物碰撞的影响，冲击速度逐渐降低，势能消减直至消耗殆尽。在整个滑坡运动过程中，表现为拉裂–滑移–冲击。

7.2.2　滑坡运动过程

国际上，Scheidegger A. E. 最先于 1973 年研究滑坡速度问题，潘家铮于 1980 年建立滑坡速度计算分析公式（刘传正，2010）。这类速度理论计算公式如式（7.1）所示，需指出的是，该公式未考虑滑体之间岩土体的碰撞能量损耗、滑移过程中摩阻力等影响。

$$v = \sqrt{2g(H-fL)} \tag{7.1}$$

式中，v 为滑动速度；g 为重力加速度，m/s^2；H 为滑坡相对高差，m；L 为后缘至前缘滑坡堆积区的水平距离，m；f 为后缘至前缘堆积区斜率，即等效摩擦系数。

根据地形实测数据及上述理论公式计算，宏福景苑滑坡滑动阶段滑体的运动速度为 $v=$ 12.5m/s，这一运动速度是极快的。原始坡底至建筑物之间距离为 20m，则冲击运动时间在 2s 左右，这与调查中小区监控视频拍摄的滑坡变形与房屋倒塌时间基本吻合。

将底部建筑物当作不发生位移的静态刚体，按照能量守恒及冲量定律，冲击力在冲击过程中，累计效应等价于冲击作用使滑体动量的减小量，如式（7.2）所示：

$$mv = \int_{t_1}^{t_2} F \mathrm{d}t \tag{7.2}$$

式中，m 为单位宽度滑体质量；v 为冲击速度；t_1 为冲击作用开始时刻；t_2 为冲击作用结束时刻；F 为单位厚度滑体对应的冲击力（吴越，2011）。

假设建筑物受冲击面宽度为 d，按照能量守恒定律，则建筑物受到的冲击能（w）为

$$w = \frac{\left(\int_{t_1}^{t_2} F \mathrm{d}t\right)^2}{2m} d \tag{7.3}$$

由式（7.3）计算得房屋受到的冲击能为 347.7kJ。

7.3　宏福景苑滑坡成因机制分析

宏福景苑滑坡的发生具有极强的隐蔽性和危害性。经调查发现，该斜坡陡峭，近乎直立，滑坡发生后，后缘裂缝极其发育，部分残留不稳定岩土体与母体间裂缝达 1.1m。后缘顶部多为墓葬区，因该滑坡历史上的累进性破坏，导致部分坟地地面及坟体围墙上存在老旧裂缝，城市居民较少于此类区段活动，故这类滑坡很难被发现。因剪出口距离底部居民楼仅 20m，冲程短且破坏性强。

7.3.1　地质地形条件

在工程地质组合上，上部主要为强风化泥质白云岩，分布多组节理，两侧结构面、层面与节理共同切割作用，形成整体似块状滑体。由于裂隙贯通性好，在降水后裂隙水形成的静水压力和渗透压力作用下，岩土体稳定性差。下部中风化泥质白云岩相与滑体第四系残坡积层与强风化泥质白云岩这类松散结构岩组相对隔水，裂隙水通常沿接触带排泄，易形成滑坡地质灾害。

该区域地形起伏大，切割强烈，地质环境脆弱。滑坡区原始坡度极陡，坡度大于60°，下伏基岩倾角平均为47°。高陡的斜坡为滑坡的失稳提供了有利的地形条件。

7.3.2　降水条件

根据贵州省气象部门发布的气象信息记录，该区域24h降水量达59.3mm。降水对滑坡稳定性的影响主要表现为补给到裂隙中，在一系列水动力作用下，促使滑坡失稳、破坏。强降水造成残坡积层及下部强风化泥质白云岩裂隙岩体中形成静水压力和渗透压力，增加了下滑力，导致滑坡失稳下滑。因而，强降水是诱发滑坡突发性失稳的主导因素。

7.3.3　地质构造

区域构造主要表现为NW向黔灵山断层、圣泉水断层，滑坡位于五里冲背斜东南翼。坡体为单斜构造，顺向坡，节理发育。特别是垂直切割岩层面沿倾向外倾的两组节理，与两侧结构面及层理面共同切割岩体，形成块状结构，也是形成滑坡失稳的必要条件。

7.4　经验及教训

近年来，发生在城市周边的地质灾害呈现逐步增加的趋势。城市开发建设、矿产资源开采等为城市周边山体地质灾害隐患的形成提供了有利条件。因城市地质灾害的隐蔽性、破坏性和社会性等特点，其造成的损失往往是十分巨大的。因此，应加强土地资源、城市环境工程、城市规划等各学科、各部门融合，建立城市地质灾害信息系统，借助遥感技术，组织多学科、多部门开展这类地质灾害防治的系统协作攻关，有预见性地避开危险区，科学制订防灾减灾预案，从而保持城市的可持续发展。

第8章　福泉市道坪镇英坪村小坝组滑坡

2014年8月27日20时30分左右，黔南州福泉市道坪镇英坪村小坝组突发山体滑坡地质灾害。滑坡位于福泉市北西部，距福泉市区约58km，中心点坐标为107°21′38″E，26°57′27″N，海拔为1330.7m。滑坡区所在的福泉市东邻凯里市和黄平县，南与麻江县接壤，西临开阳县，北与瓮安县相连（邱昕，2015），如图8.1所示。南北长55.2km、东西宽52.1km，总面积为1690.8km²。滑坡造成英坪村小坝组、新湾组受灾。截止到8月29日10时，灾害共造成23人死亡、22人受伤，77栋房屋损毁，直接经济损失超千万元（图8.2）。

图8.1　小坝组滑坡体特征

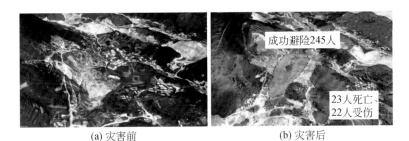

(a) 灾害前　　　　　　　　　　　(b) 灾害后

图8.2　小坝组滑坡运动特征及危害

8.1　研究区自然和地质环境条件

调查区位于川黔南北构造带的白岩–道坪背斜上，该背斜之东为瓮安向斜，背斜之西是平寨向斜。滑坡位于道坪背斜东翼，岩层产状为单斜。受道坪背斜轴部宽缓、向 SW 倾伏的形态控制而使岩层走向、倾斜在调查范围内有规律的变化，走向 SW–NE，倾角为 10° ~ 70°，倾向 SE，倾角为 35° ~ 60°。因受小坝断裂牵引的影响导致岩层产状局部变异，滑坡所在斜坡岩体节理裂隙发育，岩体破碎，岩土工程性质差。

调查区发育的地下水类型主要为松散层孔隙水、碳酸盐岩类岩溶水及碎屑岩类裂隙水。虽分布面积广，但厚度较薄，故含水性极弱，分述如下。

（1）松散层孔隙水：储存于第四系（Q）黏土、亚黏土中，在调查区内大面积分布由滑坡堆积体及第四系覆盖层组成，厚薄不均，滑坡堆积体透水性较好。

（2）碳酸盐岩类岩溶水：储存于上震旦统灯影组（Z_2dy）的白云岩中，下伏于第四系（Q），质纯层厚。根据区域水文地质资料，岩溶发育，地下水十分丰富。

（3）碎屑岩类裂隙水：储存于下震旦统陡山沱组（Z_1ds）磷块岩中，富水性差。

根据区域水文地质资料，本区地下水的埋藏类型为潜水，其埋深在 50m 之内。与所有岩溶水一样，本区地下水动态受大气降水的影响较为明显。

8.2　小坝组滑坡基本特征

滑坡体平面呈"簸箕形"，滑坡体长约 160m、宽 60 ~ 140m、厚 20 ~ 50m，滑坡后缘高程为 1450m、前缘高程为 1231m，垂直高差约 219m，滑坡体约 141 万 m^3。在滑坡上部现仍残余 56 万 m^3，且稳定性极差。

滑动面立面呈楔形，剖面近直线形，下滑方量约 85 万 m^3。滑坡体从盘山小路上方约 1310m 的高程剪出，沿 140° 滑动方向向坡脚高速滑动，冲击坡脚一处蓄水量约 21 万 m^3 的深水塘，塘口面积约 2.5 万 m^2。

滑坡滑向右侧由沟谷切割形成，左侧为节理结构面切割，后缘为拉张裂缝，形成的滑坡边界将滑坡体与母岩分离。滑坡下滑及运动过程中铲刮挟带沟谷表层坡积土，在堆积区形成面积约 11.7 万 m^2，厚度为 10 ~ 40m 的堆积体。堆积体主要由磷块岩、硅质岩、白云岩、含砾白云岩、土粒，以及被破坏房屋的砖、木、混凝土碎块等物质混杂组成，其中岩石最大可见粒径约 3.0m×4.0m。

滑坡形成的堆积体主要由四个部分组成：一是主滑坡体物质，此部分物质主要堆积在深采坑内及其西侧山包东南侧，堆积方量约 110 万 m^3，主要由漂石、块石、砾石夹杂黏土颗粒组成，以块石为主，约占 65%；二是滑坡剩余动能平推形成的滑坡，堆积体长约 50m、宽约 40m、深约 25m，堆积方量约 17 万 m^3，由黏土颗粒夹杂块石组成；三是由于侧压形成的堆积体长 80m、宽约 60m、深约 15m，堆积方量约 15 万 m^3，其顺沟右侧堆积碎石夹杂黏土颗粒，左侧堆积黏土颗粒夹杂块、碎石，呈现平面二元堆积结构；四是由涌浪携带碎屑形成的堆积体，涌浪裹挟、刮擦、冲刷等形成的堆积体面积较大，堆积方量约 20 万 m³，由黏土颗粒混杂岩粉、碎石、块石、砖木及混凝土碎块组成。此次滑坡地质灾害形成的总堆积体方量约 160 万 m³（图 8.3）。

图 8.3　小坝组滑坡堆积体

深水塘中的水体在高速滑坡冲击压力作用下形成涌浪，滑坡体在剩余动能作用下，对采矿区西南侧岩土体形成强大推力，滑动距离约 50m，其滑动路径上西侧为一处高约 27m 的山包，部分碎屑物质在水气流的裹挟下越过该山包东南侧坡体，摧毁了新湾组 3 户居民房屋。滑坡路径东侧为英坪溪，在坡体平动过程中产生的侧压力作用下，推动小坝组一带近饱和土体平动，平动距离约 40m，对小坝组造成危害。因溪沟内的碎石土较为松散，沿溪沟隆起堆积，与其右侧黏土堆积形成明显的平面二元堆积结构。据量测，滑坡剪出口距离危害对象最远平面距离约 215m（图 8.4）。

图 8.4　小坝组滑坡运动特征

8.3　小坝组滑坡成因机制分析

从滑坡隐患形成过程看：斜坡岩体在地质构造作用和长期的物理化学风化作用下，斜坡岩体破碎，节理裂隙发育，可见明显的溶孔等溶蚀现象，岩体工程性质差；坡脚因各种原因及采矿形成的深水塘在其形成过程中改造了斜坡原始地形，使斜坡中下部地形变陡，坡脚形成一近陡立的临空面，斜坡应力重新分布，向坡脚集中，牵引坡体外倾，斜坡岩体结构趋于松弛，顺层发育的结构面扩展为拉张裂缝，形成滑坡地质灾害隐患。

从滑坡变形–破坏过程分析：在长期的大气降水条件下，降水沿节理裂隙入渗，岩体软化和节理裂隙渐进性扩展。2014 年 7 月连续降水，降水量达 368.6mm，斜坡体上的拉张裂隙加速发展，滑坡岩体变形加剧，同时使深水塘积存大量地表水体。在自重作用下斜坡岩体产生累进性破坏，失稳下滑，岩体在蠕滑变形过程中积累的巨大应变能瞬时释放，同时因滑坡前缘高差所产生的势能在滑体运动过程中转化为巨大的动能，形成推移式高速岩质滑坡。

从滑坡运动过程看：获得巨大动能的滑体以强大的冲击力冲击坡脚深水塘，塘中水体在强大冲击力作用下形成涌浪，涌浪裹挟着泥沙冲击新湾组、小坝组部分群众房屋，造成人员伤亡和房屋损毁。

从地质灾害成因分析看，经过现场调查，综合气象、测绘、地质等资料，分析得出：小坝滑坡是在多重因素综合作用下形成的。不利的地形地质组合、长期的物理化学风化是该山体滑坡隐患形成的内因；而长期的大气降水作用，以及采矿形成的深水塘改造了原始地形和对岩体结构产生了影响是该山体滑坡隐患形成的外因。2014 年 7 月连续降水加速斜坡岩体变形，促进了该山体滑坡的发展和发生。而斜坡岩体在自重作用下发生累进性破坏是最终导致 8 月 27 日山体滑坡发生的原因。具有较大动能的滑体冲入深水塘中形成涌浪，直接造成人员伤亡和房屋损毁灾害，形成山体滑坡–涌浪灾害链。

8.4　小坝组滑坡运动过程模拟分析

由图 8.5 可知，滑源区长约 270m，前缘宽约 260m、后缘宽约 126m，面积约 6.4 万 m^2，高程分布范围为 1286 ~ 1410m，前后缘高差为 124m，平均坡度约 36°，堆积体体积约 142 万 m^3。水塘塘口面积约 2.5 万 m^2，平均深度为 21m。在水平距离约 443m，高程约 1236m 处滑体开始入水。

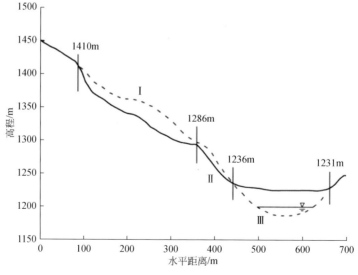

图 8.5　小坝组滑坡纵剖面图

　　根据实际情况及试算结果，通过试错法对比选择参数，DAN-W 模型计算参数如表 8.1 所示（Frictional 模型即摩擦流动模型）。在数值模型中设置铲刮区，最大铲刮深度为 10m。滑源区对应材料 1，铲刮区对应材料 2，其中，摩擦角设置为 11°，对于干燥的岩石碎块，内摩擦角一般设为 35°，滑体重度设为 20kN/m³。

表 8.1　DAN-W 模型计算参数

材料编号	1	2
模型	Frictional	Frictional
重度/(kN/m³)	20	20
内摩擦角/(°)	35	35
摩擦角/(°)	11	11
最大铲刮深度/m	0	10

　　由模型计算得到小坝组滑坡入水前的运动过程模拟。入水前每 3s 的滑体形态，如图 8.6 所示。在水平距离 372m 处，地形凸起与滑体发生碰撞，使滑坡前原形态发生明显改变。由图 8.6 可见，滑体入水前运动约 9.2s 后，滑体入水，受水流的作用，滑坡体呈碎屑流态运动，将会在水塘中逐渐堆积。

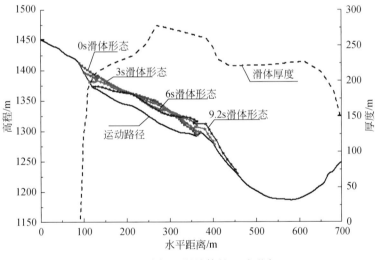

图 8.6　小坝组滑坡体的运动形态

　　滑坡前后缘速度及不同时刻滑体内的速度分布如图 8.7 所示。滑体前缘速度大于后缘速度。整个运动过程中，在水平距离 $X=474$m 处，前缘速度达到最大值 30.1m/s；在水平距离 $X=157.4$m 处，后缘速度达最大值 9.8m/s。滑坡入水前，滑体前缘运动了 89.85m，而后缘仅运动了 31.54m。

　　图 8.7 中直观地显示出每 3s 间隔滑体内速度的变化趋势。由图可见，滑坡运动 9.2s 内，滑体速度在水平距离总体呈不断增大的趋势，并在入水前达到最大值。这是由于滑体从高位下滑，势能转化为动能，使得滑体能够获得较大的速度。随着滑块入水，滑体内的

速度在达到最大值后，将会呈现明显的下降趋势。

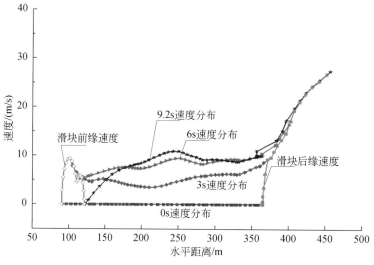

图 8.7 3s 间隔小坝组滑坡体内速度分布

8.5 小坝组滑坡涌浪模拟分析

分析滑坡体入水后的涌浪产生及传播过程，选取滑坡体滑动方向所在河道断面作为 FLUENT 数值模型计算区域。根据 DAN-W 模拟结果，9.2s 滑块开始入水，滑体形态如图 8.8 所示，此时滑坡体面积约为 $4600m^2$，滑块最大厚度为 26m。

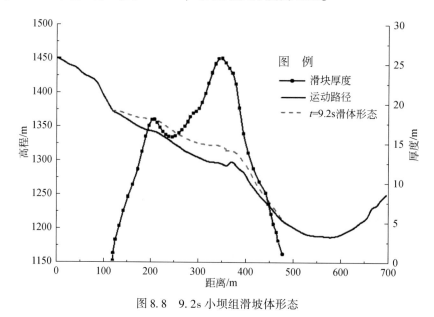

图 8.8 9.2s 小坝组滑坡体形态

为分析滑坡体入水后涌浪产生及传播过程，选取滑坡体滑动方向所在河道断面作为数值模型计算区域。FLUENT 涌浪模型坐标的选取与 DAN-W 模型一致，比例为 1∶1，斜坡坡度为 36°，对岸爬坡角度为 43°。根据观测资料及 DAN-W 模拟结果，最大水深为 21m，塘口宽度为 136m，在水平距离 710m 处有高为 27m 的小山丘，滑坡危害对象最远平面距离为 900m，如图 8.9 所示。在运行环境中，模型计算参数如表 8.2 所示，重力加速度为 $g=9.81\text{m/s}^2$，空气（工作流体）密度为 $\rho_a=1.225\text{kg/m}^3$，水密度为 $\rho_w=998.2\text{kg/m}^3$，滑体密度为 $\rho_s=2100\text{kg/m}^3$，迭代精度为 10^{-5}。

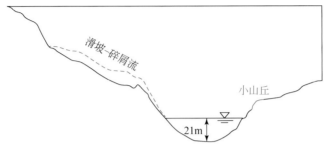

图 8.9　小坝组滑坡计算模型

涌浪流场控制方程仍采用不可压缩均质流体控制方程，即连续性方程和 N-S 方程；湍流模型采用重整化 RNG $k\text{-}\varepsilon$ 湍流模型，自由表面设置为 VOF 三相流。边界条件设置：因河床坚硬，为固壁边界；滑坡体概化为流体，设置为交换面边界（interface）；计算域顶部为压力出口边界（pressure outlet）。

采用 FLUENT 前处理软件 GAMBIT 进行建模及网格划分。整个计算区域采用非结构化的三角形网格，在滑体附近进行适当加密，网格大小为 1m×1m，其他区域网格大小为 3m×3m，整个计算域内网格总数分别为 115、181。

表 8.2　FLUENT 模型计算参数

参数	符号	数值
滑块面积/m²	A	4600
水深/m	h	21
水面宽度/m	X	136
滑体速度/(m/s)	V	30.1
滑体密度/(kg/m³)	ρ_s	2100
水的密度/(kg/m³)	ρ_w	998.2

滑坡体入水后，不同时刻涌浪在坝体断面的传播情况如图 8.10 所示。由图 8.10 可见，具有较大动能的滑体入水瞬间发生变形，滑体前缘快速将水体"推出"，形成涌浪［图 8.10（b）］。在滑坡体沿斜面的运动过程中，受重力作用的影响，滑体前缘碎屑流厚度增加，同时水面也呈现出较大波动。当 $t=12.2\text{s}$ 时，在水平距离 $X=506\text{m}$ 处，形成高度为 29.7m 的涌浪［图 8.10（d）］。当 $t=14.8\text{s}$ 时，大量碎屑流在小坝组内堆积，大面积水体被掀起涌向对岸水平面［图 8.10（e）］。

图 8.11 为不同时刻涌浪在对岸的爬坡过程，对于某一瞬时流场而言，涌浪前锋流速

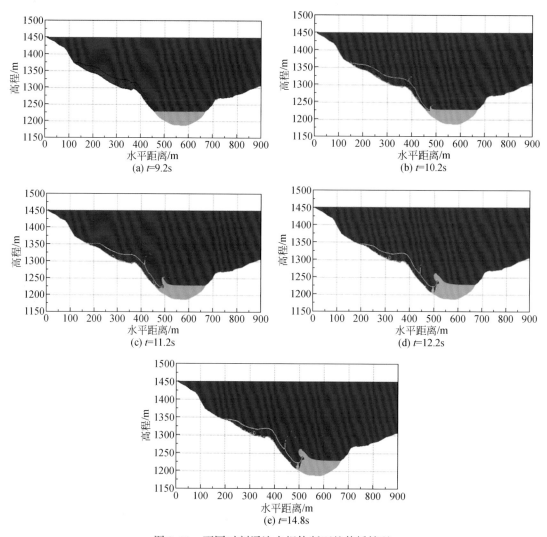

图 8.10　不同时刻涌浪在坝体断面的传播情况

最大，直至涌浪传播到最远距离。当 $t=16.5\mathrm{s}$ 时，具有较大动能的滑坡-碎屑流及涌浪以强大的冲击力冲向对岸平地，大量堆积体将小坝组填满 [图 8.11（a）]。$t=20.2\mathrm{s}$ 时，涌浪携带碎屑形成的堆积体，在对岸平面上传播了 127m，到达水平位置 828m [图 8.11（e）]，涌浪回落冲击小坝组部分房屋，造成了房屋损毁及人员伤亡，形成山体滑坡-涌浪灾害链。滑坡-碎屑流在运动的过程中，带有强大冲击力的滑体铲刮并夹带沿途表层岩体，当 $t=32.7\mathrm{s}$ 时，大量的滑坡-碎屑流堆积在坝体内 [图 8.11（f）]。

　　具有巨大动能的滑坡-碎屑流以强大的冲击力冲击坡脚深水塘，滑坡-碎屑流入水后流场不同时刻最大动压力随时间变化曲线如图 8.12 所示。从图 8.12 中可以看出，随着时间的增加，流场最大动压力呈现波浪变化趋势。在滑坡-碎屑流运动到 21.7s 时，计算域内流场的最大动压力值为 5.4MPa，此时碎屑流运动到水平距离 710m，翻越了高 27m 的小山丘。涌浪裹挟着泥沙以强大的冲击力冲击新湾组、小坝组部分群众房屋，造成人员伤亡和

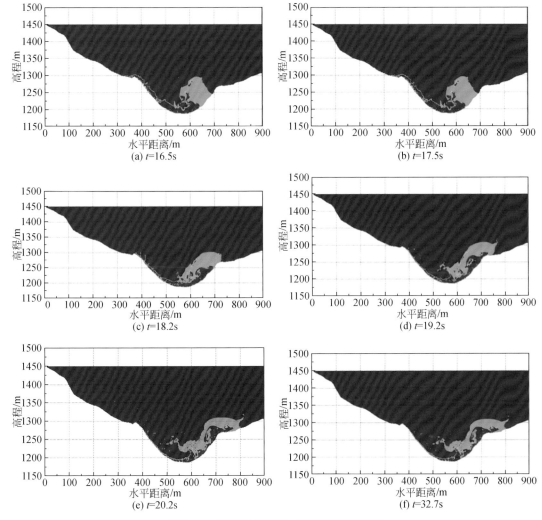

图 8.11　不同时刻涌浪在对岸的爬坡过程

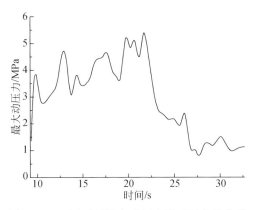

图 8.12　不同时刻最大动压力随时间变化曲线

房屋损毁。随着能量的损耗，流场最大动压力逐渐减少。当 $t=27.7\,\mathrm{s}$ 时，计算域内流场的最大动压力减少到最小值 $0.81\,\mathrm{MPa}$。

8.6　经验及教训

小坝组滑坡是已发现的矿山地质灾害隐患点，由于地质灾害产生的复杂性，单一因素不足以造成危害。该滑坡地质灾害是贵州目前唯一的受水气流所影响并形成灾害链的地灾点，是一个对贵州地质灾害防治专业人员的深刻警示，从中可以认识到技术知识的欠缺，需要专业人员的技术素质不断提高来应对一些复杂的地质灾害现象，对下一步的防治工作产生一定的启示作用。

（1）开展矿山地质灾害排查，防患于未然。矿山的开采导致山体受到不同程度的破坏，形成的地质灾害隐蔽性强，且矿山周边人员集中，排查能最大可能识别和避让地质灾害隐患点，保护人员财产安全。

（2）对河流及水库周边有地质灾害隐患点的地段进行地质灾害影响范围评估。选派专业技术骨干队伍对乌江沿岸、南北盘江、赤水河、清水江等大江大河及中型水库以上区域人员集中、受地质灾害隐患点影响的地段进行排查、评估，确定受影响范围，达到响应及时、撤离区不留死角的效果。

（3）大力实施矿山复绿，保护环境的同时也是对地质灾害隐患点的整治。利用矿山企业缴存的矿山环境治理恢复保证金，开展矿山地质灾害治理，彻底消除地质灾害隐患；结合矿山复绿行动，对一些有地质灾害隐患，又难于治理或治理经费大的，组织一定的生态移民进行避让。

（4）大力对地质灾害专业人员进行培训，增强自身专业技术素质；启动一些防治人员培训，增强地质灾害危机意识。此次地质灾害的发生，由于认识不足，形成地质灾害链的分析不到位，已有的变形迹象没有受到充分重视，对滑坡体危害范围考虑不够，造成威胁区域以外的村民组受到危害。村民对地质灾害造成的危害意识淡漠，也造成了不必要的生命损失。因此，在加大对专业技术骨干队伍培训的同时，用实际案例对防治人员及村民进行教育，是地质灾害防治的重要措施。

第9章　纳雍县鬃岭镇左家营村崩塌

纳雍县鬃岭镇一带为县内煤矿资源集中开采区，区内矿山密集，分布着几十座煤矿山，采煤活动形成了大面积的采空区，矿山地质灾害、矿山占用与破坏土地等矿山地质环境问题非常严重，造成矿区及周边地质环境的严重恶化，尤其以矿山地质灾害造成的影响最大。左家营村一带连片的山体崩塌（图9.1）严重威胁居民的生命财产安全，多次造成重大伤亡事故。

图9.1　左家营村连片的山体崩塌全景照片

2004年12月3日凌晨3时40分，贵州省纳雍县鬃岭镇左家营村岩脚组发生危岩体崩塌，崩塌体坠落后又冲击山下土坡，造成土坡下滑，掩埋了山下岩脚组的部分住房，此次崩塌造成岩脚组19户居民受灾，12栋房屋被毁坏、7栋房屋受损，39人遇难、5人失踪、13人受伤（吴彩燕等，2006），形成了特大型地质灾害（图9.2）。

图9.2　左家营村岩脚组崩塌全貌

2015年6月6日凌晨4时许，纳雍县鬃岭镇左家营村箐脚组再次因强降水导致山体崩塌

（图9.3）。崩塌体相对高差约200m，纵长约400m、宽约150m，厚度为8～10m，方量约50万m³，崩塌方向为175°。崩塌块体块径不均匀，块径较大者达3.0m。崩塌造成3人死亡。

图9.3　左家营村箐脚组崩塌现场

9.1　研究区自然和地质环境条件

9.1.1　气象水文

研究区气候温和，冬无严寒、夏无酷暑，雨热同季、多雨寡照，具有明显的立体气候特点。据县气象局实测，多年平均气温为13.6℃，最高为34.1℃（1998年3月18日）、最低为-9.6℃（1977年2月1日）；最热月为7月，最冷月为1月；一年中最热月和最冷月平均相差17.8℃，全县各年平均气温为12～15℃。

研究区多年平均降水量为1243.9mm，一年中6月为降水量最多月，平均降水量为223.0mm，12月最少，平均为22.0mm，5～9月降水集中，占全年总降水量的73.7%，年际变化较大，最多年为1682.8mm（1964年）、最少年为889.0mm（1972年），降水量的分布，由NW向SE递增，南东半部为多雨地带，年总降水量大于1300mm，北西半部年总降水量小于1000mm。暴雨一般集中在5～9月，特大暴雨出现在6～7月，月最大降水量为520.5mm（1964年6月），日最大降水量为131.2mm（1996年9月17日），时最大降水量为52.7mm（1988年6月18日15时），10min最大降水量为28.0mm（1992年5月16日1时45分）。

全球气候变暖导致极端天气事件频发，调查区域极端气候事件频率和强度有所增加和增强，出现极端温度、极端降水较为明显，极端气候加剧崩塌（危岩体）岩土体的风化。降水对危岩体稳定性的影响主要表现在每年雨季的大暴雨或持续降水。雨季的暴雨及持续时间较长的降水渗入地下，降水沿岩石中的裂隙入渗，软化裂隙结构面，同时在裂隙中形成孔隙水压力，导致坡体重力加大，固结力减小，加剧岩石的变形和破坏。降水是斜坡变形发展主要因素。该区域夏秋季暴雨发生频繁，降水使岩土体处于饱水状态，增加了自重，并且雨水沿裂缝渗入斜坡体，浸润了裂隙面，加速了危岩体的变形破坏速度。由于斜坡内部采空区导致坡表产生拉裂缝，且区内基岩节理裂隙发育，降水则沿基岩裂隙下渗形成地下水，并向坡脚平台排泄。结构裂隙成为地下水赋存的良好条件，水量较为丰富，对崩塌的形成较为有利（王俊，2019）。

9.1.2　地形地貌

鬃岭危岩带位于鬃岭镇中岭煤矿上部，总体形态呈反"L"字形展布，区内危岩陡崖段高 70 ~ 300m，陡崖近于直立，存在大量的临空面。

研究区地形地貌上属于剥蚀-侵蚀中山地貌。地形为 NE-SW 向带状展布单向坡地，北西高、南东低，区内最高山峰海拔为 2295.37m，最低处于崩塌堆积体前缘，高程为 1714.53m，相对高差达 580.84m。西南部为陡崖带，陡崖呈条带状展布，陡崖坡顶高程为 2189 ~ 2295m、坡脚高程为 1714 ~ 1992m，陡崖坡角为 50° ~ 70°，坡脚斜坡坡角为 20° ~ 25°。

9.1.3　地层岩性

根据地面调查及本次调查成果资料可知，调查区内地层岩性主要由上覆第四系全新统人工填土层（Q_4^{ml}）、残坡积层（Q_4^{el+dl}）、崩坡积层（Q_4^{col+dl}），以及下伏下三叠统飞仙关组（T_1f）、上二叠统长兴-大隆组（P_3c+d）、上二叠统龙潭组（P_3l）组成。

第四系全新统人工填土层（Q_4^{ml}）：主要为素填土和杂填土，其中素填土呈褐色，以碎块石为主，夹少量的粉质黏土，主要为煤矿厂矿渣和道路建设所堆填；杂填土以碎石为主，夹黏土和建筑垃圾等。该层主要分布于陡崖底部煤矿厂厂区及居民集中区附近。

第四系全新统残坡积层（Q_4^{el+dl}）：主要为粉质黏土，多呈灰褐色，硬塑状，局部地段呈可塑状，多含碎块石，碎块石含量为 10% ~ 40%，碎块石成分主要为灰岩，主要分布于鬃岭危岩带顶部平台附近和下部缓坡地带。

第四系全新统崩坡积层（Q_4^{col+dl}）：主要为碎块石土，主要分布于陡崖坡脚斜坡及平台附近，主要由碎块石夹粉质黏土组成，其中粉质黏土多呈灰褐色，硬塑状，局部地段呈可塑状，碎块石含量为 55% ~ 70%，碎块石成分主要为灰岩，粒径一般为 10 ~ 120cm，个别可达数米至十余米。

下三叠统飞仙关组（T_1f）：岩性以粉砂岩、泥质粉砂岩为主。以岩石颜色、夹灰岩或泥灰岩的多少、灰岩发育程度等将该组划分为六段，其中第一段厚度较大，第二段以灰岩为主。

上二叠统长兴-大隆组（P_3c+d）：岩性为深灰色粉砂岩、粉砂质泥岩夹泥灰岩薄层，上部夹 2 ~ 4 层蒙脱石泥岩，顶部为一层蒙脱石泥岩与上覆地层分界，底部为一层泥灰岩。厚 32.51 ~ 40.04m，平均厚 37.96m。与下伏地层整合接触。

上二叠统龙潭组（P_3l）：与下伏峨眉山玄武岩组呈假整合接触，岩性以深灰色粉砂岩、细砂岩、粉砂质泥岩为主，含煤 50 层左右，为本区含煤地层，含可采煤层 10 层。平均厚度为 320.77m。

9.1.4　地质构造

研究区位于加戛背斜北东翼中段、F1 断层北翼，地层整体为一向北倾斜的箕形构造。

走向近 EW，向西部、东部变为近 SN 走向，变化大，倾向 N。倾角：浅部为 15°~20°，西部较陡为 30°~43°，向深部逐渐变缓为 5°~9°~15°。

褶皱：本区主要褶皱为河坝向斜，河坝向斜位于河坝—关寨—白岩脚一线，轴向 F1 至大菁脚为 N40°W，大菁脚至白岩脚为 SN 向，呈"反半月形"展布，长约 3500m，宽为 600~3000m，南部较窄而北部变为宽缓，轴部及两翼由 P_2l—T_1yn 组成。倾角南端两翼较陡为 30°~43°，北端两翼为 30°，东翼为 10°~15°，为一不对称向斜。

断层：区内共发现 20 条断层，断层密度为 0.68 条/km²，其中落差大于 30m 的断层共四条，调查区内共发现六条断层，主要分布于危岩带东侧及西侧（吕波等，2010）。

9.1.5　水文地质条件

根据研究区出露的地层岩性及地下水在含水介质中的赋存特征，地下水类型可分为岩溶裂隙水、基岩裂隙水和松散层孔隙水三类。

（1）岩溶裂隙水：赋存于区内灰岩层，灰岩层分布较少，主要分布于飞仙关组二段，该层主要分布于陡崖顶部，岩溶裂隙发育，为区内主要含水层。

（2）基岩裂隙水：区内岩性以粉砂岩、泥质粉砂岩为主，为相对隔水层，主要接受大气降水的补给，向地势低洼处排泄，地下水贫乏。

（3）松散层孔隙水：主要赋存于斜坡下崩塌堆积体、残坡积土层的碎石土中，含水介质物质成分、结构、厚度变化及分布等决定了崩塌堆积体透水性强和含水性不均匀。主要接受降水的补给，雨季时可能存在少量上层滞水。

9.1.6　新构造运动及地震

场区区域位于扬子准地台—黔北台隆—遵义断拱—毕节 NE 向构造变形区，主要以 NE 向、EW 向构造体系为主。根据《建筑抗震设计规范》（GB 50011—2010），本区抗震设防烈度为Ⅵ度，设计基本地震加速度值为 0.05g，地震设计特征周期为 0.35s。

9.1.7　人类工程活动

鬃岭镇煤矿开采较多，目前集中有三个煤矿开采区，分别为左家营煤矿（由左家营煤矿、光华煤矿整合而成）、月亮湾煤矿（由纳雍县中岭吊水岩煤矿、兴义煤矿、黄家沟煤矿整合而成）、中岭煤矿（由中岭井、坪山井整合而成），小煤矿多已关闭。据勘查走访，区内中岭煤矿开采规模较大，开采方式主要采取退采式，中岭煤矿井口距坡角约 1.2km；腰线一带存在大量无序开挖的小煤窑，煤矿的开采造成陡崖后侧分布大面积的采空区。综合分析，勘查区人类工程活动对地质环境改造强烈。

9.2　左家营村崩塌危岩体结构及发育特征

9.2.1　危岩体结构

根据地面调查成果资料，调查区内地层岩性由下三叠统飞仙关组（T_1f）、上二叠统长兴-大隆组（P_3c+d）、上二叠统龙潭组（P_3l）组成。

左家营村崩塌发育于下三叠统飞仙关组灰白色中-厚层含泥质灰岩及灰绿色中-厚层块状粉砂岩、灰色中厚块状泥质粉砂岩中，受地质构造和地形的影响，斜坡岩体结构复杂，结构面发育，既有构造形成的构造结构面，也有卸荷裂隙形成的结构面。总的来说，正是因为这些结构面导致岩体被切割成块状结构或柱状结构。其岩层产状为 N4°~45°W/NE ∠8°~15°、N5°~13°E/NW ∠8°~15°，岩层走向与斜坡走向近平行，为缓倾角逆向坡。崩塌发生于飞仙关组灰白色灰岩中，层理清楚，层面发育。据现场详细地质调查统计，灰岩中除层面以外还发育两组优势结构面：① 陡倾坡外裂隙，产状为 S20°~40°W/NW ∠80°~85°，平直粗糙，延伸较长，最大可见迹长 150m，间距为 1~5m，最大可达 10m，节理张开 1~2cm，未见填充。该组节理可构成失稳块体的后缘边界，同时也是陡崖斜坡的临空面。② 陡倾坡外优势结构面，产状为 S20°~40°E∠SE75°~80°，平直光滑，间距为 1~3m，延伸 2~20m，未见填充物，节理面可见泥痕，该组节理可构成可动块体的侧缘切割边界。结构面组合关系如图9.4、图9.5所示，这些结构面将岩体切割成块状或棱柱状。

图 9.4　山顶破碎区

图 9.5　山顶危岩体

据调查，区内岩体岩层产状为 320°~351°∠10°~16°。危岩体发育两组裂隙：一组产状为 183°∠86°；另一组产状为 155°∠88°，两组结构面将危岩切割成块体状。现场调查访问，山顶裂缝发育，最宽部分可达 2m，下错形成台阶状，下错约 30cm，山顶裂缝距离坡肩距离为 30~100m。受沿层面软弱夹层及节理的不利组合将该区陡崖岩体进行切割，陡崖整体性受到破坏，形成大小不等、形态各异的块体，如柱状、块状、不规则状等（图9.6~图9.9）。

图9.6　山体下座形成陡坎

图9.7　上部构造裂隙

图9.8　裂隙发育、岩体破碎

图9.9　裂隙贯通、岩体完整

9.2.2　崩塌发育特征

鬃岭危岩带位于斜坡上部陡崖带，由三叠系粉砂岩及灰岩组成，延伸方向总体为 EW 走向，呈带状分布，形态呈反"L"形，危岩带可能崩塌总规模为 442.247 万 m^3，为特大型危岩带。危岩体总体由一陡崖组成：陡崖由飞仙关组三段灰岩及粉砂岩组成，崖高为 70～300m，标高为 2020～2320m。危岩坡脚居民集居区高程为 1714～1850m，相对高差为 450～600m。岩层产状为 320°～351°∠10°～16°。危岩体发育两组裂隙：一组产状为 183°∠86°；另一组产状为 155°∠88°。两组裂隙将危岩切割成块体状，形成裂缝，一般宽 1～200cm，最大为 6～7m，坡顶见有地表水体沿裂隙渗透。下面分别论述岩脚组崩塌和箐脚组崩塌。

1. 岩脚组崩塌特征

岩脚组变形强烈区长 0.5km，变形强烈区面积为 0.08km²，区内共分布三处崩塌（BT6、BT7、BT8），其崩塌体的坡体结构和组成物质基本相同，均由飞仙关组厚层状灰白色灰岩、灰绿色泥质粉砂岩形成崩塌堆积体，BT6、BT7 规模为大型，BT8 规模为中型（图9.10）。2004 年造成灾难性事故的是 BT6 崩塌。

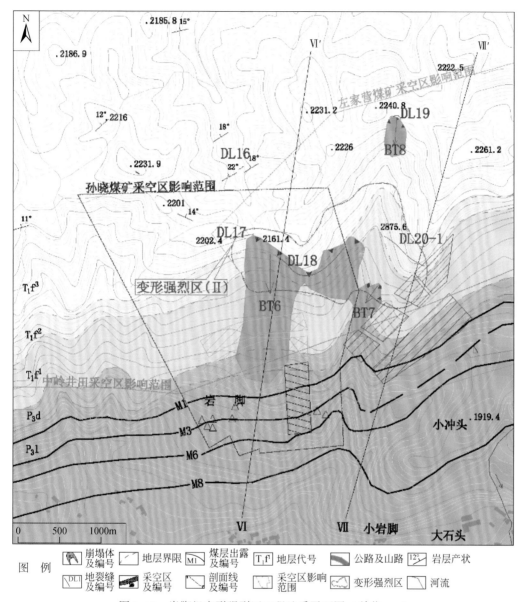

图 9.10　岩脚组变形强烈区工程地质平面图（单位：m）

　　BT6 危岩后缘发育拉张裂缝，裂缝呈直线，裂缝长约 60m、宽约 3m、深为 1.5～3.0m，平时有零星碎块石坠落，最大块度为 6.0m×3.5m×3.0m（图 9.11）。BT6 危岩主要分布于陡岩上，坡体因受节理裂隙切割形成大量的卸荷裂隙，加之区内岩体受构造、风化裂隙切割，岩体内形成陡峭的不利结构面，贯通性好，在岩体自重及降水等因素共同作用下，卸荷裂隙也随之加深加宽，部分危岩体卸荷裂隙基本贯通。根据岩体节理裂隙的赤平投影分析，节理 1 与节理 2 交错点位于坡内（图 9.12～图 9.15）。

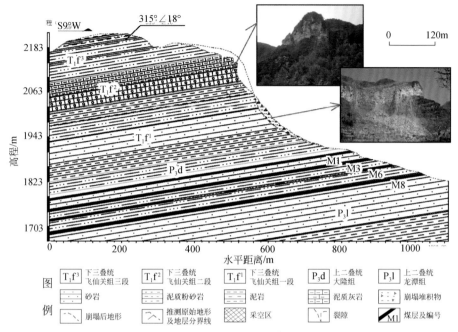

图例

T₁f³ 下三叠统飞仙关组三段	T₁f² 下三叠统飞仙关组二段	T₁f¹ 下三叠统飞仙关组一段	P₃d 上二叠统大隆组	P₃l 上二叠统龙潭组
砂岩	泥质粉砂岩	泥岩	泥质灰岩	崩塌堆积物
崩塌后地形	推测原始地形及地层分界线	采空区	裂隙	M1 煤层及编号

图 9.11　BT6 工程地质剖面图

图 9.12　BT6 全貌图

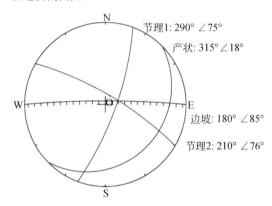

节理1: 290°∠75°
产状: 315°∠18°
边坡: 180°∠85°
节理2: 210°∠76°

图 9.13　BT6 结构面 Dips 统计

图 9.14　BT6 后缘危岩体

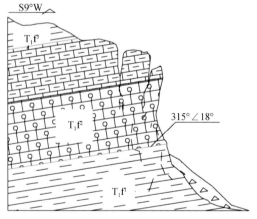

图 9.15　BT6 剖面示意图

2. 箐脚组崩塌特征

　　箐脚组变形强烈区长 0.6km，区内共分布两处崩塌，其崩塌体的坡体结构和组成物质基本相同，均为飞仙关组厚层状灰白色灰岩、灰绿色泥质粉砂岩形成的崩塌堆积体，BT9、BT10 规模为大型，崩塌方量最大者为 BT9，也是 2014 年造成灾害的崩塌体，规模属大型。变形强烈区面积为 0.12km² （图 9.16）。

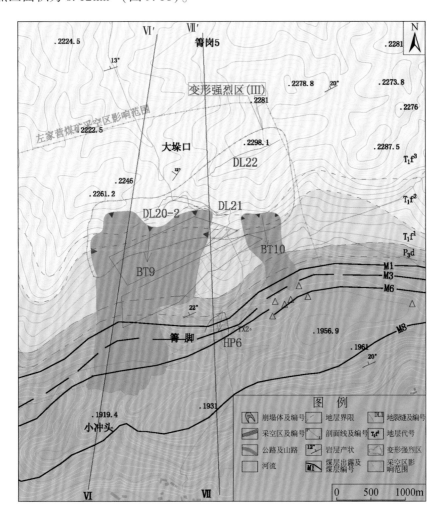

图 9.16　箐脚组变形强烈区工程地质平面图（单位：m）

　　崩塌体 BT9 边坡陡峭，边坡近于直立，卸荷裂隙顺坡向发育，局部贯通，由于危岩为灰岩，下部为易风化的泥岩、砂质泥岩，形成凹腔，使岩体临空，加速失稳。危岩坡体发育多组节理裂隙，节理 1 与节理 2 交错点位于坡内，根据岩体节理裂隙的赤平投影分析，判断危岩处于欠稳定状态 （图 9.17 ~ 图 9.21）。

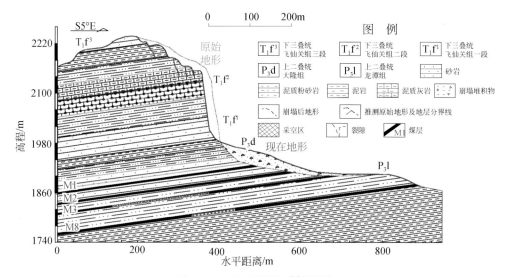

图 9.17　BT9 工程地质剖面图

图 9.18　BT9 全貌图

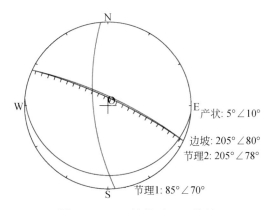

图 9.19　BT9 结构面 Dips 统计

图 9.20　BT9 后缘岩腔

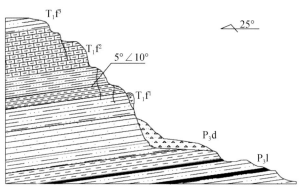

图 9.21　BT9 崩塌剖面示意图

9.3　左家营村崩塌成因机制分析

左家营村岩脚组崩塌形成的主要因素为地层岩性特征、结构形态特征、崩塌堆积体、极端气候条件和地下采矿，具体分析如表 9.1 所示。

表 9.1　左家营村岩脚组崩塌形成主要因素分析

影响因素	主要影响因素分析
地层岩性特征	岩性对岩质边坡具有明显的控制作用。崩塌呈 EW 向条带状分布，中上部基岩裸露区陡崖地段为下三叠统飞仙关组二段（T_1f^2），岩性为灰色中厚层状灰岩、泥质灰岩，工程力学性质较好，抗风化能力较强；下部由下三叠统飞仙关组一段（T_1f^1）及上二叠统龙潭组（P_3l）组成，岩性以粉砂岩、泥质粉砂岩夹薄层泥灰岩为主。风化差异，形成"上硬下软"岩组结构，该岩组为危岩带的孕育提供较好的基础性条件
结构形态特征	崩塌地形中上部为陡倾的基岩裸露区，斜坡地形坡度陡，临空条件较好，为崩塌的产生提供了地形条件。区内发育的地层岩性强度差异大，长期的自然风化作用致使岩体表层破碎，脱离母岩，在降水、地震甚至风的作用下风化层脱离岩体产生零星崩塌。在内动力与外动力的作用下，岩体结构类型呈现出碎裂结构、散体结构；单块危岩体多形成"板状""锥状"楔体与母岩之间脱离分开，形成分离面（图 9.22）
崩塌堆积体	崩塌堆积体形成后破坏了原地表水有利的径流、排泄条件，且堆积体结构松散，渗透能力较强，所以当堆积体形成一定规模后，基底岩土体内地下水得以良好的补充、保存，致使基底岩土体内含水量不断增高，在降水入渗浸润的长期作用下，一则有地下水产生的孔隙水压力和渗透力的共同作用；二则加剧了水分入渗基底，软化或溶蚀、潜蚀基底接触面介质，使得堆积体下伏基座岩体的力学强度指标降低，进而破坏了坡体的稳定性（图 9.23）
极端气候条件	降水对斜坡稳定性的影响主要表现在每年水季的大暴水或持续降水。降水是斜坡变形发展主要因素。该斜坡域夏秋季暴雨发生频繁，降水使岩土体处于饱水状态，增加了自重，并且雨水沿裂缝渗入斜坡体，浸润了裂隙面，加大了危岩体的变形破坏速度。由于斜坡内部采空区导致坡表产生拉裂缝，且区内基岩节理裂隙发育，降水则沿基岩裂隙下渗形成地下水，并向坡脚平台排泄
地下采矿	斜坡内煤层的开采历史可以追溯到 20 世纪 80 年代，形成总面积超过 16 万 m^2 的采空区，对岩脚组崩塌的形成起到决定性的作用。煤层的开采对上覆整个坡体产生的影响主要表现为①煤层在开采过程中会一直对坡体产生扰动，使得坡体长期受到动荷载影响，造成岩体损伤。②开采完成后形成大面积采空区，这些采空区未进行有效的支护和处置，使得上覆坡体在重力作用下逐渐沉降变形，从而改变覆岩的原始应力状态，引起整个坡体的应力重分布，采空区的顶板在拉应力的作用下最早出现张拉破坏；同时上覆坡体的自重应力使得矿柱始终处于压应力集中状态，使得原本力学强度就不高的煤柱逐渐发生破坏而失效，采空区由最初的小范围顶拱冒落发展到后面的大范围坍陷，并传递至整个坡体造成坡表出现一系列的变形破坏（徐建等，2021）

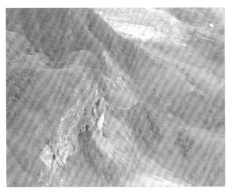

图 9.22　差异风化重力作用下形成的临空面

图 9.23　崩塌堆积体

9.4　左家营村崩塌演化过程分析

9.4.1　模型建立及参数选取

通过现场地质原型、地质岩性等详细调查，为了模型计算的简化和方便，模型建立过程中，对坡面形态及坡体结构进行了适当的简化处理，最终建立的边坡 UDEC 概化计算模型如图 9.24 所示。

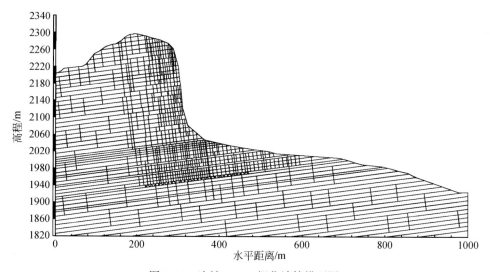

图 9.24　边坡 UDEC 概化计算模型图

模型以崩塌方向为 X 轴正方向，垂直向上为 Y 轴正方向，模型尺寸为 1000m（X 向）× 385m（Y 向）。边坡岩体结构整体呈上硬下软的结构，地层自上而下主要为二叠系砂岩、灰岩，龙潭组煤层、泥岩，结构面主要考虑两组及顶部发育的卸荷裂隙：一组为层面，其产状为 356°∠15°，延伸长度约 2m，间距为 1～2m，平直光滑，局部充填岩屑、泥等；另一组为陡倾坡外的结构面,产状为 145°∠70°,结构面长度为 1~3m,平直光滑,无充填,间距为 1~2m。顶部发育长约 5m 的卸荷裂隙,产状为 145°∠80°,弯曲粗糙,局部充填泥,间距为 2~15m。坡表及采空区上部软岩陡倾结构面极其发育,按照 1:100 的比例进行简化,简化后模型中坡表及采空区上部结构面间距为 3~10cm,往坡内逐渐增大,间距为 50~200cm。计算采用的岩体物理力学参数和结构面力学参数是在室内岩石力学试验的基础上参照同类工程经验类比得出的,如表 9.2 和表 9.3 所示。

表 9.2　岩体物理力学参数取值

岩体	密度 /(kg/m³)	体积模量 /GPa	剪切模量 /GPa	内聚力 /MPa	内摩擦角 /(°)	抗拉强度 /MPa
煤层	1660	5.5	4.0	1.6	24.5	0.95
软岩	2550	8.0	7.0	2.1	30	1.6
硬岩	2790	20.0	10.0	4.4	45	3.6

表 9.3　不同结构面力学参数取值表

结构面类型	法向刚度/GPa	切向刚度/MPa	内聚力/MPa	内摩擦角/(°)
层面	3	1.7	2.6	37
陡倾节理	1.8	1.1	1.0	26
卸荷裂隙	0.6	0.5	0	0

模型边界采用速度约束,模型左右两侧水平方向上速度约束为 0($x_{vel}=0$),底部竖直方向速度约束为 0($y_{vel}=0$),坡表为自由场边界。计算过程中,岩石块体考虑为变形体,结构面接触模型采用莫尔–库仑(Mohr-Coulomb)强度准则。

9.4.2　计算结果分析

根据 UDEC 计算结果,边坡在煤层开采情况下的变形破坏过程可大致分为以下三个阶段。

1. 煤层开采及采空区初步塌陷阶段

煤层开采分为三次,沿岩层倾向方向从下往上进行开采,随着采空区的出现和不断扩大,整个坡体应力不断发生调整,使得边坡各部位出现不同程度的变形,尤其在采空区顶板位置,煤层的开采导致采空区顶板岩层失去下部岩体的支撑,岩层产生沉陷并逐渐大规模的塌陷,岩层产生弯曲,出现拉裂破坏。采空区的不均匀沉降是岩层位移不同的根本原因,经过采空一段时间的发展,顶板岩层自上而下开始出现离层现象,在采空区中部产生断裂。采空区与煤柱相交处由于煤柱的应力集中而出现剪切破坏,最终造成采空区顶板岩体垮塌,出现冒顶现象(图 9.25)。

2. 坡表变形阶段

随着采空时间增长,采空区顶板的塌陷对边坡稳定性影响越来越显著。由于 1#采空区距离坡表最远,对坡表变形影响不明显,而对上覆岩体的变形具有重要作用。1#采空区最

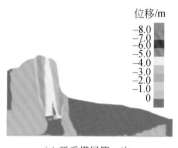
(a) 开采煤层第一次

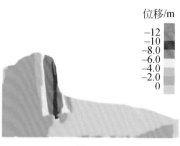
(b) 开采煤层第二次

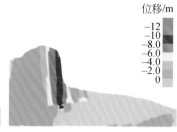
(c) 开采煤层第三次

图 9.25　煤层开采阶段

早开采，采空区岩层沉降变形较其他两个采空区更为明显，边坡后缘顶部产生明显的沉降，并产生宽大张裂，局部块体产生与坡表方向相反的滑动，岩层出现明显离层现象。2#采空区距离坡表较近，对坡表变形影响较为明显。在上覆岩体自重作用下，采空区的塌陷使坡体产生不均匀的沉降，岩体产生沿陡倾结构面的错动拉裂，并从下往上逐步传递，最终对坡表产生影响，造成坡表由于错动而产生裂缝，为后期崩塌地质灾害创造了良好的后援边界临空条件（图 9.26）。

3. 岩体倾倒崩塌阶段

随着采空时间的继续，采空区压实度增高，坡顶拉裂逐渐扩展。坡表拉裂缝逐渐加深、加宽，岩体极为破碎。坡体在不均匀沉降过程中，由于临空条件优越，坡表被结构面切割的岩体逐渐向临空方向发生倾倒，最终沿层面折断而形成崩塌，崩塌下来的岩体堆积在坡脚位置，如图 9.27 所示。斜坡陡崖后延发生沉降，且变形较为严重，在未来各种诱发因素的影响下，极有可能再次产生崩塌。

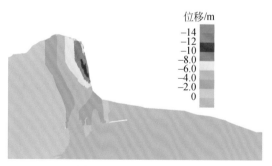
图 9.26　坡表变形阶段

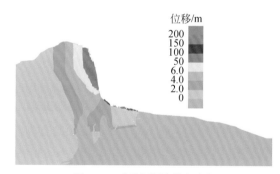
图 9.27　倾倒崩塌形成阶段

9.4.3　崩塌演化过程分析

贵州省鬃岭集镇煤矿产资源丰富，斜坡中下部含有多层软弱夹层，在软弱夹层的塑性变形和煤层的不断开采的共同作用下，斜坡内部应力重分布，位于斜坡坡脚的残留煤层和内部的锁固段会产生应力集中，斜坡顶部形成拉裂缝，裂缝随着采空区范围的增大和采空区顶板的冒落破坏而不断向下扩展，当裂缝延伸至采空区的冒裂范围内，并在应力的不断积累和降水的作用下，被裂缝分离的岩体脱离母岩重心向临空方向产生破坏。高陡的地形地貌、岩性特征及斜坡底部大面积采空等。根据现场对斜坡的调查分析，研究表明崩塌形成的必要条件是高陡的地形地貌，崩塌发生的物质基础是斜坡出露大量坚硬的灰岩和软弱的泥岩，崩塌形成的边界条件为强烈的构造作用和风化卸荷形成的节理裂隙，崩塌形成的直接影响因素是地下大面积的采空。崩塌的形成是前缘临空和底部采空的双向临空条件下的共同作用，崩塌的形成可以分为以下五个阶段。

1. 采空区顶板塌陷阶段

当煤层开采，采空区形成时，采空区顶板失去下部岩体的支撑，原始的围岩应力被打破，发生应力重分布，采空区顶板处形成应力集中和应力卸荷区，而采空区边界形成压应力集中区，在上覆岩体的作用下，采空区顶板产生变形、塌陷，上部一定范围产生沉降变形，并在采空区边界产生张裂缝。

2. 后缘拉裂阶段

20 世纪 80 ~ 90 年代，研究区内陡崖底部大面积开采煤矿。研究区煤矿的走向与陡崖近平行，并倾向坡内。煤矿在开采过程中采用沿走向留长条带矿柱的方法。煤矿开采前，所受的力比较均匀，主要受上覆岩体自重产生的重力。煤矿开采后，上覆岩体的重力主要由矿柱来承担，因此其所受的力大大增加，矿柱的受力状态近似处于单轴压缩受力状态，如图 9.28 所示。

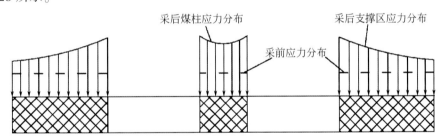

采后煤柱应力分布　　　采后支撑区应力分布

采前应力分布

图 9.28　矿柱应力重分布

矿柱在受压力作用下，矿柱拐角处应力集中现象明显，首先是拐角处岩石剥落。当压力增大时，岩石内部裂纹扩展，产生新的裂纹，裂纹的贯通方向主要是垂直方向。当采空范围继续扩大，每个矿柱上分担的力也相应增大，较高的应力使得内部裂纹继续扩展，并产生新的剪切裂纹，矿柱表面岩石不断剥落。最后当裂纹扩展到一定程度时，矿柱岩体的强度大大降低，当岩体所受的力大于岩体的强度时，矿柱即发生破坏。矿柱破坏的主要形式表现为矿柱表面的剥落及颈缩现象，如图 9.29 所示。

(a) 煤柱拐角应力集中，　　(b) 煤柱面剥落，　　(c) 煤柱面继续剥落，　　(d) 煤柱破坏，
　　产生剥落　　　　　　内部产生裂纹　　　产生斜向剪切裂缝　　　留很小的残余强度

图 9.29　矿柱开裂及破坏演变过程示意图

在地下采空后，由于矿柱的作用，上覆直接顶板的受力形式为简支梁受力状态。当矿柱不断被剥落、压碎及预留矿柱被偷采后，上覆山体的受力状态可以近似为悬臂厚梁的受力状态。虽然坡脚部位保留有完整的安全矿柱，但这不足以影响上覆山体的悬臂性质。斜坡的顶部将产生拉应力，并产生上宽下窄的张拉裂缝。

3. 潜在崩塌体形成阶段

随着开采面积的进一步扩大，斜坡顶部裂缝向下沿已有的结构面追踪，逐渐延伸至斜坡中部乃至坡脚，形成危岩体。同时坡脚部位应力集中，局部岩体被压碎、松动，甚至可见小规模掉块现象，如图9.30（c）所示。张开的裂缝破坏了岩体的完整性，降低岩体的强度，同时为降水的入渗提供了通道。雨水沿着裂缝向下入渗的过程中产生静水压力和动水压力，增加了不稳定岩体的向下和向临空方向运动的力。同时，下渗的雨水还降低岩体及结构面间的力学强度，使斜坡的稳定性降低，形成不稳定的危岩体（朱登科等，2019）。

4. 崩塌体的突然崩落阶段

当陡崖带岩体经历上述三个变形阶段过后，在遭受暴雨、震动、风化等的共同作用下可发生崩塌破坏。在众多外界因素的作用下，危岩体的稳定性发生了从量变到质变的突然转变，崩塌全过程短的往往只有几秒钟，一般多在20min之内完成。不同分布位置的岩体其形态特征、边界条件特征、受力状态等也不同，可能发生坠落、倾倒、滑塌、错断等模式的失稳。坠落主要是由于坡面上松动的小规模块体在重力作用下向下运动形成的；倾倒破坏往往是由于柱状岩体在重力或外部作用力产生的倾倒力矩作用下产生失稳；滑塌主要是由于斜坡内发育倾坡外的结构面，在雨水等作用下不断弱化结构面强度，最终在重力作用下产生沿倾坡外结构面的滑移破坏；错断破坏主要发生在由于陡立结构面切割成的柱状结构岩体在重力作用下剪断根部岩体而发生失稳。崩塌块体以滚动、弹跳、滑动等形式向下运动过程中相互碰撞而解体，最后堆积在下部缓坡平台上，如图9.30（d）所示。崩塌在运动过程中的运动轨迹主要受块石大小、形状、初始速度、坡面坡度、坡面组成物质的性质等的影响。

5. 崩塌体的再一次崩落阶段

通过对现场崩塌堆积体的实地勘测，推测不止发生一次崩塌。后缘陡壁岩体破碎，坡顶拉裂缝发育，在暴雨、震动、风化等诱发作用下，极有可能再次发生崩塌［图9.30（e）］。

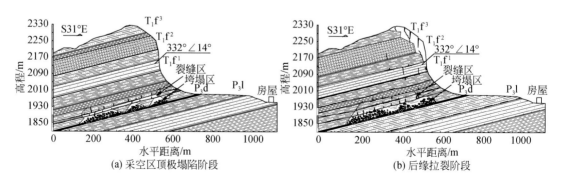

(a) 采空区顶极塌陷阶段　　　　　　　　(b) 后缘拉裂阶段

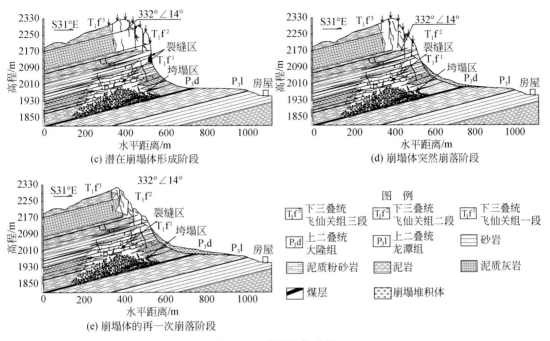

(c) 潜在崩塌体形成阶段

(d) 崩塌体突然崩落阶段

(e) 崩塌体的再一次崩落阶段

图 9.30 崩塌演化过程

9.5 经验及教训

长期以来鬃岭集镇陡崖常有崩塌发生，大部分崩塌块体均堆积在坡面上，少部分较大块体滚落坡脚，坡顶发育的危岩带和残留的危岩体对鬃岭集镇居民及公共设施等构成威胁，近年来，危岩体的裂隙与松动程度变化明显，陡崖坡面岩体不时有崩落掉块发生（徐兴，2019）。坡脚是鬃岭集镇，该危岩体或堆积体危石一旦失稳将危及坡脚鬃岭集镇一带549 户共 2135 人的生命财产安全，同时还威胁政府、骎岭中小学、医院、三家养殖场等，共计威胁资产 1.1115 亿元，危害性极大。因此对崩塌危岩体再一次发生崩塌时的停积范围的预测显得尤为重要。

（1）搬迁避让。斜坡下部的居民区位于危岩体的威胁范围内，现有居民均需搬迁避让异地安置。

（2）监测预警。除继续进行现有地表形变和裂缝监测外，在勘查进一步查明坡体特征和成因机理的基础上，及早布设深部位移监测、雨量观测等监测手段，以便更好地进行预警预报。要求做好崩塌源区和堆积区域的警戒隔离工作。特别是在降水期间防止居民进入崩塌及其影响区。

（3）开展高位隐蔽性地质灾害隐患早期识别工作。发现过去对崩塌灾害的认知不足，对崩塌成灾模式有了新的认识。为防范类似地质灾害的发生，开展全省高位隐蔽性地质灾害隐患的早期识别工作。运用先进技术提升隐患早期识别能力，提高高位隐蔽型地质灾害风险防控能力。

第10章 关岭县岗乌镇大寨村滑坡

2010年6月28日14时30分，安顺市关岭布依族苗族自治县（关岭县）岗乌镇大寨村因连续强降水而突发高速远程滑坡，高速碎屑流堆积区长约1.5km，造成岗乌镇大寨村1034人受灾，大寨、永窝两个村民组38户被埋，造成42人遇难、57人失踪，掩埋房屋45间，大牲畜死亡124头，掩埋村民组住宅土地12125m²，损毁公路约180m，掩埋耕地约200亩，掩埋林地约69亩，形成贵州地质灾害史上极为罕见的特大高速远程碎屑流灾害（图10.1）。

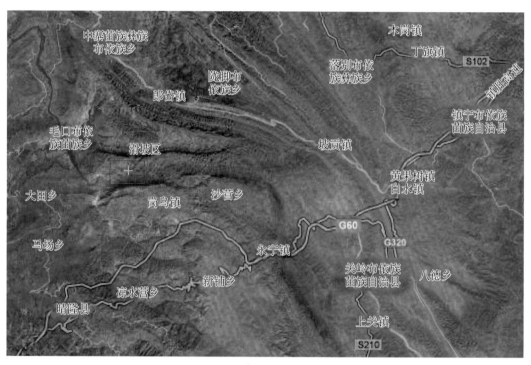

图10.1 大寨村滑坡地理位置图

在强降水的诱发下，位于1000~1213m高程约117.6万m³的崩滑体快速向NE下滑约500m，剧烈撞击并铲刮对面小山坡，偏转约80°后转化为高速碎屑流直角形高速下滑约1000m，撞击并铲动了大寨村民组一带的表层堆积体，总滑程约1.5km（图10.2）。本章介绍了关岭滑坡的自然地质条件和滑坡-碎屑流空间堆积特征，并采用DAN-W数值模拟的方法对其运动全过程进行模拟研究。

图 10.2　大寨村滑坡-碎屑流航空影像

10.1　研究区自然和地质环境条件

10.1.1　自然地理

关岭县属亚热带湿润季风性气候区，多年平均气温 16.2℃，年降水量普遍在 1205.1 ~ 1656.8mm，年最大降水量为 1686.2mm（1993 年）、年最小降水量为 691.3mm（1988 年）。每年 4 ~ 9 月为雨季，降水量占全年的 83.7%，其中 6、7 月的雨量占年的 44.54%，10 月至次年 3 月的雨量占 16.69%（图 10.3）。2009 年入秋以来，贵州遭遇历史上罕见的夏秋冬春四季连旱。2010 年 6 月 27 日 8 时至 28 日 8 时，贵州西部、西南部出现强降水。滑坡前，当地已有持续一周的降水，6 月 27 日和 28 日两天，累计降水量达 310mm；27 日 8 时至 28 日 11 时，15h 内降水量就达到 237mm，超过当地近 60 年来的气象记录；最强降水时段出现在 28 日 5 时至 12 时，累计达 190.9mm，7h 内雨力达 27.1mm/h（张建江等，2010）。

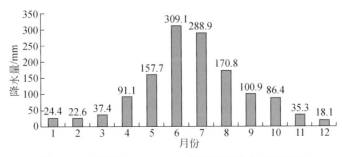

图 10.3　关岭县 1996 ~ 2005 年月平均降水量直方图

大寨村滑坡位于北盘江左岸支沟（以下称大寨沟）近沟头处。大寨沟属于季节性溪沟，深切沟床位于沟底左侧坡脚。在沟头和中上段有永窝组和大寨组。光照水电站于2004年开工建设，2008年投产发电。水库坝高200.5m，设计正常蓄水位为745m，总库容为32.45亿m³。2010年10月前库水位低于740m，滑源区高程为965~1200m，比库水面高225m以上，与水库边直线距离约2km。

10.1.2　地形地貌

研究区位于云贵高原东部脊状斜坡南侧向广西丘陵倾斜的斜坡地带，海拔一般为800~1600m，属于中山—低中山山地，总体地势为西北高、东南低。区内发育溶蚀地貌、溶蚀-侵蚀地貌和侵蚀地貌。

大寨村滑坡位于北盘江左岸（东岸）。岸坡具有阶梯状形态特征，其中山顶为一级平台，海拔一般在1600m以上，为残留的强烈岩溶化高原面；二级平台高程为960~1010m，永窝组就位于该级平台上。一、二级平台之间为陡坡段，具有上陡下缓的特征，大致以1120~1250m为界，上部坡体常见陡崖，坡度在50°以上，下部坡体坡度为35°~45°，深切冲沟发育，常见"人"字形坡。滑源区就位于下坡段近坡脚处，临近永窝组。滑源区高程范围为943~1200m。三级平台高程大致在870~900m，保留不完整，表现为多个小山脊平台；四级平台大致高程为810~840m，主要表现为不连续分布的缓坡和山丘，大寨组就位于该级平台上；北盘江河谷谷底高程为570~580m。

大寨村滑坡滑源区位于大寨沟的近沟头部位左岸，此段为凹岸，滑源区恰位于凹岸中部转折处，其右前缘大寨沟切深3~5m，为季节性溪流。滑源区左侧为上陡下缓的深切冲沟，最大垂直切深55~65m。滑源区及右侧边，滑前斜坡上有两条浅切纵向冲沟。受大寨沟、左侧深切沟和右侧浅切沟围限，滑前地形呈现不对称的"鼻梁"状山脊，脊顶倾伏向为330°，倾伏角在36°左右；其右侧坡面总体倾向337°，上陡下缓，上部坡度为41°~45°，下部为30°~33°，平均为35°。滑源区前下方为永窝村所在二级平台，纵向长度为150~180m，横向宽度一般为110~130m，高程为935~985m。永窝组至光照水库之间，大寨沟宽缓曲折，谷底深切溪沟大多位于左侧坡脚，相对切深3~6m。永窝平台以下，大寨沟两岸次级山脊和支沟发育（图10.4）。

10.1.3　地层岩性

研究区内地层有下三叠统永宁镇组（T_1yn）、夜郎组（T_1y）以及上二叠统龙潭-长兴组（P_3l+c），区内第四系（Q）成因复杂，分布较广。

龙潭-长兴组（P_3l+c）岩性以薄层状砂岩、粉砂岩、泥岩为主；中上部夹层煤线，中下部有多层可采煤层。厚度为336~552m。

夜郎组（T_1y）岩性以厚层-块状紫红色粉砂质泥岩、青灰色砂质泥岩和灰绿色细砂岩为主，夹多层中厚层灰岩，含少量化石夹层。本区内厚度约600m。

永宁镇组（T_1yn）岩性为浅灰至深灰色巨厚层灰岩、泥质灰岩、白云岩夹少量黏土

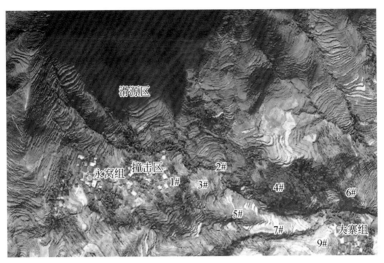

图 10.4　大寨村滑坡区及大寨沟滑前遥感图

岩。厚度在 550m 以上。

10.1.4　地质构造

研究区处于扬子准地台之四级构造单元普安旋扭构造变形区，本区构造线总体呈NW-SE 向展布，位于永宁复背斜北西段、关岭复向斜北翼。滑源区周边夜郎组岩层产状为 N70°~ 85°E/SE∠28°~44°。滑坡区内及周边附近无断层发育。发育三组节理：①N40°~50°E/NW ∠65°~75°，间距为 10~30cm，迹长一般为 1~3m；② N20°W/SW∠75°，显张性，个别张 开0.8~1.2cm；③ N73°W/NE∠80°，往往具有局部集中发育特征（图10.5、图10.6）。

10.1.5　水文地质条件

研究区地下水按赋存状态分为碳酸盐岩类岩溶水、基岩裂隙水、松散层孔隙水三种 类型。

（1）碳酸盐岩类岩溶水：主要赋存于下三叠统永宁镇组（T_1yn）中，为中等透水层，多为裂隙溶洞水，永宁镇组分布于山体上部，山顶上发育数个呈串珠状分布的岩溶漏斗，富水性强，含水相对较均一。补给来源为大气降水，通过岩溶管道及岩溶裂隙运移，一部分补给碎屑岩基岩裂隙水，另一部分以泉的形式出露，在永宁镇组（T_1yn）一段与二段地层接触带附近常有泉水出露。坡体中地下水水量季节性明显（毕芬芬，2013）。

（2）基岩裂隙水：主要赋存于上二叠统龙潭–长兴组（P_3l+c）、下三叠统夜郎组 （T_1y）中。多为节理、风化带网状裂隙水，与上部碳酸盐岩类岩溶水具有较好的水力联 系。该层地下水补给来源一部分为岩溶管道、裂隙水的运移补给，另一部分来自大气降 水；排泄途径为一部分侧向补给冲沟地表水，另一部分通过节理裂隙向下运移，在地形低 洼处分散排泄，最终的排泄基准面为北盘江。

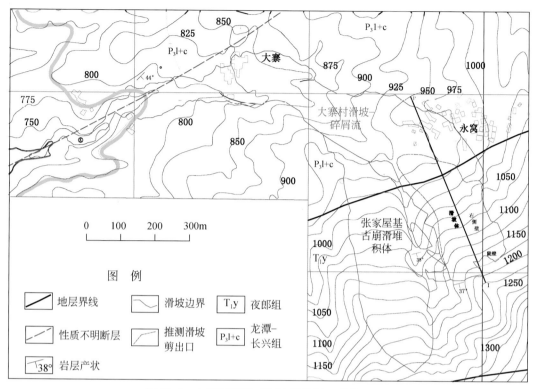

图 10.5　大寨村滑坡工程地质简图（单位：m）

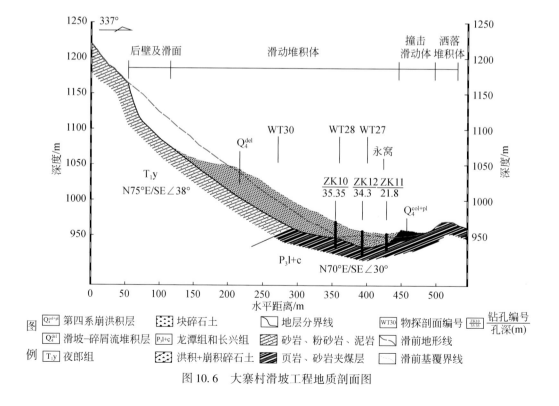

图 10.6　大寨村滑坡工程地质剖面图

（3）松散层孔隙水：以潜水的形式赋存于第四系各种堆积物中，主要接受大气降水补给，强降水时，沟谷内地表水短时补给地下水，一部分下渗补给二叠系碎屑岩，另一部分侧向补给冲沟地表水。沟谷内的滑坡–碎屑流堆积物（Q_4^{del}）、冲洪积物（Q_4^{al+pl}）颗粒级配较差，富水性较差，透水性好；坡麓的残坡积物（Q_4^{el+dl}）、耕植土（Q_4^{pd}）具有一定黏性，透水性相对较弱（吉世祖，2015）。

10.1.6　风化卸荷

研究区岩体物理风化强烈，夜郎组中常见球形风化（图10.7）。滑坡后壁附近，浅表层岩体以裂隙式风化为主，结构面锈染强烈（图10.8），强风化带垂向深度约20m；以下硬质岩部分滑体，主要属于弱风化带，结构面以紫红、黄灰色锈染为主。坡体下伏的龙潭组浅表部强风化，以黄灰、紫红色锈染为主。

图 10.7　夜郎组球形风化岩体

图 10.8　滑坡后壁强风化、卸荷岩体

受下伏软层的影响，滑坡区夜郎组岩体滑坡区卸荷深度很大。滑坡后缘中上部岩体卸荷裂隙发育，岩体松弛明显，多数卸荷裂隙张开数毫米，个别张开数厘米，此段坡体卸荷带水平深度为 20～30m。

10.1.7　新构造运动及地震

研究区内新构造运动表现为间歇性抬升，断块间差异运动不明显。晚更新世以来，断裂无活动表现，区域稳定性较好。

根据全国地震区划图编制委员会编制的《中国地震动参数区划图》（GB 18306—2015），研究区地震动峰值加速度为 0.05g，地震动反应谱特征周期为 0.4s，地震基本烈度为Ⅵ度。

10.2　大寨村滑坡基本特征

10.2.1　滑坡区斜坡结构特征分析

　　滑坡区原始地形组合形态上为突出的不对称鼻梁状，不对称鼻梁状山脊位于大寨沟的沟头处。滑坡体位于斜坡陡缓交界处，左右两侧均被沟谷切割分离，左侧沟谷切割较深，右侧沟谷切割较浅，具有良好的临空条件（图 10.6）。

　　根据工程地质测绘、物探、钻探，并结合现场勘查揭示坡体的原始地质结构，边坡总体为中等倾内上硬下软型高边坡（图 10.9），上覆硬层由下三叠统夜郎组（T_1y）紫红色中–厚层粉砂质泥岩、青灰色砂质泥岩、灰绿色细砂岩组成，该套地层总体强度高、较完整，新鲜岩样抗压强度可达 80MPa 以上。但坡体普遍发育两组高角度节理，将夜郎组岩体切割破碎，物理风化强烈，地表夜郎组岩体常见球形风化，转孔揭露其强风化带厚度为 30m 左右。另外，受下卧软层的影响，夜郎组卸荷深度很大。下伏软层岩体由上二叠统龙潭组和少量长兴组的薄层状砂岩、粉砂岩、泥岩和多处夹煤线地层组成。该套地层出露高度为 20 ~ 25m，强度较低，遇水易软化，透水性差，形成相对隔水层，构成斜坡失稳的有利条件。

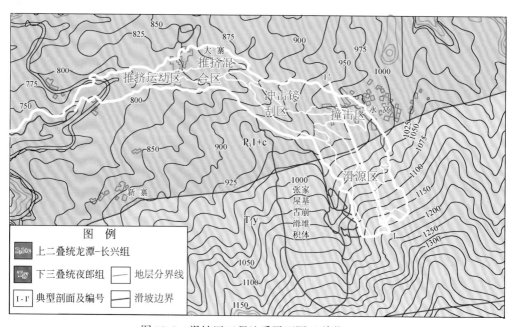

图 10.9　滑坡区工程地质平面图（单位：m）

10.2.2　大寨村滑坡破坏特征

　　据永窝组村民反映，滑坡开始的时候是山上出现裂缝，过了十多分钟，有烟尘冒起，随后听到"砰"的爆炸声，瞬间山体块石倾泻而下。可见，大寨村滑坡具有高速启动特征，由此持续运动，形成高速远程碎屑流。大寨村滑坡–高速碎屑流堆积体空间分布具有明显的空间分带特征，可以大致划分为五个区（图 10.10），即滑源区、撞击区、洒落区、冲击铲刮区和推挤滑动区。

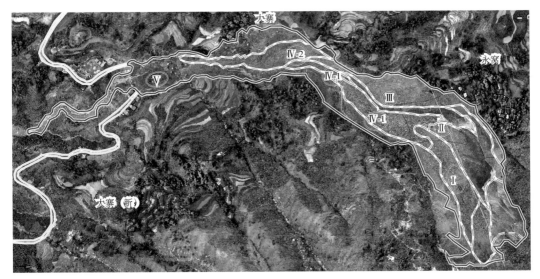

图 10.10　大寨村滑坡分区图

Ⅰ. 滑源区；Ⅱ. 撞击区；Ⅲ. 洒落区；Ⅳ. 冲击铲刮区（Ⅳ-1. 块石流带；Ⅳ-2. 混合碎石流带）；Ⅴ. 推挤滑动区

1. 滑源区特征

（1）滑坡后壁：滑源区后壁不规则，高程范围在 1160~1200m，总体延伸方向为 N40°~45°E，主要受控于 NE 向结构面。后壁宽约为 140m。滑坡后壁大致可以分为三段：中段外凸，陡崖高度为 55~90m，宽度为 45~50m，坡度一般在 75°以上；左段陡崖高 20~45m，宽 45~50m，陡崖面产状与 NE 向结构面一致，坡度在 60°左右；右段宽度约 60m，后壁高度 20~50m，越靠近中段高度越大，坡度为 55°~70°。滑坡后壁面上结构面锈染强烈。

（2）滑源区呈上陡下缓的不规则凹槽形：其纵向延伸方向为 338°。凹槽内有左、右两个滑坡平台，其中 1050m 平台滑源区左侧，横向最大宽度约 57m，台面上保留有原坡面植被；1025m 平台位于右侧，横向宽度约 40m。两级平台之间以碎块石斜坡相接；两级平台以下为碎石堆积。这两级平台指示二次滑动刺激滑动破坏；根据次级滑坡堆积特征，大致判断主滑坡启动方向为 333°~342°。

（3）滑源区凹槽右侧为向内弧形突出的右侧壁，高度为 3~10m。1050m 以上段延伸方向在 337°左右，壁面倾角为 45°~70°，壁面上常见椭圆形压剪滑槽，槽面上擦痕产状为 336°~350°∠38°~50°。右侧壁顶为浅层滑床，总体产状为 300°~310°∠20°~25°。右侧壁顶滑床大致相当于强风化强卸荷带底界。滑源区凹槽左边界位于"鼻状"山脊线偏左侧，即失稳斜坡位于"鼻状"山脊右侧山坡。

（4）物探成果显示，滑源区中部存在一个纵向深槽（图 10.11）：槽底宽为 40~50m，顶宽为 60～90m；垂向深度为 30～40m（相对于滑前地形），自上而下逐渐变浅。滑槽延伸方向为 337°～340°；槽底纵向坡度为 30°～40°，上陡下缓（葛海龙，2015）。

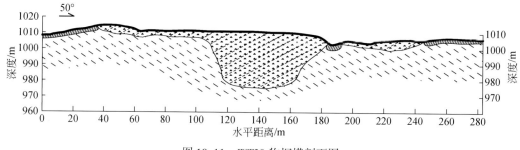

图 10.11　WT30 物探横剖面图

（5）现场调查并结合物探和钻探成果判断，中部主滑体前缘剪出口位于大寨沟沟底，但右侧边局部剪出口明显抬高，高于大寨沟 15～20m，抬高段横向宽度近 40m，该段后壁以弧形方式过渡为上部右侧壁。弧形过渡段壁面上压剪性滑槽发育，这表明该部分滑体是主滑体侧向推挤而滑动，与主滑体同步失稳。其失稳方向推测为 340°～345°。该段坡体龙潭组已延出坡脚至大寨沟右岸。

（6）根据上述几何条件分析，估算大寨村滑坡滑前方量约 76 万 m³，形成的堆积体为 110 万～130 万 m³（碎胀系数为 1.5～1.7，不考虑沿途铲刮方量）。

综上分析可见，主滑体位于不对称"鼻状"山脊的右侧坡，该侧边坡坡面倾向为 337°～340°，平均坡角为 36°；而基岩倾向为 160°～165°，倾角为 30°～40°；主滑体范围内，龙潭组在坡脚的临空高度为 15～35m，因此为典型的中缓倾内上硬下软型边坡。主滑方向为 337°～340°，主滑体高速启动时，同步推动右前侧块体失稳，该块体运动方向推测为 340°～345°。主滑体右侧壁擦痕倾角略大于滑面倾角，说明中上部滑体失稳方式为牵引式分块失稳。

2. 撞击区特征

滑坡体冲出滑源区后，首先到达永窝平台。高速滑体撞击永窝平台，导致平台上产生堆积体分布和变形破坏现象，其中典型特征有如下两点。

（1）撞击区前缘和右侧边界处，环形分布因撞击作用形成的边界埂，称为撞击埂（图 10.12）。而根据物探结果，自主滑体剪出口出发渐变转向左侧大寨沟，堆积体底界有两个纵向展布凹槽：近滑源区（后段），内侧凹槽相对较浅较窄，外侧凹槽相对较深较宽，且不对称（图 10.13），外侧凹槽应为下部高速运动滑坡冲击形成，而内侧凹槽为上部低速滑体冲击形成。

（2）分析物探和钻探成果，发现在主滑体撞击区，物探和钻探揭示堆积体厚度大于原堆积体厚度，而物探推测堆积体又往往小于钻探得到的堆积体厚度（图 10.13），这说明高速滑体铲动槽底。物探结果偏小应与地下水的影响有关。

3. 洒落区特征

洒落区位于永窝平台北西侧的 1#山梁及 3#山梁上，位于主滑体北西侧。其横向最大

图 10.12　撞击区堆积特征及外侧撞击埂

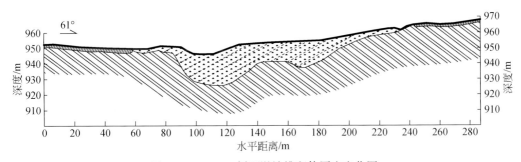

图 10.13　WT27 剖面滑坡堆积体厚度变化图

宽度近 140m，最大纵向长度约 200m，坡面上洒落的碎石一般不连续分布，自平台外侧向下，洒落碎石逐渐减少（图 10.14）。

4. 冲击铲刮区特征

滑坡体撞击永窝平台后，大部分左转继续沿大寨沟高速流动。高速块石流运动过程中，必然冲击、铲刮原沟内岩土体，使之一起高速运动，由此形成的特征堆积区，称为冲击铲刮区。大寨村滑坡–碎屑流的冲击铲刮区位于永窝平台至 8#山梁之间，纵向长约 630m，总体延伸方向为 285°，高差约 130m，平均坡度约 12°，上陡下缓。平面形态呈反"S"形，滑前沟道明显的拐点位于 3#和 7#山梁，滑后碎屑流堆积带上拐点位于 2#和 4#山梁之间，下拐点位于大寨组，拐点明显下移。3#山梁右侧沟以下，滑前沟床总是位于谷底左岸侧，谷底右岸则有连续分布的缓坡台地，其上碎石土堆积体主要为崩坡积和洪积物。特殊的沟道条件，导致高速块石流经过时冲击、铲刮沟底及突出山嘴，并因此形成块度渐变的堆积带，上部为块石堆积，向下碎石逐步增多，形成块碎石混合带（图 10.15、图 10.16）。

混合碎石带大致位于 5#山脊以下至 8#山脊之间，平面形态呈"S"形。纵向长约 400m，高差 70m，平均坡度约 10°。结合航拍图和滑前遥感影像，可见本段沟道滑前形态也大致呈"S"形，两岸次级山脊强烈影响碎屑流的运动。上部高速块石流大致以 318°方向直冲右岸，先后撞击 5#、7#和 9#山梁，小部分碎屑流越过 5#、7#和 9#山脊，摧毁、掩埋了大寨组；大部分碎屑流逐步转向，铲刮 4#、6#、11#山脊，冲向 8#山脊，沿途混入碎石土，速度不断降低，其中，大寨组平台左前侧主沟转弯处的白云质灰岩块石（高 8 ~ 10m）起到重要的阻滞作用。

图 10.14　洒落区堆积特征

图 10.15　冲击铲刮区堆积（镜头朝坡下）

(a) 大寨组西北角残留房屋

(b) 大寨组下游侧巨大白云岩大块石

图 10.16　冲击铲刮区前缘堆积特征

5. 推挤滑动区特征

推挤滑动区位于冲击铲刮区以下，后缘高程在 790m 左右，前缘位于公路外侧狭窄沟道中，距离公路约 120m，前缘高程在 755m 左右，未达光照水库，前后缘高差约 35m；纵向延伸近 255m，平均坡度约 8°。大致以公路为界，以上宽度一般在 65 ~ 85m，在公路位置附近，由于地形平坦开阔，最大宽度有 100m；公路以下，则沿深切沟槽滑移，沟槽入口处宽度在 45m 左右，接近前缘宽度 20 ~ 25m。

仔细对比滑前遥感图和灾后航拍图可以判断，高速碎石流大致以 234° ~ 240° 方向撞击 8#山梁，大部分转向顺右侧大寨沟继续流动，毁坏公路，前锋到达堆积体前缘。8#山梁上的堆积层受巨大侧向推力，发生向前挤压式滑动，地面由后向前依次隆起、开裂，导致其上二层楼房前倾、沉陷破坏，滑移方向为 248° ~ 250°。

10.3　大寨村滑坡成因机制分析

10.3.1　大寨村滑坡成因机制定性分析

大寨村滑坡形成演化的主要影响因素包括三个方面，即地形地貌特征、斜坡结构类型和特殊的气候条件，其中，前两者为控制性内在因素，而独特的气候条件变化是影响斜坡演化和灾害发生的主要诱发因素。基于大寨村滑坡破坏特征分析，将滑坡形成划分为如下四个典型阶段（图 10.17）。

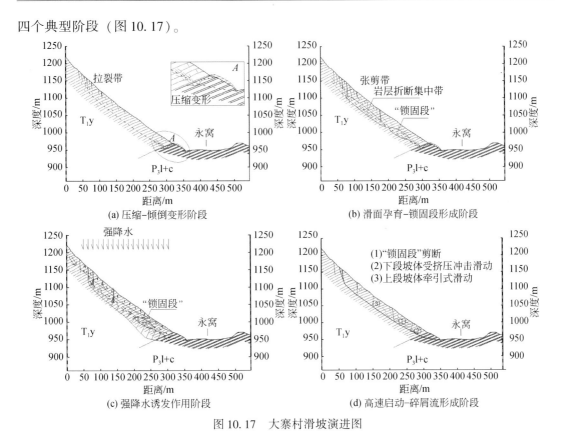

图 10.17　大寨村滑坡演进图

1. 压缩-倾倒变形阶段

下卧软岩揭露后，在上覆坡体压力和自身弱化条件下，软岩向临空面方向塑性流动，弱化了对上覆硬岩的支撑作用，向外塑流的剪切作用也会使邻接硬岩局部破坏。上覆硬层因而发生类似于悬臂梁式弯曲，即倾倒变形。外动力作用和时间效应导致上覆一定范围内硬岩层倾倒变形持续发展，硬岩中层面拉开、反错，岩层局部断裂。一般硬岩中下部弯曲程度较低而不易破坏。

2. 滑面孕育-锁固段形成阶段（时效变形阶段）

随着上覆硬质岩层倾倒变形持续发展，倾倒变形硬岩的中上部断裂逐步集中发育，形成底部边界，即滑面。由此导致硬岩中下部应力集中并维系坡体稳定，该段岩体我们称为"锁固段"。"锁固段"的形成表征斜坡演化已经进入加速变形演化的初期阶段，即时效变形阶段。在硬岩倾倒变形过程中，横向上会出现变形程度差异，由此产生纵向裂缝，并逐渐演变为侧向边界。

3. 强降水诱发作用阶段

坡体中上部因倾倒、拉裂而松弛，透水性增强。"锁固段"部位和下卧软硬渗透性相对较低。较长时间强降水可导致坡体中形成高地下水位状态，并使"锁固段"岩体进入累进性破坏阶段。在"锁固段"岩体破裂、扩容过程中，因大气压力作用，水会高速（产生高压作用）进入新生或扩容裂隙，高水压会改善裂纹尖端应力，使得岩体的强度暂时性提高，"锁固段"岩体中进一步积累应变能。

4. 高速启动-碎屑流形成阶段

当"锁固段"中的高应变能导致其破坏后，必然瞬间释放，导致岩体剧烈破坏、发出巨大声响。该部位滑坡同时高速启动，形成高速碎屑流。滑体在下滑过程中，势能转化为动能，速度增加；在高速撞击沿途饱水土体时，饱水土体会产生高超孔隙水压力，甚至液化，减小滑动阻力，由此形成高速远程滑坡。

10.3.2 大寨村滑坡强降雨诱发形成机理数值分析研究

1. 计算模型建立

基于大寨村滑坡地质原型特征及形成机制定性分析，建立二维数值计算模型（图10.18）。计算模型左侧坡表高程为1377m，模型高577m、宽798m。

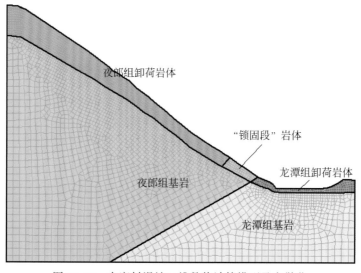

图 10.18　大寨村滑坡二维数值计算模型及离散化

计算模型介质概化为五类：坡体上部浅表层夜郎组卸荷岩体、夜郎组"锁固段"岩体、坡体上部夜郎组基岩、坡体下部龙潭组基岩及龙潭组卸荷岩体，岩土体物理力学参数见表10.1，主要材料的经验水土特征曲线见图10.19。选择莫尔-库仑强度准则进行弹塑性求解，计算软件为 GeoStudio2007。

表 10.1　岩土体物理力学参数取值

介质类型	重度/(kN/m³)	内聚力(c)/kPa	内摩擦角/(°)	变形模量(E)/kPa	泊松比	渗透系数/(m/s)
夜郎组基岩	23.53/23.89	3200/2600	35/32.4	$3.5\times10^6/2.9\times10^6$	0.25/0.28	3.12×10^{-7}
夜郎组卸荷岩体	19.3/21.9	1900/1390	27/21.1	$2.1\times10^5/1.38\times10^6$	0.29/0.32	2.9×10^{-5}

续表

介质类型	重度/(kN/m³)	内聚力(c)/kPa	内摩擦角/(°)	变形模量(E)/kPa	泊松比	渗透系数/(m/s)
龙潭组基岩	17/19.1	1500/1150	23.8/20	$1.22×10^6/9.8×10^5$	0.3/0.35	$6.3×10^{-9}$
"锁固段"岩体	21.3/22.3	2900/2290	30/28.1	$2.9×10^5/2.38×10^6$	0.28/0.3	$2.9×10^{-6}$
龙潭组卸荷岩体	16.6/18.5	1330/950	21/19.8	$1.02×10^6/7.8×10^5$	0.28/0.33	$6.3×10^{-7}$

注："/"左为天然条件下参数，右为饱和参数。

首先采用 SEEP/W 模块进行强降水渗流场模拟，然后将其计算所得孔隙水压力作为节点荷载引入 SIGMA/W 模块中，与自重应力场进行耦合分析。

渗流分析时，模型左右两侧设为定水头边界，底部为不透水边界。在渗流场与应力场耦合计算时，模型左右两侧均采用 X 方向零位移约束，底边界采用 Y 方向零位移边界。计算模型采用三节点三角形单元与四节点四边形单元相结合合划分网格，模型有 3739 个单元、3767 个节点（图 10.19）。

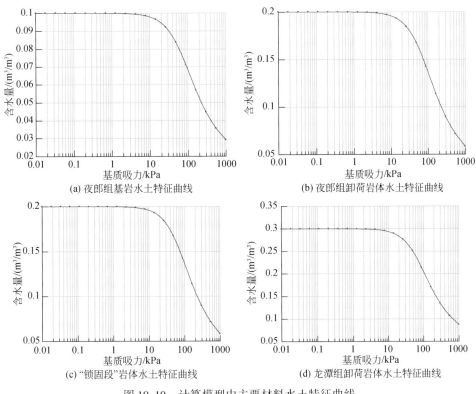

(a) 夜郎组基岩水土特征曲线

(b) 夜郎组卸荷岩体水土特征曲线

(c) "锁固段"岩体水土特征曲线

(d) 龙潭组卸荷岩体水土特征曲线

图 10.19　计算模型中主要材料水土特征曲线

2. 强降水条件下坡体渗流特征分析

采用 SEEP/W 模块。首先进行初始渗流场分析，初始条件下，地下水分布于卸荷岩体底部，模拟时左边界和右边界均设为定水头边界，其中左侧水头高程为 1310m，右侧水头高程为 975m，进行稳定渗流计算得到初始渗流场 [图 10.20（a）]。

强降水条件下，根据降水特征，降水量设置计算时间为30h，其中，27日晚8时前降水量为1.16×10^{-6}m/s（50mm/12h），27日晚8时至28日11时降水量为4.444×10^{-6}m/s（240mm/15h），28日11~14时降水量为1.85×10^{-6}m/s（20mm/3h）；模型左边界水位设置为1314m，右侧边界和底部边界及左侧边界地下水位以上非饱和区为零流量边界。考虑到坡体中下部同时会受到两侧降水补给，在降水完成后给予了充分的渗流时间（延长至36h）。

强降水时，雨水渗入坡体，坡体中上部雨水入渗量相对较大。结果显示，12h连续强降水后［图10.20（b）］，坡脚部位地下水位抬升明显，"锁固段"阻水效应显现；到27h时，坡体中地下水位继续抬升，导致"锁固段"岩体几乎全饱水［图10.20（c）］；进一步到降水结束时，"锁固段"以上坡体中地下水位又有所上升［图10.20（d）］，这有利于"锁固段"岩体中应变能进一步积累。

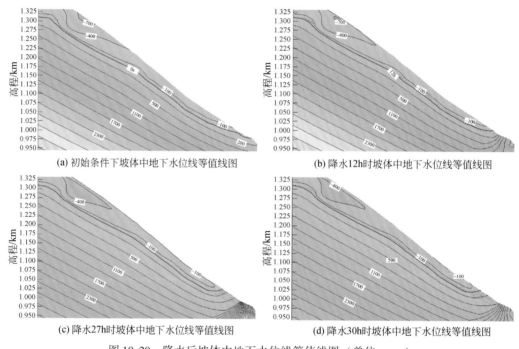

(a) 初始条件下坡体中地下水位线等值线图

(b) 降水12h时坡体中地下水位线等值线图

(c) 降水27h时坡体中地下水位线等值线图

(d) 降水30h时坡体中地下水位线等值线图

图10.20　降水后坡体中地下水位线等值线图（单位：mm）

将SEEP/W计算所得初始渗流场和强降水条件下的孔隙水压力作为节点荷载分别引入SIGMA/W模块中，即可进行渗流场与重力场耦合分析。

3. 强降水下大寨村滑坡形成机理分析

1）强降水时坡体应力变化特征分析

强降水时，坡体中应力因地下水改变而改变，这是坡体变形破坏的内在作用。

（1）最大主应力：强降水前，"锁固段"岩体中有一定应力集中，最大值为1.2MPa［图10.21（a）］。强降水时，随地下水的抬升，"锁固段"岩体中最大主应力开始明显增加，最大量值为4.0MPa；到本次强降水结束时，包括"锁固段"岩体在内的潜在失稳滑体中最大主应力有明显降低，量值为0.5~1.1MPa［图10.21（b）］。

（2）最小主应力：强降水前，坡体中上部浅表层最小主应力值为0.1~0.2MPa；强降水一定时间后，坡体上部出现拉应力带 [图 10.21（c）]；随降水持续，坡体中拉裂区范围继续变大，当降水结束时，包括"锁固段"在内的潜在滑体中最小主应力明显减小，存在多处拉应力区，拉应力值为 0.1 ~ 0.5MPa [图 10.21（d）]。

（3）最大剪应力：强降水前，坡体中上部浅表部最大剪应力为 0.1MPa，坡脚附近最大剪应力集中，最大量值为 1.4MPa；强降水时，随降水持续，"锁固段"岩体中最大剪应力持续集中增加 [图 10.21（e）]。强降水结束时，包括"锁固段"岩体在内的上部硬岩坡体的最大剪应力集中带中，最大剪应力值有明显减小，为 0.1 ~ 0.7MPa [图 10.21（f）]。

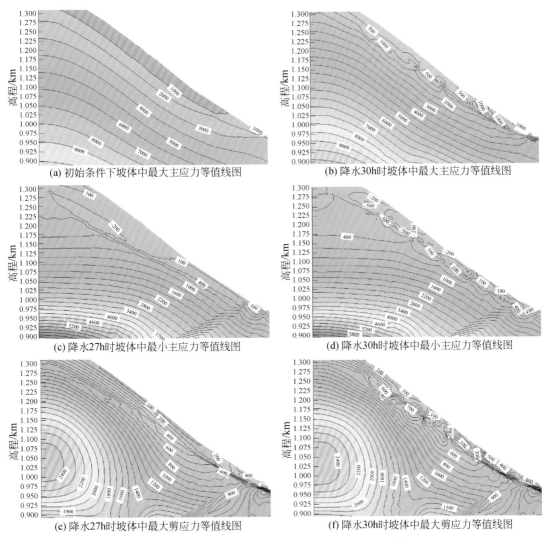

(a) 初始条件下坡体中最大主应力等值线图　　(b) 降水30h时坡体中最大主应力等值线图

(c) 降水27h时坡体中最小主应力等值线图　　(d) 降水30h时坡体中最小主应力等值线图

(e) 降水27h时坡体中最大剪应力等值线图　　(f) 降水30h时坡体中最大剪应力等值线图

图 10.21　降水前后坡体中主应力和最大剪应力特征（单位：kPa）

综上，在滑前强降水条件下，坡体中地下水水位持续上升，并改变坡体中应力特征，到降水结束时，"锁固段"岩体中应力明显减小，表明滑坡形成。

2）强降水时斜坡变形特征分析

（1）位移特征：随着强降水持续，坡体上部硬岩浅表部位移逐步增加，显现滑移变形特征；下部龙潭组泥岩向临空方向"挤出"变形，对上部岩体支撑作用逐步减弱；"锁固段"变形较小，对上部坡体变形实际起到抑制作用；强降水结束时，坡体浅表部岩体显示整体滑移变形特征［图10.22（a）、（b）］。

（2）最大剪应变：初始条件下，坡体浅表部最大剪应变很小，坡脚软岩浅表层最大剪应变量值约0.00375；强降水到27h时，夜郎组卸荷岩体底部最大剪应变逐步集中，最大值达到0.001，"锁固段"岩体下部最大剪应变量值达到0.0065，但"锁固段"岩体中最大剪应变值相对较小［图10.22（c）］；强降水结束时，坡体中最大剪应变带完全贯通［图10.22（d）］。

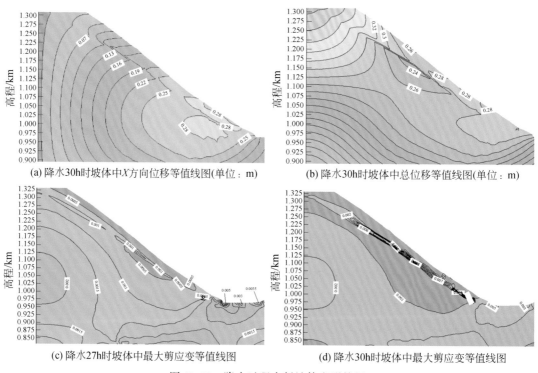

(a) 降水30h时坡体中X方向位移等值线图(单位：m)　　　(b) 降水30h时坡体中总位移等值线图(单位：m)

(c) 降水27h时坡体中最大剪应变等值线图　　　(d) 降水30h时坡体中最大剪应变等值线图

图10.22　降水过程中斜坡体变形特征

3）强降水前后坡体内塑性区分析

初始条件下，在坡脚部位软岩中出现少量塑性区；强降水时，随降水持续，坡脚软岩中塑性区明显增加，坡体中上部夜郎组卸荷岩体底部开始出现塑性区，"锁固段"岩体中无塑性区［图10.23（a）］；强降水结束时，夜郎组卸荷岩体底部塑性区范围进一步扩大（与滑坡范围基本一致）［图10.23（b）］，"锁固段"岩体出现断续塑性区，表明"锁固段"岩体进入极限平衡状态，滑坡形成。

综合定性分析及上述数值分析成果可见，在该处斜坡形成过程中，下卧软层的持续变形，导致坡体发生压缩-倾倒变形，上部硬岩中集中折断带逐步形成，斜坡演化进入时效变形阶段，"锁固段"逐步形成，潜在滑体及滑带在外应力下进一步弱化；长时间的强降水，坡体中可以形成高地下水位，软化作用及地下水动力作用，导致坡体进一步变形，"锁固段"中应力进一步提高，从而进入累进性破坏阶段；短时间内，高地下水压力不利

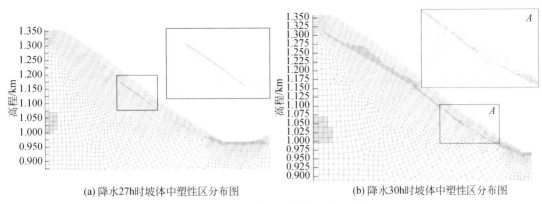

(a) 降水27h时坡体中塑性区分布图　　　　　　　(b) 降水30h时坡体中塑性区分布图

图 10.23　强降水前后坡体内塑性区分布图

于岩体中破裂快速发展，"锁固段"岩体可以进一步积累应变能。"锁固段"脆性破坏时，形成初始的高速碎屑流，撞击和冲击沿途的松散堆积体，导致其中形成超孔隙水压力，甚至液化，势能也同步转化为动能，由此形成高速远程碎屑流。

10.4　大寨村滑坡运动过程模拟分析

10.4.1　计算模型的建立

根据图 10.6 可知滑坡的运动路径、原始坡体地形、堆积体分布等，结合地面调查所得关岭滑坡宽度分布，建立关岭滑坡–碎屑流的 DAN-W 模型，如图 10.24 所示。

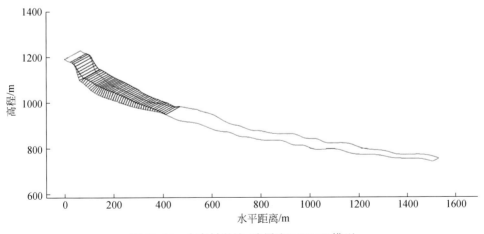

图 10.24　大寨村滑坡–碎屑流 DAN-W 模型

由于滑源区呈现上陡下缓的"靴型地形"，滑源区沟谷较深，西侧沟谷深达 20～30m，为了避免 DAN-W 模型中滑缘区的滑体出现挠曲，保证模型的稳定性，选择形状系数为 0.5 的模型，该模型中的滑坡横断面等效为倒三角形。为了使滑源区滑体体积与遥感解译、分析值一致,需要适当调整滑源区宽度。

10.4.2　计算分析

从前文可知,滑坡体在运动过程中具有明显的撞击特征,首先在永窝村附近与岸坡发生强烈碰撞,并且爬高43m直达永窝村摧毁了21户民居,留下长约200m、宽约100m的铲刮痕迹。其次是滑坡体达到大寨村前撞击沟谷左侧壁,爬升20~30m并且铲刮了较软的龙潭组页岩地层及表层残坡积体土层,铲刮长度约250m。与岸坡的碰撞使得滑坡体碎屑化,对岸坡的铲刮更是直接增加了滑坡体体积。此外,遥感解译得滑坡体初始体积117.6万 m^3,堆积体积174.7万 m^3,体积增幅达到49%,因而在模拟中考虑铲刮效应的同时还需要考虑滑坡体碎裂后的体积膨胀率。

1. 铲刮对模拟的影响

为了便于进行定性分析,选择了单变量流变模型-摩擦模型(张远娇,2013)比较分析铲刮效应对于模拟结果的影响。下文讨论了摩擦模型在不考虑铲刮、仅考虑铲刮及同时考虑铲刮与体积膨胀率三种工况下对于模拟结果的影响,即分别对铲刮深度0m(即无铲刮)、10m、20m的情况进行了试错法模拟,其中20m是通过试错法得到的在不考虑体积膨胀率的情况下,滑坡体体积达到最终堆积方量174.7万 m^3 所需要的铲刮深度,而10m则是考虑体积膨胀率为20%时,最终堆积方量达到174.7万 m^3 所需的铲刮深度。无铲刮时滑坡体体积在运动过程中未发生变化,均为初始方量117.6万 m^3。值得注意的是,10m、20m只是为一定铲刮深度范围内的某一个取值,在对流变模型的定性分析中,可能仍需要对其进行适当的调整。

1)铲刮效应对滑程及堆积分布的影响

图10.25为不同铲刮深度下内摩擦角与滑程的关系,由图可知,当内摩擦角取值相同时,铲刮深度越小,滑坡运动越远,这是由于滑坡体铲刮岸坡岩体需要将一部分能量转移给被铲刮的岩体,而这个过程也消耗了一部分能量,因而表现为滑程的减小。反之,若采用DAN-W数值模拟方法中的摩擦模型对滑坡进行预测,在流变参数的选取上,发生铲刮效应的滑坡有效内摩擦角取值应小于不发生铲刮的情况。

在考虑铲刮效应对于堆积体分布的影响时,三种模型分别采用了与实际滑程最接近的参数,即铲刮深度0m模型内摩擦角取15°,铲刮深度10m模型的内摩擦角取值14.5°,铲刮深度20m模型的内摩擦角取值13.5°。图10.26为摩擦模型在铲刮深度分别为0m、10m、20m时计算堆积体分布,由图10.26可见,三种不同铲刮深度下的堆积体长度相差不大,堆积体厚度分布规律呈现一致性。同时,铲刮深度越大,堆积厚度越大,原因在于铲刮效应增加了滑坡体的体积,在滑坡宽度不变的情况下,表现为滑坡堆积体厚度的增大。

2)铲刮效应对滑坡速度和运行时间的影响

滑坡前缘速度在滑坡的速度分析中具有代表性,因此在分析铲刮效应对滑坡速度的影响时,以滑坡前缘速度为考察对象。三种不同铲刮深度模型中内摩擦角与考虑铲刮对堆积体分布影响时的取值相同,此三种模型所得滑坡体前缘随时间变化规律如图10.27所示。由图10.27可知,三种模型模拟滑坡历时约60s,表明在相同流变模型下,铲刮深度对于滑坡运动时间几乎无影响。

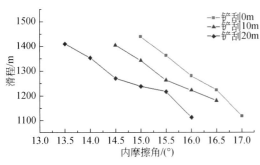 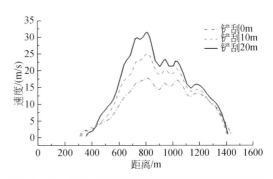

图 10.25　不同铲刮深度下内摩擦角与滑程的关系图　图 10.26　三种不同铲刮深度模型模拟堆积体分布

　　在前缘速度变化上有铲刮与无铲刮存在着不同，表现为无铲刮模型的滑坡前缘速度略高于有铲刮模型，原因在于无铲刮模型没有因发生铲刮而产生动量损失。对比铲刮深度为10m 与 20m 时可以发现两条滑体前缘速度变化曲线重合度较高，因而可以推断在同种流变模型中，铲刮深度对于滑体前缘速度变化无明显影响。

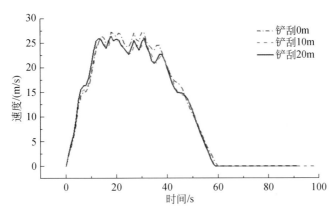

图 10.27　三种不同铲刮深度模型下滑坡体前缘速度随时间变化图

　　从上述比较分析中可知，铲刮效应的影响主要表现在模型参数的取值和堆积体厚度与体积方面，在滑坡速度分布上，无铲刮模型速度略高于有铲刮模型，但是铲刮深度对于速度的影响极小，在滑坡运动时间的铲刮效应的影响并不明显。

　　2. 不同流变模型对模拟的影响

　　通过以上对铲刮效应影响的分析并结合关岭滑坡的实际特征，在建立基于不同流变关系的模型时，考虑铲刮效应和 20% 的体积膨胀率。结合 DAN-W 数值方法常用流变关系，建立了 Frictional 模型、Voellmy 模型和 Frictional-Voellmy（F-V）复合模型，在 F-V 复合模型中，根据关岭滑坡的实际运动形式将 Frictional 模型应用于滑坡启动区，Voellmy 模型应用于碎屑流区。在三种模型参数取值上，采用试错法得到与实际滑程最为接近的参数（或参数组），如表 10.2 所示。下文较为详细地讨论了不同流变模型对滑程、堆积体分布、滑坡体积、滑坡速度、滑坡运动时间的影响。

表 10.2　三种模型参数取值

流变模型	流变参数
Frictional 模型	$\varphi = 14.5°$
Voellmy 模型	$f = 0.18$，$\xi = 200\mathrm{m/s^2}$
F-V 复合模型	$\varphi = 14.5°$，$f = 0.18$，$\xi = 200\mathrm{m/s^2}$

1）计算滑程

三种不同模型计算的关岭滑坡运动过程如图 10.28 所示，滑坡运动 40s 时，Frictional 模型中滑坡前缘的水平距离达到 1200m，Voellmy 模型滑坡前缘水平距离为 1150m，而 F-V 复合模型滑坡前缘位置约为 1080m。这表明了在相同条件下，Frictional 模型模拟滑坡运动速度快于 Voellmy 模型及 F-V 复合模型。Frictional 模型计算堆积体前缘的水平坐标为 1429m，滑程约 1461m；Voellmy 模型的堆积体前缘水平坐标为 1440m，滑程约 1472m；F-V 复合模型堆积体前缘水平坐标为 1416m，滑程约 1447m。在滑程模拟上，Voellmy 模型较 Frictional 模型与 F-V 复合模型更接近真实值。

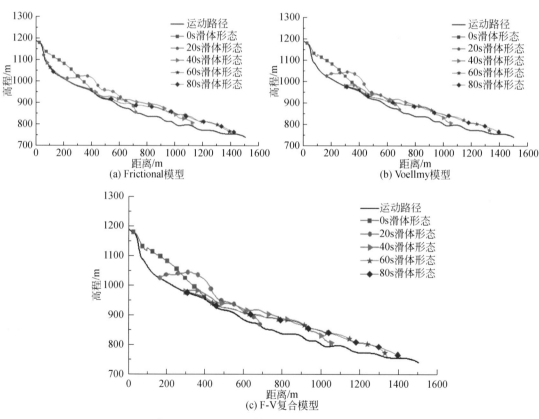

图 10.28　三种模型模拟的滑坡运动形态变化

2）堆积体分布

三种模型模拟的堆积物分布形态如图 10.29 所示，三种模型所得堆积体厚度分布规律呈现较好的一致性，其中，Voellmy 模型和 F-V 复合模型堆积物分布规律几乎相同，区别在于两者堆积体分布范围不同，Voellmy 模型堆积物水平距离为 1288m，F-V 复合模型堆积物水平距离为 1035m。在堆积体厚度分布方面，Frictional 模型堆积物最大厚度为 23.7m，平均厚度为 13m；Voellmy 模型堆积物最大厚度为 26.3m，平均厚度为 15m；F-V 复合模型堆积物最大厚度为 24m，平均厚度为 14m。根据现场测绘资料，关岭滑坡主要堆积体长度约 960m，滑坡启动区残留有一小部分滑坡体，堆积体厚度为 10～20m，最大可达 30m，Voellmy 模型堆积物的厚度及分布更接近于实际资料描述。

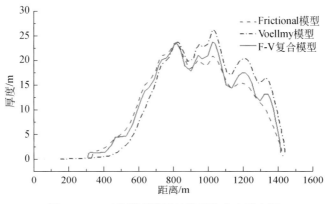

图 10.29　三种模型模拟的堆积物分布形态图

3）滑坡体积

表 10.3 是三种模型计算所得关岭滑坡体积对比，关岭滑坡属于中型滑坡，滑源区体积约为 117 万 m³，Voellmy 模型模拟计算得到的堆积体积更接近于遥感解译获得的体积。滑坡体运动过程中与岸坡发生碰撞、碎屑且铲刮岸坡，增大了滑坡体的体积，使得最终堆积体积增大约 49%，最终体积为 174.6 万 m³，铲刮区域的平均铲刮深度为 8m。

表 10.3　三种模型计算关岭滑坡体积对比

流变模型	初始体积/m³	堆积体积/m³
Frictional 模型	1172251	1704854
Voellmy 模型	1172251	1746256
F-V 复合模型	1172251	1716551

4）滑坡速度

在对滑体速度分布的研究中，三种模型计算的滑坡在不同时刻滑体速度分布见图 10.30。由图 10.30 得到 Frictional 模型最大滑坡速度为 27.49m/s，平均速度约 24m/s；Voellmy 模型最大滑速为 25.62m/s，平均速度约为 21m/s；F-V 复合模型最大滑坡运动速度为 23.19m/s，平均速度约为 19m/s。

由图 10.30 可见，Voellmy 模型中滑坡后缘的速度变化幅度小于 5m/s，滑坡后缘仅滑行约 180m，而 Frictional 模型及 F-V 复合模型滑坡后缘速度的变动幅度比较大，后缘最大速度达 23m/s。当滑体位于 0～400m 滑程范围（即滑坡体位于滑源区）内时，Frictional 模型与 F-V 复合模型滑坡体速度大于 Voellmy 模型。

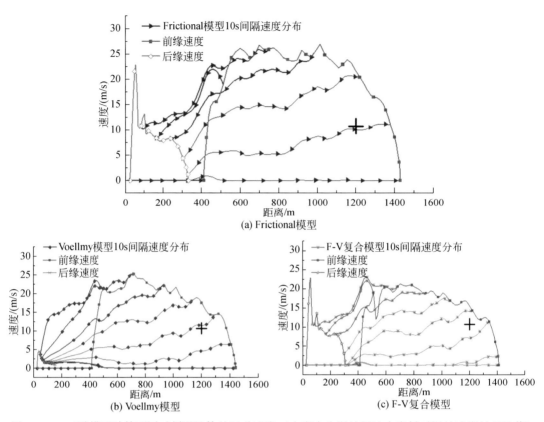

图 10.30　三种模型计算不同时刻滑坡体的运动速度（十字点为滑坡抵达大寨村时滑坡速度的理论值）

5）滑坡运动时间

　　将滑坡体前缘速度减小为零的时间作为滑坡运动时间的判断标准，三种模型计算滑坡前缘速度随时间变化规律由图 10.31 所示，由图可知，Frictional 模型计算滑坡运动时间约 60s，Voellmy 模型运动时间大约 70s，F-V 复合模型运动时间约 75s，三种模型模拟计算关岭滑坡运动时间为 1~1.5min。

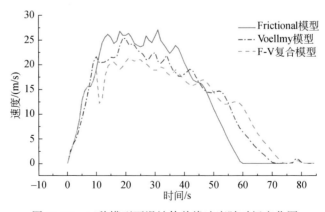

图 10.31　三种模型下滑坡体前缘速度随时间变化图

从上述比较与分析中可知，Voellmy 模型的模拟计算结果在关岭滑坡的滑程、堆积体分布、体积、运动时间方面较其他两个模型更为接近现场调查资料。

10.5　经验及教训

10.5.1　大寨村滑坡特征及主要结论

基于地质过程机制分析-量化评价学术指导思想，以现场详细调查、钻探和物探成果及数值模拟成果为基础，对大寨村滑坡特征及形成机制进行了系统研究，主要获得以下三点认识。

(1) 大寨村滑坡为中倾内软弱基座型滑坡：滑坡位于北盘江深切河谷左岸中上部陡缓交界部位，以上陡坡相对高差为 650~690m，坡度为 35°~70°，上陡下缓。滑源区具不对称"鼻梁状"地貌，滑坡主体位于鼻状山脊右侧，坡面平均倾角 36°；滑源区斜坡为中缓倾内上硬下软型，上覆硬岩主要为夜郎组碎屑岩，下伏软岩为龙潭组泥页岩夹煤层；层面产状为 N70°~85°E/SE∠28°~44°。下卧软层具有 15~35m 的相对临空高度，大致相当于失稳坡体高差的 10%~13%。

(2) 大寨村滑坡为高速远程滑坡：根据滑坡破坏特征，将滑坡堆积区划分为五个区，即滑源区、撞击区、洒落区、冲击铲刮区和推挤滑动区。根据滑源区特征，估算大寨滑坡滑前岩体总方量约 76 万 m^3，由其形成的堆积体为 110 万~130 万 m^3（碎胀系数为 1.5~1.7）。滑坡启动时的主滑方向为 337°~340°；滑坡中下部"锁固段"中部分高速失稳，以上滑体牵引式分块失稳。

(3) 大寨村滑坡为"锁固段"型滑坡：其形成机理为压缩-倾倒-剪断，演化过程可划分为四个阶段，即压缩-倾倒变形阶段、滑面孕育-锁固段形成阶段（时效变形阶段）、连续强降水作用阶段和高速启动阶段。

10.5.2　中倾内软弱基座型滑坡早期识别

关岭县岗乌镇大寨村滑坡为突发性、隐蔽型高速远程灾害性滑坡，失稳前无明显变形破坏特征，难以基于变形破坏现象进行提前识别。通过分析贵州关岭县大寨村滑坡、龙朝树滑坡和四川华蓥山溪口滑坡等的地质原型特征，总结中倾内软弱基座型滑坡的早期识别地质依据。

(1) 地貌形态方面：位于高斜坡中上部坡形陡缓变化带（因岩性差异）；滑源区硬质岩分布区具有不对称鼻梁状微地貌特征，但其位于相对汇水区的底部附近；下卧软岩分布区具有陡缓变化的靴状地形，其中陡坡段最大临空高度一般为 30~60m；滑源区相对高差为 200~260m，坡度为 35°~42°，坡向与软硬岩界面倾向相反；下卧软层临空高度占滑源区高差的 13%~24%。滑源区后缘与分水岭高差不小于 150m。软岩坡脚往往发育切深较大的溪沟。

（2）物质组成方面：软硬岩具有明显的强度差异，其中软硬岩接触面以上一定范围内硬质岩往往完整性好，强度高；软岩厚度一般不小于 50m。

（3）构造特征方面：软硬岩界面倾角一般为 22°～60°，倾向坡内。硬质岩中主要发育两组节理，微新岩体中，这两组节理迹长一般不大，以块状结构为主。

（4）岩体结构特征：一般硬质岩中无显著变形破坏现象；硬质岩体相对松弛，根据形成机制判断及对滑坡堆积体观察，坡体中横向陡裂相对发育，坡体深处硬岩断裂，风化带深度较大。

10.5.3　应急抢险救灾及启示

大寨村滑坡灾害突发于 2010 年 6 月 28 日 14 时。接到报警后，贵州省消防部队第一时间启动重大自然灾害应急救援预案，迅速调集了安顺市、贵阳市、六盘水市、黔西南州等支队 160 名灭火救援攻坚队员、27 辆消防车、8 只搜救犬及 6 台生命探测仪等 2000 余件（套）特勤装备。其中关岭大队 13 名官兵、1 辆消防车于 6 月 28 日 16 时 30 分到达现场，为第一支进入现场的救援部队（周晓东等，2011）。

灾情发生后，贵州省委书记、省长立刻率领有关部门赶赴灾区。贵州省民政厅于 6 月 28 日 15 时 30 分启动二级救灾应急响应，17 时将响应等级提升至一级。国家减灾委、民政部于 6 月 28 日 17 时紧急启动国家四级救灾应急响应。国土资源部立即启动地质灾害应急一级响应。贵州省市县三级气象部门紧急启动应急预案，派出应急工作队伍和专家赶赴受灾现场应急服务。

国务院总理指示，要求组织力量查明情况，千方百计抢救人员，同时防止周边地区发生类似事故，确保人民群众生命安全。国务院有关部门负责人于 29 日凌晨 2 时到达灾害现场，听取抢险救灾情况汇报后强调八点：一是坚持生命至上，把救人放在第一位，只要有一线希望，就要作百倍的努力；二是尽最大努力救治伤员，尽量减少因伤死亡、因伤致残，努力减少伤员痛苦；三是切实安排安置好受灾群众的生活，确保他们有住处、有饭吃、有衣穿、有干净水喝、有病能医；四是对地质灾害易发区进一步全面开展拉网式排查，一旦发现隐患，要迅速组织群众转移避险，最大限度减少人员伤亡；五是要加强监测预报预警，密切监视天气和雨情变化，密切观察灾害易发点地质动态，做到监测到位、预报准确、预警及时，为科学决策和转移群众争取时间；六是加强河流堤防、水库塘坝、水电站等巡查除险，确保安全度汛；七是按照及时客观、公开透明的原则发布灾情信息和抢险救援工作进展情况；八是强化抢险救灾工作的领导，统一指挥、科学调度，发挥各方面的积极性，形成抢险救灾合力。

6 月 28 日，国土资源部部长随国务院领导赴现场，国土资源部有关人员和专家组也于当晚 18 时启程赴灾害现场，指导、协助地方政府开展应急处置工作。与此同时，副部长接到消息后，立即从会上派出专家组前往关岭协助开展工作。两个工作组于 28 日晚上抵达灾害现场，并按照抢险救灾统一部署开展工作。

6 月 30 日，中国国土资源航空物探遥感中心根据国土资源部中国地质调查局的部署，紧急派飞机前往灾区进行航摄，包括一架运十二和一套 DMC 数字航空摄影系统，连夜从广西南宁运往贵州安顺机场。采用600m的相对飞行高度，进行了两个架次的云下航空摄影作业，获取了灾后第三天的高分辨率航摄图像数据，经正射处理后，进行解译提供灾区使用。为了满足后续快速制作影像图所需的外方位元素，在安顺机场架设了地面基站，进行GPS数据的同步观测（王治华等，2011）。

7月4日，关岭"6·28"特大地质灾害现场搜救工作被迫中止，转入局部抢险与卫生防疫、灾民安置及灾后重建相结合的阶段。卫生部门制订了综合卫生防疫方案和实施措施，认为现场救援人员必须撤离，现场需每6h消毒一次，连续消毒四次。综合消毒完后，灾害现场必须防疫封锁三个月。

总结大寨村滑坡应急抢险救灾经验如下。

（1）启动应急预案、迅速反应：灾情应立即上报相关部门，各部门应立即启动应急预案，并迅速反应。尤其是专业救灾队伍，如消防部队、武警交通部队等单位应率先迅速反应。

（2）迅速成立指挥系统，明确分工：成立抢险救援（总）指挥部，一般下设抢险突击队、综合协调组、后勤保障组、宣传报道组和医疗救护组，具体负责落实各项工作任务。坚持依靠地方政府领导，坚持各自内部保持自身独立的指挥体系，做到统一指挥、临机指挥，防止多头指挥、盲目指挥。对于类似灾害，建议成立地灾评估应急组，成员包括地质灾害专家（包括科研、生产和施工部门）、遥感、气象、监测，主要负责提供灾情现状、预测评价灾情发展、周边地区地灾排查巡查等，为抢险工作安全进行提供专业建议。

（3）紧急疏散、安置被困人员：安抚、心理疏导受灾人员及家属，及时救治受伤人员，加强救灾人员的心理疏导和安抚。

（4）科学施救，安全有序：制订方案，分区划格搜寻；全力做好个人防护，合理进行人员轮休；设置安全观察点；仔细搜寻被埋人员生命迹象，采取"现场询问与仪器检测+重点搜寻与拉网排查"相结合战术以"生命探测仪与搜救犬搜寻"相结合方式，分片同时进行生命搜救，大型机械配合救援，注意防疫消毒，分点接力运送。

（5）适时终止现场搜救工作，及时转入局部抢险与卫生防疫、灾民安置及灾后重建相结合的阶段，并制订灾害现场消毒及防疫封锁工作计划。

第11章　凯里市龙场镇龙场崩塌

2013 年 2 月 18 日 11 时 30 分左右和 19 日凌晨 8 时左右，贵州省黔东南苗族侗族自治州凯里市龙场镇渔洞村岔河组老山新村（107°54′31.3″E，26°42′33.5″N）同一位置先后两次发生崩塌灾害（以下称龙场崩塌；图 11.1），崩塌岩体高 217m、宽 80m、厚 8～24m，崩塌堆积体阻断渔洞河形成小型堰塞湖，堆积体平均厚 20m、沿河纵向长 180m、横向宽 140m，约 30 万 m³，灾害导致 5 人死亡，掩埋 6 栋房屋，转移安置 21 户 79 人。

图 11.1　龙场崩塌后航拍图

11.1　研究区自然和地质环境条件

11.1.1　自然地理

龙场崩塌位于贵州省凯里市龙场镇，凯里市是黔东南苗族侗族自治州首府，是我国主要民族风情旅游城市、贵州东线旅游中心和贵州东南部重要的中心城市。

凯里市属中亚热带湿润季风气候，年均气温为 16.1℃，最高气温为 37℃、最低气温为−4～7℃；年均日照为 1289h；年均降水量为 1234.5mm，季度平均降水量为春季（3～5月）397.5mm、夏季（6～8月）507.9mm、秋季（9～11月）245.2mm、冬季（12月至次年 2 月）83.7mm。无霜期 282 天。

凯里市有清水江、重安江、巴拉河等大小河溪 153 条，其中长 10km 以上、集雨面积

20km²以上的中等河流 13 条，有溪沟 35 条，区内河流径流总量为 39.89 亿 m³。崩塌区渔洞河为重安江支流，由南向北，河床宽度为 30m，最大洪峰流量为 90m³，常年流水，距崩塌区下游 150m 处与支流两岔河汇合（曾辉，2014）。

11.1.2　地形地貌

凯里市地处云贵高原东侧的梯级状大斜坡地带，苗岭北麓。西北部、西南部和东南部较高，中部和东北部较低，最高处海拔为 1447m，最低处海拔为 529m。

研究区属于低中山区（图 11.2）。山顶海拔为 900～935m，渔洞河河床海拔为 660～670m，相对高差为 275m。本区渔洞河河谷为不对称"U"形，河床位于谷底左侧，临近陡崖（图 11.3）。陡崖走向 NNE，倾向 SE，坡度一般在 75°以上，坡高为 190～235m。崩塌体北侧约 150m 两岔河处，西侧有支流汇入，该支流河谷为峡谷，陡崖高为 100～190m。

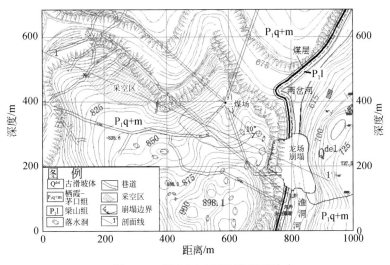

图 11.2　研究区工程地质平面图

研究区山顶缓倾 W—NW，岩溶现象发育，为残留丘原面。调查中，共发现 18 个落水洞，落水洞长轴方向有两个：一是 EW—NWW 向，该方向落水洞一般距离陡崖面较远；二是 SN—NEE 向，集中分布在山顶东侧，靠近陡崖面，多呈串珠状分布，这与邻近陡崖面，岩体卸荷回弹和蠕变导致该组结构面扩展相关。另外，在两岔河左岸支流峡谷壁上，可见水平溶洞。

崩塌体上游的大风洞坪地煤矿于 2006 年开始开采。煤矿主井出口距离崩塌体上游 50～90m 陡崖坡脚处，包括主井、风井、安全通道和风扇口，崩塌体下有煤矿修建的简易公路。从航拍图初步判断，修建公路对坡脚开挖强度不大（图 11.3）。崩塌后，崩塌体堆积成堰塞坝。采煤活动是向山体内部开凿近 900m 巷道，然后回采，目前采空区距陡崖出口水平距离为 460m，采空面积为 18500m²。采空区底板高程为 570～590m，距坡顶高差为 220～280m。

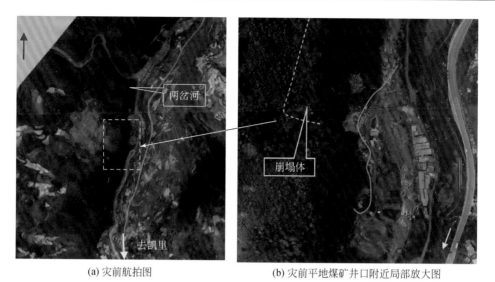

(a) 灾前航拍图　　　　　　　　　　(b) 灾前平地煤矿井口附近局部放大图

图 11.3　研究区地貌特征航拍图

11.1.3　地层岩性

研究区内地层包括下二叠统茅口组（P_1m）、栖霞组（P_1q）、梁山组（P_1l）和上泥盆统尧梭组（D_3y）（图 11.4）。

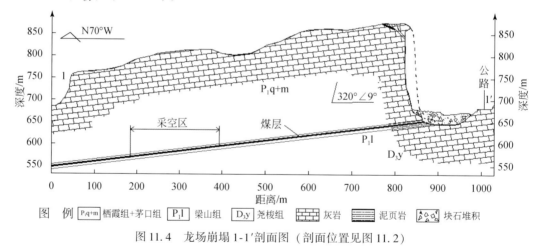

图　例 $\boxed{P_1q+m}$ 栖霞组+茅口组　$\boxed{P_1l}$ 梁山组　$\boxed{D_3y}$ 尧梭组　灰岩　泥页岩　块石堆积

图 11.4　龙场崩塌 1-1′剖面图（剖面位置见图 11.2）

尧梭组（D_3y）：由白云质灰岩、白云岩及灰岩、硅质灰岩组成，为浅海台地相。本区内厚度约 152m。

梁山组（P_1l）：一般以砂页岩为主，夹煤层或铝铁盐，属浅海–滨海沼泽相沉积，厚度变化大。本区以灰黑色薄层状泥页岩夹煤层为主，夹有石英砂岩和铝土岩。煤层厚 0.7m，本组地层厚约 13m。

栖霞组（P_1q）：整合于茅口组与梁山组之间，由深灰色中厚层含燧石结核、含沥青质灰岩，生物碎屑灰岩夹泥灰岩，凸镜状泥质条带灰岩夹页岩等组成。为开阔台地碳酸盐岩沉积。本区为深灰色含燧石结核灰岩夹灰黑色泥灰岩、页岩和钙质页岩，厚 90～141m。

茅口组（P_1m）：整合于栖霞组之上，平行不整合于龙潭组之下，一般由深灰、灰、浅灰色白云质斑块灰岩、灰岩及深灰色含燧石结核灰岩组成，夹少量白云岩地层。本组为开阔台地沉积，区域上厚度变化大，为 70～771m，本区厚约 100m。

本次调查填图时，对茅口组和栖霞组未进行单独划分。

第四系土层包括残积层、崩积层和古滑坡堆积层。残积层主要分布于山顶，由灰岩化学风化形成，为含碎石红黏土，厚度为 2～7m。崩积层主要位于陡崖坡脚，由灰岩块石组成，陡崖面不规则处，堆积规模较大。古滑坡堆积层位于岔河组崩塌对岸，古滑坡体内岩溶现象发育，滑面位于为梁山组中。

11.1.4　地质构造

研究区位于扬子准地台中四级构造单元贵阳复杂构造变形区中偏东段。贵阳复杂构造变形区处于黔北和黔南不同构造变形面貌的过渡地带，具复杂多样的构造变形：既有直扭型的 NNE 和 NE 向构造，又有挤压型的 EW 向和 SN 向构造，互相穿插复合。其中 NNE 向构造分布于东段，NE 向构造发育于南段，而 SN 向构造主要发育于中段。

凯里市地质构造复杂，以 NE 向构造为主，其次为近 SN 向构造，NE 向构造限制近 SN 向构造（图 11.5）。区内主要地质构造于加里东期初具规模，燕山期进一步发展、加

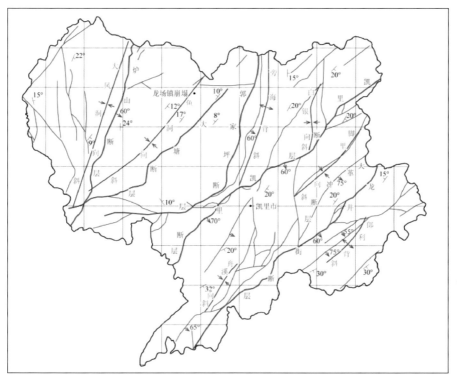

图 11.5　凯里市地质构造纲要图

强并奠定了现今构造基本格局。喜马拉雅期则发生部分老构造复活、局部隆升和断陷，挽近期表现为间歇性隆升。

龙场崩塌位于 NE 向鱼洞向斜南东翼，鱼洞向斜核部地层为二叠系茅口组和栖霞组。研究区灰岩产状空间变化特征为，渔洞河左岸陡崖附近为 $315° \sim 330°∠8° \sim 10°$，向西近核部，岩层逐渐变缓，产状为 $320° \sim 335°∠3° \sim 7°$。

研究区内无断层发育。岩体中节理发育。对两岔河处支流峡谷中长大裂隙进行了系统测量，又利用三维激光扫描影像数据进行分析，结果表明岩体中发育两组节理（图 11.6），其特征如下。

（1）NNW—NNE 组，在两岔河西侧支流峡谷底，该组产状为 N10° ～ N20°W/NE∠81° ～ 85°。对渔洞河左岸陡崖面和崩塌腔的三维激光影像分析表明，本组节理产状为 N10° ～ N25°E/NE（NW）∠83° ～ 87°。山顶东侧临近陡崖落水洞主要沿该组发育。本组长大节理迹长一般为 5 ～ 25m，间距为 4 ～ 12m。

（2）NEE—NWW 组，在两岔河西侧支流峡谷底，该组产状为 N75° ～ 85°E/SE∠81° ～ 88°；而对崩塌腔的三维激光影像分析表明，本组产状为 N75° ～ 85°W/NE∠81° ～ 88°；山顶西侧坡面上落水洞主要沿该组发育。本组的长大节理迹长一般为 3 ～ 20m，间距为 5 ～ 12m。

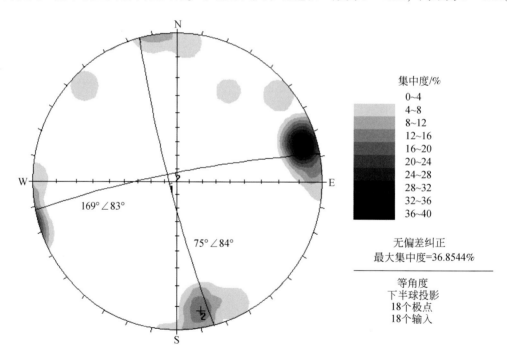

图 11.6　两岔河西侧支流峡谷陡崖底部长大裂隙极点等密图

11.1.5　风化卸荷

坡体中以灰岩为主的碳酸盐岩以化学风化为主，山顶上灰岩化学风化后形成的红黏土厚度为 2 ～ 7m，地表灰岩上溶沟、石芽发育。山顶的落水洞和山体中的溶洞溶蚀裂隙等岩溶现象形成，均以化学风化作用为主。

本区河流深切，形成深切峡谷，陡崖高度为 100～235m。陡崖面附近岩体卸荷回弹和蠕变，导致平行坡面节理改造扩展和张开，为降水进入岩体提供了通道，沿部分陡裂形成落水洞和溶蚀裂隙，如渔洞河左岸山顶近陡崖面附近近 SN 向落水洞发育，与该组陡裂受表生改造关系密切。在两岔河河流交汇处，由于两面充分临空，在崖顶形成一系列陡倾深切裂隙，切割深度不小于 50m。

11.1.6　水文地质条件

研究区地下水类型主要为岩溶水，在松散堆积层中存在少量孔隙水。坡体中栖霞组+茅口组灰岩落水洞、溶蚀裂隙和溶洞发育，为降水充分入渗和坡体中地下水运移提供了物质条件。山体中存在两层溶洞：第一层位于陡崖中下部，高程河床 50～60m；第二层溶洞在坡脚，大致高于河床约 10m。这两层溶洞均为干溶洞，说明已有运移将地下水导入低高程排泄。

11.1.7　新构造运动与地震

由河谷形态特征和多层溶洞可见，本区新构造运动特征表现为间歇性快速抬升。根据 1990 年出版的《中国地震烈度区划图》，在 50 年超越概率为 10% 条件下，本区地震基本烈度为Ⅵ度。

11.2　龙场崩塌基本特征

11.2.1　龙场崩塌区坡体结构特征

龙场崩塌位于渔洞河左岸陡崖处，距离下游两岔河约 150m。渔洞河河床临近陡崖脚，河床高程为 655～660m，河床与陡崖脚之间有煤矿修建的简易公路，从航拍图观察，简易公路开挖强度不大。坡面总体走向近 SN 向，但在崩塌体顶部右侧有一 NWW 向槽沟。崩塌前陡崖坡度为 85°～87°，崖面总体较平顺，受同向结构面主控。崖顶高程为 875m，陡崖高为 215m。

龙场崩塌区斜坡中地层包括尧梭组、梁山组、栖霞组和茅口组。尧梭组分布于河床以下，主要为灰岩，厚度约 152m。梁山组以薄层状泥页岩夹煤层为主，煤层厚 0.7m，本组地层厚约 13m。栖霞组和茅口组均以灰岩为主，夹泥灰岩、凸镜状泥质条带灰岩夹页岩等，总厚度为 190～241m。根据主要组成岩石物理力学性质，尧梭组、栖霞组和茅口组以灰岩为主，属于坚硬岩岩组，梁山组属于软岩岩组。坡内岩层产状为 315°～330°∠8°～10°，缓倾坡内。因此，龙场崩塌区斜坡为缓倾坡内上硬下软型高陡坡，下卧软层厚度仅 13m，约占坡高的 6%。

坡体上部栖霞组和茅口组灰岩中，主要发育两组陡倾结构面：一组为近 SN 向，在坡体中不同部位产状有一定改变，走向变化于 N20°W—N25°E，在崩塌体附近以 NNE 向为主，与陡崖面近于平行，本组中长大节理迹长一般 5～25m，间距为 4～12m；另一组为近 EW 向，走向变化于 N75°E—N75°W，在崩塌体处，以 NNW 走向为主，与陡崖面大角度相交。本组中长大节理迹长一般为 3～20m，间距为 5～12m。

坡体上部灰岩中岩溶现象发育，山顶上共发现 18 个落水洞，落水洞长轴方向有两个：一个是 EW—NWW 向，一般距离陡崖面较远；另一个是 SN—NEE 向，集中分布在山顶东侧，靠近陡崖面，多呈串珠状分布。落水洞长轴方位与两组长大节理是一致的。观察崩塌后壁及长大裂隙发现，坡体中沿长大裂隙溶蚀明显，部分已经发展为溶蚀裂隙。尤其是陡崖面附近，长大裂隙受表生改造作用而迹长增加，溶蚀作用一方面使裂隙迹长增加、裂面不规则和开度增加，另一方面连通相邻裂隙，弱化岩体。这导致陡崖顶部附近近 SN 向落水洞发育，坡体中发育裂隙型溶洞或较大规模溶蚀裂隙，陡崖面上常见长轴近直立小溶洞串珠状分布。总之，坡体上部灰岩强烈岩溶化，明显降低了坡体中岩体质量和坡体稳定性。

11.2.2　龙场崩塌特征分析

1. 崩塌失稳过程

2013 年 2 月 18 日 11 时 30 分左右，贵州省黔东南州凯里市龙场镇渔洞村岔河组老山新村突发崩塌灾害，崩塌岩体堵塞渔洞河形成小型堰塞湖，其主体堆积于河床和右岸，堰塞坝坝顶右侧（东侧）相对较高。2 月 19 日凌晨 8 时左右，在一次崩塌左侧又发生了二次崩塌，这次崩塌被完整记录下来（图 11.7），其发生过程大致可以划分为四个阶段。

（1）上部破裂面贯通阶段［图 11.7（a）］：崩塌岩体上部尚有局部与后壁相连，这些连接点不断断裂，可以听到岩石破裂响声；在右侧边界处，因岩体断裂而出现掉块，有岩粉生成。

（2）上部岩体倾倒阶段［图 11.7（b）、（c）］：上部破裂面贯通后，上部岩柱开始发生倾倒，岩柱与后壁脱开。视频显示，顶部因受阻向内弯折，崩塌岩体中下部开始出现断裂。

（3）崩塌岩体坐落阶段［图 11.7（d）～（g）］：上部岩柱根部折断，转为坐落。岩体折断过程的能量释放和上部岩柱坐落产生的压力，导致崩塌岩体下部完全破坏，崩塌岩体整体显示坐落运移特征。

（4）坠落堆积阶段［图 11.7（h）、（j）］：中下部岩体首先坠落，崩塌体主要堆积于坡脚附近，即主要堆积于堰塞坝左侧（西侧）。

2. 崩塌壁特征分析

1）几何特征及规模

基于三维激光扫描影像，得到崩塌后壁几何特征（图 11.8）：崩塌壁高 192m（底部自上游水位起算），顶宽约 80m、底宽约 130m（堰塞坝以上可见后壁）。崩塌壁可以分为后壁和右侧壁两部分，其中后壁走向 N12°E，与陡崖面夹角约 5°，由 NNE 向陡倾结构面控制，测算其产状为 284°∠85°；右侧壁走向 N67°W，由 NWW 向的陡倾结构面控制，测

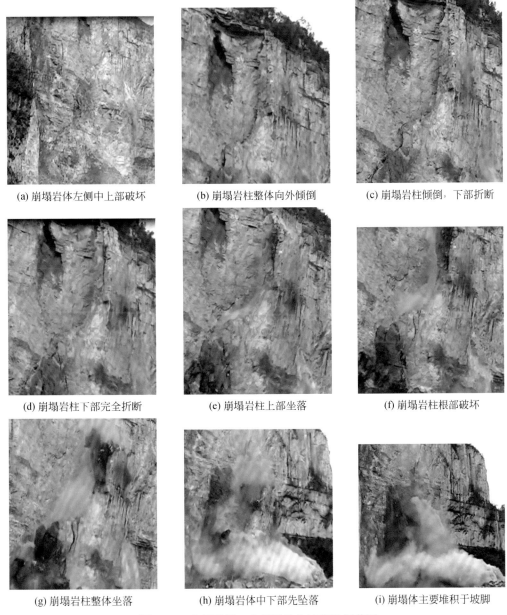

(a) 崩塌岩体左侧中上部破坏　　　(b) 崩塌岩柱整体向外倾倒　　　(c) 崩塌岩柱倾倒，下部折断

(d) 崩塌岩柱下部完全折断　　　(e) 崩塌岩柱上部坐落　　　(f) 崩塌岩柱根部破坏

(g) 崩塌岩柱整体坐落　　　(h) 崩塌岩体中下部先坠落　　　(i) 崩塌体主要堆积于坡脚

图 11.7　龙场崩塌二次崩塌发生过程视频截图

算其产状为 39°∠84°。由此将崩塌岩体切割成近似三棱柱形。后壁上可明显区别出两次崩塌腔。一次崩塌区：崩塌体高约 190m，宽度 50~60m，水平厚度为南侧（上游侧）厚、北侧薄，最厚处为 27m，估算方量为 20 万 m³。二次崩塌区高约 170m，沿河长度 20~30m，厚度最大处不超过 10m，估算方量为 4 万 m³（董秀军等，2015）。

在崩塌壁上部左侧为倒悬坡，其下可见落水洞，洞径有 17m。该落水洞通陡崖后山顶，是在一次崩塌时其内物质塌陷而显现的。在山顶上洞口近似呈圆形，直径约 22m。自洞口向下观察，落水洞向外倾，基岩内形态为长椭圆形。长轴方向为 NWW 向（图 11.9）。

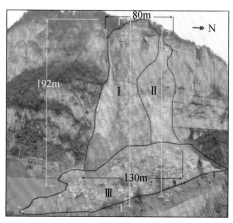

图 11.8　崩塌后壁几何特征

(a) 崩塌后壁上部落水洞　　　　　　　(b) 陡崖顶部俯视落水洞

图 11.9　崩塌壁上方塌陷落水洞

2）崩塌壁面特征分析

崩塌壁中右侧壁追踪已有长大结构面发育，壁面呈波状，其上几无新鲜破裂面，其与崩塌岩体连接微弱，对崩塌岩体的稳定性影响甚微。故这里重点分析崩塌后壁特征。崩塌后壁根据特征不同，可以分为上、中、下三段（图 11.10）。

图 11.10　崩塌后壁分段

崩塌后壁上段是指落水洞底界以上（图 11.11），高 35～40m，是在第一次崩塌时形成的。大致可以分为上、中、下三个部分，上部顶部浅层沿已有张开裂隙发育，壁面上覆盖有红黏土。中部在倒悬坡顶面以上，细致观察发现，大部分壁面沿已有结构面，但壁面上只局部覆盖次生红黏土；存在多处新鲜岩石断面，该段左侧可形成倒悬坡，粗略估计，新鲜断面占 10%～15%。下部右侧上部和左侧倒悬坡下，存在大片新鲜岩石破裂面，尤其是落水洞左侧［图 11.11（c）］。这表明，失稳前，在崩塌壁上部，崩塌岩体与后壁存在较强的岩桥连接。

(a) 崩塌后壁上段壁面特征及分段

(b) 崩塌后壁上部中下段多处新鲜断面

(c) 落水洞左侧新鲜岩石断面

图 11.11 崩塌后壁上部壁面特征

中段位于后壁中上部，高 25～30m，中段壁面平顺，壁面呈土黄色。根据照片判断，除中部局部为新鲜岩石断面（位于一次崩塌区），其余均追踪已有溶蚀裂隙发育（图 11.12）。

下段位于后壁中下部，高 80～85m（图 11.13）。从照片分析，下段壁面以灰白色为主色调，其中左侧二次崩塌壁上下两个压剪破坏区呈锯齿状起伏，为灰、灰白色，之间为土黄色，面平顺，充填次生泥（判断为红黏土）。二次崩塌壁破坏了部分一次崩塌壁。右侧残留的一次崩塌壁，壁面倾角逐渐变缓，在中下部压碎岩分布区，壁面鲜面，呈灰白色，壁面上压碎岩分布，呈锯齿状起伏。其余壁面较平缓处覆盖有红黏土，而在本区下方堆积体表层，亦有红黏土层分布［图 11.13（b）］。由此判断，这些红黏土来自于上部落

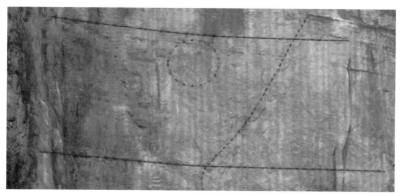

图 11.12　崩塌后壁中段壁面特征

水洞充填红黏土，在崩塌岩体失稳后，落水洞底部由于失去支撑，其中充填物塌陷。压碎岩分布于区上方，壁面有锈染，属于已有结构面。由此可见，崩塌后壁下段右侧一次崩塌壁面分为两段，其中压碎岩分布区及以下为岩体破坏形成的剪断面，其顶界距离堆积体顶面 55～60m，以上为已存结构面。崩塌后壁下段左侧为二次崩塌压剪面。

(a) 崩塌后壁下段壁面特征　　　　　(b) 崩塌后壁下段右侧壁面和下方堆积体中
　　　　　　　　　　　　　　　　　　　 红黏土，来自落水洞塌陷

图 11.13　崩塌后壁下段壁面特征

综上分析，可恢复崩前坡体结构（图 11.14）：坡体中上部存在平行坡面的溶蚀裂隙，溶蚀裂隙底界高出堆积体顶面 55～60m，顶界未达山顶，顶部外侧可以层面为控制性弱面，顶部内侧与溶洞相连。溶蚀裂隙外侧岩板厚 20～25m。

3. 崩塌堆积体特征

崩塌堆积体阻断渔洞河，形成堰塞坝。堆积体横河向长 105～142m，顺河向宽 184m左右，中部厚度一般为 20～30m。堆积体顶部偏右岸侧有一个顺河向展布浅槽。顺河向坡面形态非对称，最高处偏下游侧（图 11.15）。

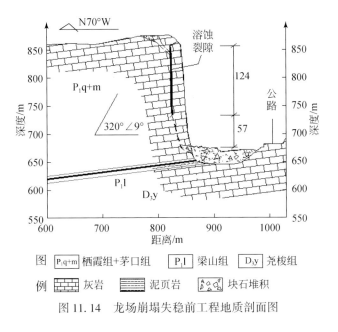

图例 | P₁q+m 栖霞组+茅口组 | P₁l 梁山组 | D₃y 尧梭组

灰岩 | 泥页岩 | 块石堆积

图 11.14 龙场崩塌失稳前工程地质剖面图

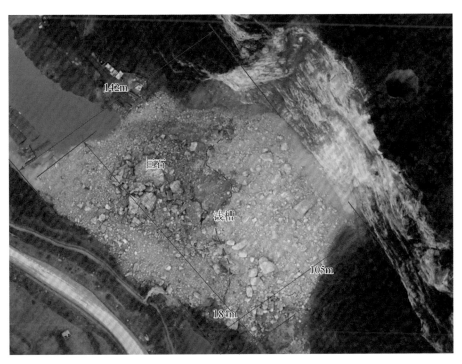

(a) 崩塌堆积体航拍图

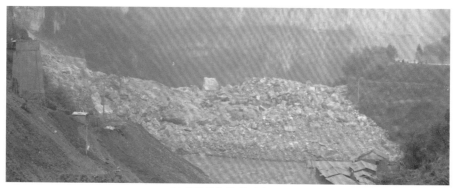

(b) 崩塌堆积体(镜头朝北)

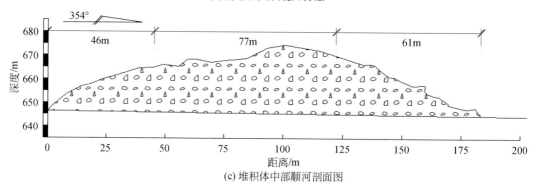

(c) 堆积体中部顺河剖面图

图 11.15　龙场崩塌堆积体特征

崩塌堆积体为块石堆积体，一般为 0.5~2.5m，最大块石长约 20m。最大块石位于堆积体中部，未到达坝顶顺河浅槽。从航拍图可以清楚地看到二次崩塌堆积范围，主体位移失稳岩体正下方，在坝顶处最大涉及宽度约 75m，刚达到坝顶顺河浅槽。在堰塞坝坡脚，抵达到右岸。二次崩塌岩体高程范围略小于一次崩塌，以倾倒-坐落方式失稳，堆积范围明显小于一次崩塌。这与两次崩塌在规模上有明显差别有重要关系，也应与两次崩塌失稳模式存在不同直接相关。一次崩塌后壁下段压剪面相对较缓、相对平整，压剪面形成过程即为崩塌体倾倒-滑移过程，崩塌岩体保持相对完整，在崩塌岩体底部受阻后，继续发生整体倾倒，并开始解体。一次崩塌岩体倾倒明显，导致大范围堆积。

11.3　龙场崩塌成因机制分析

11.3.1　龙场崩塌成因机制定性分析

基于龙场崩塌特征分析可见，龙场崩塌形成的主要影响因素有以下三个方面。

（1）龙场斜坡为近水平薄软弱基座型高陡斜坡：崩塌前陡崖高为 215m，坡度为 85°~87°，崖面总体较平顺，并受结构面主控。上部硬层为栖霞组和茅口组灰岩，呈块状结构。下卧软层为梁山组泥页岩夹煤层，出露于河床处，厚度仅 13m，约占坡高的 6%。岩层产状为 320°~323°∠8°~10°，平缓倾坡内。岩体中发育近 SN 和近 EW 向两组陡倾结构面，其中长大结构面迹长一般为 3~25m，间距为 4~12m。

（2）表生改造作用强烈，形成控制性边界：坡体浅表部灰岩岩溶化强烈，山顶上落水洞发育，陡崖面上可见两层溶洞，常见溶蚀裂隙。观察崩塌后壁可见，陡崖壁内先期已经发育 NNE 向溶蚀裂隙，其底部高程约 735m，高于河床 80~85m，溶蚀裂隙高约 60m，上部与落水洞相通，由此在陡崖壁上切割出一高薄"岩墙"，但岩墙顶部与内侧岩体仍有较强连接。岩墙底部因高应力作用和蠕变，发育一系列与坡面近似平行的长大裂隙，部分裂隙面已有小幅溶蚀，充填次生红黏土。由于灰岩为高强度脆性岩体，因此失稳前，外侧岩墙没有发生明显变形，但坡体演化实际已经进入时效变形阶段中后期。

（3）对梁山组内煤层的持续开采形成了大面积采空区：煤矿采空区距离陡崖面约 460m，采空区 EW 向最大宽度约为 237m。沿剖面方位的水平宽度约为 198m。

综上可以建立龙场崩塌形成机制概念模型：龙场崩塌是在特殊坡体结构条件下，由采煤诱发形成的。坡体中大范围采煤，导致采空区上部岩体下沉变形，并牵引周边岩体变形（图 11.16）。随着采空区向陡崖面推进，崩塌处陡崖顶部应力不断分异，逐步导致高薄岩墙顶部与内侧岩体断开，岩墙底部应力也进一步集中；当岩墙顶部与内侧岩体的连接不足以维持岩墙变形稳定时，岩墙发生倾倒破坏失稳，墙底高应力集中部位发生压致拉裂式破坏（徐凯等，2015）。

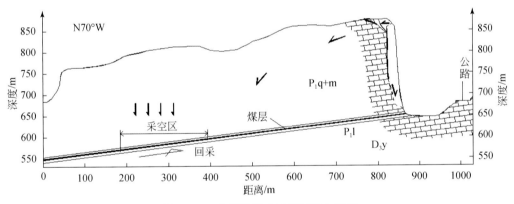

图 11.16　龙场崩塌成因机制概念模型

二次崩塌位于一次崩塌壁左侧，其中上部亦发育有长大溶蚀裂隙，顶部和左侧边界处与坡体相连。一次崩塌发生于二次崩塌外侧，相当于"开挖"坡脚；另一次崩塌发生有碰撞、震动等作用，从而导致二次崩塌岩体进入累进性破坏阶段。经过 21h 的变形破坏发展，二次崩塌发生。

11.3.2　龙场崩塌成因机理数值模拟研究

1. 计算模型建立

基于崩塌前工程地质剖面和上述概念模型来建立二维数值分析计算模型，计算软件为

GeoStudio2007。

计算模型东侧（右侧）到渔洞河右岸，西侧（左侧）到渔洞河左侧支流河谷。模型底部高程为534m，最大高程范围为534～881m，模型宽为935m。模型中包括四类基岩，即茅口组+栖霞组灰岩，梁山组中泥页岩、煤层和尧梭组灰岩；又考虑了岩体风化程度差异，在崩塌岩墙上部与山体之间设置了连接岩桥，由此划分为八类介质（图11.17），各类介质的物理力学参数见表11.1，介质本构模型为理想弹塑性模型，屈服准则为莫尔-库仑强度准则。

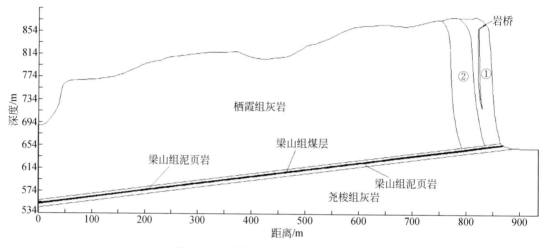

图11.17　计算模型中介质类型及分布
①强风化卸荷带；②弱风化卸荷带

采煤形成的采空区左侧距离左边界约180m，水平长度约193m，采空率为80%，保安煤柱取20m宽。采煤方向由左（西）向右（东）逐步接近崩塌体，单次开挖宽度为12m，每连续开挖五次计60m宽，再保留20m宽保安煤柱，依此逐步开挖直到现状采空区完成。全部采空区形成需要开挖32步。

表11.1　计算模型中介质物理力学参数

介质类型	弹性模量/GPa	泊松比	重度/(kN/m³)	内聚力/MPa	内摩擦角/(°)
尧梭组灰岩	18	0.25	26.5	1.5	50
梁山组泥页岩	5	0.32	23.5	0.5	25
梁山组煤层	1	0.38	21.5	0.18	22
栖霞组灰岩	21	0.22	26.5	1.5	51
栖霞组弱风化卸荷带	12	0.25	25.5	1.1	44
栖霞组强风化卸荷带	8	0.29	24.5	0.8	40
栖霞组强卸荷带折减	8	0.29	24.5	0.7	38
崩塌岩体顶部岩桥	6	0.3	23.5	0.5	38

为细致分析崩塌形成过程和机理，我们按照如下思路设定计算步骤：

初始应力场模拟后，首先进行开挖到形成现状采空区（计32步），分析发现，开挖到第 15 步时，崩塌岩体有异常变形破坏现象，我们认为原因是崩塌体顶部岩桥有局部破裂发生；于是调整计算方案重新计算到第 15 步开挖完成，将崩塌体上部岩桥挖去一半长度；再继续采煤开挖到现状，分析发现到 29 步开挖时，崩塌岩体变形有异常变化，于是类似地调整计算方案。据此确定的最终计算步骤如表 11.2 所示。图 11.18 说明了表中距离及岩桥开挖步骤。

表 11.2　开挖步骤所对应的距坡脚水平距离表

步骤	1	2	3	4	5	6	7	8	9
距离/m	679.18	674.22	669.26	664.3	659.34	654.38	649.42	644.46	639.5
步骤	10	11	12	13	14	15	15-1	15-2	15-3
距离/m	634.4	629.58	624.62	599.66	594.7	589.74	589.74	589.74	589.74
步骤	15-4	15-5	16	17	18	19	20	21	22
距离/m	589.74	589.74	584.78	579.82	574.86	569.9	564.94	559.98	555.02
步骤	23	24	25	26	27	28	29	29-1	29-2
距离/m	550.06	545.1	520.14	515.18	510.22	505.26	500.3	500.3	500.3
步骤	30	31	31-1	32	32-1	32-2	/	/	/
距离/m	495.34	490.38	490.38	485.42	485.42	485.42	/	/	/

注：15-1~15-5 为开挖岩桥至一半；29-1~29-2 为开挖两步岩桥；31-1 为进一步开挖岩桥；32-1 和 32-2 为岩桥完全挖断。距离是指每一步开挖断外（东）端面距离陡崖面的水平距离。

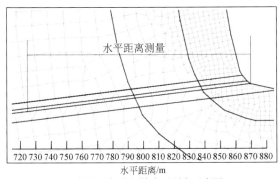 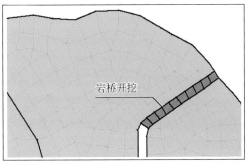

(a) 煤层开挖段与陡崖面距离示意图　　　　　(b) 岩桥开挖步骤

图 11.18　计算步骤设置说明

计算模型左、右边界采用 X 方向位移为 0 的单向支座约束；模型底部采用 Y 方向位移为 0 的单向支座约束；上边界为自由边界。计算模型离散化时采用四节点四边形单元和三节点三角形单元，有节点 3686 个、单元 3741 个（图 11.19）。

2. 初始应力场及塑性区分析

计算模型初始应力场总体特征符合高陡斜坡应力场一般规律。由于下卧软层和溶蚀裂隙的存在，崩塌区陡崖附近应力分异明显［图 11.20 (a)］，主要特征如下。

（1）陡崖下部最大主应力集中，最大值达到 9.5MPa［图 11.20 (b)］；溶蚀裂隙下部

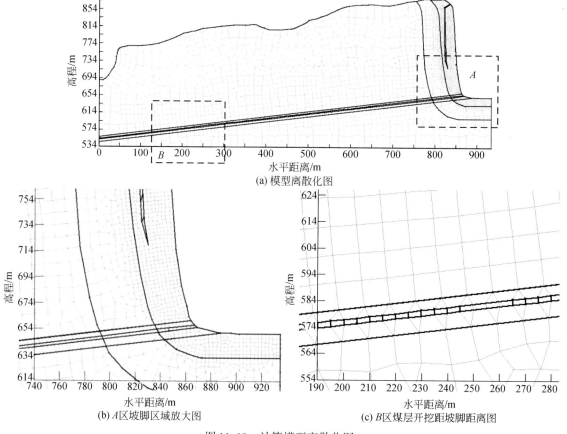

(a) 模型离散化图

(b) A区坡脚区域放大图　　　　　　　　(c) B区煤层开挖距坡脚距离图

图 11.19　计算模型离散化图

外侧最大主应力小于内侧，最大值达 5MPa；溶蚀裂隙上段，外侧岩体中应力高于内侧，最大主应力值达到 2.3MPa，上段内侧局部有拉应力 [图 11.20 (e)]。

（2）陡崖底部最小主应力集中，最大达 0.5MPa [图 11.20 (c)]；溶蚀裂隙下部外侧最小主应力小于内侧，最大值不小于 0.7MPa。溶蚀裂隙上端内侧最小主应力减小为拉应力，最大拉应力达到 0.9MPa。拉应力区分布位置与溶蚀裂隙上端内侧与山顶落水洞相连方位大致一致 [图 11.20 (f)]。

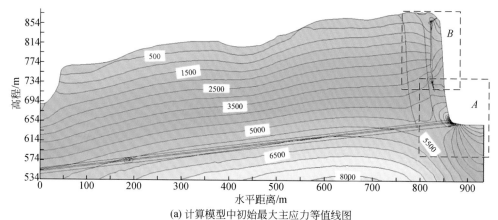

(a) 计算模型中初始最大主应力等值线图

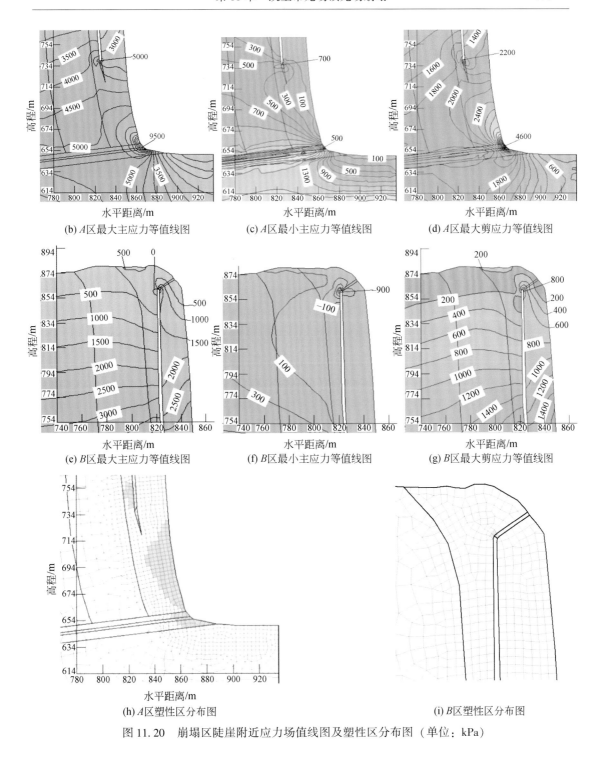

(b) A区最大主应力等值线图　(c) A区最小主应力等值线图　(d) A区最大剪应力等值线图

(e) B区最大主应力等值线图　(f) B区最小主应力等值线图　(g) B区最大剪应力等值线图

(h) A区塑性区分布图　(i) B区塑性区分布图

图 11.20　崩塌区陡崖附近应力场值线图及塑性区分布图（单位：kPa）

（3）陡崖坡脚处最大剪应力值集中，最大值达 4.6MPa［图 11.20（d）］；溶蚀裂隙中下部，外侧最大剪应力明显小于内侧；溶蚀裂隙底端内侧最大剪应力集中，最大值不小于 2.2MPa；溶蚀裂隙顶端外侧最大剪应力集中，最大值不小于 0.8MPa［图 11.20（g）］。

（4）初始条件下，塑性区局部分布于三处［图11.20（h）、（i）］，其中溶蚀裂隙顶部和下段内侧有小范围分布，而在陡崖坡脚浅表层有较大面积塑性区分布，但尚未与溶蚀裂隙下端相连，因而可以认为坡体实际处于稳定状态。

上述分析表明，坡体中应力分布符合斜坡应力分布规律，坡体整体稳定，这表明计算模型建立和初始应力场模拟是合理的。

3. 崩塌岩体上部岩桥初次局部破裂分析

坡体深部采煤，采空区逐步过大，并逐渐影响到陡崖上部的岩桥。为分析岩桥初次局部破裂发生条件，先连续开挖（32步）形成现状采矿区，分析崩塌岩体上部岩桥附近应力及变形特征，寻找首次异常变化时段。为便于分析，我们在崩塌岩体上部取三个观察断面，每个断面有五个观察点（图11.21），结果表明如下特点。

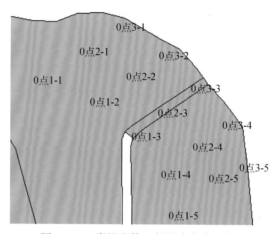

图11.21　崩塌岩体上部观察点布置图

（1）岩桥附近主应力随开挖进程而改变，但在第15步开挖完成后有明显降低，如1-3观察点在14步时主应力为1891kPa，15步时降低为1821kPa，减小3.84%［图11.22（a1）］。

（2）岩桥附近位移变化，从初始条件到第14步开挖完成，位移变化较小；第15步开挖完成后，各监测点均发生明显突变［图11.22（b1）］。

（3）第14步开挖时，陡崖处塑性区仅在溶蚀裂隙下端附近和坡脚处软岩中，但第15步时，坡脚处塑性区大面积增加，主要分布在溶蚀裂隙下部低应力区底部，未达溶蚀裂隙［图11.22（c1、c2）］，因而可以认为坡体仍处于整体稳定状态。

综上分析可见，采煤过程进行到第15步时，崩塌岩体上部岩桥附近应力及变形有明显变化。显然，这种变化是斜坡响应煤层开挖而调整的必然结果。这种突变性的响应预示坡体中发生了局部破坏，即高陡岩桥顶部与内部坡体之间逐步局部破裂。此时，采空区水平长度达到近95m，采空区距离陡崖面约590m。

于是调整计算方案，采空区开挖到第15步后，对陡崖顶部的岩桥进行开挖，以模拟局部破裂。经试算确定这次局部破裂自里向外发生，破坏一半岩桥。结果表明，岩桥破坏一半后，陡崖附近塑性区面积明显减小（图11.23）：陡崖上部，在岩桥破坏区端面上部

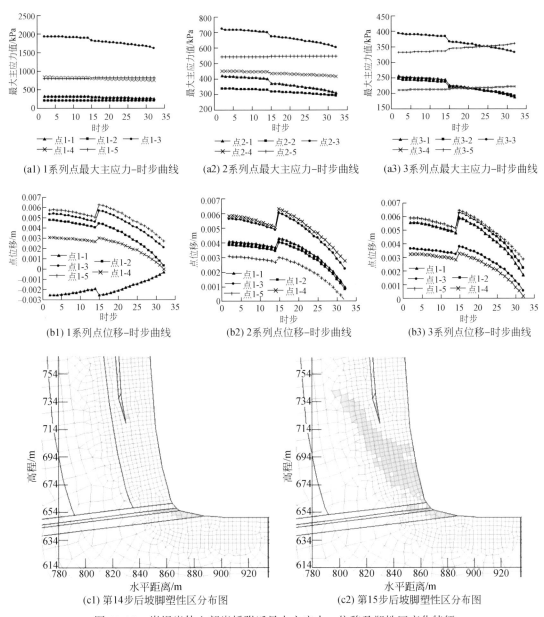

(a1) 1系列点最大主应力–时步曲线　(a2) 2系列点最大主应力–时步曲线　(a3) 3系列点最大主应力–时步曲线

(b1) 1系列点位移–时步曲线　　　(b2) 2系列点位移–时步曲线　　　(b3) 3系列点位移–时步曲线

(c1) 第14步后坡脚塑性区分布图　　　　　　(c2) 第15步后坡脚塑性区分布图

图 11.22　崩塌岩体上部岩桥附近最大主应力、位移及塑性区变化特征

岩体有少量分布，岩桥中无分布；陡崖下部塑性区未贯通至坡表和下卧软岩内。溶蚀裂隙下段附近无塑性区。从塑性区分布特征看，在经过岩桥局部破坏调整下，崩塌岩体回到稳定状态。

4. 崩塌岩体上部岩桥断裂分析

上部岩桥局部破裂调整后，继续煤层开挖直至形成目前的采空区。我们在崩塌岩体上部岩桥附近取三个观察断面，每个断面有五个观察点（图 11.24），其中点 4-3、点 5-3、点 6-3 都位于岩桥内。结果表明：

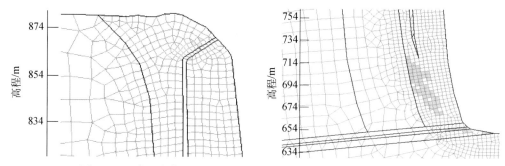

图 11.23　崩塌岩体上部岩桥首次局部破坏后陡崖处塑性区分布特征

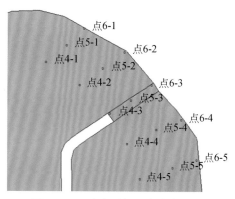

图 11.24　陡崖顶部观察点布置图

（1）主应力变化特征：从各观察断面的最大（小）主应力–时步曲线（图 11.25）看，在第 29 步开挖完成后，多点的应力值有较为明显的跳跃性降低。但这些点的应力降低程度均小于第 15 步时的主应力降低程度；第 16～28 步和第 29 步以后，各观察点应力变化甚微。

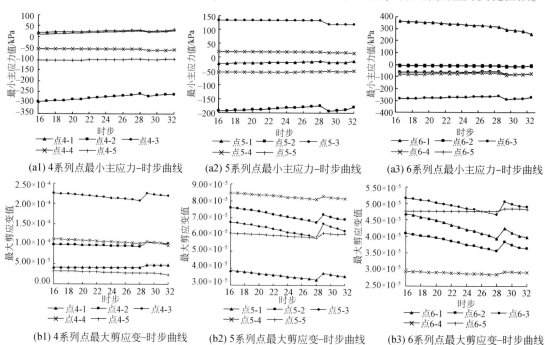

(a1) 4系列点最小主应力–时步曲线　(a2) 5系列点最小主应力–时步曲线　(a3) 6系列点最小主应力–时步曲线

(b1) 4系列点最大剪应变–时步曲线　(b2) 5系列点最大剪应变–时步曲线　(b3) 6系列点最大剪应变–时步曲线

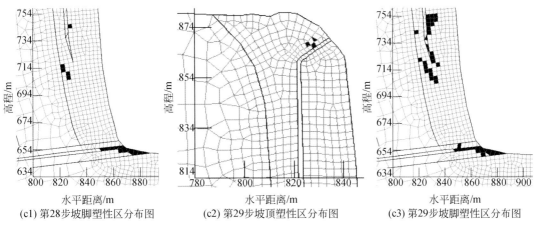

(c1) 第28步坡脚塑性区分布图　　　(c2) 第29步坡顶塑性区分布图　　　(c3) 第29步坡脚塑性区分布图

图 11.25　坡度岩桥附近监测点最小主应力和最大剪应变变化特征曲线

（2）从最大剪应变–时步曲线上看（图 11.25），第 29 步开挖后，岩桥附近绝大部分观察点的位移都有突变式增加，而在其余计算步骤前后，观察点位移大致平滑变化；监测位移也具有类型的变化特征。

（3）塑性区（图 11.25），第 28 步，坡体上部无塑性区分布；坡体下部，仅在溶蚀裂隙下端及附近和坡脚处软岩中小范围分布有塑性区。第 29 步，上部岩桥附近出现少量塑性区；下部在溶蚀裂隙下端附近塑性区面积明显增加；另外坡脚软岩中塑性区略有增加。

根据上述分析，进一步调整计算方案：在第 29 步计算完成后，先转为上部岩桥局部破坏分析。经计算发现，剩余岩桥（五个单元）挖去两个单元（第 29-1 步和第 29-2 步），坡顶岩桥附近塑性区消失，而坡体下部塑性区有较明显增加，但未通达坡表。接着 29-2之后进行煤层开挖（第 30 步和第 31 步），结果表明，坡顶无塑性单元，但坡脚处塑性区已临近坡面 ［图 11.26（a）］，这导致坡顶岩桥进一步破坏；岩桥破裂一段（第 31-1 步），坡脚塑性区随之扩大，但尚未贯通 ［图 11.26（b）］，但再进一步扩展，坡脚区塑性区贯通 ［图 11.26（c）］，坡体失稳；故第 31-1 步后，完成煤层开挖到现状采空区，此时坡脚区塑性区完全贯通 ［图 11.26（d）］，并由此导致坡顶岩桥完全断开，坡体失稳。

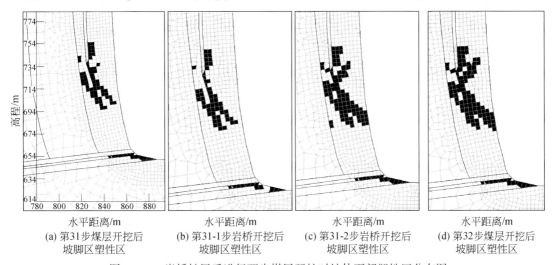

(a) 第31步煤层开挖后　　(b) 第31-1步岩桥开挖后　　(c) 第31-2步岩桥开挖后　　(d) 第32步煤层开挖后
　　坡脚区塑性区　　　　　　坡脚区塑性区　　　　　　坡脚区塑性区　　　　　　坡脚区塑性区

图 11.26　岩桥扩展后进行两步煤层开挖时坡体下部塑性区分布图

5. 崩塌岩体临界失稳时坡体变形破坏特征

根据上述分析，坡体上部岩桥临界完全断开时刻即为崩塌岩体临界失稳时刻，即采空区达现状特征后，坡顶岩桥即完全断开，坡体进入临界失稳状态。

（1）应力特征（图11.27）：坡顶岩桥有微弱连接时（第32-1步），连接处应力集中，最大主应力极值达1.2MPa；溶蚀裂隙下端附近应力集中，其中最大主应力极值约1.5MPa；溶蚀裂隙以下坡表区为低应力区，其中最大主应力一般不大于3.5MPa。坡顶岩桥完全断开后（第32-2步），岩墙上部处于自重应力状态；但溶蚀裂隙下端附近应力集中明显，其中最大主应力极值达13MPa；以下坡表为低应力区，最小主应力不大于0.3MPa。

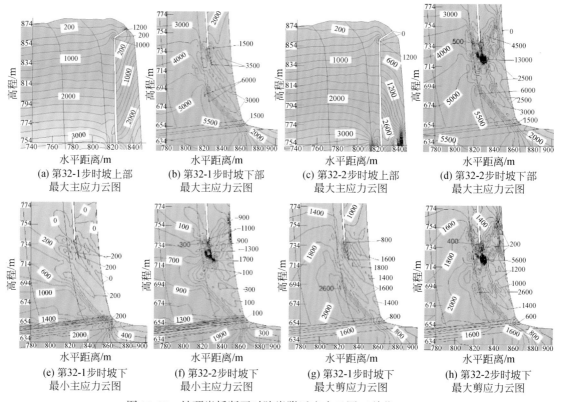

(a) 第32-1步时坡上部　　(b) 第32-1步时坡下部　　(c) 第32-2步时坡上部　　(d) 第32-2步时坡下部
　最大主应力云图　　　　　最大主应力云图　　　　　最大主应力云图　　　　　最大主应力云图

(e) 第32-1步时坡下　　　(f) 第32-2步时坡下　　　(g) 第32-1步时坡下　　　(h) 第32-2步时坡下
　最小主应力云图　　　　　最小主应力云图　　　　　最大剪应力云图　　　　　最大剪应力云图

图11.27　坡顶岩桥断开时陡崖附近应力云图（单位：kPa）

（2）变形特征（图11.28）：坡顶岩桥未完全断裂（第32-1步），岩墙以下存在三个高最大剪应变条带，条带陡倾坡外，倾角为41°~44°，最上面条带的最大剪应变最大，为0.001~0.0045，该带内岩体位移也最大；坡顶岩桥断开（第32-2步），坡体下部最大剪应变条带减小为两个，其中上条带位于溶蚀裂隙下端至坡面之间，陡倾坡外，该条带分为两段，上段倾角70°，下段倾角41°，该条带内最大剪应变值为0.0015~0.015，上大下小，岩墙下部为高位移区。总体显示岩墙底部为滑移变形。

（3）塑性区（图11.29）：坡顶岩桥未完全断裂（第32-1步），剩余岩桥进入塑性状态，坡脚区塑性区已经贯通，斜坡演化进入累进性破坏阶段；到坡顶岩桥完全断开（第

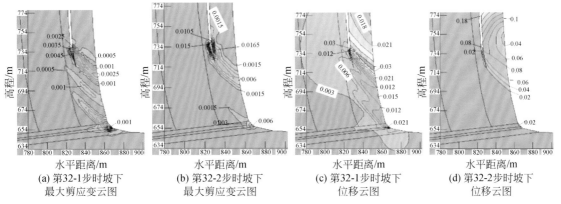

图 11.28 坡体上部岩桥临界断开时陡崖附近变形特征图

32-2 步），岩墙中下部及以下出现大片塑性区，崩塌发生。

综上，到坡体深处采空区达现状特征时，陡崖顶部岩桥已大部分断开，陡崖处坡体已进入累进性破坏阶段，随着坡顶岩桥的完全断开，高陡岩墙崩塌失稳。

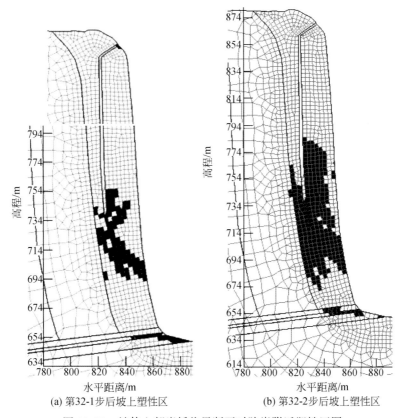

图 11.29 坡体上部岩桥临界断开时陡崖附近塑性区图

11.4　经验及教训

11.4.1　龙场崩塌特征及主要结论

基于地质过程机制分析–量化评价学术指导思想,以现场详细调查分析及数值模拟成果,对龙场崩塌特征及形成机制进行系统研究,主要获得以下三点认识。

(1) 龙场崩塌为平缓软弱基座型崩塌:龙场斜坡为缓倾坡内上硬下软型高陡坡。崩塌前陡崖坡度为85°~87°,崖面总体较平顺,受同向结构面主控。陡崖高215m。上部硬层为栖霞组和茅口组灰岩,岩溶现象发育。受结构面切割,以块状结构为主,局部受长大裂隙或溶蚀类型控制呈巨厚板状结构。下卧软层为梁山组泥页岩夹煤层,出露于河床处,厚度仅13m,约占坡高的6%。龙场斜坡中,存在NNE向溶蚀裂隙,高约60m,底界高于河床80~85m。由此切割出高陡“岩墙”;上部与落水洞相通,但与坡顶岩体仍有较强连接。

(2) 龙场崩塌为大型隐蔽型崩塌:龙场崩塌先后发生两次,第一次崩塌高约190m,宽度为50~60m,水平厚度为南侧(上游侧)厚、北侧薄,最厚处为27m,估算方量20万 m³。崩塌岩体堵塞渔洞河形成小型堰塞湖。二次崩塌区高约170m,沿河长度为20~30m,厚度最大处不超过10m,估算方量为4万 m³,堆积于坡脚附近。崩塌累计方量达24万 m³。由于特殊的地貌条件,坡体变形难以事前发现;起控制作用的长大溶蚀裂隙也没有事先发现。

(3) 龙场崩塌为“采空区”诱发型崩塌:坡体深处采煤形成大范围采空区,其上部岩体塌陷、下沉,并牵引周边岩体“向心”沉降变形,由此导致陡崖顶部的岩桥逐步破裂,陡崖下部岩体中应力进一步分异、集中。当岩桥接近完全断开时,坡体演化进入累进性破坏阶段;岩桥完全断开,坡体崩塌失稳。

11.4.2　平缓软弱基座型崩塌早期识别

龙场崩塌具有突发性、隐蔽性,由坡体深部采煤形成大面积采空区诱发。类似的崩塌灾害有威宁县猴场镇腰岩脚崩塌和纳雍县鬃岭镇左家营村崩塌等。总结这类崩塌的一般特征如下。

(1) 地貌特征:发育于平缓软弱基座型高陡坡中,由硬岩形成的陡崖段坡高一般在50m以上,坡度一般在75°以上;软岩出露于坡脚,软岩段地形呈“靴状”,坡脚前缘临宽缓平台,软岩缓坡段高度在十余米到几十米(一般不超过30m)。陡崖面受控于岩体中的长大裂隙或溶隙,近于垂直陡崖面的长大陡裂一般发育较少;陡崖型斜坡中,常可见局部折转型不对称凹腔,其下往往发育倒石堆。坡体上部如为碳酸盐岩,则浅表层岩溶发育,常见溶蚀型裂隙和落水洞。

(2) 物质组成:软硬岩强度差异明显,硬岩常为厚层到块状结构碳酸盐岩,或碎屑岩;软岩常为含煤地层。

（3）构造特征：岩层近水平，倾角一般在 15° 以内，倾向坡内。硬质为碳酸盐岩时，其中发育陡倾长大裂隙，沿部分长大裂隙常发育成长大溶蚀裂隙（高度一般不小于 50m）；为碎屑岩时，在采空区形成过程中，沿卸荷裂隙常发育深切变形裂缝，由此切割出高陡岩墙。

11.4.3　应急抢险救灾及启示

2013 年 2 月 18 日 11 时 30 分左右，凯里市龙场镇渔洞村岔河组老山新村突发崩塌灾害，导致 5 人失踪。接报后，贵州省省长、常务副省长等批示，要求搞清被埋人员情况，科学、安全施救。贵州省国土资源厅分管领导率厅地质环境处、贵州省地质环境监测院、贵州省第三测绘院和贵州省地矿局 101 地质大队组成 40 人的应急专家组赶赴现场协助地方政府抢险救援，完成无人机遥感航拍 7km^2、崩塌体全站仪监测、应急调查和周边 27km^2 隐患排查。

2 月 19 日 8 时，国土资源部应急专家组会同省应急专家组、州、市两级党委政府领导实地调查灾情险情，11 时进行会商，指导抢险救灾。

2 月 20 日 8 时，成都理工大学地质灾害防治与地质环境保护国家重点实验室、长安大学、中国地质环境监测院等单位到达现场，采用三维激光扫描、激光雷达等高分辨技术对山体崩塌及变形特征进行监测评价。2 月 21 日，国土资源部、省国土资源厅联合应急专家组提交 "关于黔东南州凯里市龙场镇渔洞村山体崩塌应急调查结果及建议"。

总结龙场崩塌应急抢险救灾经验主要如下。

（1）启动应急预案、迅速反应：灾情发生后，迅速成立现场救援指挥部；凯里军分区迅速启动抢险救灾应急预案，由司令员带领机关相关人员组成救灾指挥组赶赴灾区现场指挥救援行动，并紧急调动附近黄平、麻江县两个人武部民兵 150 人，携带专业救援器材赴事发地点救援。凯里市人武部部长带领 80 名应急民兵赶赴事发现场救援；消防、应急通信、医护、挖掘等方面的抢险救援力量也迅速到达。

（2）科学施救，安全有序：由省国土资源厅地质环境处、省地质环境监测院、省第三测绘院和省地矿局 101 地质大队组成 40 人的应急专家组在现场协助救援；国土资源部应急专家组和成都理工大学、长安大学、中国地质环境监测院等单位专家也先后达到现场协助救援。主要工作包括分析山体崩塌原因、基本地质条件、现场评价崩塌山体稳定性及救援条件、对周边区域进行灾害隐患巡查和监测等。

（3）以预防为主，加强类似地区潜在灾害识别、排查、监测和研究工作：这类灾害都发生在具有软弱基座型高陡斜坡的地下采矿区附近，随着坡体深处采空区逐步扩大和靠近陡崖面，陡崖面附近的潜在危险体开始变形、开裂。但由于山崖高陡、植被发育、交通不便，难以事先发现和监控。应对区内可能造成灾害的陡崖和山体部位加强地质排查，对发现的变形裂缝实施监测；开展相关的科学研究，提出采空区距离陡崖面的临界安全距离和斜坡临界失稳判据；提出合理的采空区处治方案，在确保安全的情况下提高开采率。

第 12 章 望谟县特大泥石流

　　贵州省望谟县位于贵州高原向广西丘陵过渡的斜坡地带，地形起伏大，地质地貌复杂，暴雨山洪频发，灾害严重，是贵州山洪灾害一级重点防治县。山洪、泥石流灾害具有季节性强、突发性强、损失严重、恢复难度大等特点。自 1959 年以来，望谟县历史上有两次由暴雨引起的山洪、泥石流灾害，分别是 2006 年 6 月 12 日和 2008 年 5 月 26 日。2006 年 6 月 12 日夜至 13 日凌晨，望谟县遭受了 72.1mm/h 强暴雨，引发了山洪、崩塌、滑坡、泥石流等洪水及诱发性地质灾害，致使全县不少房屋被毁、多处灌渠被冲断和农田受淹、被毁，死亡 30 人、失踪 20 人，受灾人口 16153 万人，经济损失约 9.28 亿元；2008 年 5 月 25 ~ 26 日，望谟县再次遭受 241.2mm/6h 的强暴雨，引发了山洪、泥石流等地质灾害，共造成 4 人死亡、6 人失踪，33 栋房屋倒塌、8 栋房屋成了危房。2011 年 6 月 5 日望谟县中北地区又再次出现 105.9mm/h 的降水，使打尖乡、打易镇、郊纳乡、乐旺镇遭受了极为严重的山洪、泥石流灾害，造成了惨重的损失，这次灾害被相关部门统称为贵州省望谟县"6·6"特大山洪、泥石流灾害（马煜等，2012）。

　　2011 年 6 月 5 日 22 时至 6 日 8 时，望谟县受高空切变和冷空气影响，部分乡镇出现了大暴雨或特大暴雨，10h（5 日 22 时至 6 日 8 时）降水量超过 80mm 乡镇主要集中在望谟县北部的打易镇（315.0mm）、新屯乡（127.6mm）、岜饶乡（113.2mm）、坎边乡（87.4mm）和郊纳乡（80.9mm），巨大的降水量导致县内的望谟河、打尖河、乐旺河流域山洪暴发，导致该县八个乡镇遭受了百年不遇的特大山洪、泥石流灾害（刘玉国，2015）。打易镇出现的 105.9mm/h 和 315.0mm/10h 为望谟县有记录以来的最大雨量，也是中华人民共和国成立后出现的最大降水量。一方面，遭受山洪、泥石流灾害严重的乡镇均为降水量大的乡镇；另一方面，望谟县城、打尖乡及乐旺镇的降水量并不大，但也遭受了严重的山洪灾害，主要是由其所在流域上游降水引发此次山洪、泥石流灾害，进而汇流进入下游流域，裹挟泥沙等导致洪水逐渐增强，进而使下游也遭受严重灾害。暴雨引发了严重的泥石流、山洪和滑坡灾害，导致房屋被毁，道路中断，电力、水力、通信瘫痪。在暴雨激发下，短时集中暴发多起严重泥石流灾害，截至 6 月 16 日 14 时，该次山洪、泥石流灾害约 13.9 万人受灾，37 人死亡、15 人失踪，洪水"冲走"的经济损失高达 18.6 亿元。

12.1 研究区自然和地质环境条件

　　此次望谟县泥石流的特点概括起来为大规模群发性泥石流，影响范围广、危害性大。造成此次望谟县泥石流灾害的主要原因是降水强度特别大，其次是望谟县的山区地形有利于泥石流的发生（图 12.1）。

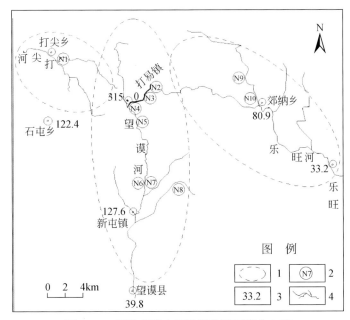

图 12.1　望谟县降水量及部分泥石流分布图

1. 汇流区域；2. 泥石流及其标号；3. 10h 降水总量（mm）；4. 主河道

12.1.1　地形条件

　　望谟县中部以北为山地，海拔在 1500m 以上，南部为江河谷地带，海拔在 500m 左右，县内山峦起伏，河流纵横，山地面积占 76.8%，丘陵占 20.4%，河谷盆地仅占 2.8%，植被覆盖率较高。地势西北高东南低，最高点为打易镇跑马坪，海拔为 1718.1m，最低点为昂武乡打乐河口，海拔为 275m，地形高差大，高差达 500～1500m。

　　仅望谟县城到打易镇 27km 的路程，海拔高差近 800m，主河道纵比降约 3.0%。望谟地形复杂、沟深坡陡，极易造成雨水快速汇集，形成山洪、泥石流灾害。受灾最重的打易、打尖、乐旺分别在三个不同的小流域内，平均纵坡降一般大于 300%：打尖乡位于由下云河、洋架河汇流成的清水江流域，上游河道高差 600m，长度约 15km，河道平均纵比降 4%；乐旺镇位于打羊河、油亭河所在流域，乐旺镇上游河道高差 400m，上游河道长度约 9km，河道平均纵比降 4.4%；打易镇位于望谟河所在流域。三处受灾区均地处流域下部，接近沟底。可见望谟县特殊的地形、地貌是此次山洪、泥石流灾害的重要原因（图 12.2、图 12.3）。

12.1.2　物源条件

　　望谟县内东西部岩溶地貌发育较典型，属于典型的喀斯特岩溶地貌发育区，岩性主要为灰岩、白云岩、白云质灰岩、钙质白云岩、角砾状白云岩、贝壳状白云岩等。岩石较完

图12.2　打尖乡学校被泥石流冲毁淤积　　　图12.3　山洪灾害砸毁、淤埋乐旺镇部分民房

整，硬度大，呈层状构造，稳定性较好，风化程度较低，但上层覆盖有较厚的残坡积松散堆积物，厚度为 2 ~ 10m，由砂土和大量的块石、砾石及腐殖质层构成，结构松散，稳定性差，在降水情况下易产生滑坡、崩塌等地质灾害，成为暴发泥石流时固体物质的主要来源。近年来，人类活动日益加剧，梯田开垦等活动造成的沟道松散堆积物也为泥石流的形成提供了物源条件。

　　此次群发性泥石流的固体补给物质主要分为两类：①崩塌滑坡堆积物补给，由于松散堆积物厚度大，流域内小型崩塌滑坡体发育，主要集中在沟道两侧及形成区；②沟底及两侧侵蚀型补给，此类物源为望谟地区固体物质补给的主要途径，使沟道产生揭底及两侧掏蚀，补给长度从形成区直至沟口，呈现出沿程性的特征（朱渊等，2012）。

12.1.3　降水条件

　　望谟县具有高原亚热带温凉湿润气候的特点，属于珠江流域西江水系，降水主要集中在夏季，降水集中。多年平均降水量为 1265.7mm，年内降水分布不均匀，5 ~ 10 月集中了全年降水量的 83.01%，总降水量为 1051.6mm，11 月至次年 4 月仅占全年降水量的16.99%，总降水量仅为 214.1mm。降水强度随季节变化而变化，夏秋雨季降水多而集中，降水强度大；冬春旱季降水量少，降水强度亦小。县内 ≥50mm 和 <100mm 的暴雨日数平均每年有四天，以 5 ~ 9 月出现最多；≥100mm 和 <200mm 的大暴雨平均 3 ~ 4 年一次。该区域泥石流暴发频率相对较低，泥石流暴发的主要因素是降水条件，在稀遇暴雨的情况下由于降水汇流对沟道内松散堆积物的冲刷搬运易产生群发性大范围的山洪泥石流灾害。

　　暴雨历时短、强度大，是造成此次山洪、泥石流的主要原因。本次降水由望谟县北部入县，主雨区位于中北部的打易镇、新屯乡、坎边乡、郊纳乡、石屯乡一带，覆盖了打尖河、打易河和乐旺河上游。本次降水主要集中在 10h 以内，主雨峰历时 5h（5 日 22 时至 6日 3 时），从强降水中心区域内打易镇的小时降水量来看，望谟县北部 3 条河流上游山区降水集中、强度大。根据《贵州省短历时暴雨统计参数等值线图集（2002 年）》暴雨不同频率设计降水量计算得出打易镇百年一遇的暴雨标准是：6h 降水量 ≥205.5mm 或者 24h

降水量≥262.8mm，而打易镇6月5日23～24时雨量达105.9mm，6h 降水量超过300mm（图12.4）。望谟水文站1959～2007年近50年降水资料统计，得到该区域在50年一遇的暴雨量下，1h 降水量为88.2mm，而实测6月6日最大1h 降水量达到117.5mm；降水量是1949年有水文记录以来规模最大的一次（亓星，2013），初步确定"6·6"望谟县发生泥石流时的降水量相当于超50年一遇，而大范围泥石流活动同区域性的特大暴雨洪涝频率是同步的，在强降水作用下沟道内物源被迅速启动，产生消防水管效应，致使多条沟道暴发泥石流。

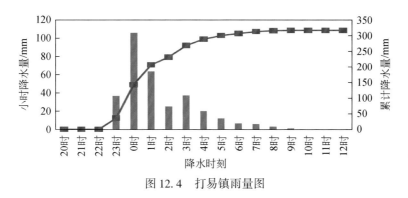

图12.4　打易镇雨量图

12.2　望谟县泥石流基本特征

12.2.1　泥石流启动机理

泥石流启动机理是泥石流研究的核心问题，也是泥石流灾害防治的理论基础，各国学者开始从泥石流起动方面展开了大量的工作。以望谟县典型泥石流为例简单论述三种泥石流启动机理。

1. 沟道启动型泥石流

沟道启动型泥石流是在暴雨作用下由于径流作用将覆盖在沟床上的沟道松散物质起动，主要表现为沟槽内的松散堆积物被掀动或遭受揭底，导致沟道固体物质起动并形成泥石流过程。

在望谟县泥石流调查中发现大多泥石流以沟道启动为主，启动方式主要有两种：一是暴雨径流作用使暴露在坡脚坡面的松散物质启动，形成泥石流；二是沟道中水流的快速集中，并强烈冲刷沟床中的松散固体物质，导致沟床物质启动形成泥石流。因此，松散固体物质是沟道启动的必要条件，降水是沟道启动型泥石流的主要触发因素。以余家沟泥石流（N3）和郭腾湾沟泥石流（N4）为例（图12.5、图12.6）。

郭腾湾沟泥石流于2011年6月5日23时暴发泥石流，5日22时开始降水，22时30分该沟有洪水流出，村民撤离，23时该沟有石块冲出，泥石流体冲出量0.6万 m^3，造成4户房屋受损，数亩田地被埋。

图 12.5　郭腾湾 1#支沟形成区　　　　　　　　图 12.6　余家沟形成区

　　郭腾湾沟泥石流形成区沟床坡度为 13°，沟道松散堆积物主要为红壤土和强风化的砂岩覆盖层，覆盖厚度为 0.6~1.6m，下部为基岩，岩性为砂岩。沟道窄、坡度大、松散覆盖物丰富、表面粗化层粒径小是这条沟的主要特点。在 6 月 5 日的强降水作用下，泥石流沟床上的松散土体在汇流水动力冲击作用下发生不同程度的变形，随着汇流水量的增多，导致松散物质的启动形成泥石流体。泥石流体在运动过程中，不断揭底沟道和切割坡脚得到沟床松散物质的补给从而造成郭腾湾沟深切割沟道的现象。余家湾沟和郭腾湾沟有着同样的特征（图 12.7）。

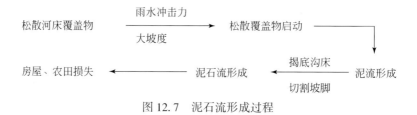

图 12.7　泥石流形成过程

2. 滑坡体形成泥石流

　　滑坡体形成泥石流是在很短时间内，由滑坡体的势能迅速转化为动能的一次性滑动（流动堆积），是坡体运动过程的两个阶段（先顺坡滑动而后转化为泥石流流动），因而滑坡型泥石流兼有滑坡和泥石流的特征。

　　波树滑坡泥石流（N8）2011 年 6 月 6 日凌晨 5 时许，新屯镇小米地村波树斜坡突然失稳破坏，约 4.0 万 m³的山体在前期降水的影响下突然快速下滑，随即破裂解体一部分堆于其下方，另一部分转化为碎屑流沿沟道冲出，造成 7 户房屋受损，数亩田地被埋（图 12.8、图 12.9）。

　　通过对该滑坡泥石流的调查，可以将其形成原因概括为如下三点。

　　（1）滑源区部位山体突出，表层覆盖有一定厚度的红壤土，下层为基岩。滑源区前部滑床坡度为 23°，后部滑床坡度为 31°，滑体前缘的临空条件较好，为滑源区坡体的失稳破坏提供了较好的地形地貌条件。

图 12.8　波树滑坡泥石流的滑源区

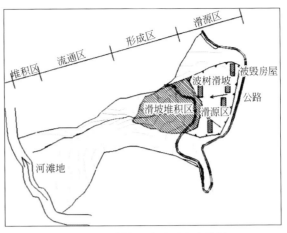

图 12.9　波树滑坡泥石流流域图

（2）坡滑源区主要出露于砂岩的斜坡上，且砂岩表面风化强烈，表层岩体较为松散破碎。更为重要的是，滑源区斜坡岩体内存在有利于岩体失稳破坏的滑动面-滑层与岩层平行-顺层滑坡，为滑坡的发生提供了基本条件。

（3）6 月 5~6 日，新屯镇连续遭遇强降水，累计 10h 降水量达 127.6mm。强降水诱发地表水渗入坡体的饱水效应和软化效应，直接诱发了滑坡的发生。从滑坡滞后于强降水过程7h 才发生的事实推测，雨水渗入结构面的软化效应可能发挥了至关重要的作用（图 12.10）。

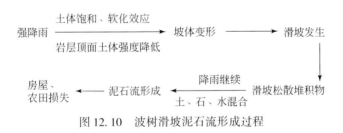

图 12.10　波树滑坡泥石流形成过程

3. 溃决型泥石流

溃决型泥石流是由滑坡、崩塌等形成的物质堵塞沟道形成堰塞坝最终溃决形成泥石流，具有成灾快和规模大等特征，其造成的灾害损失比一般的暴雨泥石流要严重得多。农家湾沟泥石流（N5）于 6 日凌晨 1 时泥石流体冲出沟道，暴发时间比距离其上游不到 1km的郭腾湾沟暴发时间晚了 2h 多。经调查，发现该沟两侧有多处滑坡，可能堵塞河道最终溃决后形成泥石流。

经调查降水使农家湾沟右岸引发了一处滑坡（图 12.11），为松散堆积物浅层滑坡，长 50m、宽 7m，平均厚度约 0.6m，最大厚度 1.5m 体积约 250m³，该滑坡堵断农家湾沟形成堰塞湖，还原到溃决前沟道，预测溃坝前堵塞坝长约 30m、宽约 3.0m、高约 2.5m，堰塞坝为松散堆积物，稳定性差，由于堰塞坝所在位置沟床纵坡较陡（17°），滑坡几乎将沟道完全填满，堵塞体上游边坡较缓，造成堰塞湖库容较小，所以很容易溃决。水漫坝后，对下游边坡、沟道造成局部冲刷，为泥石流提供了大量松散物质，小型堰塞体在山洪泥石流作用下溃决，加大了泥石流的规模。

图 12.11　滑坡堵塞沟道被冲后残留倒石堆

　　郭腾湾沟和农家湾沟的堵塞情况，地形地貌、岩性、覆盖物颗粒粒径等条件基本一致，但农家湾沟有滑坡，沟道严重堵塞，而郭腾湾内没有滑坡堵塞沟道，从而使得泥石流等冲刷沟道深度和冲刷断面都有较大的区别。6月6日，两地降水时间相同，但农家湾沟暴发泥石流的时间比郭腾湾沟晚2h，且农家湾沟泥石流造成较为严重的危害，这主要是由于滑坡堵溃。

12.2.2　望谟县泥石流特征

　　此次野外调查共详细调查了10条泥石流沟和打尖河，望谟县流域图如图12.12所示。

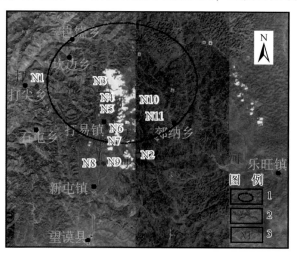

图 12.12　望谟县流域图
1. 泥石流主要暴发区域；2. 主河道；3. 调查的主要泥石流沟道

　　望谟县河流发育，沟道密集，属于高山河谷地形，小流域沟道较多，泥石流沟流域面积多在5km²内，本次调查的泥石流沟基本情况如表12.1所示。由于一般沟道流域面积小、坡度大、汇水快，区域内大型崩滑体较少，此次在强降水作用下形成的群发山洪、泥石流主要以沟道型泥石流为主，并集中在三条主河上游，部分沟道泥石流堆积物直接汇入主河，无明显堆积扇。

表 12.1　部分泥石流沟特征

沟道名称	类型	泥石流性质	规模	频率	危害对象	调查冲出方量/万 m³
波树沟	滑坡型	过渡性	中等	低	房屋、耕地、公路	1.2
小冲沟	沟谷型	稀性	小型	低	房屋、耕地、公路	0.8
余家湾沟	沟谷型	稀性	小型	低	房屋、公路	0.5
郭腾湾沟	沟谷型	稀性	小型	低	房屋、耕地、公路	0.1
农家湾沟	沟谷型	稀性	小型	低	公路	0.6
田坝沟	沟谷型	稀性	中等	低	房屋、耕地、公路	1.0
新寨沟	沟谷型	稀性	中等	低	耕地、公路	1.5
里拉沟	沟谷型	稀性	中等	低	房屋、公路	2.2
里暴沟	沟谷型	稀性	小型	低	房屋、公路	1.5

望谟县"6·6"特大山洪、泥石流灾害是中华人民共和国成立以来规模最大的泥石流灾害，三条主河的各个支沟几乎都暴发了泥石流。根据调查和当地村民描述，此次泥石流规模是在有记录的 60 年内发生的最大的一次，而群发性则是以前从未发生过的，据当地村民描述，大部分沟道 50 年内都未发生泥石流，属于典型的低频群发性泥石流。

2011 年 6 月 6 日望谟县暴发的泥石流主要分布在中北部山区，整个中部区域内三条主河两岸的绝大部分沟道冲出了大量固体物质，泥石流同时发生并呈全线暴发的特征，对河道两岸公路及基础设施造成严重破坏。

在强降水作用下，各个沟道流域内雨水迅速汇集，将沟道内的松散堆积物搬运至下游。由于雨量大，固体物质主要为沿程掏蚀物源，流域内并没有大型的滑坡或崩塌，调查的泥石流沟的沉积物大多呈稀性泥石流特征，泥石流从流通区至沟口出现明显的沉积分选，堆积物从沟口至进入主河粗化层粒径减小，堆积区块石直径一般较小，如郊纳乡油亭村田坝沟泥石流冲出方量约 1 万 m³，使沟口油亭村 6 户 27 人受灾，50 亩农田被毁，道路淤埋，幸无人员伤亡（图 12.13）。

图 12.13　田坝沟沟口沉积分选

　　此次"6·6"群发性山洪、泥石流灾害是典型的水动力沟蚀型稀性泥石流，在暴雨激发下，由山洪强烈侵蚀沟槽而成，粗颗粒固体物质来源主要是山体表层较厚的松散堆积物。由于形成区坡度大，沟道两侧坡度最大可超过60°，在降水影响下，雨水渗透表层松散堆积物，使土体稳定性变差，随着较大坡度往下游移动，首先形成小冲沟，雨水在汇流过程中逐渐揭底带走物源并冲击主沟床和两岸坡脚，两侧松散堆积物由于坡脚的掏蚀而逐渐崩落至沟道中，使沟道逐渐下蚀变宽，整个形成区普遍产生大量沟道揭底冲刷现象；在流通区，两侧边坡最大可超过60°，有大量小型崩滑体分布在沟道两侧，上游汇流不断冲刷沟道内松散堆积物并掏蚀两侧形成沿程补给，固体物质补给一直持续到沟口，使沟道形成大而深的"U"形或"V"形断面，类似于四川绵竹清平乡文家沟泥石流"拉槽"效应（图12.14），或者由于流通区坡度较缓淤埋沟内耕地并大大扩宽沟道，而流域内较好的植被并未有效保持水土，可见，在松散堆积物源丰富的情况下，即使具有良好的植被，泥石流仍然容易形成。

图12.14　农家湾沟流通区形成深槽

　　本次调查测得了部分泥石流沟流通区典型沟道断面，采用稀性泥石流计算公式计算稀性泥石流断面平均流速和洪峰流量：

$$V_c = \frac{1}{\sqrt{\gamma_H \cdot \phi + 1}} \cdot \frac{1}{n} \cdot R^{\frac{2}{3}} I^{\frac{1}{2}}$$

式中，V_c 为泥石流断面平均流速，m/s；ϕ 为泥石流泥砂修正系数，$\phi = \dfrac{\gamma_c - 1}{\gamma_H - \gamma_c}$；$\gamma_H$ 为泥石流固体颗粒密度，t/m³；R 为水力半径，m，一般可用平均泥石流泥位深（H）代替；I 为泥石流水力坡度，‰，一般可用沟床纵坡代替；$\dfrac{1}{n}$ 为清水河床糙率系数，查当地水文手册或查《铁路桥渡勘测设计规范》（TBJ17—86）。根据调查得到的各条沟道发生泥石流的历时，计算出泥石流一次冲出量，如表12.2所示。

表 12.2　泥石流流速流量计算表

泥石流沟	断面面积 /m²	湿周 (χ)	水力半径 (R)	坡度 /(°)	断面纵坡降 (S)	平均流速 (V_c)/ (m/s)	洪峰流量 (Q_c) /(m³/s)	一次冲出量 (Q) /万 m³
小冲沟	5.3	7.7	0.7	11	0.194	4.0	21	1.0
余家湾沟	3.2	5	0.6	6	0.105	3.6	12	0.5
郭腾湾沟	3	5.4	0.6	13	0.231	3.6	11	0.3
农家湾沟	3.5	5.5	0.6	17	0.306	4.0	14	0.7
田坝沟	7	9	0.8	7	0.123	4.0	28	1.3
新寨沟	9.3	9.2	1.0	6	0.105	4.5	42	2.0
里拉沟	9	9	1.0	10	0.176	4.7	43	2.0
里暴沟	9	11	0.8	9	0.158	4.2	38	1.8

计算得到的各个沟道泥石流冲出量与调查得到冲出量基本吻合，说明采用形态调查法计算的泥石流流量比较可靠。

望谟县泥石流暴发突然、流速快、历时短、破坏力极大，对当地人民的生产生活和生命财产造成了巨大的危害。经过对望谟县多处典型泥石流的综合分析，"6·6"典型泥石流灾害的特点如下。

（1）在空间上，泥石流暴发中心是 6 月 6 日暴雨的中心区，但泥石流危害区域不限于暴雨中心。6 月 4~6 日，望谟县暴雨中心以打易镇为中心向打尖乡、新屯乡、郊纳乡扩展。打易镇 1h 降水高达 105.9mm，10h 降水达 315.0 mm，成为泥石流暴发最严重的乡镇。望谟县、打尖乡及乐旺镇的降水量并不大，但也遭受了严重的山洪灾害，主要是由上游强降水引发山洪、泥石流，进而汇流主河呈现出稀性泥石流的特征，裹挟泥沙等导致洪水往下游流动过程中逐渐增强，进而使下游也遭受严重灾害。

（2）泥石流具有较为明显的龙头，遇阻碍爬高能力强，主要表现在主河弯道处。打尖河弯道处泥石流爬高最大达 4m。

（3）泥石流危害类型多样，巨石冲击破坏力强。泥石流沟口处，泥石流体携带的巨石直接冲击沟口房屋，打尖学校墙壁多处被巨石破坏；掏蚀和淤埋破坏并存。沟床松散物质启动的泥石流由于沟道内坡度大，泥石流流速大、直进性强，对流通区沟道两侧掏蚀严重，同时一部分泥石流体冲出沟道淤埋两侧的农田、建筑和基础设施等。

（4）大流域主河泥石流流通区弯道处冲淤变动明显，主要表现为凸岸淤积、凹岸冲刷。打尖河流域长 18km 的流域在弯道处有冲淤变动处达 11 处。打易镇下游望谟河流域弯道处冲淤变动也有数十处。

12.2.3　典型泥石流沟分析

12.2.3.1　波树泥石流

波树泥石流（N2）位于新屯镇小米地村波树，由于前期强降水作用使土体中含水量趋于饱和，在 6 月 6 日凌晨强降水停止后的早上 5 时左右，波树沟上游产生顺层滑坡，滑坡方量约 4 万 m³，造成 7 户居民房屋损坏及公路中断。滑坡体失稳沿滑移面迅速滑动并堆积在下方沟道内，形成的碎屑堆积体则在后期降水中由于降水产生的汇流不断侵蚀沟道内堆积的固体物质，形成的泥石流冲往下游，使滑坡堆积体形成深槽（图 12.15）。泥石流冲出方量约 1.2 万 m³，并对主河道产生了挤压作用，使主河道偏向对岸。堆积区泥石流堆积物呈混杂堆积，但也呈现一定程度的分选，粒径从沟口至河道下游逐渐变小，呈现一定程度的分选（图 12.16），由此确定形成的泥石流为过渡性泥石流。

图 12.15　波树沟滑坡及形成的深槽

图 12.16　波树泥石流堆积区

1. 波树泥石流沟道特征

波树泥石流沟原来仅为一条小水沟，滑坡发生后约 4 万 m³ 的坡积物滑入沟道及其两侧，使沟道上游覆盖了厚度约 3m 的松散堆积物，完全改变了沟道的基本特征。滑坡体堆积物下游沟道坡度较大，平均坡度约 12°，流通区中部有一跌水坎，泥石流体通过跌水坎后进入下游沟口汇入主河，使主河右岸淤高约 2m 厚，泥石流对主河产生了挤压作用，将河道逼至左岸。

2. 波树泥石流形成条件

波树泥石流形成是地形、物源和降水因素共同作用的结果。由于突然的滑坡使沟道上游产生巨大的物源，使该沟道的泥石流形成条件完全改变，提供大量的固体物质。同时，陡峻的地形有利于固体物质的迅速转移和搬运，在 6 月 6 日强降水过程中，该沟并未发生泥石流，而在滑坡发生后的后期一般性降水过程中则暴发了较大规模的泥石流，冲出方量达 1.2 万 m³，可见泥石流的形成条件在滑坡发生之后发生了巨大的变化，即沟道内由于物源的大量增大，一般性的降水也能形成泥石流。

3. 波树泥石流形成机理

波树泥石流主要是在前期强降水作用下产生了 4 万 m³ 的顺层滑坡堆积物堆积在沟道及两侧，提供了大量充足的物源，滑坡堆积体结构松散，含水量大，稳定性极差，并且大部分堆积在坡度相对较大的沟道两侧，在后期降水作用下固体物质大量进入沟道被带至下游形成泥石流。

4. 波树泥石流发展趋势

波树泥石流是典型的滑坡碎屑堆积物作为主要物源形成的泥石流，在 6 月 6 日强降水后的普通降水情况下发生泥石流，暴发泥石流所需雨量低，频率较高，但随着松散固体物质的不断减少，未来的泥石流规模将逐渐减小，属于衰退型的泥石流沟。该沟道暴发的泥石流并未堵塞主河，而后续暴发泥石流的规模可能变小、危险性可能降低。

12.2.3.2 新寨沟泥石流

1. 新寨沟泥石流沟道特征

新寨沟泥石流（N3）位于打易镇大湾村新寨组，为打易河上游主要支沟，之前沟口处底宽仅 3m 左右，此次 6 月 6 日暴雨作用下该沟暴发了稀性泥石流，泥石流在整个沟道内均以冲刷为主。在形成区，由于坡度较大，松散堆积物厚度约 1m，降水汇流在沟道内侵蚀使沟道下切至基岩，沟道主要以冲刷为主（图 12.17、图 12.18）。

图 12.17 新寨沟泥石流形成区沟道侵蚀　　图 12.18 新寨沟泥石流形成区坡度超过 60°

在流通区，泥石流对沟道产生揭底和侧蚀双重作用，使沟道下蚀同时变宽，形成

"U"形深槽，沟道断面比暴发泥石流前扩大数倍，流通区下游沟口处原宽度仅为3m，暴发泥石流后变宽至最大11m（图12.19）。在堆积区，泥石流出口处直接流入沟口公路下方陡坎进入打易河，并没有明显的堆积区（图12.20）。

图12.19　新寨沟泥石流流通区　　　　　　　图12.20　新寨沟泥石流沟口

2. 新寨沟泥石流形成条件

1）物源条件

通过对新寨沟的现场调查，沟道内有多条支沟，整个流域内植被较好，崩塌滑坡较少，但均覆盖较厚的松散堆积物，物源主要为流域内较厚的松散堆积物。在降水作用下，由于洪水或泥石流的掏蚀可以迅速带走沟道两侧的固体物质，成为物源的主要来源（图12.21）。

图12.21　新寨沟崩塌体及松散堆积物

2）地形条件

新寨沟泥石流内有多条支沟，流通区沟道坡度一般均大于10°，在形成区，沟道坡度可达60°以上。同时，两岸山坡坡度较陡，为泥石流的发生提供了良好的地形条件。

3）降水条件

整个望谟县降水主要集中在夏季，多年平均降水量为1265.7mm，年内降水分布不均匀，4～10 月集中了全年降水量的 83.01%，总降水量为 1051.6mm，11 月至次年 4 月仅占全年降水量的 16.99%，总降水量仅为 214.1mm。降水强度随季节变化而变化，夏秋雨季降水多而集中，降水强度大；冬春旱季降水量少，降水强度亦小。县内 ≥50mm 和 <100mm 的暴雨日数平均每年有 4 天，以 5～9 月出现最多；≥100mm 和 <200mm 的大暴雨平均 3～4 年一次。此次 6 月 6 日特大暴雨根据附近雨量站的记录最大 1h 降水量达到 117.5mm，是 1949 年有水文记录以来降水规模最大的一次，导致新寨沟暴发了较大规模的泥石流灾害。

3. 新寨沟泥石流形成机理

新寨沟泥石流物源主要来自流域内松散堆积物，并无大型的崩滑体。在强降水作用下，汇流对沟道及两岸坡脚产生强烈的冲刷作用，使沟道揭底、两岸严重掏蚀，大量物源崩落被带至下游，形成泥石流。整个物源的补给一直持续到沟口，属于典型的沟床启动型泥石流沟。

4. 新寨沟泥石流发展趋势

根据新寨沟的沟道特征可以得出，该沟现在具备泥石流暴发的物源、地形和降水条件，为典型的泥石流沟。根据实际调查访问，该沟在 6 月 6 日之前未发生过泥石流，仅暴发过洪水。此次是在特大暴雨诱发下形成的低频率泥石流。现沟道宽度比暴发泥石流前大大增加，过流断面加大，在同样规模的降水条件下沟道两侧的侵蚀和掏蚀将有所减弱，不利于泥石流的形成，因此，泥石流的活跃程度相比暴发前有所降低，但仍属于低频率的泥石流，在稀遇暴雨情况下仍将可能暴发泥石流。

12.2.3.3　田坝沟泥石流

1. 田坝沟泥石流沟道特征

田坝沟位于贵州省黔西南州望谟县东北部郊纳乡乡内，是邮亭河右侧的一条支沟。田坝沟流域面积约 1.34km²，主沟长 1.6km，沟口高程 985m，相对高差为 285m，平均纵坡降达到 178‰，沟口与邮亭河主河呈近直角交汇。主沟左侧一支沟在 1095m 处汇入，支沟汇水面积 0.23km²，长 0.4km，海拔为 1094～1210m，沟床平均纵坡降 287‰（王涛，2012）。

2. 田坝沟泥石流形成条件

1）物源条件

田坝沟流域内岩体节理裂隙发育，流域范围内岩体破碎，主要为第四系全新统坡洪积层（Q_4^{dl+pl}）、残坡积层（Q_4^{dl+el}）及泥盆系碳酸盐岩沉积；部分地区基岩裸露，松散堆积体上层是约 1m 厚的土层，下层是 2～4m 厚的泥砂岩混合堆积的松散岩体（图 12.22）。暴雨后洪水迅速揭底并掏蚀沟道两侧松散堆积物，沟道还源源不断接纳夹带土体的坡面径流，可见，沟道两侧坡积物是此次田坝沟泥石流暴发的主要物源；另外田坝沟地区人类活动频繁，村民到山上开挖沟渠饮水灌溉；沟道两侧，山坡都不同程度地被改造成农田，从沟口（高程 983m）到分水岭都分布有较大范围的耕地，导致土坡坡脚失稳，岩土体稳定性下降，在强降水的条件下形成滑塌，为泥石流暴发提供了次要物源。

图 12.22　沟道两侧物源

2）地形条件

田坝沟地质构造复杂，属于南岭东西复杂构造带西翼，褶皱地形发育，形成多处背斜和向斜。该地区后期地质构造受前期燕山运动的影响，使沟内地表大幅度抬升，原地表被强烈切割，形成中山-峡谷地貌，故沟谷多发育。田坝沟岸坡陡峻，沟道强烈下切，横断面多为"U"形，跌水陡坎较多；沟内汇水面积大，坡度陡，这些都为泥石流的形成提供了有利的地形和动力条件。

3）降水条件

田坝沟降水条件与新寨沟相同。田坝沟处在 6 月 6 日特大暴雨降水中心之一的郊纳乡，由于没有该区域的降水资料，参考附近郊纳乡的降水资料，从 6 月 5 日 20 时到 6 月 6 日 0 时 40 分，降水量达到 80.9mm，经实地调查，暴雨主要集中在 6 月 5 日 23 ~ 24 时，到后期呈逐渐减弱的趋势，因此，较高强度的降水是此次泥石流暴发的重要条件。

3. 田坝沟泥石流形成机理

田坝沟泥石流清水区位于支沟与主沟交汇处上游，沟谷狭窄，宽仅 3 ~ 5m，呈"U"字形，该沟段长约 0.3km，相对高差为 55m，平均纵坡降 183‰。清水区最上端有一处 20m×12m×2m 的顺层滑坡体，坡度为 20°，但崩滑体的方量不足以提供泥石流启动所需要的物源条件，故不属于顺层滑坡启动的泥石流。清水区内坡度较大，平均坡度为 25°，局部地方坡度达到了 60°，降水后，雨水迅速以坡面流形式汇聚于沟道中，并在陡峭的坡道中储存势能，巨大的水能揭底并卷走沟道底部松散堆积物，使节理裂隙发育的岩石在冲刷过程中发生错动被搬运至下游，此外，区内还分布有两处跌水陡坎，进一步为泥石流的暴发增加了动力条件。

从沟口堆积区后缘至主支沟交汇处为形成流通区，沟长约 1.1km，沟床高程为 1094 ~ 1215m，平均纵坡降为 109‰，区内沿程都有补给，根据调查，田坝沟之前仅仅是一条宽约 1m、深约 1m 呈梯形状的浅冲沟，泥石流暴发后，沟道被严重拓宽下切，沟道平均下切 2 ~ 3m（图 12.23），该区域内上游沟段沟底基岩裸露，堆积较少；下游沟段坡度明显减小，泥石流在此流速减缓，开始出现碎石、块石和砂砾石堆积现象，分选性良好，上部是块石碎石层，粒径从十厘米到 2m 不等，下部是一层粉砂土；块石磨圆度差，多现棱角；部分沟段内沟壁坡脚被掏蚀失稳，形成巨大的临空面，有再次发生崩滑现象的趋势。

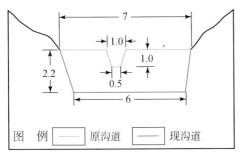 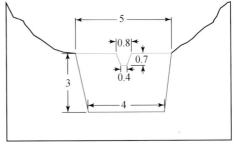

(a) 主沟形成流通区下段断面　　　　　(b) 主沟形成流通区上段断面

图 12.23　沟道内断面冲刷前后示意图（单位：m）

堆积区位于沟口与邮亭河交汇处（图 12.24），堆积扇前缘延伸至河道右侧，下覆为早期河漫滩地改造的农田，前缘部分长约 130m、宽约 100m，平均厚度为 0.5m，地势宽阔平坦，坡度仅 1°左右，为泥石流的停淤提供了有利的场所；后缘止于沟口村支书新建三层小楼上游 20m 处，长度为 200m、宽度为 30m，平均厚度为 0.6m，坡度为 5°，经估算，整个堆积扇淤积量为 1 万 m³，加上被洪水冲走的部分（约占堆积扇的 20%），整个泥石流冲出量为 1.2 万 m³。堆积扇呈现良好的分选性，后缘坡度较大，淤积物以粒径较大的块石为主，粒径为 30~200cm，中部为碎石，粒径为 1.40cm 左右，前缘受到地势和后期洪水影响，淤积物以细小角粒和砂土为主，粒径多小于 0.1cm。

泥石流暴发后，包括村支书家在内的 5 户人家住房由于正好处于沟口堆积区而被严重淤埋，最大预埋深度达到 2m；一户人家的住房被冲出的巨石击穿；村中通往郊纳乡的唯一公路也被部分淤埋，通信、电力等基础设施也不同程度的遭到破坏，给灾后救援造成了困难。

田坝沟泥石流堆积体呈现出石线构造、粒石支撑等特征（图 12.24、图 12.25），其分选性良好，上层为块石碎石层，下层为砂土层，大块石间并无砂土角粒夹杂现象，故判断此次田坝沟泥石流为一稀性泥石流。

图 12.24　沟口堆积区　　　　　　　　图 12.25　泥石流堆积特征

　　根据沟道内流通区测定的断面，采用形态调查法计算泥石流一次冲出量 $Q=KtQ_c$，经调查，此次泥石流历时约 30min，$t=1800s$。计算得到 $Q=13410m^3$，与实际调查的堆积扇淤积量和被洪水冲走量总和 1.2 万 m^3 基本一致。

　　4. 田坝沟泥石流发展趋势

　　经实地调查，田坝沟泥石流暴发后，淤积在沟道内的剩余堆积物在 5000m^3 左右，此外，在清水区还存在 2 万 m^3 左右的潜在滑坡体，由于清水区沟道坡度大且下切至基岩，表层堆积物与基岩形成软弱接触面，降水后，土体吸水饱和造成内聚力下降从而顺滑切面发生滑坡，不仅会为泥石流的暴发提供大量的物源，还可能堵塞狭窄的沟道而形成溃决型泥石流。在形成流通区，沟道下切剧烈，部分沟道下切深度达到 5m，沟道两侧坡积物临空面增大，遇到降水易发生滑塌，因此，在一定的降水条件下，田坝沟具备再次爆发泥石流的物源条件。

　　田坝沟泥石流形成流通区中下段沟床坡度较上段平缓，仅 8° 左右，泥石流冲出的一部分堆积物在此停滞不前而淤积；另外，"6·6"泥石流后田坝沟沟床拓宽，沟道下切，相比之前的沟道条件，需要很大的水力条件才能由沟床启动而形成泥石流，走访调查得知田坝沟此次降水为 20 世纪 60 年代以来最大一次降水，即 50 年一遇，如果要暴发泥石流，则需要规模更大的降水即百年一遇降水才能形成。

　　田坝沟沟口与主河邮亭河几乎呈直角交汇，但它是一条稀性泥石流沟，此外，沟口多为农田，地势宽阔平坦，有利于停淤；冲出的物体具有良好的分选性，前缘堆积物主要是砂土；再加上主河河道坡降小，河面宽阔，流速快，此次并没有发生堵河现象，即使再次暴发同等规模的泥石流，也不会发生堵河现象。实际调查田坝沟在近 100 年内未发生过泥石流，可见田坝沟是一条低频率泥石流沟，再加上百年一遇降水才可能再次暴发泥石流，因此相关防治措施应以避让为主，位于沟口堆积扇上的住户搬迁到公路左侧地势较高处。

12.3　望谟县泥石流危害

12.3.1　冲毁淤埋沟口房屋

　　望谟县泥石流在流动过程中对遇到的房屋建筑及基础设施产生直接冲击毁坏作用。由于流域内暴发的泥石流均为低频泥石流，隐蔽性强，当地村民并未意识到泥石流危害，普遍为了方便将房屋修建在沟口灾害危险区，甚至正对沟道，导致暴发泥石流时房屋直接被冲毁和淤埋，如里暴沟沟口处居民房屋正对沟口修建，原沟道仅从房屋墙角通过，暴发泥石流时导致房屋被完全冲毁（图 12.26）。

12.3.2　破坏场镇及基础设施

　　此次灾害受灾最严重的打易镇、新屯镇、望谟县城、打尖乡、乐旺镇分别在打易河、打尖河、乐旺河三个不同的小流域内，三条主河上游两岸支沟几乎都发生了泥石流，大量固体物质随泥石流进入河道使主河呈稀性泥石流特征，对河两岸的场镇造成严重破坏。打尖乡打尖河泥石流下游由于右岸的弯道超高，漫过打尖村防护堤并冲上了距河底 3.5m 的高坎，冲毁了学校教学楼（图 12.27），泥石流淤埋了教室及操场，最大淤埋厚度近 2m；乐旺河河道中大量块石、巨石被泥石流搬运至下游场镇，抬高河床，导致后续洪水直接漫过河堤，造成场镇严重的洪涝灾害；打易河从打易镇中部穿过，原河道仅从导流渠通过，泥石流体漫过导流渠冲击两岸房屋，造成场镇部分房屋被冲毁。

图 12.26　里暴沟泥石流

图 12.27　打尖河泥石流冲毁右岸学校

　　灾害链是指原生灾害及其引起的一种或多种次生灾害所形成的灾害系列。地质灾害链是指由成因上相似并呈线性分布的一系列地质灾害体组成的灾害链或者是由一系列在时间上有先后，在空间上彼此相依，在成因上相互关联、互为因果，呈连锁反应依次出现的几种地质灾害组成的灾害链（韩金良等，2007）。望谟县泥石流灾害也呈现灾害链作用。

　　从时空上看望谟县泥石流灾害由强降水引起，在降水作用下一方面引起沟道松散物质启动形成泥石流，另一方面导致土体强度降低发生浅层滑坡，提供物源或堵塞沟道，在水动力参与下启动滑源物或溃决进而形成泥石流。泥石流体汇入主河，沿河而下，冲刷路基，冲毁桥梁，危害人民生命财产。

　　从空间上看望谟县泥石流灾害主要发生在打易镇、打尖乡和郊纳乡所在的三条主河流域内，三条主河所在流域的上游源头均以打易镇为中心，即 6 月 6 日暴雨中心。山洪、泥石流灾害沿流域而下，冲刷路基、农田、民房设施等，一直危害处于流域内的打尖乡、乐旺镇和望谟县（图 12.28）。

　　望谟县内的三条主河均夹杂大量巨石，流量大，冲击破坏力强，对河道及两岸产生严重冲刷、掏蚀。同时主河弯道多、角度大，容易产生短时堵河溃决，加剧了对河道内桥梁、拦水坝及河边公路等基础设施的危害，大量泥石流体淤埋河道两岸低洼处，冲毁河道内水利设施，两岸公路及岸边建筑，致使包括县城在内的多个集镇遭灾，即暴雨诱发泥石流灾害，损毁流域内建筑和基础设施（图 12.29），同时，大量泥石流体汇入主河并抬高河床，致使后续的洪水漫过河道，直接冲击河边集镇，产生次生洪涝灾害。正是由于灾害链效应产生的后续危害才造成了主要降水区下游望谟县城、乐旺镇、打尖乡等地的重大损失。因此，在以后的灾害调查评估及城市规划发展中，需要充分考虑各类灾害所可能产生的次生灾害的影响。

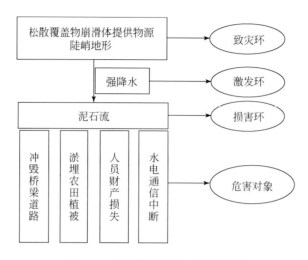

图 12.28　望谟县泥石流灾害链作用

图 12.29　公路路基掏蚀破坏

12.4　望谟县泥石流发展趋势

此次群发性大范围泥石流是有降水记录以来规模最大的一次，大量小流域沟道在此次稀遇暴雨作用下形成泥石流（李红莉，2019）。沟道内产生大量小型崩塌体，形成区揭底冲刷，两侧坡积物大量掏蚀形成陡壁，各沟道流通区对比发生泥石流前明显变宽，沟内弯道及坡度较缓处也产生大量块石淤积，流域内植被遭受部分破坏。由于沟道普遍变宽，今后在相同量级的暴雨作用下汇流对沟道两侧的冲刷将减小，不利于两侧松散固体物质的汇入，主要固体物质补给变少，因此，在相同降水条件下泥石流规模可能会有所减小，但在稀遇暴雨作用下仍然可能造成较大危害。

12.5　经验及教训

望谟县泥石流特征主要为以下几点：①低频率群发性泥石流，影响范围广、危害大。

②稀性泥石流，对各条沟道冲刷严重，在形成区冲刷沟道造成揭底；在流通区，主要为掏蚀两侧坡脚使沟道大大扩宽，流通区坡度较缓则产生淤积，淤埋沟道内耕地。③各条泥石流沟对沟口房屋和公路造成冲毁和淤埋破坏，泥石流汇入主河使主河呈稀性泥石流特征，对主河两岸水利和基础设施造成严重破坏，如沿河两岸公路路基掏蚀、河漫滩房屋及水坝冲毁。④较严重的次生灾害，大量的泥石流体涌入主河，并在河道中下游淤积，使河床抬高，后期洪水直接漫过沟道对下游场镇造成严重的洪涝灾害。

此次群发性泥石流导致了大量房屋的损毁，其中很大一部分是由于选址考虑不足，将房屋修建在泥石流沟沟口，甚至正对沟道，导致暴发泥石流时造成重大损失。场镇的发展则由于山区发展受限，大量建筑修建在河漫滩或一级阶地等地势低洼处，本次山洪泥石流灾害中大部分河漫滩处的建筑都受到了严重损毁甚至完全被冲毁不留痕迹，一级阶地上大部分建筑也遭受淤埋及后续洪水的浸泡。今后建设基础设施应充分考虑地质灾害的影响范围，避开泥石流等地质灾害危险区进行规划。

第13章 印江县岩口滑坡

1996年9月18日23时，位于贵州省印江土家族苗族自治县（印江县）城东面4.1km处的岩口河段，发生了岩体滑坡堵江事件（图13.1），约210万 m³的岩体从印江河左岸标高545～700m的斜坡上快冲入标高474m的河谷，约180万 m³的碎石块堆积于河谷筑成高51.4m，纵长420m天然堆石坝，阻断印江河和印江—松桃公路，形成的堰塞水库曾经淹没了上游朗溪镇（图13.2、图13.3）一个电站和三处提水站，死亡3人、失踪2人，直接经济损失达1.5亿元，引起了国内地质和环境工程有关方面的专家和科技工作者的高度重视。据贵州省水文局资料，岩口滑坡形成的堰塞水库，至1996年10月10日库容已达2620万 m³，预计到汛期水位将漫过坝顶，其库容量将达6000万 m³，一旦坝体溃决，洪水将以12～20m/s的速度冲向下游印江县城及沿岸数个乡镇，造成近6万人24亿元财产损失（黄润秋等，2008）。

图13.1 岩口滑坡全貌图

图13.2 岩滑坡形成的堰塞水库

图 13.3　被堰塞水库淹没过后的朗溪镇

　　岩口滑坡作为一种典型的"块体型"大型滑坡，通过再次对现场进行详细勘察，并运用更为先进的数值模拟分析软件，综合分析其形成破坏机制和运动学过程，进而为"块体型"这一类滑坡提供重要的参考和借鉴价值，具有重要意义。

13.1　研究区自然和地质环境条件

13.1.1　地形地貌与地层岩性

　　滑源区的总体地形呈 NE 向展布的长棱柱体，坡体主要由三叠系夜郎组玉龙山段（T_1y^2）厚层灰岩和沙堡湾段（T_1y^1）薄层泥页岩组成。岩口滑坡一带岩层倾向为 110°，倾角在 30°左右，与坡向呈 35°交角，斜坡倾向近 NE。坡面由百余米高的陡崖与斜坡相结合，组成倾向河谷的多级阶梯地形（图 13.4），坡面坡角一般为 22°～50°，局部可达 57°，印江河床南岸 T_1y^1—T_1y^2 岩体被侵蚀切割，形成高达 30 余米，以 T_1y^1 泥页岩等软弱层为底面，上覆 T_1y^2 厚度很大的灰岩体临空面，临空高度达 30～40m。同时坡脚采石场向山体内的 T_1y^2 灰岩体开挖采石，从原公路向 250°方向采掘纵深达 60m，使 T_1y^2 下部岩体也形成 30～40m 高的陡崖临空面。坡体南侧 T_1y^2 灰岩被一条近 EW 向的构造大裂隙切割，使之与母岩体分离开来，同时为地表水下渗至底部 T_1y^1 泥页岩层面提供通道（刘朋辉等，2007）。

　　根据南侧陡壁上的钙华厚度和滑坡后缘壁上残留的一块未下滑的岩体与母岩体之间接触的裂缝宽度，可推知 EW 向大裂隙的宽度在 10cm 以上。斜坡北西侧有一条侵蚀小沟，切割了 T_1y^1—T_1y^2 岩体，达到下部二叠系坚硬的长兴组中厚层灰岩及燧石灰岩，沟中主要为坡残积物。

13.1.2　地质构造及地震

　　岩口滑坡所处的大地构造位置是扬子准地台黔北台隆遵义断拱凤冈 NNE 向构造变形

图 13.4　多级阶梯型地貌

区，并且处于贵州安龙–印江一带以 NE—NEE 向断裂为主的活动构造带上。区域构造主体由石先阡枢纽断层、思南–印江断裂带、四季岭背斜、谯家铺向斜、石阡背斜、郎溪向斜等构成。褶皱多为长条状，具背斜窄、向斜宽的特点，背斜核部常被断层破坏，方向多为 NNE 向，构造线总体呈 N20°~30°E 方向，NNE 向褶曲和断层具 S 形弯曲。

滑坡区构造迹线与区域构造迹线一致，呈 NNE 向展布。岩口滑坡位于郎溪向斜 NW 翼，其向斜轴沿 N30°E 展布。地层自核部向两翼分别由中三叠统巴东组（T_2bd）泥页岩、泥灰岩，下三叠统茅草铺组（T_1m）灰岩，夜郎组九级滩段（T_1y^3）页岩，玉龙山段（T_1y^2）灰岩，沙堡弯段（T_1y^1）黏土页岩、泥岩、泥灰岩，二叠系长兴组（P_2c）、吴家坪组（P_2w）含燧石结核团块灰岩等组成（黄润秋等，2008）。岩口滑坡即发生于 T_1y^2、T_1y^1 中（图 13.5）。

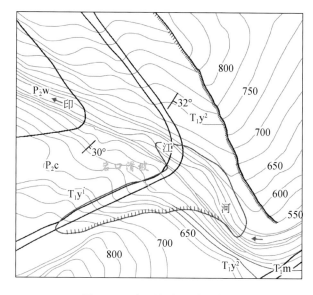

图 13.5　岩口滑坡地质示意图

据调查，岩口一带岩层产状大致为 N27°E/SE∠30°，受构造影响走向 N80°~90°W、倾向 NE、倾角 65°~85°的一组剪切构造裂隙十分发育，由于卸荷和地下水作用，裂隙已经张开 2~15cm。另一组走向 N20°E、倾向 NW、倾角 70°的剪切节理较发育，规模较小，上两组裂隙在纵向和垂向延伸良好，是大气降水补给地下水的良好通道。岩口滑坡一带岩层倾向与坡向呈 35°交角，百余米高的陡崖与斜面结合，组成倾向河谷的多级阶梯（邓辉和黄润秋，1999）。

研究区内地震较弱，距岩口滑坡发生时间最近的是 1996 年 8 月 8 日凌晨 5 时 25 分最大震级 2.8 级的地震，该震区距印江岩口滑坡约 37.5km，对岩口滑坡影响微小（苏海元，2013）。

13.1.3　岩体结构

岩体结构控制着岩体变形破坏的基本特征，故研究岩体中的结构面的规模、空间分布及其组合特征和结构面的强度等，对评价边坡岩体稳定性有着十分重要的意义。根据岩口地区的具体结构特征，重点研究岩口地区的岩层特性及裂隙特征。

滑源区的地质结构非常简单，由一套中等倾坡内沉积岩层组成，总体产状为 N20°E/SE∠26°~30°，如图 13.6 所示。由 I-I′剖面图可知，其总体上表现为典型的由上硬下软两个地质单元组成的双层结构。上部地质单元由下三叠统夜郎组玉龙山段（T_1y^2）灰岩组成，该段岩体强度较高。下部地质单元由沙堡湾段（T_1y^1）黏土页岩、泥灰岩的软弱层组成。滑源区物质分布于上二叠统长兴组（P_2c）坚硬的灰岩和燧石灰岩之上。

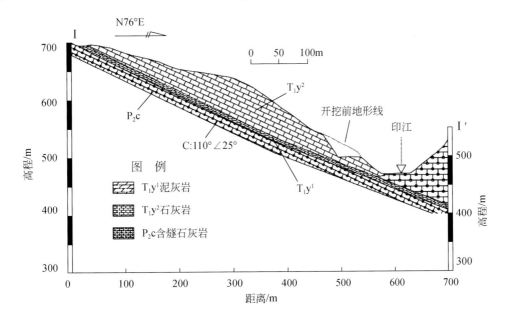

图 13.6　滑源区斜坡 I-I′剖面地质结构示意图

　　玉龙山段（T_1y^2）为浅灰色中厚-厚层状微晶灰岩间夹薄-中厚层细晶灰岩，黄色页岩，下部缝合线构造发育，顶部为一层泥晶鲕粒灰岩，中厚层灰岩单层厚 10~30cm，厚层灰岩单层厚 0.5~1.5m，总厚度约 294m。该地层总体强度较高，新鲜灰岩岩样抗压强度最大可达 157.2MPa，是主滑体、侧壁岩体及危岩体的主要组成岩层。滑坡附近光面层面产状为 N26°（图 13.7），T_1y^2 岩体除层面外还发育三组裂隙（图 13.8），做出节理走向玫瑰花图和极点等密图，如图 13.9 所示。可见，T_1y^2 岩体总体裂隙发育的优势方位组为 NEE、NNW 及 NWW 向，①N77°（E/NW∠73°），裂面较平直、粗糙、闭合、张节理，间距为 20~50cm，充填有钙膜和次生夹泥，此类裂隙最为发育，与岩口滑坡南侧陡壁同属一组；②N20°（W/SW∠70°），裂面平直较粗糙、闭合、张节理，间距为 30~80cm，泥膜充填或未充填，裂隙规模较小；③N80°（W/NE∠70°~80°），裂面较平直，局部呈波状，粗糙、闭合至半张开，间距为 0.5~1.5m，充填有钙膜或泥膜，裂隙较发育。

图 13.7　滑坡附近光面岩层

图 13.8　T_1y^2 岩体发育裂隙

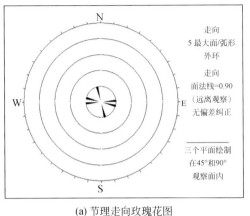

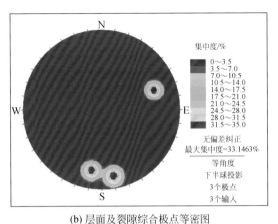

(a) 节理走向玫瑰花图　　　　　　　　(b) 层面及裂隙综合极点等密图

图 13.9　节理走向玫瑰花图和极点等密图

　　滑带主体发育于下部地质单元沙堡湾段，因此，对组成该段的泥灰岩进行岩土矿化实验，其结果见表 13.1 和表 13.2。

表 13.1　T_1y^1 段岩矿鉴定表

序号	野外定名	矿物成分	定名
I	泥岩	主要矿物为方解石，泥晶结构，少量呈自形粉晶，粒径约 0.0087mm，星散分布于泥晶方解石中。次要矿物为泥质，泥质结构由黏土质组成，隐晶结构含量为 25%~30%。另外，含有少量的白云石，小于 5%	泥质灰岩
II	泥灰岩	主要矿物为方解石，泥粉晶结构，他形粒状。其次为自形菱面体白云石，粉晶状，晶粒为 0.0225~0.03mm。白云石与方解石间多为泥质充填，部分镶嵌接触。泥质含量约为 10%	含泥质、白云质泥粉晶灰岩

表 13.2　T_1y^1 段岩石化学分析表　　　　　　　（单位:%）

序号	含量					
	烧失量	SiO_2	Fe_2O_3	Al_2O_3	CaO	MgO
I	20.40	35.51	4.95	8.95	22.53	2.69
II	25.00	30.44	3.26	9.54	21.50	7.05

　　从表 13.1、表 13.2 中可以看出，沙堡湾段（T_1y^1）的泥灰岩、泥页岩结构致密，为泥晶、泥粉晶结构，矿物颗粒之间充填有大量泥质，孔隙相对较小，在岩体中起隔水层的作用，而岩石中的碳酸盐矿物遇水易溶解，使岩石发生泥化软化，降低岩体强度，为滑动面的形成提供了良好条件。

13.1.4　岩体力学性状

工程地质主要根据岩体的岩性特征、岩体结构及宏观力学特性来划分。据此，滑源区岩土体可划分为以下三种主要工程地质岩组类型（黄润秋等，2002）。

（1）中厚-厚层状灰岩工程地质岩组（T_1y^2灰岩组）。此岩组主要是指T_1y^2中厚-厚层状灰岩。底部间夹薄层状泥灰岩及钙质页岩组成滑体的主要岩体，强度较高，厚度大，发育有三组贯通性较好的裂隙。

（2）薄层状黏土页岩、泥岩、泥灰岩工程地质岩组（T_1y^1页岩、泥灰岩组）。此岩组是指T_1y^1段的薄层状地层。组成滑体的底部物质，孕育着潜在滑动面，总体强度较低，遇水易被软化，属软弱层，其中未风化的泥灰岩强度较好，控制着滑动面"锁固段"的形成及变形破坏，在斜坡变形及滑坡形成过程中起着控制性作用。

（3）厚层状坚硬的灰岩、燧石灰岩工程地质岩组（P_2c灰岩组）。主要指P_2c厚层状灰岩、燧石灰岩。该岩层厚度大、强度高，裂隙不太发育，为滑体物质运动提供了坚硬的滑床。

本次试验采用岩石单轴抗压和三轴压缩试验得出岩石天然和饱水力学参数。

1. T_1y^2灰岩组

T_1y^2灰岩组的单轴压缩变形曲线如图 13.10 所示。可知，岩样具有一定的裂隙闭合变形，而弹性变形阶段明显。峰值前后均无明显的塑性变形，破坏表现为突发性的脆性破坏特征。

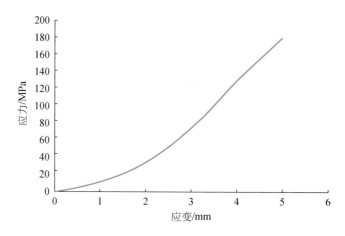

图 13.10　T_1y^2灰岩组的单轴压缩变形曲线

T_1y^2灰岩组的弹性模量平均达 6.74 万 MPa，泊松比约为 0.29，自然干抗压强度为104.83MPa，饱和抗压强度为 82.95MPa。

T_1y^2灰岩组在刚性压力机上实验得到的不同围压下的三轴应力-应变全过程曲线如图 13.11 所示。由各条曲线可知，T_1y^2灰岩组的弹性变形阶段十分明显，塑性变形不明显，在低围压下几乎见不到塑性变形，当岩石达到峰值强度后，产生脆性破坏，破坏时，表现出较大的应力降。根据试验结果，得出其抗剪强度指标：峰值强度（内聚力）c_p = 27.5MPa（φ_p = 48.3°）；残余强度 c_r = 3.4MPa（φ_r = 48.2°）。

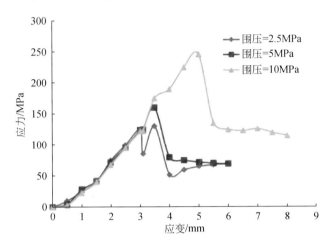

图 13.11　T_1y^2 灰岩组应力–应变全过程曲线

2. T_1y^1 页岩、泥灰岩组

T_1y^1 页岩、泥灰岩组由强度较低的黏土页岩、泥岩和强度较高泥灰岩互层组成，其力学特征较复杂。新鲜泥灰岩单轴压缩变形曲线如图 13.12 所示。可见，泥灰岩的应力–应变关系和 T_1y^2 灰岩组的应力–应变关系相似，都表现出较好的弹性变形阶段，脆性破坏黏土页岩、泥岩的弹模和抗压强度都较低，弹模平均仅为 2.045 万 MPa，平均抗压强度为 25.65MPa，泊松比为 0.26，而吸水率相对较高，在地下水充足的情况下，黏土页岩、泥岩极易被溶蚀成强度极低的可塑状黏土，它的存在是沙堡湾段 T_1y^1 岩层之所以构成滑动面的决定性因素。新鲜泥灰岩的强度较高，其抗压强度可达 60MPa，但是在饱水或风化状态下，其强度又较低，最低仅为 9.6MPa。由于采样较少且试验指标残缺不全，故试验值很分散，相差较大。

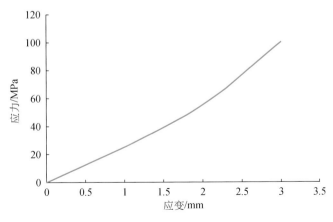

图 13.12　新鲜泥灰岩单轴压缩变形曲线

新鲜泥灰岩在不同围压下的三轴应力–应变全过程曲线如图 13.13 所示，可以看出，新鲜泥灰岩的三轴变形特征也和 T_1y^2 灰岩组的三轴变形特征相似，显示出很好的线形变形阶段和脆性破坏。根据试验结果求出泥灰岩的抗剪强度参数：峰值强度（内聚力）c_p = 14.7MPa（φ_p = 59.7°）；残余强度 c_r = 1.7MPa（φ_r = 57°）。

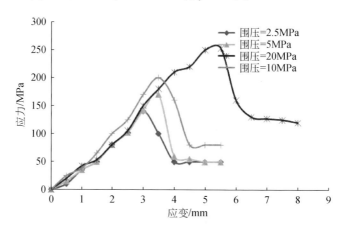

图 13.13　新鲜泥灰岩三轴应力–应变全过程曲线

13.1.5　水文地质条件

滑坡区的水文地质条件和区域水文地质条件相似，含水岩组为碳酸盐岩溶含水岩组，为玉龙山段的灰岩地层，沙堡弯段的黏土页岩、泥岩构成相对隔水岩组。地下水类型为碳酸盐岩类岩溶水。滑区内未见有泉水出露，岩溶水主要靠大气降水补给，在玉龙山段灰岩的管道和裂隙中运移，然后下渗至 T_1y^1 黏土页岩、泥岩、泥灰岩层面。

大气降水沿高倾角的张裂隙下渗后沿 T_1y^1 泥页岩面向河床呈片状分散排泄，一方面对滑体产生较大的静水压力和动水压力，另一方面导致 T_1y^1 岩层软化成为易滑动的软弱结构面，T_1y^2 灰岩岩体由于底面摩擦系数骤然降低，失稳后极易沿 T_1y^1 岩层面下滑。

13.1.6　人类工程活动

人类工程活动影响是滑坡形成的主要原因，采石场向山体内的 T_1y^2 灰岩体开挖采石，从原公路向 250° 方向采掘纵深达 60m，使 T_1y^2 下部岩体形成 30～40m 高的陡崖临空面。由于采石场正好处在斜坡变形体的锁固段，开挖采石对斜坡的变形破坏起到两方面的作用：一方面大量采石削弱了锁固段 T_1y^2 灰岩层的厚度，在采石场内边界甚至已经接近下部的 T_1y^1 泥页岩软弱层，大大地降低了锁固段的抗剪断强度，开挖爆破不仅要产生新的裂隙或裂纹，而且还会扩展原有的裂隙，使锁固段岩体的强度降低，从而使锁固段的总体强度降低；另一方面由于在坡脚采石，使斜坡体内产生应力重分布和应力集中，从而使坡内应力场更有利于斜坡的变形破坏。滑坡下滑三个月前，在坡脚沿原公路排水沟出现近 EW 向的一系列鼓胀裂缝就是最好的证据。

13.2 岩口滑坡基本特征

13.2.1 滑坡区整体形态及结构特征

1. 总体形态特征

根据地表工程地质测绘，岩口滑坡的平面形态特征如图 13.14 所示。根据其形成特征和物质堆积特征可分为滑坡堆积体和滑坡残留体。堆积体主要指主滑体下滑至河床中的那一部分物质，残留体主要指滑坡形成后，在原滑床上还残留的碎石块和坡残积物。

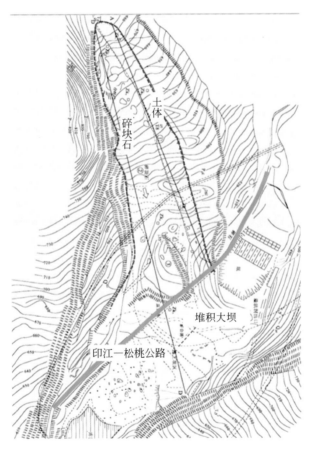

图 13.14　岩口滑坡平面形态示意图（单位：m）

2. 滑坡堆积体形态及结构特征

滑坡堆积体形态如图 13.15 所示，主要为原变形斜坡岩体的组成物质。滑坡发生时，滑坡体急剧下滑，冲入河谷，与河床发生强烈碰撞，在河谷中形成高 51.4m（距最低点），纵长 420m 的天然堆石坝，阻断印江河和印江—松桃公路，形成堰塞水库。根据地表调查和 7 号钻孔勘察，坝体主要由大小不等的碎石块组成。在河谷左岸为一形似"军舰"的巨型岩体斜插在河谷中，此岩体为主滑体在下滑过程中未解体的玉龙山段（T_1y^2）的厚层灰岩，基本上还保持着原岩体的层状特征，能清楚地看见黏附有黄褐色次生夹泥的节理面，为研究原岩体结构提供了依据。在河谷右岸可明显见到滑坡体下滑后爬到对岸的爬高线，其高程在 560m 左右。爬高线以下岩层表面呈灰白色，以上呈深灰色，爬高线以下 T_1y^2 灰岩上黏附有泥质夹碎石，局部可见河床中被推过来的砾石，并可见新鲜的撞击坑和断口。大多数灰岩棱角被撞断，使之次棱角化。

图 13.15　岩口滑坡堆积体形态

3. 滑坡残留体形态及结构特征

根据野外勘探调查，滑坡形成以后，在原滑床上还存在总方量约 42.22 万 m^3 的残留体，平面上呈长喇叭状。前缘宽 120m，后缘宽 30m，从岸坡边 545m 高程，一直堆积至 700m 高程，纵长 434m。据勘察资料表明，残留体的物质组成分布较明显地受滑坡形成控制，主要由滑坡体本身残留的碎块石和后期右侧陡壁崩落的碎块石及斜坡残坡积物三者构成，前两者主要集中分布于滑床南侧（靠陡壁一侧），称碎块石残留体，后者仍保留在原斜坡坡面上，位于滑床北侧，称土体残留体，两者可由一条中央沟谷明显地分开（图 13.16）。

1）碎块石残留体

碎块石残留体总体呈上窄下宽的长条形，长约 430m，前缘宽 70m、后缘宽 20m，从后缘至前缘厚度逐渐增加，最薄处为 1.5m，最厚处达 25m。主要由 T_1y^2（中上部夹 T_1y^1 泥灰岩）灰岩的巨大块石、块石及碎石堆积而成，块石之间相互嵌合，局部架空或空隙被碎石充填，下伏滑床上仍保留有 T_1y^1 滑带物质。巨大块石分布在上部，为 T_1y^2 灰白色中厚层灰岩，大小不等，最大约 20m×10m×10m，小者数米见方，它们基本上向同一个方向作定向排列，虽然块石之间已经解体，但总体上仍保持原来固有的层序，表面局部见黄褐色次生夹泥或浅黄色钙华、钙膜。巨大块石在向下蠕滑约 20m 后逐渐趋于稳定。中等大小的块石表面一般都附有一层黄褐色的次生夹泥，夹泥大多呈蜂窝状分布。根据监测资料判断，该部分残留体的变形仅表现为表层压缩、倾倒变形，其坡面逐步趋于与原始坡面一致，底部并未产生滑移。

图 13.16　岩口滑坡残留体形态

2）土体残留体

土体残留体主要以斜坡上保持原天然状态的残坡积黏土夹少量块石为主，泥质大约占 80%，在与碎块石残留体交界附近及前缘地带覆盖一层 1~2m 的松散黏土夹碎石，并呈垄脊状，前缘宽 52m、后缘宽 20m，上部土体较薄，1~3m，中部土体较厚，3~6m，下部最厚可达 17m，总体积约 4.7 万 m^3。其后缘形成多条弧形拉张裂隙，宽 0.1~0.4m，延伸长度可达 20 余米，并呈多级台阶错落，错落高度为 0.5~3m，可见深度 1m 以上。左侧缘上部剪切裂缝十分发育，其中一条沿滑动方向延伸的剪裂缝长达 200m，最大错落高度达 1m。左侧边界下部为一高 1~2m 的"翻边埂"，为主滑体快速下滑时上翻边界附近的坡残积物所致。野外现场调查结果表明，土体残留体本身并不稳定，特别是冬季降雪季节和夏秋季的暴雨季节，在地下水的作用下变形运动尤为明显。例如，在 1996 年冬季的一次大雪中，此残留体（特别是靠近下游侧主要由坡残积土构成的部分）发生了数米（后缘可达数十米）的蠕滑变形，严重错断了新修的用于勘察施工的公路（水平错距可达 5m 以上）。

13.2.2　滑带物质组成及结构特征

1. 滑动面的基本形态特征

由于滑动面被滑坡残留体物质所覆盖，故滑动面形态主要靠勘探手段揭露。根据各钻探及浅井资料确定滑动面形态总体形态呈"长匙形"，分为前、中、后三个部分：后部长400m左右，倾角约为30°；中部长约150m，倾角约为18°；前部为长约60m近弧形的切层段。

2. 滑动面的物质组成及结构

滑动面（带）中的黏土矿物含水率达35%以上，饱和度大于90%，其抗剪强度极低：峰值内摩擦角为$\varphi_p=6°\sim8°$，峰值内聚力为$c_p=14\sim16$kPa；残余内摩擦角为$\varphi_r=5°\sim6°$，残余内聚力为$c_r=10$kPa，在滑动面（带）中起"润滑剂"作用。滑动面（带）中的泥灰岩碎块的抗剪强度也较低，其光面摩擦试验的内摩擦角$\varphi=33°$，内聚力$c=0$kPa。滑带土矿物成分比例如图13.17所示。

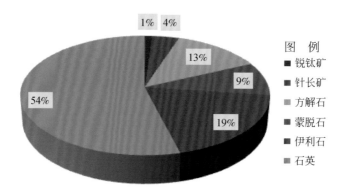

图13.17　矿物成分比例表

滑动面（带）下部弧切层段主要由T_1y^1未被地下水软化的薄层状黏土页岩及泥灰岩和部分T_1y^2岩体组成，其强度较大，在滑动面（带）上起着"锁固段"的作用。

13.2.3　滑坡运动学特征

岩口滑坡为一大型高势能剧冲式高速滑坡，具有滑坡启动迅速、启动后快速加速、在高速滑动中突然受阻强力撞击河谷和对岸山体后减速停止等运动特征。其证据主要表现在以下五个方面。

1. 堆积体停留的位置

岩口滑坡虽然在滑床上还残存有约42.22m³的残留体，由勘察资料可知，残留体的物质主要为后缘的坡残积物受主滑体牵引下滑和后缘侧壁上的残留体在失去支撑后下坠在滑床而组成，而原斜坡上主滑体物质已绝大多数下滑至河谷中。根据原斜坡后部 T_1y^2 的灰岩下滑至原采石场附近形成"军舰石"（图 13.18），可推知总滑距约 350m。上述事实表明，滑体在下滑过程中，曾具有很高的滑动速度，即具有巨大的动能，只有这样，总方量为 260 万 m^3 的滑体才能在前缘空间不太开阔的情况下，在滑床上运动较大的距离，将滑体物质带进河谷。

图 13.18　军舰石

2. 堆积物特征

滑坡发生后，在河谷中形成的天然堆石坝（图 13.19），阻断了印江河，形成的堰塞水库的水位高程曾达到 510.80m，库水深 36.80m。并且，天然堆石坝物质非常密实且强度较高，能很好地抵抗库水推力和渗透力，说明堆石坝物质在河谷中受到强烈撞击，被主滑体在印江河左岸形成的"军舰石"快速撞击"夯实"。

图 13.19　滑坡体形成堆石坝

3. 河谷对岸的"爬高线"

在岩口滑坡右岸，可清晰看到一条高程约 560m 的"爬高线"。主要为滑坡前缘的物质在滑坡下滑过程中被高速飞铲至对岸，其中含有河床中的沙、砾石及原公路上的物质，在岸壁岩石上见撞击痕迹（撞击坑和灰岩的棱角被撞断）。

4. 滑体南侧陡壁上留下的高速滑动的遗迹

在陡壁上多处可见撞击坑、"啃槽"及与滑动方向一致的擦痕（图 13.20），在擦痕上可见被磨碎的白色岩粉。另外在陡壁上悬挂着的危岩体是由于滑体高速下滑时，撕裂母岩体而形成的。

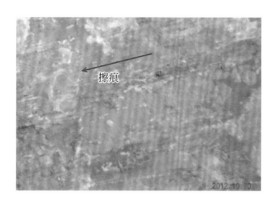

图 13.20　陡壁擦痕

5. 滑坡北侧的"翻边坎"

滑坡形成后，在滑坡的北侧缘见一高 1~2m 的"翻边坎"，是高速滑动的滑体推挤、翻卷起北侧滑道上的坡残积土而形成的（南侧为陡壁）。

13.3　岩口滑坡成因机制分析

13.3.1　滑动面贯穿成因分析

滑动面主要发育在沙堡湾段（T_1y^1）中，而组成沙堡湾段（T_1y^1）的黏土页岩和泥灰岩遇水易软化。位于滑源区南侧构造裂隙、北西侧的侵蚀冲沟及斜坡岩体上发育的三组裂隙为地表水的下渗提供了有利的通道。由于沙堡湾段的黏土页岩及泥灰岩是一层相对隔水层，当地表水沿裂隙渗透过 T_1y^2 岩体进入底面的沙堡湾段时，地下水开始呈片状分散向河谷方向渗透，从而侵蚀黏土页岩和泥灰岩。由于印江是一个降水非常充沛的地区，能保持地下水对软弱面的长期作用，随着时间的推移，在沙堡湾段地层中从上至下逐渐形成一个平行于岩层面的软弱面，其倾角大于其内摩擦角，发展成为潜在滑动面。在滑坡发生之前，此软弱面还未构成一个理想的"贯通面"，其下部还存在一段未被地下水完全软化的岩层，表现出很好的完整性、连续性和较高的强度，起着"锁固段"的作用，它承担了上部坡体沿潜在滑动面传递下来的大部分推力，因此，其本身就成为坡体的应力集中部位。在坡体形成后的漫长时间，潜在滑动面的抗剪强度不断被削弱，应力进一步向"锁固段"发生转移，加剧"锁固段"岩体的应力集中效应。

坡脚"锁固段"附近的开挖采石，削弱了锁固段 T_1y^2 灰岩层的厚度，同时扰动也大大降低了锁固段的抗剪断强度，使其无法承受上部坡体传来的荷载，坡体向下发生变形，前缘产生隆起。同时斜坡体内发生应力重分布和应力集中，使坡内应力场更有利于斜坡的变形破坏，加速滑动面的贯通。

1996 年 9 月 18 日晚的高强度短时暴雨及其所导致的动水压力对"锁固段"的突然加载，使"锁固段"彻底破坏，从而使滑动面完全贯通，滑体开始启动下滑。

13.3.2　滑动过程分析

根据滑坡的基本特征及现场调查，可将滑坡运动过程划分为三个阶段：①滑坡突然启动阶段；②高势能转化为动能的加速运动阶段；③突然受阻减速阶段。

岩口滑坡发生前夕，整个斜坡岩体已经处在极限平衡状态，滑动面抗剪强度急剧降低，坡体荷载通过潜在滑动面向下部"锁固段"岩体转移使其产生应力集中，同时在此处储集了大量的弹性应变能，当高强度的暴雨及其所导致的水压力对"锁固段"突然加载时，"锁固段"岩体发生脆性破坏，弹性应变能突然释放，滑动面全面贯通，锁固段抗剪能力突降，滑体突然启动，沿滑面快速下滑。在滑动过程中，滑体的势能转化为动能，滑速不断加快，快速冲入河谷，铲掉河谷中部分沙、砾石，再冲到河谷对岸，剧烈撞击岸壁并爬高约 80m。与此同时，更大方量的滑体块碎石也不断解体并高速冲入河谷，因受河床阻挠而突然减速停下，滑体后部一大块来不及解体的 T_1y^2 灰岩体高速冲入河床，夯实河床中已有堆积物后突然减速，形成"军舰石"。

13.3.3　岩口滑坡成因机制综合分析

综上分析，对岩口斜坡变形破坏机制及滑坡形成过程抽象出如图 13.21 所示的概念模型。这一概念模型的基本要点如下。

1. 斜坡变形破坏的物质基础

岩口斜坡物质组成宏观上具有上硬下软的双层结构特征，上层为玉龙山段的中层–厚层灰岩组成的相对坚硬层；下层为沙堡湾段的黏土页岩、泥岩和泥灰岩组成的软弱基座。上层灰岩岩体结构相对较简单，主要灰岩岩层被 NWW、NEE 和 NNW 向三组裂隙切割而组成，块体大小一般为 0.5m×1m×1.5m。下层的黏土页岩、泥岩和泥灰岩在长期的地下水作用下溶蚀软化，构成平行于岩层面的潜在滑动面。

2. 滑坡发生的原因分析

（1）有利于滑坡发生的地形地貌特征：滑源区坡体呈近 EW 向展布的长棱柱体，南侧被一条构造性大裂隙所切割，与母岩体分离；北西侧被侵蚀冲沟所切割；南东侧为印江河侵蚀下切所形成的陡崖。坡体成为四周临空的孤立体，仅靠底面的沙堡湾段地层所支撑。

（2）有利于滑坡发生的水文地质条件：印江地区的降水充沛，大气降水沿高倾角的张

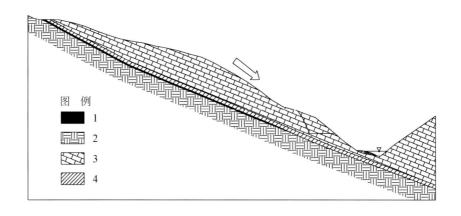

图 13.21　斜坡变形破坏机制及滑坡形成过程概念模型

1. 受地下水侵蚀软弱带；2. P_2c 燧石灰岩、灰岩；3. T_1y^2灰岩；4. T_1y^1黏土页岩、泥岩和泥灰岩

裂隙下渗后沿沙堡湾段岩层向河床方向呈片状分散排泄，导致沙堡湾段泥灰岩不断软化泥化为易滑动的软弱结构面。

（3）人类工程活动的破坏作用：采石场的开挖采石一方面削弱了锁固段 T_1y^2 灰岩层的厚度，大大降低了锁固段岩体的强度；另一方面开挖也使斜坡内应力重分配，在锁骨段部位产生应力集中。

（4）暴雨的触发：1996 年 9 月 18 日晚的高强度短时暴雨是滑坡发生的触发因素。

3. 滑坡成因机制综合分析

滑坡前缘和左侧为侵蚀沟谷形态，右侧存在一条原生的深大构造裂隙，使滑坡滑动具备了良好的临空条件，同时深大构造裂隙和滑坡体内三组节理裂隙的发育也为地表汇水入渗提供了渗流通道，而坡体本身上硬下软的岩性组成，且下伏泥灰岩形成很好的隔水层，水流不断汇入，将下层软层不断软化泥化，降低其抗剪强度，坡体内应力产生重分布，在前缘未被软化处的"锁固段"处产生应力集中，锁固段处的抗剪强度很大程度上决定了坡体的整体稳定性，承担了上部的绝大部分荷载，而前缘采石场开挖正好位于锁固段处，从而使得锁固段厚度变薄，抗剪强度大大降低，进而在暴雨的触发条件下，一方面坡体荷载大大增加，另一方面也对滑带处产生贯通性破坏，滑面整体抗剪强度降低，坡体发生变形，锁固段处抗剪强度也不足以抵抗上部推力，极限平衡受到破坏，锁固段处被剪断，坡体产生快速滑动，冲入河谷，方量巨大，进而形成堰塞坝体。

13.4　岩口滑坡运动过程模拟分析

在 ANSYS 中建立地表模型，然后导入 3DEC 应用程序中，模型平面尺寸为 383m×846m，模型底面高程为 370m、最高点高程为 834m。基本模型包括 454 个数据点、1296 条线、817 个面、3865 个单元，如图 13.22 所示。

岩体及结构面参数对斜坡变形失稳和破坏方式影响作用极大，因此对参数的选取相当

图 13.22 3DEC 节理化后计算模型示意图

重要。本书在选取参数时，结合研究区的现场调查、取样、岩石力学实验、工程地质类比法及参数反演综合得出，结果见表 13.3 和表 13.4。

表 13.3 岩体力学参数

岩体类型	工况	弹性模量/GPa	泊松比(μ)	密度/(kg/m³)	内聚力/MPa	内摩擦角/(°)	抗拉强度/MPa
灰岩	天然	2.5	0.26	2640	5	40.0	1.2
	暴雨			2670	4.86	36.1	1.15
软弱带	天然	0.6	0.32	2410	0.022	12	0
	暴雨			2480	0.015	9.2	0

表 13.4 结构面力学参数

岩体类型	工况	法向刚度/(MN/m)	切向刚度/(MN/m)	内聚力/MPa	内摩擦角/(°)	抗拉强度/MPa
灰岩节理	天然	6000	2000	0.28	18	0.09
	暴雨			0.23	15	0.06
软弱带节理	天然	2500	180	0.002	12	0.0004
	暴雨			0.0015	8	0.0002

根据滑坡体在不同时刻运动特征，可将滑坡运动过程分为启动破坏、剧烈加速和减速制动三个阶段。滑坡滑动全过程见图 13.23。

(a) 10000步时斜坡整体滑动特征　　　　　　　(b) 15000步时斜坡整体滑动特征

(c) 30000步时斜坡整体滑动特征　　　　　　　(d) 45000步时斜坡整体滑动特征

(e) 10000步时斜坡整体滑动剖面图　　　　　　(f) 15000步时斜坡整体滑动剖面图

(g) 30000步时斜坡整体滑动剖面图　　　　　　(h) 45000步时斜坡整体滑动剖面图

图 13.23　滑坡滑动全过程

13.4.1　启动破坏阶段

由于采石场的人工开挖坡脚，一方面减弱了"锁固段"的厚度，使其抗剪强度减弱；另一方面，应力发生重分布，不断向"锁固段"产生应力集中，"锁固段"坡体向坡外鼓胀变形较为明显，最终"锁固段"不足以承受中上部下滑块体的推力时变形破坏。从图

13.23（a）可以看出，在计算到时步 10000 步时，岩体前缘出现鼓胀现象，这是因为变形体底部块体在前缘受阻所致；随着计算时步增加，滑动面迅速发展，直至滑动面贯通破坏，滑体整体向前、向下滑动。

13.4.2　剧烈加速阶段

由于滑动面的全面贯通，"锁固段"储存的巨大应力突然释放，当"锁固段"被破坏后，滑体失去支撑，滑动面上部的玉龙山段灰岩和沙堡湾段泥灰岩、页岩产生脆性破坏，立即崩解，沿软弱层滑动，在重力作用下，由高势能转化为动能，开始剧烈加速，从初始的蠕动变形快速发展到高速运动。坡体中后部岩体不断向下滑动，南侧陡壁上的岩体不断松动脱落。同时可以看出坡体在下滑过程中并不解体，而是沿着软弱带整体向下滑动，这是因为沙堡湾段泥岩、泥页岩经水软化后强度极低，而上部玉龙山段灰岩强度很高，滑动面一经贯穿，滑体将顺着软弱带整体滑移，滑体完整性保持良好，这也是"军舰石"能形成的主要原因。从图 13.23 中可以看出滑体整体滑动方向为向下且偏右滑动。

13.4.3　减速制动

当滑体滑动到印江河谷中时，受到印江河右岸山谷的阻挡，滑体猛烈冲击右岸山体，动能急剧减小，速度迅速下降，最后滑体堆积于印江河谷中，形成天然堆石大坝，堵塞印江河流。

13.5　块体型滑坡特征、判别及监测预警建议

块体型滑坡作为一种典型的岩质边坡失稳破坏模式，存在成因机理复杂、危害严重、防治困难、风险率高等特点。未发现之前往往具有较强的隐蔽性，一旦发生则往往形成高势能剧冲式高速滑坡，让人猝不及防，严重危及人民的生命及财产安全。对于此类滑坡，近年来吸引了国内外多学者的广泛关注，取得了一定的研究成果，但仍难做出准确判别和进行有效的监测预警，因此，本书在对印江岩口滑坡成因机制和形成过程进行针对性研究的基础上，结合前人已有研究成果和其他典型楔形体块状滑坡实例，从岩性组合、几何结构特征和影响因素三个方面畅述楔形体块状滑坡的基本特征，进而总结该类滑坡的滑动破坏模式，并从空间结构特征、初期产生的变形破坏迹象和稳定性三个方面具体进行判别，提出针对性的监测预警建议，对这类块体型滑坡进行深入系统地研究，具有重要的实际意义和现实价值。

13.5.1　块体型滑坡基本特征

1. 岩性组合特征

块体型滑坡多发育于典型的由上硬下软两个地质单元组成的双层结构岩质边坡中，且

上层硬层多为厚层–中厚层，岩性主要为灰岩，软层为薄层状，薄层与上下两侧岩层多呈泥质胶结，岩性为泥灰岩等，成为隔水层，在富水条件下，不断软化泥化，抗剪强度降低，整个滑体所产生的巨大下滑力向下传递至前缘，前缘一般存在较硬岩层，如燧石灰岩等，滑体在此处形成隆起变形带，应力集中，达到极限状态后剪断滑出。

2. 几何结构特征

楔形体块状结构岩质边坡中有利的几何空间结构成为边坡失稳破坏的主要特征，除由地层岩性所决定的底部存在软弱薄层岩层外，上层厚层岩体中往往存在深大原生构造裂隙带，且贯通至近滑面处，而成为坡体产生滑动变形的一侧边界，前缘和另一侧边界多为临空状态，后缘或山脊最高处，或为山体内裂隙发育部位，在滑动前形成贯通拉裂缝，且侧边界发育的原生构造裂隙和底面滑面形态及坡体坡向等构成不同的立体空间滑动形态，进而产生不同的滑动破坏模式，即岩质边坡的内在几何结构特征为坡体失稳变形提供了客观条件。

3. 主要影响因素

岩质边坡是一个复杂的地质体，边坡岩体的失稳破坏主要受边坡中应力分布及岩体自身的强度所决定。边坡由于受到内营力和外营力的共同作用，使其内部应力发生重分布，一旦应力大于坡内岩体的自身强度（如抗压强度、抗拉强度、抗剪强度等），岩体就会产生变形，直至失稳破坏（余天斌，2015）。

影响岩体失稳破坏的因素主要包括内在和外在两大因素。内在因素主要有地质构造、地形地貌、岩体结构等；外在因素主要包括气象条件、地震作用、人类工程活动。而岩质边坡失稳破坏主要控制性因素为地质构造、地形地貌、岩体结构等。

地形地貌：该类滑坡一侧边界和前缘多为侵蚀冲沟或侵蚀河谷地貌，从而为坡体滑动变形提供了较好的临空条件及一定的汇水条件。

地质构造：块体型滑坡多为双面滑动，除底层软弱岩层滑面外，侧滑面往往为坡体内的原生构造裂隙，由于原生构造裂隙纵向和顺滑动方向具有较好的贯通和延伸性，一方面使坡体切割形成孤立山体，另一方面使构造裂隙成为很好的地下水补给通道，进而加剧滑带处的软化泥化作用。

气象条件：在高强度的暴雨的影响下，使"锁固段"岩体抗剪能力减弱，同时由于暴雨所产生的水压力对"锁固段"的突然加载，作用在"锁固段"处岩体的剪应力急剧增大，从而使"锁固段"岩体发生脆性破坏，弹性应变能突然释放，滑动面全面贯通，滑体剧烈启动，沿滑面迅速加速下滑。

人类工程活动：由于底部抗剪强度降低，坡体前缘应力大大集中，前缘隆起体成为坡体内的"关键块体"，即锁固段，前缘因为公路开挖、开采石场、底部煤矿开采等，使得关键块体抗剪强度大大降低，进而使坡体失稳破坏。

13.5.2　块体型滑坡失稳破坏模式

块体型滑坡的失稳破坏模式主要与结构面和岩层产状与坡体倾向的组合情况相关。当岩层面倾向与坡面倾向相反时，坡体处于稳定状态；当岩层面倾向与坡向一致或呈一定交角时，坡体可能产生滑动破坏。根据坡体岩层产状和结构面组合情况可将楔形结构岩坡滑动破坏模式分为两种：沿底滑面的单面滑动、沿底滑面和侧裂面的双面滑动。

沿底滑面的单面滑动：当坡体岩层倾向坡外时，楔形滑体的滑动方向主要受底滑面的控制，在自身重力作用下，沿着底滑面的真倾向滑动［图 13.24（a）］。根据底滑面倾角和坡角大小关系，其变形破坏机制可以分为两类：一类是当底滑面倾角小于坡角时，底滑面随着坡面的出露或开挖的进行而出露于坡面，其变形破坏机制相对简单，表现为顺层的蠕滑–拉裂或平面滑移，这类滑坡规模一般较小；另一类是当底滑面倾角大于坡角时，底滑面隐伏于坡脚，不直接在坡面出露，滑动面的形成和贯穿会是一个长期和复杂的过程，坡体的变形破坏机制相对复杂，大规模滑坡往往形成于此，其变形破坏机制可以概括为"滑移–剪断"型，滑坡体中上部岩体在自重作用下，沿着软弱结构面滑移，但由于坡脚处的岩层未出露，则会产生被动挤压，为了协调中上部岩体所施加的挤压力，坡脚处岩层会产生"弯曲–隆起"现象，阻抗着中上部滑体的滑动，一旦其抗剪力低于下滑力时，滑体将从此切层剪出。

沿底滑面和侧裂面的双面滑动：当坡体岩层倾向坡内时，滑体滑动受到底滑面和侧裂面的双重控制，沿底滑面和侧裂面的交界线滑动。这种滑动模式又可以分为三类。

（1）若侧裂面为一斜直型裂隙面，不存在弯曲转折处［图 13.24（b）］：可将坡体分为后缘下滑体和前缘阻滑体两部分，当前缘阻滑体抗剪强度足以承担后缘下滑体所产生推力时，坡体稳定；反之，前缘阻滑体将被破坏，下滑体顺着侧裂面沿着底滑面的视倾向滑动。

（2）侧裂面存在转折处，向外凸出侧裂面时［图 13.24（c）］：坡体在自重应力的长期作用下，沿缓倾结构面持续蠕滑变形，导致后缘拉裂缝向下扩展，形成后缘拉裂段和前缘应力集中段，前缘的较完整岩体即形成"锁固段"，维系着边坡的整体稳定性，且"锁固段"承受应力随着时间逐渐累积，完整岩体遭到破坏，并最终被剪断，发生突发性的脆性破坏，滑体长期积累的应变能突然释放，沿着底滑面高速滑动，在侧裂面转折处发生偏转，由于滑体速度极大，且方量较大，受阻亦会产生很大惯性，因此会对滑坡前缘较大范围内形成很强的破坏性，如形成堰塞湖、摧毁前缘各种工程建构筑物等。岩口滑坡正属于这一类型的典型滑坡。

(a) 沿底滑面单面滑动　　　　　　　　　　　(b) 沿底滑面和侧裂面双面滑动

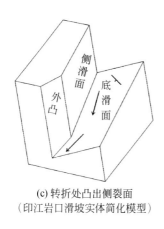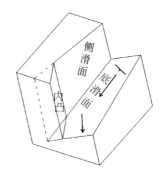

(c) 转折处凸出侧裂面　　　　　　　　(d) 转折处凹向侧裂面
（印江岩口滑坡实体简化模型）　　　　（武隆鸡尾山滑坡实体简化模型）

图 13.24　块体型滑坡的失稳破坏模式

（3）侧裂面存在转折处，向内凸向侧裂面时 ［图 13.24（d）］：滑体在漫长的蠕滑变形过程中，内凸体成为阻滑的"关键块体"。在暴雨情况、底部或前缘开挖等外界条件下，一方面滑体自重增加，加之外动力作用，另一方面抗滑条件减弱，滑体克服转折处内凸体侧阻力和底部抗滑阻力突然启动，在滑动过程中，与"关键块体"产生强烈摩擦后旋转高速滑动，若"关键块体"强度降低，不能承受滑体突然滑动产生的巨大冲击力，滑体直接将关键块体剪断而继续高速向下滑动。此类滑坡的冲击和破坏力很强，且破坏范围更广，但相对而言积聚能量所需时间更长，更容易被及早识别出来而做好提前的监测预警措施。重庆武隆鸡尾山滑坡（图 13.25）正属于这一类型。

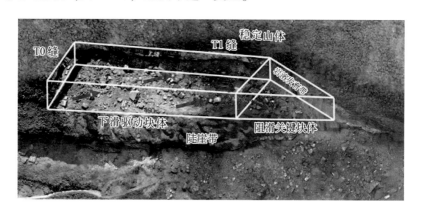

图 13.25　武隆鸡尾山滑坡滑体结构（据许强等，2009a）

13.5.3　块体型滑坡判别

通过块体型滑坡基本特征的分析可知，不同的滑动类型决定坡体不同的破坏形成机制，同时会产生不同的初期滑动变形迹象。因此，判定滑坡的滑动类型至关重要。

1. 空间结构特征

针对块体型滑坡的具体特征，判断此类滑坡的失稳破坏模式应在现场初步勘察的过程中，确定滑坡的主要结构面、岩层层面产状和坡面倾向，运用极射赤平投影法判别楔形体的滑动类型，方法如下：用大圆投影表达出构成楔形体的结构面，并根据结构面大圆组合形成的交线与坡面投影及摩擦圆的相对位置和分布情况判别楔形体的滑动类型。

依据以下两点判定楔形体单双面滑动类型。

（1）其投影在结构面摩擦圆与坡面大圆投影之间的阴影部分中。

（2）其倾向介于坡面倾向与某一结构面倾向范围之内。

当同时满足上述两个条件时，楔形体滑动模式为双面滑动。反之如果只满足第（1）个要求，则可能为单面滑动。楔形体发生单双面滑动情形如图 13.26 所示，其相对应的楔形体滑动立体图如图 13.27 所示。

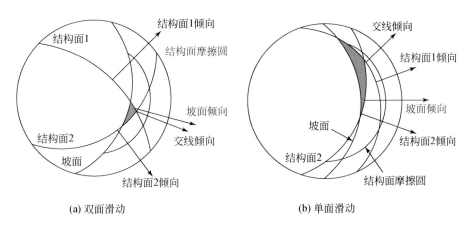

(a) 双面滑动　　　　　　　　　　(b) 单面滑动

图 13.26　楔形体滑动类型判别

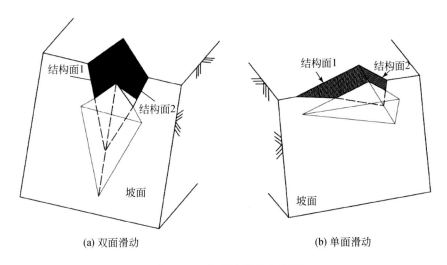

(a) 双面滑动　　　　　　　　　　(b) 单面滑动

图 13.27　楔形体滑动立体图

针对双面滑动失稳模式，通过现场调查侧裂面的延伸方向和转折情况，进一步判断其滑动类型及其对应的失稳形成机制。

2. 初期存在的变形破坏迹象

斜坡体在发生大规模的失稳变形前往往会出现各种变形迹象，即"失稳前兆"。块体型滑坡作为一种十分典型的规模较大的岩质滑坡，通过已经发生的几个典型滑坡可知，其具有明显的失稳前兆。

以重庆武隆鸡尾山滑坡为例，通过向当地政府咨询和现场调查访问，鸡尾山山体变形已具有较长的历史。20 世纪 60 年代当地居民在后缘边界对应位置的东侧陡崖壁面上就已发现张开裂缝，1999 年专业地勘队伍在调查时发现该裂缝张开度已达 1.5m（许强等，2009a；邹宗兴等，2012）。

2001 年 9 月，滑源区上游陡崖岩壁开始出现零星掉块现象，2005 年以后，崩塌落石逐渐向下游转移，且崩塌规模有增大的趋势，一次崩塌方量就可达几千甚至上万立方米，2007 年 7~8 月，地质灾害管理部门组织专业队伍圈定了长 1000m、宽约 10m、高 15~20m，体积约 20 万 m^3 的长条形危岩带（许强等，2009a）。

2009 年 6 月 2 日 9 时左右，监测人员发现滑源区前缘中上部发生局部垮塌，垮塌体积约 1000m^3。6 月 4 日 18 时左右，滑源区前缘中下部再次发生垮塌，体积大约 3000m^3（邓茂林，2014）。

6 月 5 日 15 时许，体积约 500 万 m^3 鸡尾山山体，在经历长期的蠕滑变形后，最终横向剪断了关键块体区域的砾状灰岩，整个山体产生连锁式的滑动破坏，并迅速解体，在跃下前缘 50 余米高的陡坎后，获得巨大的动能，产生高速滑动。在此过程中，高速运动的滑体以强大的冲击力，冲垮其前缘一突出的山体，刨蚀和铲刮前方斜坡突出山脊和表层大量的松散堆积物。高速滑动岩体在越过铁匠沟谷底后，冲向对岸。因受到对岸陡峻斜坡的阻挡，进而转向沿沟谷以碎屑流的方式向下游运动，形成长度约 2.2km 的堆积区，整个滑坡过程用时不到 10min（许强等，2009a；彭国喜，2011）。

已有变形迹象作为坡体失稳的前兆具有重要意义，但存在不易识别和判别过程中误差较大等问题。由于受地质条件的复杂性、山体顶部难以达到以及山体地表裂缝被茂密的植被遮盖等多种因素的影响，很难预测山体会产生如此大方量和高速远程的崩滑灾害，进而无法预测其重大危害性。因此，判别其基本成因机制、所属滑动破坏模式、发现变形迹象，进行针对性的现场勘察才能进行有效性分析具有十分重要的意义。通过对块体型滑坡的调查分析，我们认为在此类滑坡的现场变形迹象的勘察过程中应主要注意以下四个问题。

（1）在失稳模式上，崩塌与崩滑的判断，此类滑坡很容易出现一般崩塌所出现的掉块现象，因此，有必要在发现局部崩塌落石的基础上进行整体稳定性的判断分析。

（2）在滑动方向的判断上，由于楔形体滑坡多为双面滑动，因此在调查侧边界已有裂缝的过程中，判断具体延伸方向和转折情况，进而确定整个滑动过程中的滑动方向，为进一步确定威胁范围和威胁对象提供重要依据。

（3）在滑体体积上，初步现场勘察往往在此方面存在较大争论，甚至可能相差几十倍，因此，需要在现场勘察过程中对边界变形迹象进行针对性勘察。

（4）在滑动距离上，作为一类高速剧动式滑坡，应将现场整体地形地貌勘察与室内理论分析计算相结合，因为现场地形往往会具有迷惑性，需要做到大胆分析，如滑坡滑动过程中堰塞湖的形成与小型山体被摧毁等。

3. 楔形体三维极限平衡分析

对于楔形体的极限平衡分析方法主要包括工程图解法、球面投影解法和解析解法，其中解析解法最为方便（冯振，2012）。此方法主要针对双面滑动楔形体。分析时，做出如下假定：①在滑动过程中楔形体始终与两个不连续面保持接触；②忽略力矩的影响，即假定没有倾倒和旋转滑动发生；③假定滑动面的抗剪强度由线性关系式 $\tau=c+\sigma\tan\varphi$ 来规定，其中，c 为内聚力，φ 为内摩擦角；④楔形体的滑动从运动学上看是可能的，即作为滑面的两个平面的交线出露在坡面上。

1）力或单位长度的解析

在力的解析解过程中，往往需要计算力在某个方向的分量，即力在空间某方向的法向投影，这时力的解析系数为两个力之间的夹角的余弦值。

假设力 P_a 的倾角为 φ_a，倾向为 a_a；力 P_b 的倾角为 φ_b，倾向为 a_b。则 P_a 在力 P_b 的投影为 $P_b=m_{ab}\cdot P_a$，$m_{ab}=\cos\theta_{ab}$，θ_{ab} 为两力的夹角。

假设力 P_a 和 P_b 分别位于平面 A 和平面 B 中，平面 A、B 相互垂直，如图 13.28 所示。

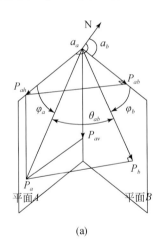 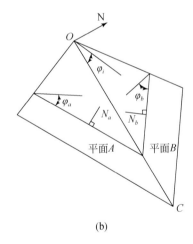

图 13.28　直线的夹角及平面交线产状

P_a 在平面 A 内的水平分力：
$$P_{ab}=P_a*\cos\varphi_a \tag{13.1}$$

P_b 在平面 A 内的垂直分力：
$$P_{av}=P_a*\sin\varphi_a \tag{13.2}$$

水平分力投影到平面 B 上得
$$P_{ab}=P_{ah}*\cos(a_a-a_b)=P_a*\cos\varphi_a\cos(a_a-a_b) \tag{13.3}$$

在平面 B 中倾角为 φ_b 的待求的投影 P_a，可由分力 P_{av} 和 P_{ab} 在此方向上的合力给出：

$$P_b = P_{ab} * \cos\varphi_b + P_{av} * \sin\varphi_b = P_a * [\cos\varphi_a\cos\varphi_b\cos(a_a - a_b) + \sin\varphi_a\sin\varphi_b] \tag{13.4}$$

$$m_{ab} = \cos\theta_{ab} = \cos\varphi_a\cos\varphi_b\cos(a_a - a_b) + \sin\varphi_a\sin\varphi_b \tag{13.5}$$

如果解析反向进行，系数 m 相同，即 $m_{ab} = m_{ba}$。

2）两平面交线的确定

如图 13.28（b）所示，平面 A 和平面 B 沿 OC 线相交，先确定该线的倾角（φ_i）和倾向（a_i）。假设两平面分别为 N_a 和 N_b，则法线倾角分别为 $\varphi_{na} = \varphi_a - 90°$、$\varphi_{nb} = \varphi_b - 90°$，倾向分别为 a_a 和 a_b。

$$m_{na.i} = \sin\varphi_a\cos\varphi_i\cos(a_a - a_b) + \cos\varphi_a\sin\varphi_i \tag{13.6}$$

$$m_{nb.i} = \sin\varphi_b\cos\varphi_i\cos(a_a - a_b) + \cos\varphi_b\sin\varphi_i \tag{13.7}$$

若交线 OC 与法线 N_a 和 N_b 垂直，则 $m_{na.i} = m_{nb.i} = 0$

$$\tan\varphi_i = \tan\varphi_a\cos(a_a - a_b) = \tan\varphi_b\cos(a_b - a_a) \tag{13.8}$$

倾向：

$$a_i = \arctan\frac{\cos a_b\tan\varphi_b - \cos a_a\tan\varphi_a}{\sin a_a\tan\varphi_a - \sin a_b\tan\varphi_b} \tag{13.9}$$

倾角：

$$\varphi_i = \arctan[\cos(a_i - a_a)\tan\varphi_a] \tag{13.10}$$

3）两平面的夹角

如图 13.28（b）所示，平面 A 和平面 B 的公垂面 C 的产状可根据平面 A 和平面 B 的交线 i 确定，平面 A 和平面 B 的夹角及公垂面 C 与交线 i 的夹角。公垂面倾向与两平面交线倾角相反，即 $a_i + 180°$，倾角等于 $90° - \varphi_i$。

4）两相交直线构成的结构面产状：

如图 13.29 和图 13.30 所示，直线 OA 和 OB 相交，其倾向分别为 α_1 和 α_2，倾角分别为 β_1 和 β_2。其中 $\alpha_2 > \alpha_1$，假设 $OC = 1$，直线 OA 和 OB 构成的结构面产状分别为 α_3 和 β_3。根据三角函数可得

$$\tan\beta_3 = \frac{1}{d} = \frac{1}{a\sin B} = \frac{c}{ab\sin C} = \frac{\sqrt{a^2 + b^2 - 2ab\cos C}}{ab\sin C} \tag{13.11}$$

$$\tan^2\beta_3 = \frac{a^2 + b^2 - 2ab\cos C}{a^2 b^2\sin^2 c} = \frac{\tan^2\beta_1 + \tan^2\beta_2 - 2\tan\beta_1\tan\beta_2\cos C}{\sin^2 C}$$

$$= \frac{\tan^2\beta_1 + \tan^2\beta_2 - 2\tan\beta_1\tan\beta_2\cos C}{\sin^2 C} \tag{13.12}$$

假设 $\gamma = \alpha_2 - \alpha_1$，$\delta_{13} = \alpha_3 - \alpha_1$，则有

$$\cos\delta_{13} = \sin B = \frac{b}{c}\sin C = \frac{b\sin C}{\sqrt{a^2 + b^2 - 2ab\cos c}} \tag{13.13}$$

$$\frac{\sin^2 C}{\cos^2\delta_{13}} = 1 + \frac{a^2}{b^2} - 2\frac{a\cos C}{b} = 1 + \left(\frac{\tan\beta_2}{\tan\beta_{21}}\right)^2 - 2\left(\frac{\tan\beta_2}{\tan\beta_{21}}\right)\cos C \tag{13.14}$$

$$\cos^2\delta_{13} = \frac{\sin^2\gamma}{1 + \left(\dfrac{\tan\beta_2}{\tan\beta_{21}}\right)^2 - 2\left(\dfrac{\tan\beta_2}{\tan\beta_{21}}\right)\cos\gamma} \tag{13.15}$$

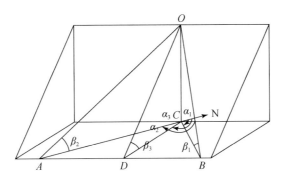

图 13.29　立体图

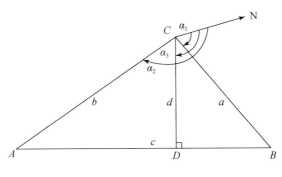

图 13.30　水平投影图

六面体体积可以划为六个四面体体积之和，如图 13.31 所示，要求四面体 $ABCD$ 的体积，设 $\angle AMO = \Psi\Delta ACD \cdot \Delta BCD$，四面体体积为

$$v = \frac{1}{6}(AC \times BC \times CD \times \sin\angle ACD \times \angle BCD \times \sin\varnothing_{\Delta ACD \cdot \Delta BCD}) \tag{13.16}$$

$$\frac{BC}{\sin\angle CDB} = \frac{DB}{\sin\angle BCD} \tag{13.17}$$

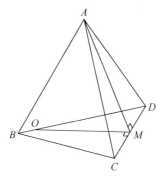

图 13.31　四面体立体图

4. 力的解析

表 13.5 为各力的倾向和倾角。

表 13.5　各力的倾角和倾向

力	倾角	倾向
W	$90°$	未定
N_{ae}	$\varphi_a - 90°$	aa
N_{be}	$\varphi_b - 90°$	aa
S	Φ_s	aa

$$N_{ae} = qW$$
$$N_{be} = xW$$
$$S = m_{w.s} \times W$$

式中，N_{ae} 为平面 A 上的法线反力；N_{be} 为平面 B 上的法线反力；S 为顺着潜在滑动线的作用力；W 为楔形体的自重力。

其中，

$$q = (m_{na.nb} * m_{w.nb} - m_{w.na}) / 1 - m_{na.nb}^2 \tag{13.18}$$

$$r = (m_{na.nb} * m_{v.nb} - m_{v.na}) / 1 - m_{na.nb}^2 \tag{13.19}$$

$$x = (m_{na.nb} * m_{w.na} - m_{w.nb}) / 1 - m_{na.nb}^2 \tag{13.20}$$

$$y = (m_{na.nb} * m_{v.na} - m_{v.nb}) / 1 - m_{na.nb}^2 \tag{13.21}$$

力的解析所需系数：

$$m_{na.nb} = \sin\varphi_a \sin\varphi_b \cos(a_a - a_b) + \cos\varphi_a \cos\varphi_b \tag{13.22}$$

$$m_{w.na} = -\cos\varphi_a \tag{13.23}$$

$$m_{w.nb} = -\cos\varphi_b \tag{13.24}$$

$$m_{v.na} = \sin\varphi_a \sin\varphi_t \cos(a_a - a_t) + \cos\varphi_a \cos\varphi_t \tag{13.25}$$

$$m_{v.nb} = \sin\varphi_b \sin\varphi_t \cos(a_b - a_t) + \cos\varphi_b \cos\varphi_t \tag{13.26}$$

$$m_{w.s} = \sin\varphi_s \tag{13.27}$$

$$m_{v.s} = \cos\varphi_s \sin\varphi_t \cos(a_s - a_t) - \sin\varphi_s \sin\varphi_t \tag{13.28}$$

5. 安全系数确定

安全系数（F）为摩擦力产生的抗滑力与下滑力的比值：

$$F = \frac{C_A * A_A + C_B * A_B + (qW + rV - U_A)\tan\varphi_A + (xW + yV - U_B)\tan\varphi_B}{m_{w.s} * W + m_{v.s} * V} \tag{13.29}$$

其中，$F > 1$ 表示滑坡体处于稳定状态；$F = 1$ 表示坡体处于极限平衡状态；$F < 1$ 表示坡体处于不稳定状态。

13.5.4　块体型滑坡监测预警建议

块体型斜坡由于具有不同的滑动类型，而具有不同的滑动破坏模式，其成因机理复杂，但坡体滑动主要受"关键块体"控制。针对关键块体所处位置不同，进行针对性的应力监测；针对不同的失稳模式在初期可能产生变形的部位进行位移监测；同时，暴雨是该类滑坡产生形成的触发因素，因此必须同时进行降水量监测，将应力监测、位移监测与降水量监测相结合，结合群测群防等相关监测预防制度，建立完善的边坡失稳破坏的监测预警机制。以下针对不同类型的滑动模式提出针对性的监测建议。

单面滑动：其滑动主要受前缘关键块体控制，后缘可能产生初始拉裂缝，前缘可能出现局部崩塌落石，侧边界多为临空面；监测建议：①后缘地表位移监测；②侧边界不定期现场勘察错动变形迹象；③前缘群测群防落石现象，不定期具体勘察落石原因；④降水量监测。

双面滑动（侧裂面斜直型）：滑动方向一定，受底滑面和侧滑面两个面控制，关键块体为滑面凸起体。监测建议：①滑体后缘地表位移监测；②侧边界拉裂缝处位移监测，未形成贯通裂缝前进行延伸长度的定期监测；③群测群防前缘落石，视情况进行主被动防护措施；④降水量监测。

双面滑动（侧裂面外凸型）：关键块体在前缘，且前缘较开阔，一旦发现危害性较大，提高监测预警级别，加大监测预警措施。监测建议：①前缘推测关键块体处进行应力监测，观察应力集中程度变化情况，同时针对前缘落石原因进行具体调查；②后缘和侧边界拉裂缝扩展位移监测，深部位移监测；③降水量监测。

双面滑动（侧裂面内凸型）：存在"内凸体"和底滑面上"凸起体"两处"锁固段"，滑坡启动难度较大，初始启动前前缘和侧边界部位产生很强的应力集中，一旦发生容易形成高速剧动式滑坡，危害性大，应提高监测预警级别，加强预警措施。具体检测预警建议：①对底滑面和侧滑面的两处关键块体进行针对性应力监测；②后缘和侧裂面部位的拉裂缝张开位移监测；③深部位移监测；④滑体局部变形迹象监测；⑤各处落石产生形成原因监测；⑥降水量监测。

第三篇 贵州省重大地质灾害成功避让案例

第14章 六盘水市水城区发耳镇尖山营滑坡

发耳煤矿位于贵州省六盘水市发耳镇，尖山营变形体是发育在采空区上的滑坡与崩塌共存的复合型地质灾害（图14.1）。

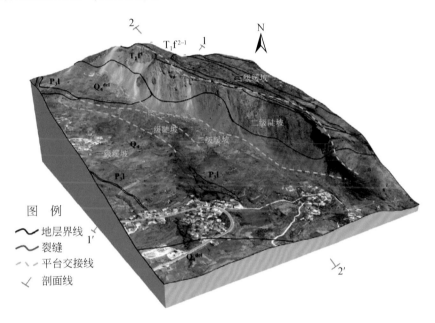

图 14.1 尖山营变形体整体三维图

尖山营变形体是由发耳煤矿地下采煤诱发形成的。从 2006 年开采至今，目前已开采了六层煤，在多煤层开采作用下，尖山营变形体已发生多起崩塌滑坡等地质灾害（严浩元，2019）。总体上变形体以走向 N40°W、断续延伸长度 1600m 的（塌陷）裂缝为后缘边界，以走向 N30°E、延伸长度 100m 的（塌陷）裂缝为侧缘边界，潜在剪出口位于坡脚下部产状为 N10°E/NW∠15°、厚约 9m 的泥岩条带发育部位，变形体总体积约 1050 万 m³，该变形坡体一旦失稳可能铲刮下部的碎裂岩体，覆盖层约 95 万 m³，形成远程滑坡碎屑流。

14.1 研究区自然和地质环境条件

14.1.1 自然地理条件

研究区位于贵州省六盘水市水城区发耳镇西北部，北至水城区 70km，南至盘州市

119km。区域内有高速公路 S77、国道 G56 和省道 S212，并有一条铁路经过，交通条件较为方便。尖山营变形体中心地理坐标为 104°44′11″E，26°18′20″N。

研究区属于典型的亚热带河谷气候，干湿季节明显，全年无霜期达 280 天。据气象站资料，研究区历年平均气温 15.8℃，日最高气温为 32℃ （2004 年 5 月 13 日）、日最低气温为−6.3℃ （2003 年 1 月 16 日），如图 14.2 所示；同时，研究区年平均降水量为 1027.2mm，年降水量最大值达到 1192.2mm （2002 年），年降水量最小值为 757.2mm （2004 年），日降水量最大为 249mm （2009 年 6 月 28 日），雨季主要集中在 5~9 月，其他月份则少雨、偏旱，雨量偏低。

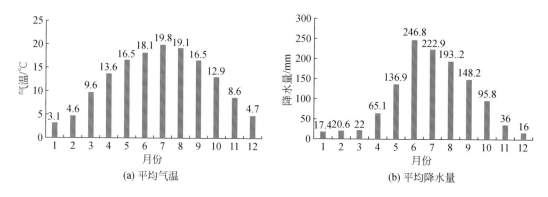

图 14.2　水城区各月平均气温和平均降水量

本区属珠江流域北盘江水系上游一级支流发耳河上游补给区。评价区内主要地表水体有北盘江及其支流发耳河、河坝小溪等。

14.1.2　工程地质条件

1. 地形地貌

研究区位于贵州高原西部，地形跌宕起伏，切割强烈，属于构造侵蚀而成的低中山至中低山地貌。最高处位于尖山营山顶，标高 1526m；最低处位于发耳河西出口河床 （本地最低侵蚀基准面），标高约为 949m，最大高差为 577m，一般相对高差为 300~400m。含煤地层出露标高一般为 900~1300m，山势陡峻，岩溶不发育；而下伏龙潭组分布于评价区东部，多为单面山 （图 14.1）。

2. 地层岩性

评估区出露地层从上到下分别有第四系 （Q）、下三叠统飞仙关组 （T_1f） 和上二叠统龙潭组 （P_3l），分述如表 14.1 所示 （朱要强，2020）。

3. 地质构造

评估区处于扬子准地台黔北台隆六盘水断陷威宁 NW 向构造变形区中部，普安旋扭构造变形区北部及黔北台隆遵义断拱毕节 NE 向构造变形区西南 （面积较小），褶皱、断裂组合纵横交错，地质构造十分复杂（贵州省毕节地区地方志编纂委员会编和丹玉有，2004），主要发育布坑底背斜、格木底向斜、猴子场背斜等近 EW 走向的褶皱构造，无大断层，局部发育次级小褶皱和小断层，如图 14.3 所示。另据《中国地震动参数区划图》（GB 18306—2015），区内地震动峰值加速度为 0.05g。

表 14.1　地层系统简表

系	统	组	代号	岩性描述
第四系	—	—	Q	以残积物、坡积物、崩积物冲积物滑坡堆积体为主。坡积物、残积物主要分布在同向坡及单斜谷中，崩积物分布于陡崖脚下，冲积物主要分布在北盘江、发耳河两岸
三叠系	下统	飞仙关组	T_1f	分布于评估区大部分地区，总厚约632m。岩性为紫红色泥岩夹薄至厚层状细砂岩、灰色及灰绿色薄层状夹泥质粉砂岩、粉砂质泥岩及细砂岩；底部见黑色斑粒，貌似碳化植物化石。与下伏地层呈整合接触
二叠系	上统	龙潭组	P_3l	由灰、深灰色粉砂岩、细砂岩、泥岩及煤组成。含煤47～78层，底部2～3m为铝质岩。含大量菱铁矿结核、黄铁矿结核。总厚410～430m，平均厚418.18m，主要分布于评价区东部

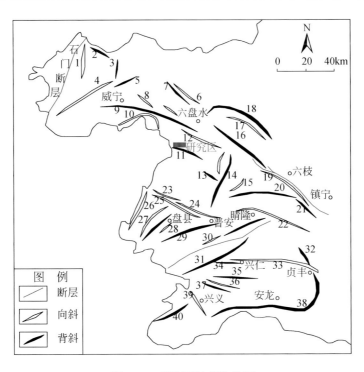

图 14.3　研究区地质构造图

1. 海库向斜；2. 云贵桥背斜；3. 大街背斜；4. 三道河向斜；5. 则姑块背斜；6. 鸡街向斜；7. 珠市河背斜；8. 二塘向斜；9. 威水背斜；10. 垮都向斜；11. 布坑底背斜；12. 格木底向斜；13. 猴子场背斜；14. 古牛河背斜；15. 中营向斜；16. 堕却背斜；17. 百兴向斜；18. 银厂沟背斜；19. 郎贷向斜；20. 丁头山背斜；21. 丁家湾背斜；22. 法郎向斜；23. 鸡场坪向斜；24. 白块向斜；25. 土城向斜；26. 小竹箐背斜；27. 亦资孔向斜；28. 大海子向斜；29. 莲花山背斜；30. 博上向斜；31. 潘家庄背斜；32. 贞丰背斜；33. 兴仁向斜；34. 新寨背斜；35. 戈塘背斜；36. 万屯向斜；37. 龙广背斜；38. 雷公滩背斜；39. 坝佑向斜；40. 松茅坪背斜

4. 水文地质条件

就区域而言，评估区位于珠江流域北盘江水系中上游湾河中下游补给区，区内出露地层为上二叠统龙潭组（P_3l）、下三叠统飞仙关组（T_1f）及第四系（Q）等，含水层主要为层间裂隙水。各含水层的地下水位标高随含水层出露的地形高度及沟谷切割深度变化，一般山脊部分较高，山坡及沟谷岸边较低，具体如表14.2所述。该区域以裂隙含水为主。

表14.2　水文地质描述表

系	统	组	代号	水文地质条件描述
第四系	—	—	Q	由坡残积物、冲洪物等组成，厚 0～38.74m，一般厚约 20m，由黄褐、淡紫色亚黏土及砂砾石组成，不整合于三叠系之上。冲积物主要分布于北盘江、发耳河两岸，坡积物主要分布在同向坡中的老高寨、酒店子、江西坡等地的含煤地层中，透水性较强，往往有泉水出露，流量为 0.05～0.28L/s，动态变化大，受季节性控制
三叠系	下统	飞仙关组	T_1f	本组总厚629m，分上下两段。上部岩性以砂岩为主，下部岩性以粉砂岩为主，分布在山坡前缘的缓坡地形中，泉水出露较少，流量小且随季节性变化大，枯季多干涸。岩石易风化，裂隙较发育，地表出露风化裂隙水，泉水受大气影响明显，动态变化大、流量小，一般为 0.03～0.50L/s。说明该段含少量的裂隙水，富水性弱，水质类型为 HCO_3-Ca 型
二叠系	上统	龙潭组	P_3l	岩性主要由细砂岩、粉砂岩、泥质粉砂岩、粉砂质泥岩、泥岩及煤层组成，岩性软、易风化，地面出露面积大，但多被坡积物覆盖，地貌上形成缓坡和沟谷，根据建井地质报告：一般流量为 0.05～0.5L/s，动态变化明显，补勘时对221号泉长期观测：流量为 0.24～1.15L/s（2004 年 11 月 12 日至 2005 年 11 月 29 日），钻孔穿过该组岩层时多数钻孔漏失，仅少数孔涌水，地下水具承压性，如 J1105 号井口涌水量为 0.004L/s。含水性不均一，浅部由于覆盖层较厚，含水性较强，深部含水性逐渐减弱，补勘施工四个抽水孔，单位涌水量为 0.0000057～0.041481L/(s·m)，说明该组含裂隙水，富水性弱。水质类型为 $HCO_3·SO_4$-Ca·Mg、HCO_3-Ca·K+Na 型

5. 采空区分布特征

研究区目前共开采了 M1、M3、M5-2、M5-3、M7、M10 煤层，共计六层，且每层煤开采的工作面较多，区域面积较大。各采空区的分布和开采历史分别见图14.4和表14.3。

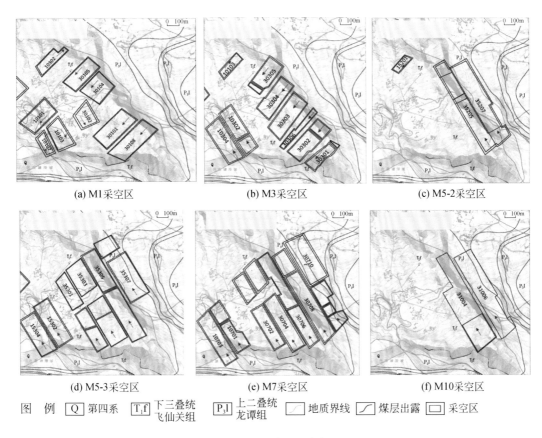

图 14.4　采空区分布

表 14.3　采空区开采历史

煤层	开采历史
M1	共有九个煤层开采工作面，于 2006 年开始开采，结束于 2010 年，开采持续时间为四年，开采方向沿倾向上山方向
M3	共有九个煤层开采工作面，于 2004 年开始开采，结束于 2011 年，开采时间持续时间为六年，开采方向沿倾向上山方向
M5-2	共有三个煤层开采工作面，于 2015 年开始开采，结束于 2017 年，开采时间持续时间仅两年，开采方向沿走向下山方向
M5-3	共有六个煤层开采工作面，开采时间主要集中在 2011～2013 年，于 2017 年又新开采了一个工作面，开采主方向主要沿走向下山方向
M7	共有八个煤层开采工作面，此层煤层开采时间主要集中在 2012～2018 年，开采主方向也是沿走向下山方向
M10	共有两个煤层开采工作面，其中 31004 工作面现今仍在进行开采，待其开采完成后将继续开采 31006 工作面，煤层的开采主方向也是沿走向下山方向

14.2　尖山营滑坡基本特征

14.2.1　滑坡规模形态及边界特征

根据现场调查情况，结合滑坡的变形特征和对滑坡产生机制的初步分析，对滑坡进行分区，可分为滑坡堆积区、滑坡不稳定区和破坏拉裂区，如图 14.5 所示。

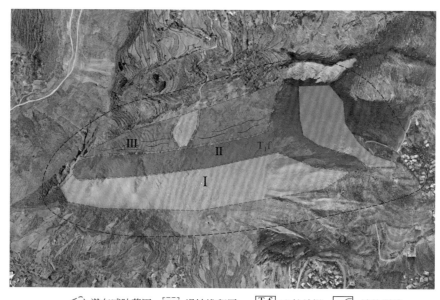

图　例　　⌒潜在威胁范围　┌┐滑坡堆积区　T_1f 飞仙关组　╱坡体裂缝
　　　　　破坏拉裂区　　滑坡不稳定区　Q_4 第四系

图 14.5　尖山营滑坡分区示意图

1. 滑坡堆积区（I区）

由于地下煤层开采，地表发生明显形变，共形成两个主要滑坡形变区域，即 1#滑坡和 2#滑坡。1#滑坡在地形上表现为南东侧高、北西侧低，滑坡边界在平面上呈不规则的半圆形状，包括尖山营陡崖及其下方缓平台区，不稳定斜坡变形区前缘高程范围为 1040～1120m，后缘高程范围为 1380～1502m，高差约 483m，斜坡体后壁近于陡立，前缘坡度约为 63°。1#滑坡体形变面积广、形变量级大，该滑坡顶部变形体相对于周围坡体存在明显的拉裂下切，且目前在不稳定斜坡顶部后缘形成较多大小不等的拉张裂缝。随着滑坡体变形加剧，前缘坡体不断下切并沿坡向滑移，导致部分后缘拉张裂缝发展为新的滑坡后壁。由于滑坡体不断滑移，地表泥岩风化所形成的黏土、粉砂质黏土层松散，并伴有碎石崩落，堆积于滑坡前缘。2#滑坡位于尖山营南部陡崖上，坡体碎石的崩落堆积于坡脚，阻碍坡脚公路安全通行，据现场考察该滑坡区域虽地表存在碎石崩落现象，但实质上滑坡体形变不大（陈立权等，2020）（图 14.6）。

图 14.6 滑坡堆积区照片（图例同图 14.5）

2. 滑坡不稳定区（Ⅱ区）

滑坡不稳定区是位于滑体周围因滑坡滑动产生扰动而稳定性降低的区域。该区主要位于滑坡后缘，由于滑坡，滑体后缘出现多处错断陡壁，坡体上也出现了横向及纵向长大裂缝，当受到暴雨等极端天气或者外部扰动时，不稳定区极易产生失稳破坏，该部位的稳定性将进一步降低（图 14.7）。

图 14.7 滑坡不稳定区照片（图例同图 14.5）

3. 破裂拉裂区（Ⅲ区）

坡体顶部变形体相对周围坡体存在明显的拉裂下切，变形体的后缘边界正在越来越向后进行扩展，特别是靠北侧的部位垮塌的面积越来越大，裂缝也越来越多，这个同煤层开采基本是同步的，逐渐演化成尖山营滑坡。变形区后缘裂缝面粗糙，呈锯齿状，北西侧裂缝呈羽状摞布。泥岩岩软弱层层面光滑，斜坡岩体被层面和节理面均匀切割，根据现场地质调查，形成类似碎裂化的岩体。

尖山营滑坡体共有四条发育强烈的地裂缝（DL01、DL02、DL03、DL04）基本完全连通，其中 DL02、DL04 为尖山营滑坡体的后缘边界，是尖山营滑坡中的控制性主裂缝，延伸长度分别为 227m、320m、113m 和 154m，裂缝宽度在几十厘米至几米之间；还有几十条正在发育小型裂缝。裂缝 DL01、DL02 面积约为 12046.8m²，平面形成三角形，充填物主要为表层的泥岩风化形成的黏土、粉砂质黏土，深度高达 50m；裂缝 DL03、DL04 面积约为 4072.6m²，其东侧有临空面，平面形成三角形，充填物主要为表层的泥岩风化形成的黏土、粉砂质黏土，深度高达 41m，如图 14.8 所示。

(a) 主裂缝DL01

(b) 主裂缝DL02

(c) 主裂缝DL03

(d) 主裂缝DL04

图 14.8　破坏拉裂区照片

14.2.2　结构面发育特征

岩体中结构面的发育规律和规模直接影响岩体的强度和其所受的应力，结构面在漫长的历史过程中对岩体进行改造，从而影响边坡的变形破坏模式。因此，了解其发育特征对分析岩质边坡的变形破坏特征和稳定性有着至关重要的作用。

选择四个岩体出露较好的位置进行结构面的调查统计，其中测点 1、2、3 位于飞仙关组，测点 4 位于龙潭组，如图 14.9、图 14.10 所示。

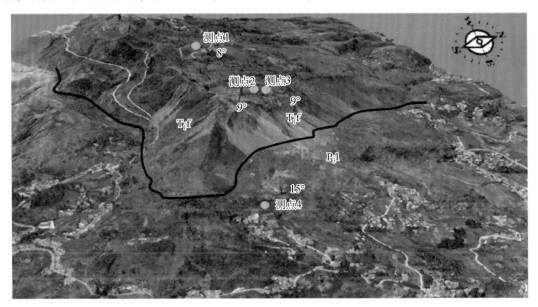

图 14.9　结构面测点分布图

(a) 测点1位置 　　　　　　　　　　(b) 测点2位置

(c) 测点3位置 　　　　　　　　　　(d) 测点4位置

图 14.10　结构面测点局部图

　　四个测点共测得53条结构面产状。根据统计数据做出结构面极点等密图和赤平投影图、结构面走向玫瑰花图及倾向玫瑰花图（图14.11～图14.13），从图中可以看出斜坡发育四组优势结构面，其中一组为层面，产状为280°∠15°，另外三组都为陡倾结构面，产状分别为155°∠65°、107°∠67°、52°∠72°。同时，三组结构面均呈相交状态，将岩体切割成较为破碎的结构，对斜坡的稳定性影响较大，可能使斜坡发生变形破坏。

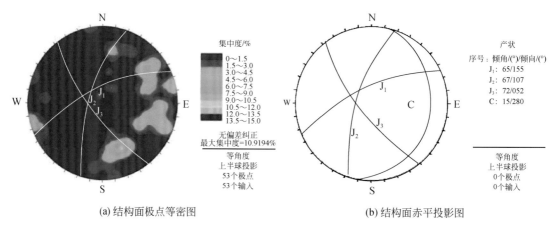

(a) 结构面极点等密图　　　　　　　　　　(b) 结构面赤平投影图

图14.11　结构面极点等密图和赤平投影图

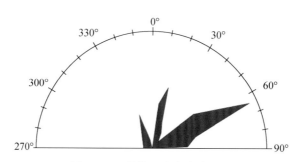

图14.12　结构面走向玫瑰花图

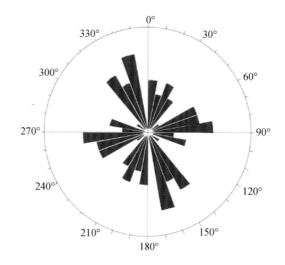

图14.13　结构面倾向玫瑰花图

同时，本节根据所测得的 53 条结构面，做出了倾角、倾向和迹长的频数图，并做了相关的数据拟合（图 14.14 ~ 图 14.16），由图可以看出节理面的倾角、倾向和迹长均服从高斯分布，故在后文的颗粒流数值模拟当中也采用高斯分布在斜坡内部随机添加。

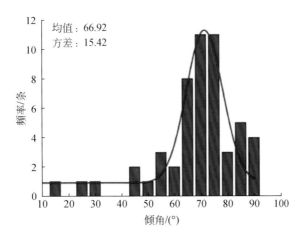

图 14.14　倾角分布拟合图

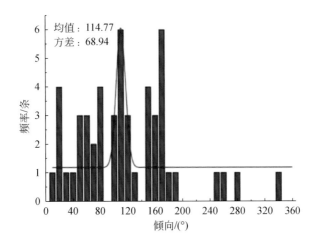

图 14.15　倾向分布拟合图

1. 岩体结构特征

岩体内部受到结构面发育的影响，其结构在长时间的地质作用下较为复杂。本节根据岩体的工程特性，将研究区的岩土体分为硬岩、软岩和松散堆积体三类，其地层岩性描述如表 14.4 所示。

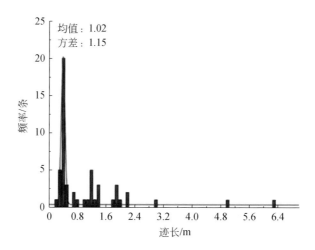

图 14.16　迹长分布拟合图

表 14.4　地层岩性描述

岩体分类	结构及分布特征
硬岩	硬岩主要由飞仙关组（T_1f）和龙潭组（P_3l）的灰、深灰色粉砂岩、细砂岩组成（图 14.17、图 14.18），岩体较完整，主要发育两组优势结构面，岩石力学强度高，在斜坡上部呈厚-巨厚层状分布，在斜坡下部呈与软岩互层分布
软岩	软岩主要为飞仙关组（T_1f）下部的泥岩（图 14.19）和龙潭组（P_3l）的煤层（图 14.20），其中泥岩主要分布在飞仙关组，厚度较厚，而煤层则发育于龙潭组，基本与泥质粉砂岩、粉砂岩伴生，厚度为 0.12 ~ 4.14m，其中 M1、M3、M5-2、M5-3、M7、M10 平均厚度在 2m 左右，由贵州发耳煤业有限公司组织开采
松散堆积体	区内构造作用强烈，雨量较充沛、风化作用强烈，导致斜坡下部存在大量的松散堆积体。主要为坡、残积物及冲、洪积物及滑坡堆积体，坡、残积物一般分布于各层基岩之上，以坡脚下及含煤地层之上分布最广。具松散破碎、孔隙度大、渗透性强、稳定性差、易垮塌等特点（图 14.21、图 14.22）

图 14.17　飞仙关组砂岩

图 14.18　龙潭组砂岩

图 14.19　破碎泥岩

图 14.20　煤层

图 14.21　第四系崩坡积物

图 14.22　第四系残坡积物

2. 坡体结构特征

尖山营变形体以山脊线为分界线，呈大角度的"V"字形，在其北东侧斜坡呈平缓反倾坡内的层状结构，而在其南西侧则为横向坡。坡顶发育多条长大裂缝，斜坡北东面与南面临空，陡崖斜坡地带分布范围为 0.20km²，陡崖长度约 1300m，宽约 150m，最高点为 1526m，从东侧往西侧来看，总体上具有缓—陡—缓—陡—缓三级平台的特征，一级缓平台在箐尾巴村以下，坡度为 8°~15°；一级陡坡在箐尾巴村西侧，坡向约 63°，坡度为 50°~67°，高差为 20~30m，宽度为 15~25m；二级缓平台在崩塌体下方，靠南侧的坡体坡向约 40°，靠北侧的坡体坡向约 340°，坡度为 8°~20°，高差为 20~70m，宽度为 130~320m；二级陡坡为崩塌体所在的陡崖，坡向约 46°，坡度为 55°~63°，高差为 100~150m，宽度为 80~200m；三级缓平台为尖山营变形体的坡顶，坡向约 330°，坡度为 5°~25°，高差为 30~100m，宽度为 100~600m，如图 14.23 所示。

从岩性结构方面来看，斜坡上部为下三叠统飞仙关组，岩性主要为粉砂岩、细砂岩，但在飞仙关组底部有一定厚度的泥岩出露，其产状与互层的砂岩几乎一致；下部主要由上二叠统龙潭组的粉砂岩、细砂岩、泥岩及煤组成，该煤层的直接顶板以泥质粉砂岩、粉砂岩为主（图 14.24、图 14.25）。斜坡总体呈软硬互层的关系，风化差异较大，逐渐形成局

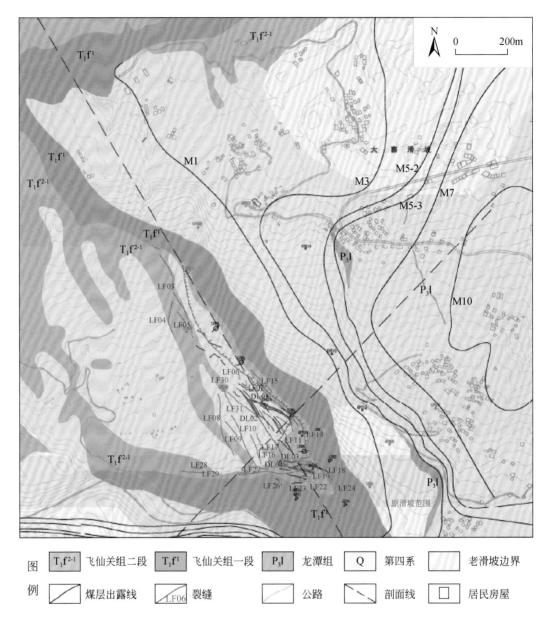

图 14.23　尖山营变形体工程地质平面图

部垮塌。

　　综上所述，斜坡总体的特征为软硬互层，飞仙关组底部的泥岩和砂岩互层，易形成软弱结构面，形成局部破碎带，加之下部煤层开采形成大面积的采空区，加剧了上覆岩体破碎程度，故这些软弱层成为斜坡变形破坏的关键层，直接影响斜坡的稳定性。

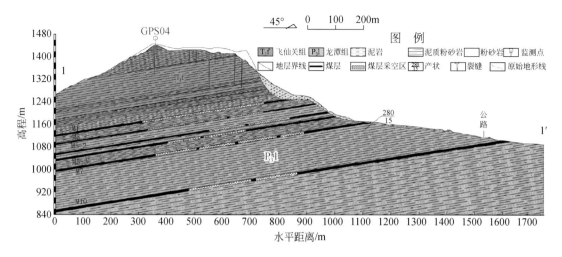

图 14.24　尖山营滑坡 1-1′剖面图（剖面位置见图 14.1）

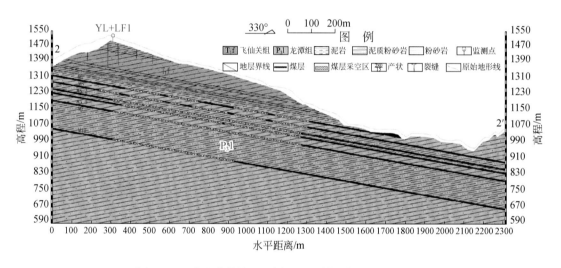

图 14.25　尖山营滑坡 2-2′剖面图（剖面位置见图 14.1）

14.3　尖山营滑坡变形特征

14.3.1　滑坡历史变形

收集 2013～2018 年影像资料进行对比分析，2013 年变形体可分为两个区域，直至 2016 年两处变形区合并为一个整体。斜坡的崩塌堆积体随着时间推移面积越来越大，崩塌体的后缘边界逐步向后缘进行扩展，特别是靠北侧的部位垮塌的面积越来越大，裂缝逐渐增多扩大，直到现今有的地方已发生较为明显的塌陷变形，沉降达数米，而煤矿开采在2010年前主要是开采M1号煤层，自2010年至今，开采了多层煤层，说明在斜坡受到重复采动变形大大的增加。

整个区域存在多处明显变形区，后缘发育多处张开裂缝，本书选取现今裂缝较为发育的部位进行对比，从2013年3月24日卫星影像可见，研究区早在2013年之前便存在显著形变。从2015年4月18日影像发现，2013~2015年变形体上变形整体呈加剧趋势。然而，从2018年7月15日航拍影像可见，此时滑源区整体变形非常显著，变形体后壁发生了较明显的整体下错，并产生了大量数十米的张拉裂缝，滑源区中部发生了较大规模的滑塌（图14.26、图14.27）。

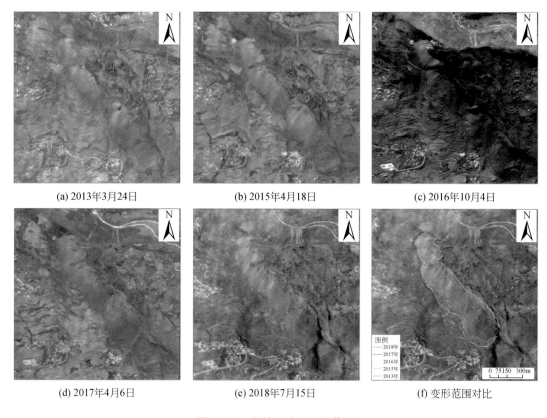

(a) 2013年3月24日　　　　　(b) 2015年4月18日　　　　　(c) 2016年10月4日

(d) 2017年4月6日　　　　　(e) 2018年7月15日　　　　　(f) 变形范围对比

图14.26　滑坡历史卫星影像图

综上，认为该变形体为长期处于蠕滑变形中的岩质斜坡，2013年以来变形体体积呈现逐渐增大趋势。

同时，利用10期（2017年4月16日至2018年8月5日）ALOS-2卫星SAR数据，开展D-InSAR技术处理，发现该滑坡一直在持续发生形变。该山体斜坡中部（即采空区上部）形变特征明显，斜坡上部持续保持变形，整个斜坡体形变特征较为明显（图14.28、图14.29）。

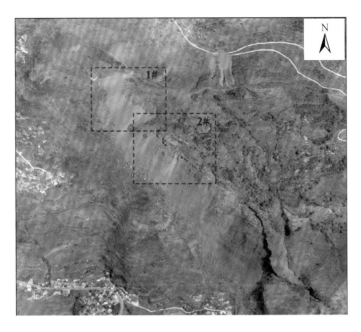

图 14.27　尖山营变形体对比分析部位

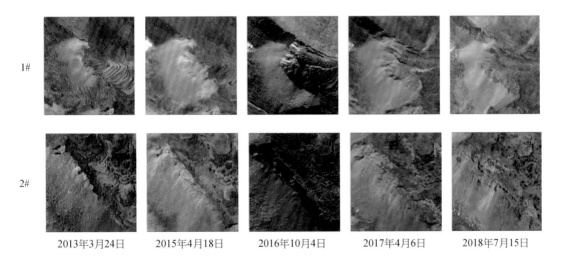

| | 2013年3月24日 | 2015年4月18日 | 2016年10月4日 | 2017年4月6日 | 2018年7月15日 |

图 14.28　变形体局部历史变形特征

14.3.2　坡表变形迹象

尖山营变形体发育较为复杂，变形体体积较大，本小节主要按照坡体结构中划分的三级平台和其西南侧崩塌对其变形破坏迹象进行描述。

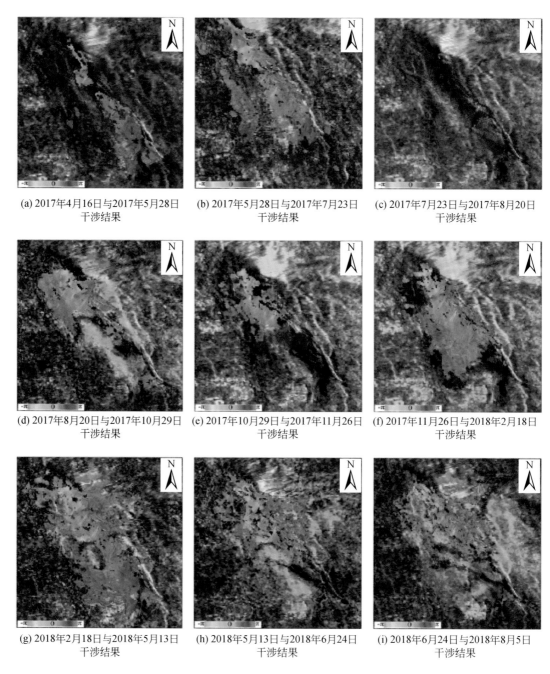

(a) 2017年4月16日与2017年5月28日
干涉结果　　(b) 2017年5月28日与2017年7月23日
干涉结果　　(c) 2017年7月23日与2017年8月20日
干涉结果

(d) 2017年8月20日与2017年10月29日
干涉结果　　(e) 2017年10月29日与2017年11月26日
干涉结果　　(f) 2017年11月26日与2018年2月18日
干涉结果

(g) 2018年2月18日与2018年5月13日
干涉结果　　(h) 2018年5月13日与2018年6月24日
干涉结果　　(i) 2018年6月24日与2018年8月5日
干涉结果

图 14.29　变形体雷达干涉结果

1. 三级平台

三级平台主要位于斜坡后缘，根据现场调查，斜坡边界发育 35 条大小不一的裂缝，基本都为张拉裂缝，其中有四条裂缝基本已经完全连通，张开宽度较大，对变形体起到主要控制作用；此外还有数十条规模较小的次级裂缝和主裂缝分支出来的小裂缝，详见表 14.5。

表 14.5　裂缝统计表

裂缝编号	走向/(°)	裂缝长度/m	裂缝宽度/m	深度/m	下错深度/m	裂缝类型
LF01	7～180	27.9	0.8	0.5	0.4	拉裂
LF02	144～324	67.85	0.06	0.07	0	拉裂
LF03	164～344	320.54	3.07	3.68	0.92	拉裂
LF04	0～360	136.64	4.24	5.09	1.1	拉裂
LF05	140～320	42.88	1.86	2.23	0.08	拉裂
LF06	163～343	22.39	1.61	1.93	0.3	拉裂
LF07	167～347	21.61	0.04	0.05	0	拉裂
LF08	169～349	250.98	1.81	2.17	0.61	拉裂
LF09	139～319	71.76	1.4	1.68	0.3	拉裂
LF10	159～339	218.14	4	4.8	1.02	拉裂
LF11	154～334	82.81	1.03	1.24	1.3	拉裂
LF12	132～312	135.28	1.18	1.42	0.22	拉裂
LF13	122～302	61.71	2.06	2.47	1.04	拉裂
LF14	130～310	228.03	0.06	0.07	0	拉裂
LF15	135～315	117.21	0.08	0.1	0	拉裂
LF16	159～339	120.72	1.21	1.45	0.5	拉裂
LF17	160～340	52.27	1.5	1.8	0.6	拉裂
LF18	106～286	296.86	4.1	4.92	0.43	拉裂
LF19	105～285	85.54	1.42	1.7	0.68	拉裂
LF20	43～223	43.52	0.07	0.08	0	拉裂
LF21	96～276	38.59	3.1	3.72	1.01	拉裂
LF22	96～276	55.43	2.11	2.53	0.47	拉裂
LF23	96～276	48.82	4.4	5.28	0.68	拉裂
LF24	128～308	69.44	1.5	1.8	0.35	拉裂
LF25	100～280	40.41	1.15	1.38	0.22	拉裂
LF26	88～268	243.94	0.05	0.06	0	拉裂
LF27	99～279	45.86	1.3	1.56	0.5	拉裂
LF28	94～274	31.87	1.5	1.8	0.4	拉裂
LF29	94～274	88.45	1.1	1.32	0.3	拉裂
LF30	156～336	89.19	2.3	2.76	0.7	拉裂
LF31	130～310	146	0.8	0.96	0.08	拉裂

续表

裂缝编号	走向/(°)	裂缝长度/m	裂缝宽度/m	深度/m	下错深度/m	裂缝类型
DL01	87~176	226.66	6.17	7.4	1.19	拉裂
DL02	131~168	319.89	8.17	9.8	4.14	拉裂
DL03	81~128	113.1	11.71	14.05	8.98	拉裂
DL04	118~146	154.05	6.46	7.75	3.31	拉裂

发育的四条主要裂缝 DL01~DL04,如图 14.30~图 14.33 所示,其特征分述如表 14.6所述。此外,发育的地裂缝 DL01 与 DL02、DL03 与 DL04 斜交,呈明显下错趋势,下错 3.31~8.98m,形成两处采空塌陷区,如图 14.34 所示。

图 14.30　主要裂缝 DL01

图 14.31　主要裂缝 DL02

图 14.32　主要裂缝 DL03

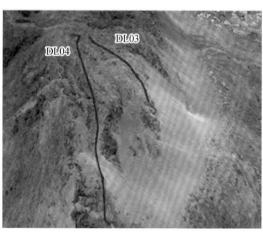

图 14.33　主要裂缝 DL04

表 14.6　主要裂缝描述

裂缝编号	特征描述
DL01	DL01 沿尖山营陡崖中部坡顶内侧发育，走向 87°～176°，裂缝总长约 227m，裂缝一端延伸到 GPS08，另一端延伸到坡肩，裂缝呈滑移拉裂型。裂缝从西向东宽度和深度变化较大，呈现"两边大，中间小"的特点。裂缝尾部张开宽为 1.1～2.5m，可见深度 0.5～1.7m，垂直错距 0.3～1.0m；裂缝前端及中部端张开 2～6.2m，可见深度 0.6～1.9m，垂直错距 0.5～1.2m
DL02	DL02 沿尖山营陡崖中部坡顶内侧发育，走向为 131°～168°，裂缝总长约 320m，裂缝一端延伸到 GPS08，另一端延伸到缓平台的 GPS09，裂缝呈滑移拉裂型。裂缝从西向东宽度和深度变化较大，呈现"两边大，中间小"的特点。裂缝尾部张开宽 1～2m，可见深度 0.2～1.8m，垂直错距 0.5～1.0m；裂缝前端及中部端张开 1.0～8.2m，可见深度 0.1～2m，垂直错距 1.5～4.1m
DL03	DL03 沿尖山营南侧的山脊发育，走向为 81°～128°，裂缝总长约 113m，裂缝一端延伸到 GPS08，另一端延伸到南东侧的陡崖边，裂缝呈滑移拉裂型。裂缝从西向东宽度和深度变化较大，呈现"两边大，中间小"的特点。裂缝尾部张开宽 1～2m，可见深度 0.3～1.7m，垂直错距 0.3～0.9m；裂缝前端及中部端张开 1.5～11.7m，可见深度 0.2～2.0m，垂直错距 1.2～9.0m
DL04	DL04 沿尖山营南侧的山脊发育，走向为 118°～146°，裂缝总长约 154m，裂缝一端延伸到南东侧的陡崖边，另一端延伸到 GPS08，裂缝呈滑移拉裂型。裂缝从西向东宽度和深度变化较大，呈现"两边大，中间小"的特点。裂缝尾部张开宽 0.4～2.5m，可见深度 1～2m，垂直错距 0.6～1.3m；裂缝前端及中部端张开 1.5～11.7m，可见深度 0.5～1.5m，垂直错距 2.5～9.0m

图 14.34　采空塌陷区

2. 二级平台

在三级缓平台到二级陡平台交界处，形成了三处错落陡坎，1#错落陡坎的长度为 380m，走向为 70°，错落高差约 40m，张开度约 1m；2#错落陡坎的长度为 280m，走向为 65°，错落高差约 26m，张开度约 0.5m；3#错落陡坎的长度为 600m，走向为 75°，错落高差约 32m，张开度约 0.3m，如图 14.35 所示。

在陡崖斜坡处结构面裂隙非常发育，发育一处危岩崩塌体，已经呈碎裂状，另外在陡崖上还有零散的危岩，如图 14.36、图 14.37 所示。

图 14. 35　坡肩的错落陡坎

图 14. 36　陡崖危岩崩塌体

图 14. 37　陡崖零散危岩

在第二级缓平台处为残坡积物和崩坡积物覆盖，发现有崩塌堆积和裂缝变形迹象（煤层开采诱发），斜坡陡崖北东侧以下的地形较为简单，植被较发育，局部见崩塌堆积带有碎石堆积，崩塌堆积体厚度为 0～20m，平均厚度约 5m，长约 1100m，宽为 60～80m，崩塌堆积物一般块体体积为 0.001m³，最大块体体积为 54m³，总方量约 45 万 m³，崩塌最远水平距离约 300m，高差为约 170m，如图 14.38、图 14.39 所示。

3. 一级平台

在尖山营陡崖下方的第一级陡坡发现有水出露，据调查，该出露点从 2017 年出现，这个同 M7 号煤层的开采基本上同步，也就是意味着斜坡体在缓坡平台的水文地质条件发生了一定的变化，有可能为尖山营变形体整体滑动的剪出口。在第一级缓平台处，第一级陡坡处滚石时常掉下来堆积在第一级缓平台处，有砸破蓄水池的现象，也有居民房被滚石砸破的现象，滚石大小为 1.1m×1.4m×1.5m，所幸未造成人员伤亡。

图 14.38　坡脚的崩塌积物　　　　　　　图 14.39　坡脚落石

14.4　斜坡变形破坏影响因素及过程分析

14.4.1　斜坡变形破坏影响因素

1. 地形、地质条件

发耳镇整体呈盆地状，周边多山坡，且软岩斜坡地带多山谷、山坡地形，一般坡度较大，这为滑坡的产生提供了两点有利条件：一是坡面临空没有植被的保护，软岩表面容易受到风化，表面形成松散的岩石粉屑，透水性提高，与水接触后容易形成滑坡；二是坡面坡度大，为滑坡提供了天然的优势。

2. 人为因素

发耳镇属于水城区的采煤富集区域，镇内有多家煤矿企业如发耳煤业有限公司、新龙煤矿等，由于地下开采过度形成采矿陷空区，没有及时进行回填及恢复处理，导致地面塌陷、崩塌等。山区总体可利用的土地较少，发耳镇相对水城区其他区域可利用土地较多，人为活动如开垦种植、开挖开采等虽然使得土地具备了一定的经济效益，可以用来种植、建造（宁永西等，2019），但人为活动改变了原有的土壤、岩石结构，破坏了植被，使得表面的土体变得松散，不能起到固化土壤、阻止水流渗透的作用，水土流失加快，径流加快对坡体、岩石的侵蚀，引发边坡失稳、滑坡等风险灾害。

3. 环境因素

水在滑坡的形成过程中通常起着至关重要的作用。在尖山营滑坡的发展过程中，影响因素之一的水主要来自大气降水。根据气象资料的记录，水城区降水主要集中在夏季，占全年总降水量一半以上。水城区降水呈现明显的单峰分布特点，其中 6～7 月达到降水峰值，结合往年区域地质灾害记录该时间段内恰好是地质灾害高发期。暴雨或持续降水后，土体的含水量上升，土质发生改变，在重力作用下发生地质蠕变、水流冲刷发生土体位移而导致滑坡。

　　综上所述，尖山营滑坡是在有利的地形条件下，拥有易产生滑坡的地层结构，在煤层开采后斜坡内部围岩应力平衡状态被打破，产生大量裂隙，有的裂隙延伸至坡表，坡体后缘也发生了一定程度的倾倒，坡脚泥岩受到挤压，较为破碎。当开采完成后，斜坡将随着时间的推移不断发生蠕滑变形，促使斜坡各岩层间发生错动，推测随着后期的降水，坡表大裂缝将进一步充水发育，斜坡在水的作用下，岩石强度受到其软化作用，强度进一步降低，形成"阶梯状"潜在滑面，随着雨水在坡体内部的囤积，斜坡体后缘产生巨大推力，"锁固段"可能被剪断，使斜坡发生整体滑动。

14.4.2　斜坡变形破坏过程分析

　　采取3DEC对尖山营变形体进行模拟分析，得出变形体变形演化过程。次模拟在边坡中加入节理，将编辑好的命令流节理导入生成的岩质边坡当中，形成节理边坡，生成的节理网格如图14.40所示。再对形成的节理边坡当中的节理加入光滑节理接触模型，该接触激活生成后，使岩石边坡形成的球体和结构面离散裂隙网格相耦合，形成节理岩质边坡模型。

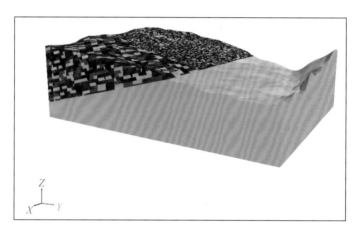

图 14.40　节理网格示意图

　　在煤层开采后，由于采空区上覆岩体失去支撑，导致围岩内应力重新分布，在应力不断调整过程中，上覆岩体发生不同程度的变形。由于此次开采步骤较多，其变形破坏过程十分复杂，故本书仅对其开采稳定后的阶段进行分析。随煤层采空斜坡剖面上合位移云图见图14.41，斜坡三维合位移云图见图14.42。尖山营变形体变形失稳过程如下。

　　（1）尖山营变形体在M1号煤层开采后，斜坡内部围岩应力平衡状态被打破，斜坡内部就已产生了大量裂隙，有的裂隙延伸至了坡表，坡体后缘也发生了一定程度的倾倒，坡脚泥岩受到挤压，较为破碎。

　　（2）第三步开采的采空区位于M3号煤层，长286.32m，主要位于斜坡中部，在其开采稳定后，根据其变形特征，斜坡变形最为明显的部位转向坡内，最大合位移达到了

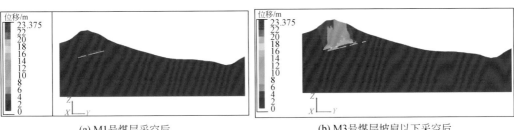

(a) M1号煤层采空后　　　　　　　(b) M3号煤层坡肩以下采空后

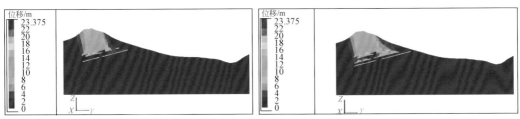

(c) M3号煤层斜坡中部采空后　　　　(d) M5-2号煤层斜坡中部采空后

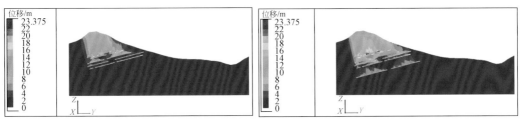

(e) M5-2号煤层外侧坡肩以下采空后　　　　(f) M5-3号煤层采空后

图 14.41　随煤层采空斜坡剖面上合位移云图

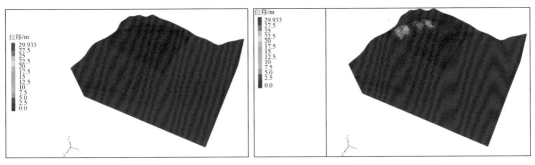

(a) M1号煤层采空后　　　　　　　(b) M3号煤层采空后

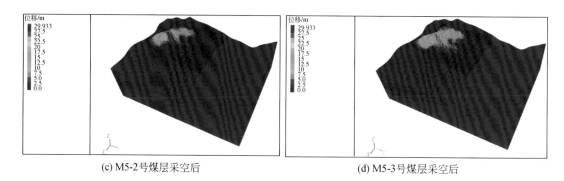

(c) M5-2号煤层采空后　　　　　　　　　　　　　(d) M5-3号煤层采空后

图 14.42　随煤层采空斜坡三维合位移云图

13m。横向上，由于该步开采的采空区上部产生了"上窄下宽"的张拉裂缝，同时斜坡缓倾坡内，导致上覆岩体的 Y 位移值增加有所减慢，从 0.8m 增大到了 0.9m；竖向上，此步煤层将 M3 号煤层的煤柱压碎，故其 Z 位移增大到了 –14m，且范围大幅度增大。

（3）当 M5-2 号煤层斜坡中部（长 132.54m，）采空后，位于斜坡中部，在其开采稳定后，根据其变形特征，最大变形部位仍位于斜坡中部，合位移值达到了 18m，变形范围与上一步相比有所扩大。同时，地表无新的裂缝产生，仅采空区上部一定范围内裂缝有所增加。随着 M5-2 采空区向坡肩下部延伸（向坡外延伸），在其开采稳定后，根据其变形特征，最大变形部位合位移值达到了 21m。同时，又有新的裂缝延伸至地表，岩体更加破碎。

（4）随着开采的进行，开采完 M5-3 号煤层后坡表已有多条贯通的长大裂缝，后缘倾倒也更加明显，坡脚泥岩更加破碎。

（5）当 M10 号煤层开采完成后，坡表裂缝数量虽没有进一步增加，但随着斜坡内部的应力调整，有的裂缝已呈现倾倒趋势，且沉降大幅度增加，使冒落带压密，岩层发生错断，此时后缘已发生隆起，坡脚已较为鼓胀。

当开采完成后，斜坡将随着时间的推移不断发生蠕滑变形，促使斜坡各岩层间发生错动，推测随着后期的降水，坡表大裂缝将进一步充水发育，斜坡在水的作用下，岩石强度受到其软化作用，强度进一步降低，将会形成"阶梯状"潜在滑面，随着雨水在坡体内部的囤积，斜坡体后缘产生巨大推力，"锁固段"可能被剪断，使斜坡发生整体滑动。

对数值模拟结果的变形与现场进行对比，根据现场资料推测现今正在进行第十三步开采。前文已述，变形体现今坡体后部出现了开裂倾倒，坡体中部裂缝较多，出现塌陷，长约 70m，高差约 10m，在坡肩处沉降最为明显，形成了三处错落陡坎，错落高差为 26 ～ 40m，其数值远大于开采厚度，在坡脚处岩体较为破碎，岩石挤出现象较为明显（图 14.43）。数值模拟结果在坡体后部也呈现倾倒的趋势，坡体中部发生沉降，产生了多条延伸至地表的裂缝，竖直位移值直到坡肩达到最大，且由于坡脚泥岩的挤出使最大位移值远大于开采厚度，这与实际现场变形现象较为符合。

图 14.43　现场实际变形情况

14.5　尖山营滑坡监测预警及应急响应

14.5.1　监测方案设计及实施

2018 年 4 月，全省开展高位隐蔽性地质灾害排查工作，在水城县发耳镇工作中发现尖山营一带存在高陡边坡，并时常发生零星崩落，严重威胁到当地居民 279 户 1062 人的生命财产安全，但未造成人员伤亡。这引起了地方各级人民政府和省、市、县级国土资源部门及贵州发耳煤业有限公司的高度重视。

随后，立即对该区开展了应急调查，并提交了应急调查报告。为了确保人民群众的生命财产安全，按照地质灾害应急处置要求，对位于该不稳定斜坡点下部的箐尾巴组、店子组及小寨组进行了紧急撤离避让。

为保障人民群众生命财产安全，了解变化趋势和发展规律，对该隐患点进行长期监测，2018 年 5 月，在斜坡上设计并安装了第一批监测设备，包括滑坡监测地表绝对位移监测 11 处、裂缝监测 3 处、雨量监测仪器 1 台、报警喇叭 3 个。

2018 年 8 月，再次对该隐患点进行调查后，认为已安装的裂缝计主要位于后缘裂缝部位，GPS 位移监测仪器主要位于坡顶裂缝内侧。根据监测结果与采矿活动的相关关系分析，这些监测数据能反映采矿地面沉陷规律，用于分析采矿活动对斜坡变形的影响，但无法分析潜在崩塌和滑坡本身的变形规律。因此，为实现尖山营崩塌滑坡预警预报，在裂缝至坡面之间即潜在崩塌、滑坡的后缘部位应补充监测设备，用以监测分析斜坡的局部稳定性和整体稳定性。地表专业监测仪器布置点位图如图 14.44 所示。

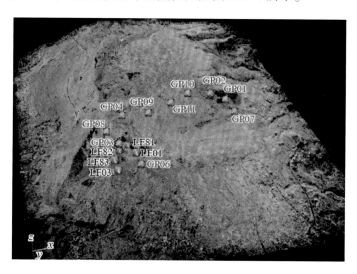

图 14.44　地表专业监测仪器布置点位图

14.5.2　监测数据及变形演化分析

斜坡 2019 ~ 2020 年地表专业监测仪器监测曲线见图 14.45。图 14.45 展示了几幅（GP01、GP02、GP03、GP07 和 GP08）有明显变形迹象的坡表位移监测曲线；图 14.46 展示了几幅（LF01、LF03、LF82 和 LF83）有明显变形迹象的坡表裂缝监测曲线。根据监测数据得到以下五点规律。

（1）所有坡表位移监测曲线的 Z 曲线走向几乎都向下，表明坡表 Z 方向的位移几乎都为负值，各点的沉降变形较为严重，与煤矿开采相吻合。

（2）GP03 和 GP08 各个方向位移量都较大，这个同现场调查相吻合，GP03 和 GP08 均分布在采空塌陷区域或其附近，受到采空塌陷区往坡外的挤压，造成监测点的变化很大。

（3）GP01、GP02 和 GP07 各个方向位移量都相对较小，说明该区受采动影响较小，该区域的岩土体相对稳定。

（4）裂缝的变形特征较坡表位移变形有明显的差异，裂缝的变形往往具有突变，其中 LF03 的曲线在 2020 年 8 月 8 ~ 9 日还在持续上升，推测该处受采空区的影响还在持续变形。

（5）从观测到的数据（截至 2020 年 8 月）来看，现今除各个测点的位移值相对较为稳定，推测该斜坡整体处于蠕滑变形阶段。

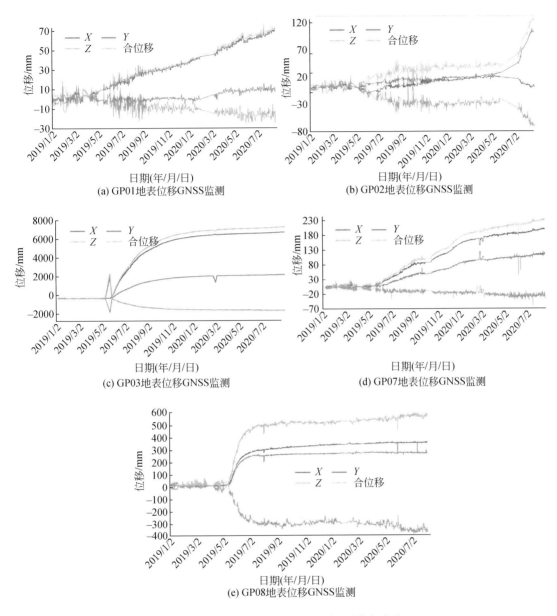

图 14.45　基于 GNSS 的地表位移监测数据曲线

14.6　经验及教训

　　多层采动和采空区跨越坡脚是发耳煤矿尖山营变形体产生剧烈变形的主要因素,斜坡变形仍将在现有变形的基础上继续演化发展。对于其他类似矿山,在开采方案设计时应避免采空区接近或直接跨越坡脚,相邻煤层垂直距离很近时避免多层煤在同一位置完全开采。在进行地表沉陷预计和地表设施保护时,需要考虑到高陡斜坡这种塌陷变形带来的严

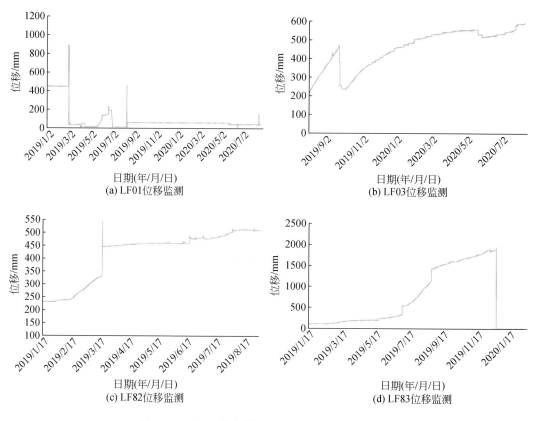

图 14.46　基于裂缝计的裂缝处位移监测数据曲线

重危害（李金锁，2020）。此外，基于斜坡变形机理和监测数据的综合分析，对于斜坡的变形演化过程和阶段判断，也为矿区煤层开采方案的确定提供了一定的参考。

第 15 章　兴义市马岭镇龙井村滑坡

2019 年 2 月 17 日凌晨 5 时 53 分，贵州省兴义市马岭镇龙井村九组（104°54′12″E，25°09′25″N）不稳定斜坡发生了顺层滑动，滑动方量约 96 万 m³（图 15.1）。

2014 年该处曾发生一次顺层滑动，留下了一个大光面，并在东侧形成高约 25m 的垂直临空面。2018 年 6 月在老滑坡区后缘出现新裂缝，2018 年底相关裂缝已贯通且变形不断增长。为判断滑坡发展趋势，2019 年 1 月，贵州省地质环境监测院与成都理工大学在滑坡地质调查、机理分析基础上，制订了专业监测方案，对滑坡变形情况进行实时自动监测（白洁，2020；白洁等，2020）。

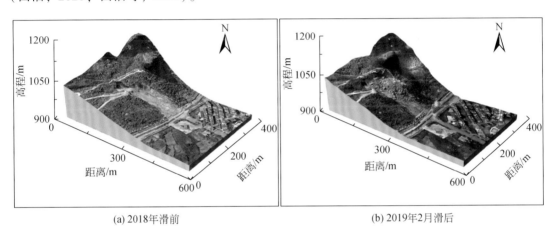

(a) 2018年滑前　　　　　　　　　(b) 2019年2月滑后

图 15.1　龙井村滑坡区域三维地质模型

2019 年 2 月 17 日，在事故发生前 1h，贵州省地质灾害监测预警系统便发出红色预警信息，并以短信形式发送给相关部门负责人和值守人员，提醒做好防灾准备。相关部门收到预警信息后，立即启动应急响应，对滑坡危险区再次进行排查和清场，撤离了危险区所有人员。此后该滑坡发生整体下滑，滑坡体方量 100 余万立方米，保证了人员的"零伤亡"。

15.1　研究区自然和地质环境条件

15.1.1　地形地貌

研究区属溶蚀中山地貌区，侵蚀切割强烈。斜坡总体地形上陡下缓，斜坡后缘坡度为 50°～70°，潜在滑体坡度为 15°～28°，前缘临空面近直立，临空面下部为裸露的岩层层面，坡度为16°~20°。斜坡类型有顺向坡、斜顺向坡。滑坡范围内最高点位于滑坡西侧山顶，海拔为1232m，最低点位于兴马大道，海拔为1042m，相对高差为190m，其地形地貌如图15.2所示。

图 15.2　研究区地形地貌

15.1.2　气象条件

研究区位于兴义市区内，属中亚热带湿润季风气候。冬季受北部寒潮影响较弱，夏季受东南海洋季风气候影响显著，具有冬无严寒、夏无酷暑的特点。全年平均气温为14~19℃，1月平均气温为4.5℃，7月平均气温为26.8℃，极端最高气温为41.8℃、最低气温为-4.8℃。年降水量为1300~1600mm，年平均降水量为1222.5mm，历年来最大日降水量可达203mm（2015年8月27日），最大暴雨时强65mm/h，降水量集中于每年的5~10月（表15.1、图15.3），年平均无霜期300天。

表 15.1　兴义市 2008~2019 年降水量逐月合计　　　　　　　　（单位：mm）

年份	1 月	2 月	3 月	4 月	5 月	6 月	7 月	8 月	9 月	10 月	11 月	12 月
2008	34.1	17.8	48.1	32.4	268.9	304.2	151.8	166.6	118.4	117.0	73.5	22
2009	9.1	1.7	57.2	85.4	96	188	192.1	179.4	39.7	34.5	12.8	98
2010	10.2	1.6	0.1	69.3	175.3	301.9	177.3	181.7	215.6	115.2	50.4	61.6
2011	38.1	14.5	38.3	20.9	36.5	210.3	74.6	14.6	33.6	93.8	20.1	17.3
2012	41.7	21.3	20.1	4.6	145.9	393.2	317.5	147.5	120.3	57	44.3	12.4
2013	22.7	6.6	31	47.1	142.5	124.4	324.3	296.3	141	88.6	23.5	54.6

年份	1 月	2 月	3 月	4 月	5 月	6 月	7 月	8 月	9 月	10 月	11 月	12 月
2014	25.4	42.6	14.3	88.4	56.5	455	590.6	253.4	297.1	57	61	16.8
2015	68.3	24.4	14.8	70.7	213.4	215.8	274.2	201.6	176.5	138.3	35.8	79.5
2016	15.6	12.3	14.4	105.1	147.8	402.8	142.9	251	184	113.6	109.9	2.3
2017	26.9	11.5	69.1	54	100.8	291.9	447.1	260.5	247.9	111	14	31.7
2018	21.7	6.1	151.5	50.5	186.8	192.8	166.3	191.4	105.1	66.4	5.4	40.6
2019	61.4	6.8	—	—	—	—	—	—	—	—	—	—

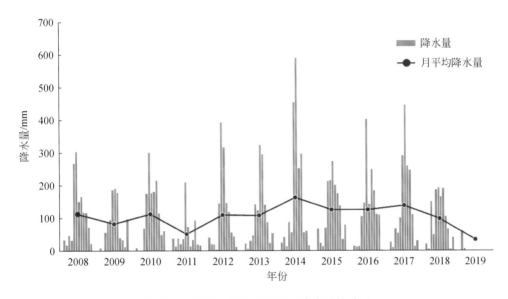

图 15.3　2008 ~ 2019 年兴义市降水量统计图

15.1.3　地质构造

研究区位于扬子准地台之普安旋扭构造变形区的黔西南涡轮构造兴义背斜西翼，夹于下午屯向斜、纳省背斜之间，兴义构造盆地西缘，区域构造以 NW 向、NNW 向构造为主，如图 15.4 所示。滑坡区地层主要为中三叠统杨柳井组（T_2y）和关岭组（T_2gl）。

中三叠统杨柳井组（T_2y）：杨柳井组五段（T_2y^5）主要为灰、灰白色薄–中层微晶灰岩、白云质灰岩，溶蚀现象明显，岩质整体坚硬，产状不稳定，部分岩体脱离成小块体。杨柳井组一、二段（T_2y^{1-2}）主要岩性为灰、浅灰、肉红色薄层状、中–厚层状泥晶白云岩、细晶白云岩［图 15.5（a）］，夹灰色薄层状白云质黏土岩，中下部夹 2 ~ 3 层泥化夹层，厚度为 2 ~ 10cm［图 15.5（b）、（c）］。该组区域地层厚度大于 600m，是滑体的主要组成部分［图 15.5（d）］，广泛分布于滑坡区范围内。岩质整体坚硬，岩体完整，泥化夹层在水的浸泡下，呈软塑–流塑状态，是滑坡形成的重要因素。

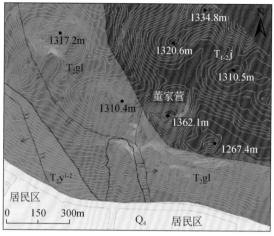

图
例

Q_4 第四系	T_2y^{1-2} 中三叠统杨柳井组一、二段
T_2gl 中三叠统关岭组	$T_{1-2}j$ 下三叠统嘉陵江组

逆断层　　　—— 地层分界线　　　滑坡边界

图 15.4　研究区地质构造图

(a) 杨柳井组肉红色白云岩

(b) 滑坡体中部泥化夹层特征

(c) 滑坡体后缘泥化夹层特征

(d) 滑坡体岩性特征

图 15.5　杨柳井组一、二段（T_2y^{1-2}）岩层特征

中三叠统关岭组（T_2gl）：主要岩性为灰白色厚–巨厚层状白云岩，岩质坚硬，"刀砍纹"发育（图15.6），岩体完整，根据滑坡前缘的临空调查情况，岩层间有一2~5cm厚的软弱夹层，夹层主要为黏土充填，遇水易软化。在老滑坡前缘处，关岭组（T_2gl）顶部存在一层70cm深灰色薄层状泥灰岩与杨柳井组（T_2y）底部肉红色白云岩接触。

图15.6　关岭组（T_2gl）白云岩中"刀砍纹"特征

15.1.4　水文地质条件

根据研究区的岩性和地下水的赋存形式、富集及水力特征，将地下水划分为松散层孔隙水、基岩裂隙水、碳酸盐岩类岩溶水三类，分述如下。

（1）松散层孔隙水：赋存于滑体及附近的松散层之中，含水层由残坡积含碎块石黏土层组成，根据钻孔及竖井揭露，滑体的富水性较微弱。该型地下水主要富存于第四系（Q）残坡积层的孔隙内，一般情况下流量不大，呈现出季节性的变化，在滑坡北西侧的冲沟中可以观察其变化。根据室内滑体土测定的渗透系数看，滑体土的渗透性总体较差，地下水主要接受大气降水及地表水补给，动态变化大。

（2）基岩裂隙水：赋存于滑动光面以下破碎带及滑坡体破碎岩石中，主要受到大气降水和上部松散层孔隙水的补给，地下水的动态变化相对稳定，但是由于含水层较为破碎，孔隙较大，赋水性较差，在光壁处可见局部的渗水通道。

（3）碳酸盐岩类岩溶水：碳酸盐岩地层的分布和产状由地质构造所控制，导致不同地段岩溶发育程度及形态特征有所不同。岩溶发育以地层岩性为物质基础，根据地质构造及岩性情况调查岩溶的分布及发育情况，贵州广泛分布碳酸盐岩，这些碳酸盐岩控制了丰富的岩溶地下水分布。地下水的补给主要为大气降水和自来水破裂补给，通过裂隙、漏斗等渗入地下，于层间裂隙、溶蚀裂隙、岩溶管道、风化裂隙节理之中流动，在滑坡堆积体岩石表面看到较多溶蚀钙化现象（图15.7），表明该区域存在部分岩溶现象。

(a) 局部渗水通道　　　　　　　　　　　　　　(b) 溶蚀钙化现象

图 15.7　碳酸盐岩类岩溶水特征图

15.2　龙井村滑坡变形历史及变形迹象

15.2.1　滑坡变形历史

通过在 Google Earth 上收集的 2014～2019 年的多次高分辨率滑坡区历史卫星光学影像（图 15.8），利用目视解译的方式对滑源区的历史变形迹象以及滑坡的变形失稳过程进行分析研究。

滑坡所在区域原始斜坡地形稍陡，自然坡度为 30°～45°，后缘高程达 1200m，根据 2014 年 2 月 16 日的 Google Earth 卫星影像图分析，此时滑坡区域还基本保留原始地形，但坡脚已经出现一处明显的类似圆形的垮塌，在滑坡的北西侧边界处出现裂缝，后缘表层堆积体部分垮塌。

2014 年 11 月 27 日的 Google Earth 卫星影像图显示，由于滑坡前缘开始修建公路，坡脚处开挖，滑坡发生了第一次滑动。为清理滑坡堆积体，在滑坡范围内从坡脚处向上开挖出一条呈 "S" 形的小路，滑坡后缘的表层堆积体已完全垮落。后经人工清除滑坡堆积体后，其坡表呈一较光滑的顺坡向光板，光板北西侧边界形成陡坎，岩层顺坡向产出，如 2017 年 11 月 16 日的 Google Earth 卫星影像图所示。此后一段时间内，滑坡区域基本没有发生明显的滑动变形迹象，且前缘公路也已经修建完成，滑坡整体呈基本稳定状态。

根据 2019 年 2 月 11 号的 Google Earth 卫星影像图，滑坡后缘出现长大裂缝，已经用隔水材料对已有裂缝进行了封闭，防止雨水入渗；北西侧边缘的岩体出露更加明显，其坡脚处部分岩体在 2019 年 2 月 17 日发生了局部垮塌。光面后缘及公路弯道处上方已经修建了截排水沟等应急抢险工程。

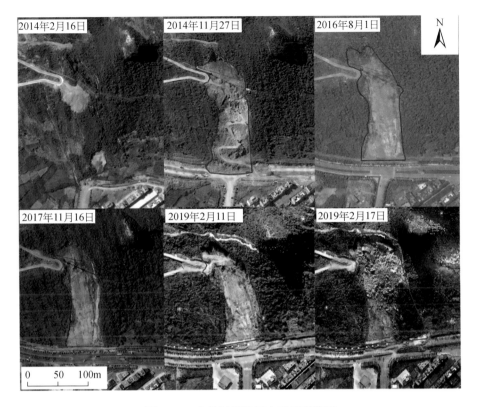

图 15.8　龙井村滑坡历史卫星影像图

15.2.2　滑坡变形迹象

　　根据现场调查，该滑坡发生失稳滑动前在坡体表面产生大量宏观变形迹象，包括各种拉张裂缝及剪切裂缝，其中规模较大、特征显著的变形迹象如图 15.9 所示，为斜坡后缘及侧边界的两条拉张裂隙，其中 LF1 为贯穿性裂缝，2018 年 6 月 27 日进行贵州省兴义市高位隐蔽性地质灾害隐患专业排查期间首次发现时，其延伸长度 30 余米，张开宽度为 0.2～0.9m。2018 年 12 月 5 日，裂缝 LF1 延伸长度增长至约 200m，裂缝宽度增大至1.0～3.5m，宽 0.8～3m，可测深度 9～33m，下错高度 0.05～0.5m，下错方向为 56°～87°，走向138°，2019 年 1 月 7 日，裂缝宽度在 2018 年 12 月 5 日的基础上又扩大了 6～9cm。经调查发现，裂缝沿坡向向下延伸连接 LF2。

　　LF2 宽 0.2～5m，走向 46°，自 LF1 北侧端点沿斜坡延伸至坡脚，延伸约 300m，下错方向 55°，下错高度 2～15cm，可测深度 5～30cm；沿 LF2 追索至下方斜坡中部输水管道沟渠处，见沟渠挡墙开裂变形，墙面破裂，宽 2～6cm；在输水管道旁，直壁陡崖面上发育一斜向裂缝 LF3，沿 162°方向延伸，宽 3～5cm；在管道下方斜坡中部，见竖直裂缝 LF4，延伸方向为 24°，宽 30～60cm，下错方向为 127°，下错 2～15cm；沿 LF4 顺坡面往下 20m 处直壁下方见软弱层错动痕迹，下错方向为 56°；滑坡体前缘兴马大道沿坡面往上约50m处可见LF5，延伸方向为40°，延伸长度约9m，下错方向为126°，下错高度最大处为30cm；位于滑坡体直壁陡崖下方小平台处，距输水管道约7m，地面有破裂、鼓胀现象，鼓胀区域总体延伸方向330°，延伸长度约36m，地面破裂最宽处裂缝为4cm，隆起最高处约20cm。

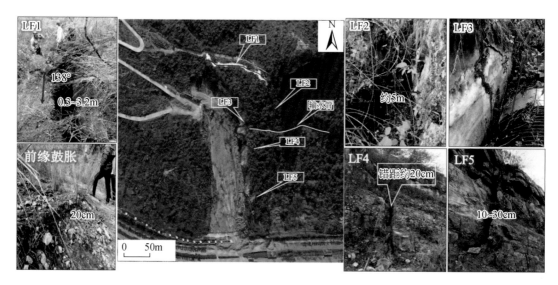

图15.9　2018年龙井村滑坡滑前变形迹象

15.3　龙井村滑坡基本特征

15.3.1　滑坡规模形态及边界特征

根据现场调查情况，结合滑坡的变形特征和对滑坡产生机制的初步分析，对滑坡进行分区，可分为主滑坡区和滑坡影响区，其中，又可将主滑坡区分为滑坡物源区、堆积区和破裂变形区；而滑坡影响区主要为受滑坡失稳滑动影响而不稳定的坡体，在此将滑坡影响区分为不稳定区和潜在危险区，如图15.10和图15.11所示。

1. 滑坡物源区（Ⅰ区）

2014年首次滑坡后形成了NE向的长条状光面，物源区为光面北侧中上部至后缘呈舌状的山体，由后缘裂缝、NE侧边界的裂缝及光面侧边界陡崖形成。后缘裂缝长约178m，走向为138°；NE侧边界裂缝在1125m高程处偏转约30°并延伸至陡崖，由此形成了滑源区边界，陡崖高为15～25m，呈近直立状，岩性为厚层状白云岩。

滑源区后缘最高处高程约为1178m，前缘最低处高程为1096m。其所在斜坡岩体属中三叠统关岭组（T_2g），岩性主要以灰色厚层状白云岩为主，夹薄层状页岩，区域厚度为265～750m。滑源区地层呈单斜产出，地层产状为52°∠22°，坡向为62°，坡度为30°，为

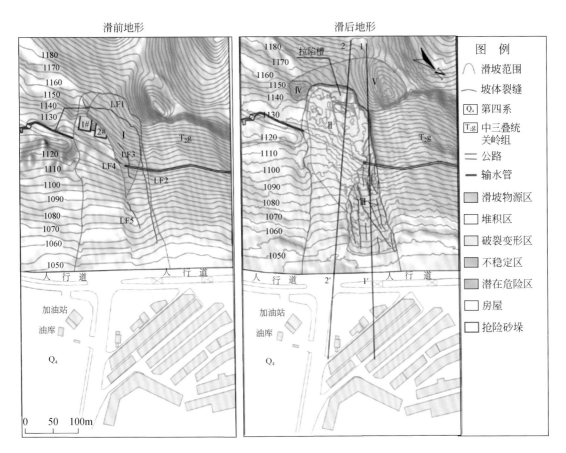

图 15.10 龙井村滑坡分区示意图

图 15.11 龙井村滑坡各分区特征

岩质顺向坡。

2. 堆积区（Ⅱ区）

滑坡发生后并未产生远距离的滑动，主要堆积于滑源区及其前缘的斜坡中上部，整体形状呈不规则的倒三角形。堆积区所在的斜坡为原滑坡滑床，表面平顺，呈一大光面状，坡度较陡，为30°~40°，为薄-中厚层状的白云岩，其表面风化严重，部分位置因雨水冲刷等原因表面较为光滑，坡表有水流出露迹象。堆积区一侧以物源区的边界为界，另一侧从后缘陡崖开始，沿光面南东侧边界向下发展到光面中部，向北转向延伸到光面北西侧边界，与物源区边界相接。堆积区后缘高程为1145m、前缘高程为1070m，高差约75m。

3. 破裂变形区（Ⅲ区）

此部分坡体位于滑坡堆积区的北东侧，与滑坡堆积区相邻，呈一不规则的梯形。梯形的斜边与堆积区相接，梯形顶边为光板北侧边界下部的陡坎，底边为滑坡左侧边界，直角边为滑坡前缘开挖陡坎。该部位坡体位于滑源区的下方，为顺坡向的厚层白云岩，一侧临空，坡体上已经产生了较多的裂缝，其本身就极其不稳定，滑坡发生后，对该部位产生极大的扰动，坡体裂缝增多，部分位置岩体解体，但由于其前缘布置了抗滑桩和抢险沙垛，破裂坡体并未滑落，整个区域以较破碎的状态堆积于滑坡北西侧边界中下部。

4. 不稳定区（Ⅳ区）

不稳定区域是位于滑体周围因滑坡滑动产生扰动而稳定性降低的区域。该区域主要位于滑坡右后缘外50m宽、20m高范围的不规则圆形区域，该不稳定坡体的左前缘已经临空，斜坡坡度为20°~35°，坡体上也出现了横向及纵向长大裂缝，当滑源区产生失稳滑动后，其前缘临空面增大，且其具有较大的重力势能，在重力作用下坡体容易产生拉裂变形，该部位的稳定性将进一步降低。

5. 潜在危险区（Ⅴ区）

该区域呈"口哨"状包裹在滑坡后缘，"哨柄"为滑坡后缘约20m高程范围内的山体，"口哨头"为滑坡后缘北侧的一危岩体，危岩体面向前缘公路一侧近乎直立，背向公路的一侧坡度为60°~70°，该危岩体高度为40~50m，底边宽度为60~70m，呈圆锥状孤立于滑坡体的北侧，目前还未在危岩体四周发现裂缝，滑坡滑动后，其坡体上的裂缝若向上延伸到危岩体，导致危岩体塌落，将会对坡脚的居民产生极大的威胁。

15.3.2　滑坡坡体结构特征

中三叠统杨柳井组（T_2y）白云岩、泥质白云岩、灰岩是构成滑体的主要岩性，岩体的层理面泥质薄膜充填，内聚力较低（图15.12），岩层产状为52°∠22°。由于风化作用及区域构造的影响，岩体节理及裂隙较为发育，主要的两组节理：①产状为40°~60°∠75°~85°，节理面光滑平直，张开度为0.5~1.5m，延伸大于5m，少量充填岩石碎屑；②走向为61°，近直立，节理面光滑平直，微张无充填或少量泥质充填，延伸长度为3~5m。

滑带发育在一层厚1.5~2m的软弱夹层中，软弱夹层为紫红、黄褐色薄层状泥质白云岩或黏土岩，极破碎，可分为三层：①第一层为紫红色黏土岩，具有较高的黏性，平均厚

图 15.12　失稳前滑体特征

度约 20cm；②第二层为棕黄色薄层状泥质白云岩，平均厚度约 30cm；③第三层为灰黑色的泥灰岩，平均厚度约 60cm（图 15.13）。软弱夹层在水的浸泡下逐渐泥化，呈软塑-流塑状态，形成泥化夹层，是滑坡形成的重要因素（图 15.13、图 15.14）。滑带土为红褐色或灰黄色可塑性黏土，具有较高的黏性。根据该区域地层发育特征及钻孔数据认为滑面为近直线型，平行于岩层面。

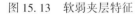
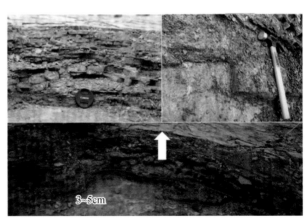

图 15.13　软弱夹层特征　　　　　　　　　　图 15.14　滑带土特征

　　根据坡脚处人工开挖应急桩孔时的编录情况来看：滑床主要为中三叠统关岭组（T_2gl）中风化中厚层白云岩、泥质白云岩，岩层层面清晰可见，岩层倾向为 52°，倾角在 22°左右，潜在滑床基岩与坡面近平行。

　　龙井村滑坡工程地质剖面图如图 15.15 所示。

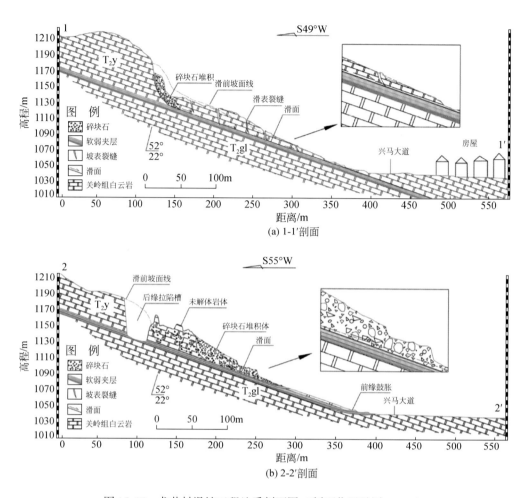

图 15.15　龙井村滑坡工程地质剖面图（剖面位置见图 15.10）

15.4　龙井村滑坡失稳破坏过程分析

15.4.1　滑坡失稳破坏过程定性分析

1. 地形条件

龙井村滑坡所在区域为低－中山溶蚀斜坡地貌，地形总体西北高、东南低，地形坡度较大，自然地形坡度平均约 40°，滑源区地层单斜产出，岩层产状为 52°∠22°，自然地形坡度与岩层倾角小角度相交，属岩质顺向坡，此类坡型有利于滑坡的形成。在滑坡区内存在 2014 年第一次滑坡后形成的陡坎，陡坎高度从坡脚到后缘逐渐增大，后缘陡坎高度达 30m，陡坎的存在导致滑源区岩体长期临空，是滑坡产生的重要因素。

2. 地质条件

滑坡区域地质构造复杂，以逆断层为主，地貌类型为构造-溶蚀地貌，在构造作用的影响下，岩石节理裂隙发育，且以两组裂隙为主：走向340°~350°的节理裂隙切割岩石形成外倾结构面，走向50°左右的节理裂隙切割岩石形成滑坡侧缘的控滑结构面，此不利的构造条件有利于滑坡的形成。

含软弱夹层的岩质斜坡的失稳破坏，起主导作用的往往是软弱夹层。在几十年、几百年甚至上千年的演化过程中，软弱夹层受到构造运动、荷载及外界环境的各种因素的综合作用，在软硬交界面或者软岩内部层理面由于物理性质的差异而产生应力集中，形成与层面平行的力偶作用，从而导致发生层间剪切错动。循环往复的剪切错动导致了原岩的结构破坏，岩体碎裂甚至泥化，形成滑坡滑面。

龙井村滑坡滑体的主要组成部分为厚-巨厚层状白云岩、夹灰色薄层状白云质黏土岩，滑体中部夹有厚度为0.8~1.5m的软弱夹层，共可分为三层：第一层为紫红色黏土岩，具有较高的黏性；第二层为棕黄色薄层状泥质白云岩；第三层为灰黑色的泥灰岩，软弱夹层在水的浸泡下逐渐泥化，在其中下部形成了2~3层泥化夹层，厚度为2~10cm。上部白云岩岩质整体坚硬，完整性较好，属硬质岩，下部软弱夹层质软，可压缩性较高，浸水后呈软塑-流塑状态。如此的岩体组合主要产生两方面的变形：一是在构造作用下，强度差异明显的软硬互层状岩体沿软硬岩交界面产生应力集中，造成层间剪切错动现象，发生剪切变形破坏；二是经过长期的水岩作用，软层的强度逐渐降低，上部硬质岩在重力作用下对其产生挤压，软弱层发生压缩变形，且越靠近临空边缘挤压变形量越大。剪切压缩变形的同时发展，导致软弱夹层之上的硬质岩体产生向临空面的微倾倒现象，从而引起后缘产生由坡表向坡内发展的拉裂缝，拉裂缝不断发展，并逐渐贯通后最终导致滑坡产生。

因此，硬质岩夹软弱夹层的组合，构成了滑坡形成的物质基础，是滑坡形成的关键原因。

3. 环境因素

水在滑坡的形成过程中通常起着至关重要的作用。在龙井村滑坡的发展过程中，影响因素之一的水来自两个方面，即大气降水和通过坡体的输水管道的渗漏。

研究区大气降水丰富，年降水量为1500~1600mm，大气降水不仅会增加滑体的重度，且结构面在暴雨期间受到侵蚀、软化作用，其抗剪强度也会降低，不利滑坡的稳定。此外，在滑坡中部有一输水管道通过，根据现场调查显示，管道渗漏现象较严重，管道渗水沿溶蚀裂隙下渗，软弱夹层则成为相对隔水层，软弱夹层与水作用后软化，剪切强度降低，压缩性增大，上部硬质岩如同置于一光滑斜板上，更容易向临空面滑出，导致滑坡产生。

在龙井村滑坡的坡脚为兴马大道，人类工程活动强烈，根据滑坡的历史卫星影像图可知，在2014年修建公路时因切割坡脚而导致产生了小型滑坡，滑体清方后便形成了一侧为陡崖的不稳定斜坡，此后由于前缘陡崖长期临空，诱使该不稳定斜坡后缘裂缝的形成及发展，是滑坡形成的重要外在因素。

综上所述，龙井村滑坡是在有利的地形条件下，拥有易产生滑坡的地层结构在降水及水管渗漏水体的作用下，以及坡脚开挖卸荷的影响下逐渐形成的渐进后退式的顺层岩质滑坡，其演化过程集地形、地貌、水文、环境等多种因素的影响，滑坡形成过程示意图如图15.16所示。

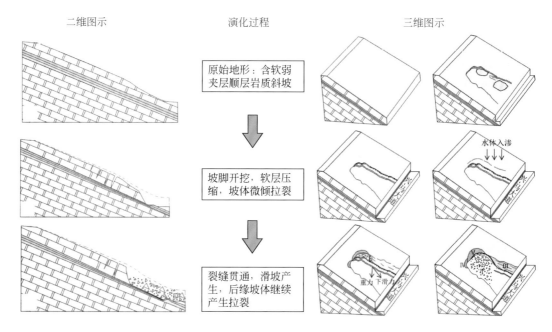

图15.16　龙井村滑坡形成过程示意图

15.4.2　滑坡失稳破坏过程离散元模拟分析

采用二维颗粒流软件（particle flow code 2D，PFC2D）模拟研究兴义滑坡的失稳破坏过程。根据1-1′剖面图［图15.15（a）］并依据地质条件还原滑前地形后建立计算模型，建立如图15.17所示离散元数值模型，模型主要分为三个部分，软弱夹层、软弱夹层之上的杨柳井组的白云岩以及软弱夹层以下的基岩，为关岭组的白云岩，由40432个颗粒构成，颗粒半径为0.4～0.6m。

标定出的各材料的细观接触参数赋值给相应的岩土体，具体参数如表15.2所示。同时在模型的左、右、底边界分别施加法向约束。首先计算模型自重作用下的平衡，再进行下一步力学分析。

表15.2　模型参数表

岩体材料	线性接触模量/GPa	线性接触刚度比	黏结模量/GPa	黏结刚度比	法向黏结强度/MPa	切向黏结强度/MPa
杨柳井组白云岩	4.2	4.6	4.2	4.6	12	12
关岭组白云岩	6.2	6.6	6.2	6.6	15	15
软弱夹层	0.045	0.12	0.45	0.12	0.25	0.25

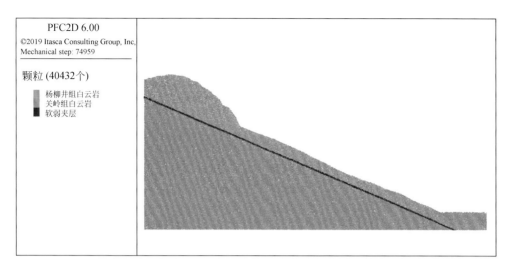

图 15.17 龙井村滑坡离散元数值模型

在计算过程中，对软弱夹层采用强度折减法对其的性质进行逐渐削弱，以模拟软弱夹层与水作用后性质逐步弱化的过程。同时，在计算过程中对滑坡的各个关键部位进行位移、速度、应力应变等的监测，研究滑坡演化过程中的变形特征情况，以此分析滑坡的变形破坏机理，滑动破坏过程见图 15.18。

在坡脚开挖后，由于卸荷作用，位于软弱夹层之上的顺层状的白云岩坡体上产生裂隙，在坡体上出现一条明显贯通的裂缝，第一次滑动的滑体基本形成，而后在滑体上不断产生裂缝，滑体发生滑移并逐步解体，第一次失稳滑动的规模较小，整个过程如图 15.18 (b) 所示。

如同实际情况下的龙井村滑坡，将第一次滑动后的滑体进行清方后继续进行计算，形成了第二次的滑动破坏。在第二次的滑动破坏中，依旧是在滑坡的后缘首先形成裂缝并贯穿，滑体从坡体中分离，在后续的破坏过程中滑体上产生裂缝并发生滑移解体。第二次的滑体规模比第一次的滑体规模略大，过程如图 15.18 (c) 所示。

对第二次的滑体进行清方，继续计算，模拟若不采取措施，上部的岩体会发生怎样的变形。计算结果显示，第三次的滑动破坏如同前两次的滑动破坏，在滑坡后缘首先形成贯通的裂缝，在后续的失稳滑移过程中滑体解体。从第三次的滑动破坏过程中可以看出，滑体前缘的岩体有前倾现象。且模拟结果显示第三次的滑动规模更大。第三次滑动破坏过程如图 15.18 (d) 所示。

观察破坏过程可发现最前缘的滑体有略微的前倾现象，这是由于软弱夹层性质弱化后，硬质岩对软弱夹层的挤压导致软弱夹层容易产生压缩变形。从滑坡前缘开始，软弱夹层会产生不同程度的挤压变形，从而导致滑体前倾，但在运动过程中，这种现象不明显。因此，在此选择滑体的位移矢量图进行分析，如图 15.19 所示。

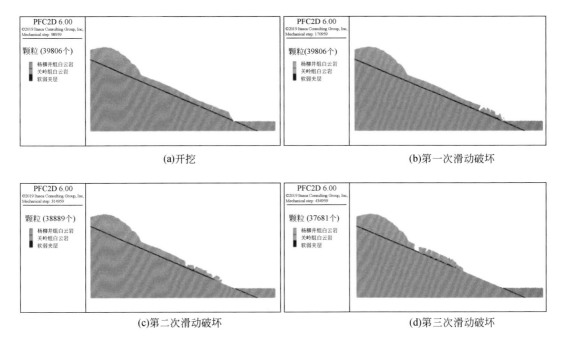

图 15.18　三次滑坡的滑动破坏过程图

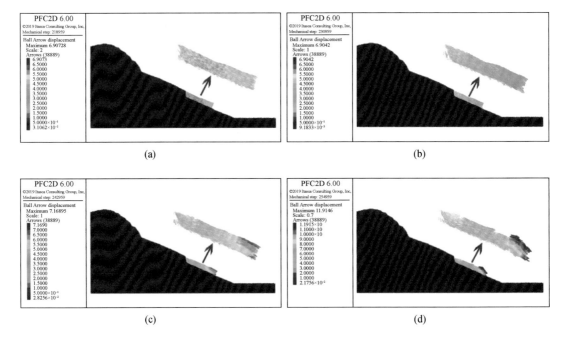

图 15.19　第二次失稳滑动过程中滑体位移矢量图

在最初变形时［图 15.19（a）］，可见位移方向基本都是平行于坡面的，仅在靠近坡面的地方有指向坡内的趋势。随后［图 15.19（b）］除位移整体增大外，前缘坡体有偏转向坡内的趋势，随着变形的发展［图 15.19（c）］，滑体前缘的位移量增长得更多，且前缘坡体的变形方向指向坡内更直观。至图 15.19（d）时，能明显看出前缘的坡体产生了向下的弯折。根据位移矢量变形，可以判断软弱夹层发生了压缩变形，从而引起了滑体的弯折变形。

15.5　龙井村滑坡监测预警及应急响应

2018 年 6 月 27 日，兴义市马岭镇龙井村九组山体斜坡上发现裂缝，随即将该点新增为地质灾害隐患点加入贵州省地质灾害监测预警平台并制订监测方案实施监测。

对于缓慢变形（蠕变）滑坡的早期预警，变形量是全世界广泛使用的主要监测参数（Pecoraro et al., 2018；Intrieri et al., 2019）。对于岩质滑坡的监测预警，Pecoraro 等（2018）回顾了六个滑坡预警系统，这些系统均使用位移及其导数（速度和加速度）作为岩土体的主要预警参数。尽管并不是所有的现场监测数据都能直接用于定义预警标准，但它们提供了滑坡活动的信息。在龙井村滑坡的监测过程中，采用岩土体变形监测（裂缝计）和大地测量（GNSS）相结合的监测方案。岩土体变形监测是通过直接测量地面位移的裂缝计进行的，裂缝计是由 SKLGP 自主研发的 SIT-1800C 智能裂缝监测仪（简称自适应裂缝计），这是一款适用于山体滑坡、崩塌落石、工程结构等大量程相对位移高精度监测的智能化设备，其特点是通过智能计算模型自动跟踪变形快慢，并根据变形幅度自动调整数据采集频率（朱星等，2016）。GNSS 全称为全球导航卫星系统（global navigation satellite system），是天空中所有导航卫星系统的统称，其原理是利用坐标已知的空间卫星，根据测距交回原理，测定地球上某物体的空间坐标信息。多种监测传感器的安装提供了有关滑坡活动的信息，并有助于监测滑坡的时空演化过程，以便进行可靠的预测。

2019 年 1 月，通过野外现场考察，在判断滑坡发展趋势和评估其危险性的基础上，制订专业监测方案，对滑坡变形情况进行实时自动监测。龙井村滑坡的监测方案采用了一种以上的地面位移监测方法，以便在设备因天气或其他相关因素干扰而出现故障的情况下提供替代方案，并在紧急情况下保持预警系统的工作状态。在滑坡发生前后，根据前期勘察所获取的坡体变形情况，初步分析后依据多方位全面监测、方便适用、经济合理、重点监测关键区域等原则，在滑坡发生前后的滑坡区域及其影响区域，共布设了 21 个监测点，包括有六台 GNSS 和 15 个裂缝计。其中三台 GNSS（GP01、GP01、GP03）和九个裂缝计于滑坡发生前开始监测，GP01 安装于滑坡北西侧中部坡体，GP02 安装于原滑坡北西侧后缘陡崖后方的山体上，GP03P 安装于后缘陡崖处抢险工程 2#沙垛的前缘。1~6 号裂缝计沿滑坡后缘裂缝布设，7~9 号裂缝计沿坡体中部水管布设，滑坡监测点布置如图 15.20 所示。

由平台数据曲线显示，各监测点变形趋势基本一致，因此，分别选取其中一个裂缝计和位移计数据进行滑坡变形特征分析。选取裂缝计 LF01 和 GP01 的监测成果对滑坡发展过程作具体分析（图 15.21）。图 15.21（b）为系统中绘制的 2 月 13 日至滑坡发生的

(a) 滑坡发生前　　　　　　　　　　　　　(b) 滑坡发生后

图 15.20　龙井村滑坡监测点布置图

GNSS01 监测数据曲线，图 15.21（c）为裂缝计 LF01 从 1 月 28 日至滑坡发生期间的监测数据曲线。经由裂缝计和 GNSS 现场自动采集的监测数据远程无线传输至"地质灾害实时监测预警系统"进行自动分析计算，绘制变形速率（v）曲线、速率增量（Δv）曲线，计算机通过变形速率自动判定滑坡的匀速变形阶段，并结合改进切线角理论（许强等，2009b），绘制改进切线角（α）曲线，通过对曲线的特征分析，自动划分变形阶段和预警级别，一旦达到某个危险级别，系统将通过手机短信等方式发送提示性预警信息到指定的手机。滑坡变形加速曲线见图 15.22。

在 1 月 31 日之前，裂缝计变形曲线表现出幅度较小的波动，此阶段是坡体裂缝产生的过程，为斜坡初始变形阶段。后缘裂缝以每天 3cm 左右的变形速率不断增长，滑坡的危险性不断增大，当地政府紧急撤离了受滑坡直接威胁的 400 余人。

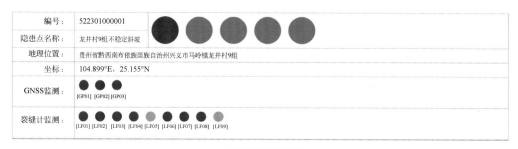

(a) 地质灾害预警信息

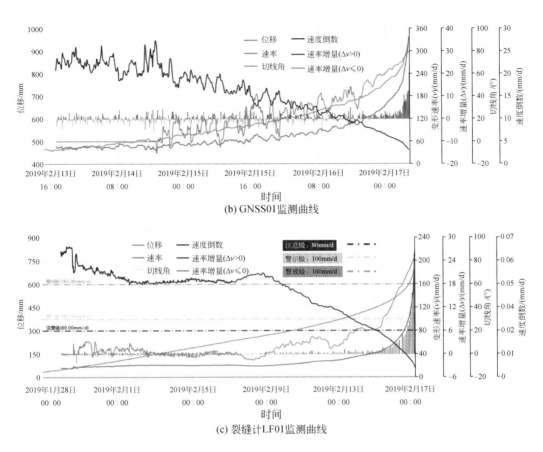

(b) GNSS01监测曲线

(c) 裂缝计LF01监测曲线

图15.21 地质灾害实时监测预警系统实时监测数据

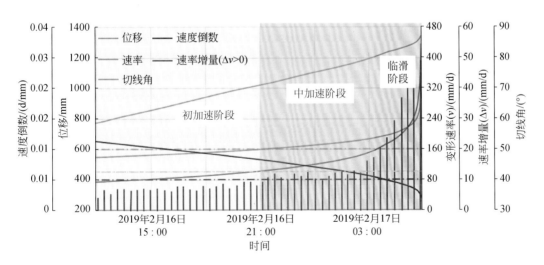

图15.22 滑坡变形加速曲线

从 1 月 31 日至 2 月 9 日, GNSS 变形曲线趋于稳定, 速率增长缓慢, 累计位移曲线总体呈一斜直线, 此阶段斜坡初始变形产生后在重力等因素作用下产生蠕动变形, 裂缝不断发展, 为斜坡的等速变形阶段; 从 2 月 9 日开始, 裂缝计 LF01 变形速率开始快速增加, 速率倒数曲线突变向下, 呈阶梯式下降, 而切线角则呈现阶梯式上升, 斜坡变形开始加快。2 月 11 日, 经再次实地考察, 研究提出了针对性的滑坡应急处置方案, 并根据现场变形发展趋势增设了变形、倾角等监测设备, 确保全面掌控滑坡变形情况及发展趋势。监测结果显示, 自 2 月 13 日起滑坡逐渐进入加速变形阶段, 系统于 2 月 15 日自动发出滑坡黄色预警信息。当地政府立即对滑坡危险区进行了封闭, 禁止无关人员进入。

在 2 月 16 日 8 时之前, GNSS 监测数据反映速率增量正负交替出现, 波动范围基本为 $-5 \sim 5$mm/d, 切线角曲线振荡式升高, 滑坡变形处于缓慢增长阶段。在 2 月 16 日 16 时后速率增量基本全为正, 位移曲线和速率曲线开始快速增长, 速率增量持续增大, 改进切线角超过 45°, 滑坡变形整体呈现加速增长趋势直至滑坡发生。由于仪器采集数据的频率一定, GNSS 监测曲线能较好地反映滑坡的整体变形情况, 却不能充分反映变形特征和发展阶段。

裂缝计 LF01 在 2 月 15 日后, 变形速率增量全为正, 且速率增量成倍增大, 累计位移, 变形速率曲线快速增长, 随后斜坡进入加速变形阶段, 裂缝逐渐贯通。2 月 16 日 12 时左右, 变形速率达到注意级 80mm/d, 变形首先进入初加速阶段, 速率增量在 $0 \sim$ 10mm/d 范围内稳定波动, 变形速率和累计位移不断增长, 至 2 月 16 日 21 时, 变形速率达到警示级 100mm/d, 斜坡变形进入中加速阶段, 速率增量增大, 在 $10 \sim 15$mm/d 范围内波动, 累计位移和变形速率快速增长, 在 2 月 17 日凌晨 3 时过后变形速率达到警戒级 160mm/d, 变形进入临滑阶段, 系统发布橙色预警, 此时切线角超过 80°, 速率增量开始呈台阶式增长, 累计位移和变形速率高速增长, 在 2 月 17 日凌晨 5 时切线角超过 85°, 从宏观上来看, 累计位移、变形速率曲线近直立, 斜坡变形急剧增长, 速率增量持续增大, 达到 40mm/d, 凌晨 5 时 52 分, 变形速率达 500mm/d, 随后滑坡发生。

在上述的预警模型中, 主要以滑坡变形速率为预警指标, 通过对变形速率的判断划分预警级别, 从滑坡进入初加速阶段, 系统发出注意级预警, 到滑坡发生, 共历时约 18h, 而从滑坡发出红色预警信号到滑坡发生的时间为 53min, 是一次成功的滑坡预警案例。

基于三个阶段变形特征所建立的变形速率, 滑坡预警模型能够较好地应用于变形特征、变形速率阶段性特征显著的滑坡上, 龙井村滑坡在前期变形缓慢且持续时间较长, 发展到后期变形速率才迅速增大, 并很快进入加速变形阶段后迅速破坏, 在这一短暂的时间内需要准确识别滑坡变形速率的变化及变形的发展趋势, 并及时发出相应的预警信息, 具备了提前预警的能力。

2 月 17 日滑坡发生后, 研究团队及时赶到现场, 对滑坡发生后的情况进行调查评价, 同时配合当地政府部门, 研究制定滑坡发生后的防灾措施。

龙井村滑坡的成功防范是科学管理、科学监测、科学应急处置与科学预警的结果。政府部门对科研人员的信任与相互间的紧密合作, 是这次滑坡"零伤亡"的重要原因。

第16章　晴隆县团坡组大寨滑坡

2020年6月23日14时至24日7时，晴隆县出现特大暴雨，其中安谷乡达208mm，达特大暴雨级。6月24日中午12时57分，安谷乡前进村团坡组大寨滑坡监测预警系统发出橙色预警，国土资源所负责人立即组织人员进行现场核实。在6月24日13时24分，团坡组大寨滑坡开始发生下滑，14时18分，自然资源局组织受威胁群众紧急避险撤离。14时30分，滑坡正加剧变形下滑。15时40分，受威胁8户38人全部撤离避险。该隐患点因自动化监测设备预警预报，组织群众撤离避险及时，未造成人员伤亡及财产损失，滑坡全貌图见图16.1。

图16.1　团坡组大寨滑坡全貌图

16.1　研究区自然和地质环境条件

16.1.1　自然地理条件

晴隆县地处贵州省西南部，云贵高原中段，地理坐标为105°01′E，25°33′N，东与关岭县隔江（北盘江）相望，南接兴仁市，西连普安县，北靠六枝特区，县域南北长

69.0km、东西宽33.0km，全县总面积为1327.30km²。

团坡组大寨滑坡所在位置为贵州省黔西南州晴隆县安谷乡前进村团坡组，距离晴隆县城东北侧约12.5km处，交通便利，地理坐标为105°18′16.88″E，25°41′38.78″N。

晴隆县属亚热带季风湿润气候区，气候温和，雨热同期，阴雨天多日照少，湿度较大。年平均气温为15.3℃，极端最高气温为34.2℃，极端最低气温为−5.2℃，≥0℃年积温为4662℃，≥10℃年积温为3665℃。全年无霜期271天，年平均日照时数为1354h，平均相对湿度为85.4%。年平均降水量为1200mm，属于贵州降水量最多的区域之一，降水主要集中在5~8月，灾害性气候主要是干旱，春旱普遍、夏旱较少。

研究区属珠江流域，除有约4km²属南盘江水系外，其余地区均属北盘江水系。县域内有流域面积在20km²以上的河流15条，共计河长为230.3km。流域面积为856.20km²，占全县国土总面积64.6%。县域内主要河流有西泌河、大桥河、麻布河，地下水资源较丰富（皇甫江云，2014）。

16.1.2　工程地质条件

1. 地形地貌

晴隆县喀斯特地貌与常态地貌交互分布，略斯特地貌主要集中分布有三大块，即北部的长流、中营、大田三个带状分布；中部的莲城、光照、马场等乡镇及沙子的北部；南部碧痕、大厂以东一带。从岩组看，主要由二叠系茅口组、三叠系杨柳井组、关岭组、永宁镇组、竹杆坡组的岩石组成。

晴隆县属高原峡谷区，全县地形起伏大，属深切割侵蚀、剥蚀、岩溶高原山地地貌，受北盘江及其支流的强烈切割，切割深度一般为500~700m，最高点海拔为2025m、最低点海拔为543m，具有"山高谷深坡陆"的特点。因受北盘江及其支流的强烈切割，切深达属深切割岩溶侵烛山区。全县被北盘江及大桥河、西泌河、支流麻布河横切为四大块，形成个由WS向EN倾斜的斜坡和块凸起地，每块凸起地最高处标高均在1800m以上。全县包括低山、低中山、中山和高中山等地貌类型。境内地形复杂，沟壑纵横，岩溶发育强烈，落差大，地表干旱缺水，晴隆县三维地形地貌如图16.2所示。

研究区属中山地貌区。斜坡总体地形上陡下缓，斜坡后缘坡度在45°左右，潜在滑体坡度约30°，前缘临空面下局部有裸露的基岩，地形地貌如图16.3所示。

2. 地层岩性

据贵州地层古生物工作队1977年的研究资料表明，出露于黔西南拗陷区的地层主要可分为三类：上古生界、中生界和新生界，三者地层的总厚度可达10000m，其中三叠系分布面积最为广泛，且上二叠统至三叠系发育最为完整，厚度达5300m，但研究区缺失白垩系及新近系（余冲，2017）。现将各系地层情况简介如下（表16.1）。

志留系：在黔南有分布，黔西零星可见，地层发育不全，大多数地区仅保留下统。

泥盆系：研究区的泥盆系主要出露在盘州市、普安县、望谟县、罗甸县、紫云县域，出露的地层主要为中—上泥盆统，且岩石组成主要表现为半深海-深海相的碎屑黏土岩、

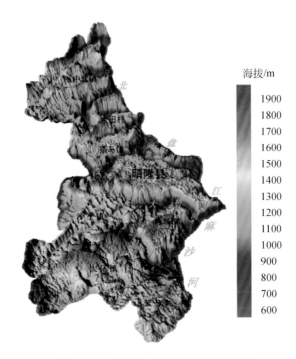

图 16.2　晴隆县三维地形地貌示意图

图 16.3　研究区地形地貌

碳酸盐岩及硅质岩，总厚度为 790~1800m。具有交替混合型色彩的罐子窑组主要分布在普安罐子窑一带。

　　石炭系：研究区除了册亨县洛凡村、兴义市雄武乡等地以外，其他的地方均伴随泥盆系的出露。称为白相区的地层，总体表现为颜色较浅，且以浅海相碳酸盐岩和碎屑岩为主，总厚度为980~2160m，主要分布在盘州市、册亨县、紫云县宗地镇一带。而相对应的俗称黑相区的地层，颜色多为深色或黑色，以浅海-半深海相碳酸盐岩、硅质岩夹少量黏土岩为主，总厚度为750~2070m，主要分布在郎岱县、晴隆县、紫云县及罗甸县一带。

二叠系：研究区二叠系分布范围比较广泛，地层总厚度为1350~1970m，且发育程度较好。分为黑相区和白相区的厚度大小1000m左右的碳酸盐岩，为下二叠统。大致以册亨者王、紫云打易、镇宁仁溪、安顺鸡场（南）沿线为界的上二叠统，相变表现最为显著；出露有峨眉山玄武岩组和龙潭组，主要分布在研究区的西部，且含煤层较多；缺失吴家坪组，主要分布在研究区的东部，但地表的出露情况表现为较多火山碎屑岩，且一般不含煤层，总厚度为900~1000m。

三叠系：以打邦、坝草、白层、坡脚、石盘、镇宁沿线为界在研究区内分布范围最广。黔西北厚度巨大，位于研究区的西部，厚度可达5000m。研究区的东部缺失上三叠统，总体与桂北沉积特征较为相似。

第四系：第四系分布于黔西南坳陷东区，以及南部的山地中，出露情况以坡残积岩块和碎石为主，面积大于0.1km²者分布甚少，厚度变化较大。

表16.1　黔西南地区地层系统简表

系	统	组			
第四系	全新统（Qh）				
	更新统（Qp）				
新近系（N）					
古近系（E）					
侏罗系	上统	遂宁组（J₃s）			
	中统	沙溪庙组（J₂s）			
		下沙溪庙组（J₂x）			
	下统	自流井群（J₁₋₂z）			
三叠系	上统	须家河组（T₃x）		龙头山组（T₃l）	
		火把冲组（T₃h）			
		把南组（T₃b）			
		赖石科组（T₃lₛ）			
	中统	法郎组（T₂f）	竹杆坡组（T₂z）		边阳组（T₂b）
			杨柳井组（T₂y）	龚头组（T₂g）	
		关岭组（T₂g）	个旧组（T₂g）		新苑组（T₁z）
	下统	永宁镇组（T₁y）	谷脚组（T₁g）	安顺组（T₁a）	紫云组（T₁z）
		飞仙关组（T₁f）	夜郎组（T₁y）	大冶组（T₁d）	罗楼组（T₁₋₂l）

续表

系	统	组		
二叠系	上统	宣威组（P_3x）	长兴组（P_3ch）	领薅组（$P_{2-3}lh$）
			龙潭组（P_3l）　　吴家坪组（P_3w）	
		峨眉山玄武岩组（P_3em）		
	中统	茅口组（P_2m）		
		栖霞组（P_2q）		
		梁山组（P_2l）		
	下统	平川组（P_1p）　　　　　　　龙吟组（P_1l）		
石炭系		摆布戛组（CPb）　　　　　　　马平组（CPm）		
	上统	黄龙组（C_2h）		
	下统	摆佐组（Cb）		
		上司组（C_1sh）		
		旧司组（C_1j）		
		汤粑沟组（C_1t）		
泥盆系	上统	代化组（D_3d）		
		桑郎组（D_3s）		
	中统	火烘组（$D_{1-2}h$）		
		罐子窑组（D_2g）		
	下统	邦寨组（D_1b）		
志留系	中统	马龙群（S_2ml）		

16.1.3　地质构造与地震

1. 地质构造

在滇、黔、桂三省（自治区）接壤地区，有两条相互交叉的断裂带：一条是沿师宗、普安、六枝、贵阳一带呈 NE 向分布；另一条是沿罗甸、紫云、关岭、六枝、赫章一带呈 NW 向分布（图 16.4）。这两条断裂在二叠纪时期，控制着这些地区的地质构造发展。

该区由于基底较高，对地层升降运动反应敏感，古地理环境和微相交替频繁。区内断裂以 NE 向和近 EW 向为主，具有规模大、延伸较远、切割较深的特点，通常相互交切形成网格状。一些较大断裂多长期活动，其性质在不同时期表现不同，如师宗–弥勒、下甘河等 NE 向断裂，印支期表现为张性，而燕山期则为右旋平移压扭性。EW 向和 SN 向断层规模相对较小，其形成一般晚于 NE 向和 NW 向断裂，并通常对 NE 向和 NW 向断裂造成破坏。

褶皱构造以 NE 向为主，主要为宽缓的复背斜和复向斜。它们呈微交角向 NE 方向延展，并逐渐靠拢而汇合于碧痕营穹窿，以倾伏和扬起而结束。此外还发育有 SN 向、EW

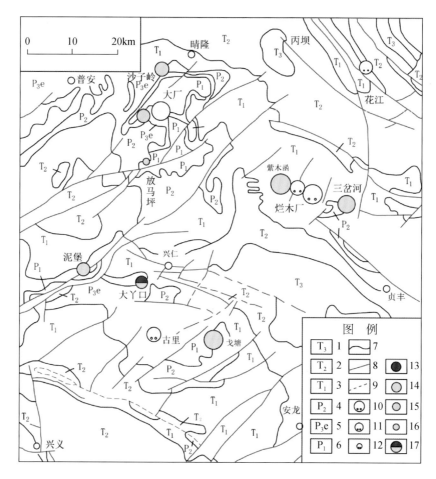

图 16.4　黔西南区域地质简图

1. 上三叠统 . 2. 中三叠统；3. 下三叠统；4. 上二叠统；5. 峨眉山玄武岩；6. 下二叠统；7. 地质界线；8. 断层；
9. 推测断层；10. 大型汞矿；11. 中型汞矿；12. 小型汞矿；13. 锑矿；14. 大型金矿；15. 中型金矿；16. 小型金矿；
17. 锑金矿

向、NW 向褶皱。区内复杂的褶皱构造是燕山–喜马拉雅期多期褶皱叠加、干扰形成的。

2. 地震

贵州处于扬子准地台内，地质结构相对较稳定，较有影响的地震主要发生在以下这些深断裂带：垭都–紫云深断裂、松桃–独山深断裂、开远–平塘隐伏深断裂、黔中深断裂和威宁石门坎断裂。

根据 2016 年 6 月 1 日实施的《中国地震动参数区划图》（GB 18306—2015）的资料显示，勘察区在区域上地震动峰值加速度为 0.1g，反应谱特征周期为 0.4s，相应地震基本烈度值为Ⅵ度，地震分组为第一组，场地类型为Ⅱ类。

16.1.4　水文地质条件

研究区内的地下水主要赋存在碳酸盐岩类地层中，按岩层的组合形式可分为均匀状纯碳酸盐岩岩溶水和间互状碳酸盐岩岩溶水两大类。其中，间互状碳酸盐岩岩溶水，由于岩石的物质组分和结构、构造不同，又可分为中至厚层状纯碳酸盐岩和薄至中厚层不纯碳酸盐岩两个亚类（洪运胜等，2018）。

（1）均匀状纯碳酸盐岩岩溶水包括 C_3m、P_2q、P_2m 等含水岩组，主要由中厚层至块状灰岩、白云岩组成，在岩溶作用强烈的地带往往形成溶洞、溶隙、地下河管道，地下水赋存其间。由于岩溶发育得极不均一，导致岩溶地下水的分布也极不均一。

（2）间互状碳酸盐岩岩溶水分为①中至厚层状纯碳酸盐岩岩溶水，出露区包括 T_1j^1、T_1j^{3-4}、T_1y^2 等含水岩组，岩性为中至厚层状灰岩和白云岩，被碎屑岩、薄至中厚层状不纯碳酸盐岩相隔。岩溶作用沿地层接触带及层间裂隙进行，形成溶蚀裂隙、溶洞和地下河管道，地下水赋存其间，具有多层"含水层"的特点，岩溶作用受到一定区间的控制，但同一含水岩组中岩溶地下水的分布仍然很不均匀。②薄至中厚层不纯碳酸盐岩岩溶水，出露区包括 T_1j^2、T_1g^1、T_1g^2、T_3g^3 等含水岩组，主要由薄至中厚层泥质灰岩、泥质白云岩、白云岩组成，并与黏土岩、粉砂岩、砂岩互层。岩溶作用沿岩层的层理、解理、裂隙进行，形成不规则的细小网状溶隙、蜂窝状溶孔和规模不大的溶洞，地下水赋存其间，含水比较均一，泉水流量为 $1\sim5L/s$。该类碳酸盐岩，属弱至中含水岩组，在间互状的碳酸盐岩中，起着相对隔水层的作用，地下水赋存相对均匀。

16.2　团坡组大寨滑坡基本特征

16.2.1　滑坡规模形态及边界特征

根据现场调查情况，结合滑坡的变形特征和对滑坡形成机制的初步分析，对滑坡进行分区，可分为堆积区、破坏拉裂区和潜在危险区。根据该分区方法，在此将大寨组滑坡分为三个区，如图 16.5 所示。

1. 堆积区（Ⅰ区）

滑坡发生后并未产生远距离的滑动，主要堆积于滑源区及其前缘的斜坡中上部。堆积区为滑坡坡体中部至后缘呈舌状的山体，由后缘及左右缘下错边界所形成（图 16.6），堆积区整体坡度为 37°。后缘下错宽度延伸长度约 42m，错段高度约 7m。坡体后缘错段处为第四系覆盖土，未见基岩出露，坡体上部设有多处 GNSS 监测仪器，仪器有明显倾倒迹象，植被稀少。

2. 破坏拉裂区（Ⅱ区）

破坏拉裂区是位于滑体右后部分，因滑坡滑动产生扰动而稳定性降低的区域（图 16.7）。

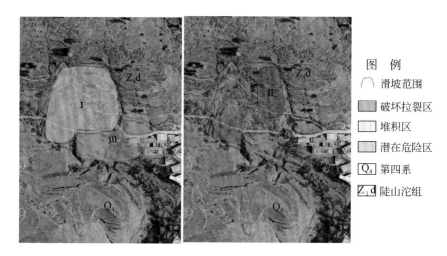

图 16.5　分区示意图

图 16.6　堆积区照片（图例同图 16.5）

图 16.7　破坏拉裂区照片（图例同图 16.5）

该区主要位于滑坡左缘内 30m 宽、60m 长范围的不规则方形区域内，右侧为滑坡堆积体，斜坡坡度为 27°～34°，坡体后缘错段，局部出现横向及纵向裂缝，坡表植被未出现明显的破坏变形迹象，前缘出现局部溜滑。在暴雨等极端天气的情况下，由于坡表土体较为松动，在重力作用下坡体容易产生拉裂变形，该部位的稳定性将进一步降低。

3. 潜在危险区（Ⅲ区）

该区域包裹在滑坡左侧前缘，目前该处还有房屋聚集区及农田，下部及中部有乡村道路，人类活动迹象明显（图 16.8）。在极端暴雨天气等情况下，上部易发生变形破坏，将会对坡脚的居民产生极大的威胁。

图 16.8　潜在危险区（图例同图 16.5）

16.2.2　坡表变形特征

滑坡区域坡体植被稀少，坡表覆盖层为砂土，后缘坡体有明显下错迹象，下错高度约为 7m。滑坡区域设有监测仪器（GNSS），坡表仪器多处倒伏。威胁对象主要为下部村道、耕种农田及村民聚集点，聚集居民约为 25 户。坡体前部有河流，3~4 月正是河流低水位时期。滑坡区域右后缘发育有多条横向裂缝，多条裂缝下错高度约 1.5cm、宽约 40cm。滑体上有大量碎石，为基岩风化产物。滑坡形成于 2020 年 6 月，坡体变形迹象相对于去年不明显（图 16.9、图 16.10）。基岩裸露区域主要集中在右下部，岩性为砂岩，风化程度弱风化至中风化，中厚层状，产状分别为层面（C）：$145°\angle3°$；J_1：$155°\angle86°$；J_2：$291°\angle86°$。

图 16.9　后缘下错

图 16.10　堆积体阻断公路

16.3　团坡组大寨滑坡失稳破坏过程分析

16.3.1　地形、地质条件

团坡组大寨滑坡所在区域为低-中山溶蚀斜坡地貌，地形总体南东高、北西低，地形坡度较缓，自然地形坡度平均约为37°，滑坡区局部基岩出露，产状分别为 J_1：155° $\angle 86°$；J_2：291° $\angle 86°$；C：145° $\angle 3°$，自然地形坡度与岩层倾角相交角度约为35°，属顺向坡，坡体基岩风化程度较高，坡体覆盖层厚度约5~10m，此类坡形有利于滑坡的形成。滑坡区在2020年第一次滑坡后形成陡坎，后缘陡坎高度达7m（图16.11）。

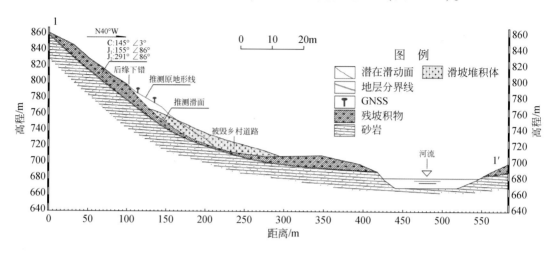

图16.11　滑坡1-1'剖面图（剖面位置见图16.3）

16.3.2　环境因素

2020年6月23日14时至24日7时，晴隆县出现特大暴雨，安谷乡降水量达208mm，并持续不断，在6月24日13时24分，团坡组大寨滑坡开始发生下滑。水在滑坡的形成过程中通常起着至关重要的作用。在团坡组大寨滑坡的发展过程中，影响因素之一的水来自大气降水。雨水持续渗入边坡，边坡湿润锋区域逐渐扩大，覆盖层土体的物理力学参数发生变化，边坡稳定性降低。雨水也会增加滑体的重度，且结构面在暴雨期间受到侵蚀、软化作用，其抗剪强度也会降低。

综上所述，团坡组大寨滑坡是在有利的地形条件下，拥有易产生滑坡的地层结构，坡表堆积体松散，且发育多处裂缝，在持续强降水作用下，雨水侵入土体，降低了潜在滑动面的抗滑力，最终导致滑体沿滑面整体下滑。其演化过程集地形、地貌、水文等多种因素的影响。

16.3.3　滑坡体破坏过程分析

通过对环境因素的分析，推断大寨组滑坡的失稳破坏过程主要分为以下三个过程。

1. 滑体形成过程

坡体覆盖层土里松软，布局裸露基岩风化强烈，在历史降水反复入渗的作用下，坡体内部形成多条径流，导致岩土变形，更加松软。

滑坡在发生前，受大气降水入渗的影响，土体之间内聚力降低，在重力分力的作用下，形成整体性向斜坡坡向慢慢蠕滑坡，坡体周围出现裂缝，裂缝主要沿滑体边界展布。

2. 启动过程

2020 年 6 月 23 日，安谷乡遭遇特大暴雨级，雨水入渗岩土体，雨水在坡体内部形成的径流中流动冲刷，扩大了径流管道，使得岩土体强度进一步下降，坡体整体自重增大至临界滑移状态，已形成的滑体在连续强降水的作用下，滑体整体滑移。

3. 受阻堆积过程

在滑体下滑过程中，滑体冲毁前方道路及植被，抗滑阻力增大、下滑力减弱，在斜坡坡脚形成堆积，滑动停止。

16.4　团坡组大寨滑坡监测预警及应急响应

2020 年 6 月 23 日 14 时至 24 日 7 时，晴隆县出现特大暴雨，其中安谷乡达 208mm，达特大暴雨级。6 月 24 日中午 12 时 57 分，晴隆县安谷乡前进村团坡组大寨滑坡自动化监测设备由贵州省地质灾害实时监测预警系统发出橙色预警（图 16.12 ~ 图 16.14），根据自动化监测设备预警预报信息，黔西南州自然资源局地质灾害应急值班人员第一时间通过电话向安谷乡国土资源所负责人调度核实，在接到调度电话后，该所负责人立即组织人员前往团坡大寨滑坡地质灾害隐患点进行现场核实。

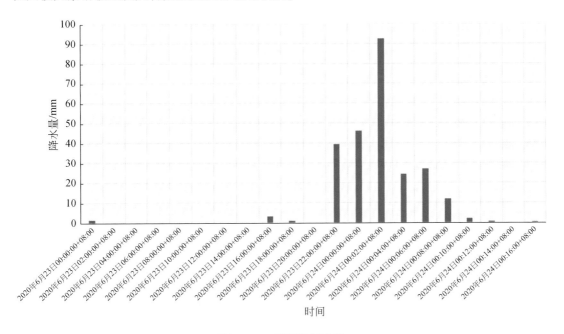

图 16.12　雨量监测曲线

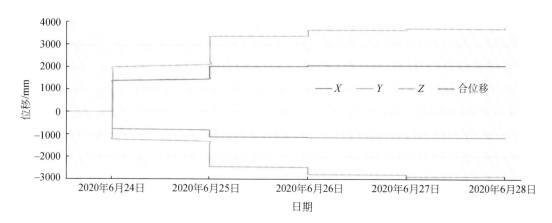

图 16.13　滑坡当日 GNSS 监测曲线

短信信息查询			
设备编号	522324010117	时间	2020/6/24　12:42:03
接收人	杨景润	电话号码	
发送状态	发送成功	部门	乡镇分管领导
短信内容	【晴隆县团坡滑坡（团坡大寨滑坡）】（LF01）橙色预警：变形速率 256.44mm/d，累计位移 256.32mm，请关注（06-24 12:40）		

图 16.14　滑坡当日预警信息及发布

　　经过现场调查核实，在 6 月 24 日 13 时 24 分，团坡组大寨滑坡开始发生下滑，相关负责人立即向乡人民政府分管副乡长汇报，并同时向县自然资源局汇报。随即县自然资源局立即向县人民政府上报灾害情况，并同时向州自然资源局报告，在 14 时 18 分，州自然资源局要求县自然资源局立即启动防灾应急预案，组织受威胁群众紧急避险撤离。

　　在 14 时 30 分，自然资源局组织技术保障单位贵州地矿 117 地质队前往核查，通过释放无人机航拍查灾，滑坡正加剧变形下滑，随后建议乡国土资源所、乡人民政府组织做好受威胁群众撤离避险；15 时 40 分，受威胁 8 户 38 人全部撤离避险；15 时 57 分，自动化监测设备再次发出预警。

　　经 117 地质队专家队伍调查，滑坡发生主要原因为近日持续强降水，特别是 6 月 23 暴雨，导致滑坡岩土体水分饱和，加之滑坡所处地形陡峭，滑体物质松散，进而发生滑坡。滑坡下滑阻断通村公路，下滑 5000 余立方米，另未滑动方量 4 万余立方米残留于斜坡，处于不稳定状态。该隐患点因自动化监测设备预警预报，组织群众撤离避险及时，未造成人员伤亡及财产损失。

16.5　经验及教训

安谷乡前进村团坡组大寨滑坡的成功预警，是地质灾害防治专业人员良好的学习案例，从中可以学习到技术知识，不断提高专业人员的技术素质，对下一步的防治工作也产生了一定的启示作用。

（1）搬迁避让。滑坡下滑阻断通村公路，下滑 5000 余立方米，另未滑动方量 4 万余立方米残留于斜坡，处于不稳定状态，被毁道路虽已被覆盖，但仍有村民在上走动，应建新乡道。

（2）监测预警。监测设备由于滑坡被损毁，但斜坡仍有 4 万余立方米残留于斜坡，处于不稳定状态，所以因对损毁设备进行修复，继续进行地表形变监测，在勘查进一步查明坡体特征和成因机理的基础上，对监测设备的布置进行即时更新，以便更好地进行预警预报。

（3）大力对地质灾害专业人员进行培训，增强自身专业技术素质，增强地质灾害危机意识。此次灾害成功预警可作为教学案例，对防治人员及村民进行教育。

第 17 章　遵义市浅层土质滑坡群

遵义市位于贵州省北部，处于云贵高原向湖南丘陵和四川盆地过渡的斜坡地带，主要为中低山地貌。区内地表覆盖层较薄并多为农田，平均厚度约 5m，在强降水条件下极易发生浅表层土质滑坡。

2020 年 6 月，遵义市出现大面积、多期强降水，最大降水量达 100mm。本轮强降水致使遵义市出现多处地质灾害险情，紧急转移安置上千人，灾害造成经济损失达 8000 万元。本次强降水导致的区域地质灾害主要为浅表层土质滑坡，桐梓县高桥镇高桥村发育岩口滑坡、楚米镇元田村发育门关桠滑坡、习水县仙源镇大獐村发育大坪组滑坡（滑坡位置见图 17.1），三处浅层土质滑坡导致房屋受损、道路中断及农田毁坏，现将三处典型浅层土质滑坡进行研究分析。

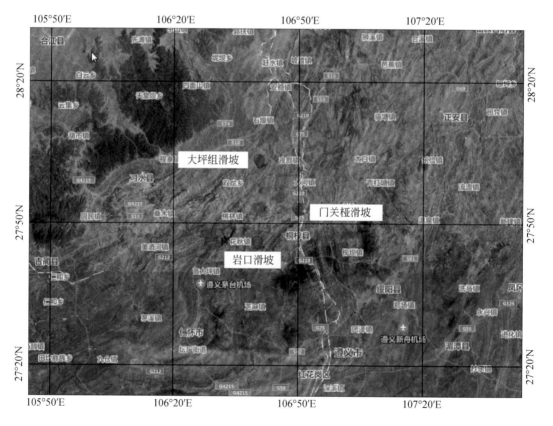

图 17.1　滑坡位置图

17.1　研究区自然和地质环境条件

17.1.1　气象水文

遵义市辖区内，属中亚热带高原季风气候，四季不甚分明，水热同季，水量充沛，干、湿季明显，无霜期长。年均气温为 14.7℃，极端最高为 36.6℃、极端最低为-6.9℃；降水集中在 5~8 月，多年平均降水量为 1037.3mm，年最大降水量为 1374mm，最大日降水量为 173.3mm，1995~2015 年逐月平均降水量柱状如图 17.2 所示。年平均日照时数为 1046.9h；年平均相对湿度为 80%；年平均蒸发量为 1119.5mm；年平均风速为 23m/s，全年以西北风居多。

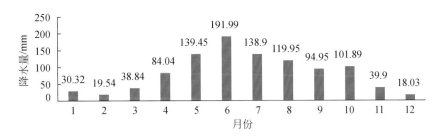

图 17.2　遵义市历年逐月平均降水量柱状图

17.1.2　地形地貌

遵义市处于云贵高原向湖南丘陵和四川盆地过渡的斜坡地带，地形起伏大，地貌类型复杂。海拔一般为 800~1300m，在全国地势第二级阶梯上。遵义市平坝及河谷盆地面积占 6.57%、丘陵占 28.35%、山地占 65.08%。

桐梓县内地势整体呈现东北高、西南低的特点，全县平均海拔为 1100m，最高峰为狮溪镇柏枝山南牛角寨，海拔为 2227m，最低点为坡渡镇渝黔界河面，海拔为 310m，相对高差达 1917m。由于构造体系复杂，构造活动强烈，冰川作用显著，暗河、溶洞发育，溶蚀、侵蚀并存，属黔北中山峡谷区。

习水县地处大娄山山系西北坡与四川盆地南缘的过渡地带，县内属中山峡谷地貌，地势东高西低，最高海拔为 1871.9m、最低海拔为 275m。县内地貌按照地势形成的外力因素与地质条件分为侵蚀构造类型、溶蚀构造类型及侵蚀溶蚀构造类型。

1. 岩口滑坡

岩口滑坡属溶蚀中山地貌区，侵蚀切割强烈。斜坡总体地形从后缘到前缘为陡—缓—陡，斜坡后部坡度为 30°~40°、前部坡度为 20°~30°，中后部居民聚集区坡度较缓，形成一平台。潜在滑体坡度为 20°~30°，前缘为农田和村道，地势相对平缓，无直立临空面。

滑坡范围内最高点位于滑坡北侧山顶，海拔为 840m，最低点位于前缘村道，海拔为 612m，相对高差为 228m。其特征如图 17.3 所示。

图 17.3　岩口滑坡地形地貌

2. 大坪组滑坡

属溶蚀中山地貌区，侵蚀切割强烈。滑坡体总体地形呈前陡后缓形态，后缘位于"桐梓-两路"乡道处，有居民聚集区，坡度相对较缓，坡度约 25°；中部为农田，坡度较后部略陡，坡度约 30°；前缘位于河谷处，坡度相对较陡，但无直立临空面，坡度约 38°。滑坡范围内最高点位于滑坡西北部居民房屋后部山顶，海拔为 1373m，最低点位于前缘河谷，海拔为 1205m，相对高差为 168m。其特征如图 17.4 所示。

3. 门关桠滑坡

属溶蚀中山地貌区，侵蚀切割强烈。斜坡总体地形呈"簸箕"状，左右缘较中部高，从后缘到前缘为缓—陡—缓，斜坡后部坡度约 15°，斜坡中部坡度约 27°，前部坡度约 10°，前、后部较缓区域多为居民聚集区，且有公路穿过，中部区域为农田，呈阶梯状。滑坡范围内最高点位于斜坡东侧，海拔为 987m，最低点位于斜坡前缘村道处，海拔为 918m，相对高差为 69m。其特征如图 17.5 所示。

17.1.3　地层岩性

根据 1:20 万区域地质图与实地调查，研究区内出露地层全为沉积岩，地层从老到新

图 17.4　大坪组滑坡地形地貌

为第四系（Q_4）、上侏罗统蓬莱镇组（J_3p）、中侏罗统遂宁组（J_2sn）、上三叠统须家河组（T_3xj）、中三叠统雷口坡组（T_2l），各滑坡地层及岩性分述如下。

1. 岩口滑坡

1）第四系（Q_4）

第四系残坡积层（Q_4^{el+pl}）：主要为红黏土和碎石土，红黏土稍湿，厚度一般为 0.2 ~ 1.5m，主要分布于坡表作为耕植土。碎石土的碎石含量在 20% 左右，颗粒大小为 3 ~ 15cm，厚度为 0.1 ~ 0.2m。

2）侏罗系（J）

（1）上侏罗统蓬莱镇组（J_3p）：主要为紫红色泥岩与灰白色厚层长石石英砂岩互层。出露泥岩层厚度为 0.3 ~ 0.5m，风化裂隙发育，岩体破碎，为强风化；出露砂岩层厚度为 0.5 ~ 1.2m，有风化裂隙发育，岩体被切割成岩块，为中风化到强风化。地层岩性如图 17.6 所示。

（2）中侏罗统遂宁组（J_2sn）：主要为鲜红色泥岩、钙质泥岩间夹粉砂岩，局部夹泥灰岩透镜体及石膏条带，底部为灰、灰紫色砂岩、含砾砂岩，出露于滑坡区域西北侧，临

图 17.5　门关桠滑坡地形地貌

图 17.6　岩口滑坡上侏罗统蓬莱镇组（J_3p）岩层特性

近蓬莱组（J_3p）。

3）三叠系（T）

上三叠统须家河组（T_3xj）为近滨海或海陆相沉积的石英砂岩、粉砂岩及煤层，出露于滑坡区域西北侧，临近中侏罗统遂宁组（J_2sn）。

2. 大坪组滑坡

1）第四系（Q_4）

第四系残坡积层（Q_4^{el+pl}）：主要为红黏土，红黏土稍湿，厚度一般为 0.1~1.6m，主要分布于坡表作为耕植土。碎石土的碎石含量在 10% 左右，颗粒大小为 2～12cm，厚度为 0.1～0.2m，广泛分布于调查区范围内。

2）侏罗系（J）

（1）上侏罗统蓬莱镇组（J_3p）：主要为紫红色泥岩与灰白色厚层长石石英砂岩互层。出露砂岩层厚为 0.3～1m，结构面发育，岩体呈块状，中等风化；出露砂岩层厚为 0.1～0.5m，局部呈碎块状，质软，遇水易软化，强风化。地层岩性如图 17.7 所示。

（2）中侏罗统遂宁组（J_2sn）：主要为鲜红色泥岩、钙质泥岩间夹粉砂岩，局部夹泥灰岩透镜体及石膏条带，底部为灰、灰紫色砂岩、含砾砂岩，出露于滑坡区域西北侧，临近蓬莱组（J_3p）。

3）三叠系（T）

上三叠统须家河组（T_3xj）为近滨海或海陆相沉积的石英砂岩、粉砂岩及煤层，出露于滑坡区域西北侧，临近中侏罗统遂宁组（J_2sn）

3. 门关桠滑坡

1）第四系（Q_4）

第四系残坡积层（Q_4^{el+pl}）：主要为黏土夹少量碎石，黏土稍湿，残坡积层厚约 5m，主要分布于坡表作为耕植土。碎石土的碎石含量在 10% 左右，颗粒大小为 3～15cm，广泛分布于调查区范围内。

2）三叠系（T）

上三叠统须家河组（T_3xj）主要为灰白色厚层长石石英砂岩。出露砂岩层厚 1.5～2m，风化裂隙较发育，岩体被切割成岩块，为中等风化，如图 17.8 所示。

图 17.7　大坪组滑坡上侏罗统
蓬莱镇组（J_3p）岩层特性

图 17.8　门关桠滑坡地层岩层特征

17.1.4　地质构造

区域构造位于扬子准地台黔北台隆遵义断拱毕节 NE 向构造变形区东侧与凤岗 NE 向构造变形区，北端西缘的交汇部，属于隔槽式褶皱区。区域构造发育，主体构造表现为一系列走向 NE-SW 的宽展长轴状呈雁形式排列的褶皱构造和与之相伴的张性及压扭性断裂构造（沈大兴，2011）。

褶皱构造主要分布有酒店娅背斜、松坎向斜、夜郎背斜、乐坪背斜、九坝向斜、高桥向斜、东山背斜、茅坝向斜。断裂构造广泛发育，在东面铁山-铜锣井和南西大河坝-九坝一带 NE 向和 NW 向的断裂构造交错展布。背斜常被走向断层破坏。

1. 岩口滑坡

研究区地层主要为上侏罗统蓬莱镇组，岩体组成以紫红色泥岩、灰白色长石石英砂岩为主，受区域地质构造及地形影响，斜坡岩体节理裂隙发育，岩层（C）产状为 141°∠32°，岩体发育有两组节理，J_1：218°∠83°，节理面光滑平直，无填充；J_2：303°∠47°，节理面光滑平直，张开 0.2～0.4m，充填岩石碎屑及黏土。根据调查统计所作岩口滑坡基岩、节理产状图如图 17.9 所示。

C: 141°∠32°
J_1: 218°∠83°
J_2: 303°∠47°

图 17.9　岩口滑坡基岩、节理产状图

2. 大坪组滑坡

研究区主要为上侏罗统蓬莱镇组，岩体组成以紫红色泥岩、灰白色长石石英砂岩为主，现场出露基岩主要为砂岩，泥岩出露相对较少。受区域地质构造及地形影响，砂岩结构面发育，岩层（C）产状为 346°∠46°，发育有两组节理，J_1：196°∠41°，节理面光滑平直，无填充；J_2：96°∠58°，节理面光滑平直，张开度为 0.3～0.5m，以泥质充填为主。根据调查统计所作大坪组滑坡基岩、节理产状图如图 17.10 所示。

3. 门关桠滑坡

研究区地层主要为上三叠统须家河组（T_3xj），岩体组成以灰白色长石石英砂岩为主，受区域地质构造及地形影响，斜坡岩体节理裂隙较发育，岩层（C）产状为 35°∠9°，岩体发育有两组优势节理节理，J_1：165°∠27°，张开度为 2～5cm，局部泥质填充；J_2：48°∠64°，节理面光滑。根据调查统计所作门关桠滑坡基岩、节理产状图如图 17.11 所示。

17.1.5　地震

根据历史记载，该区域未发生过较大的地震，近几年也没有发现有活动断裂出现过的

图 17.10 大坪组滑坡基岩、节理产状图

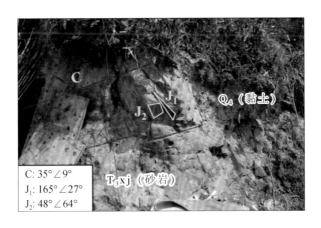

图 17.11 门关桠滑坡基岩、节理产状图

痕迹。据该地区震动参数表明,地震动峰值加速度为 $0.05g$,地震动反应谱特征周期为 $0.35s$,地震基本烈度为Ⅲ~Ⅳ度。研究区无活动断层通过,区域场地整体稳定。

17.1.6 水文地质条件

根据研究区的岩性和地下水的赋存形式,以及富集和水力特征,将地下水划分为松散层孔隙水、基岩裂隙水两类,分述如下。

(1) 松散层孔隙水:松散层孔隙水赋存于滑体及附近的松散层之中,含水层由残坡积含碎块石黏土层组成,根据调查发现,滑体的富水性较微弱。该型地下水主要富存于第四系 (Q) 残坡积层的孔隙内,一般情况下流量不大,呈现出季节性的变化,在滑坡北东侧的小冲沟中可以观察其变化。根据室内滑体土测定的渗透系数看，滑体土的渗透性总体较差，地下水主要接受大气降水及地表水补给，动态变化大。

（2）基岩裂隙水：滑坡区基岩风化程度处于中等风化到强风化，基岩节理裂隙发育，为地下水流通提供了良好的通道及赋存空间。现场调查发现，基岩露头处裂隙水不发育，在深部基岩处裂隙水较发育。区域内基岩裂隙水主要受大气降水和上部松散层孔隙水的补给，季节性变化明显。

17.2　遵义市滑坡群基本特征

17.2.1　滑坡规模及坡体结构特征

1. 岩口滑坡

根据现场调查情况，结合滑坡的变形特征和对滑坡产生机制的初步分析，岩口滑坡属于浅层土质滑坡。滑坡体走向140°、中心轴线长约200m、宽约200m、厚约5m，方量约20万m³，属于中型滑坡。岩口滑坡整体形态近似呈圈椅状，后缘边界位于斜坡后部居民房屋院坝边处，长约150m；左、右缘边界位于斜坡两侧小冲沟处，但变形迹象尚不明显；潜在剪出口（即滑坡前缘）位于斜坡前部的道路处。该斜坡按照当前变形破坏迹象，分为滑坡范围内的主要形变区和滑坡范围后部的潜在危险区，其中主要形变区内有两处明显的沉降变形区。岩口滑坡整体形态及边界情况如图17.12所示，剖面图如图17.13所示。

根据现场调查情况，结合斜坡变形迹象，经过科学分析得出该滑坡为第四系浅层土质滑坡，滑体厚度约5m。当前斜坡处于缓慢变形阶段，仅后缘边界较明显，左、右及前缘边界尚不明显，说明当前滑面还未贯通，正处于扩张延伸阶段。滑面位于上侏罗统蓬莱镇组砂泥岩互层与上覆第四系残破积层的交界位置，主要为黏土和少量碎石，滑面沿基岩呈近直线形。滑床为上侏罗统蓬莱镇组砂泥岩互层，中风化到强风化，岩体结构较完整，产状为141°∠32°。

2. 大坪组滑坡

根据现场调查情况，结合滑坡的变形特征和对滑坡产生机制的初步分析，大坪组滑坡属于浅层土质滑坡。滑坡体走向131°、中心轴线长约130m、宽约80m、厚约5m，方量约5.2万m³，属于小型滑坡。岩口滑坡整体形态呈圈椅状，后缘边界位于斜坡西侧居民房屋后部，长约60m；左缘边界位于斜坡南侧小冲沟处；右缘边界位于斜坡北侧山脊线处；潜在剪出口（即滑坡前缘）位于斜坡东侧的河谷处。现场调查结果显示，当前该滑坡范围内发育有两处主要变形区（Ⅰ、Ⅱ），变形表现为路基沉降、局部溜滑及拉裂缝。大坪组滑坡整体形态及边界情况如图17.14所示，剖面图如图17.15所示。

根据现场调查情况，结合斜坡变形迹象，经过科学分析得出该滑坡为第四系浅层土质滑坡，滑体厚度约5m。当前斜坡处于缓慢变形阶段，以局部溜滑、垮塌变形为主，其中中后部右侧发育有两处主要变形区，其他区域无明显变形现象，滑坡边界及滑面还处于缓

图 17.12　岩口滑坡整体形态及边界情况

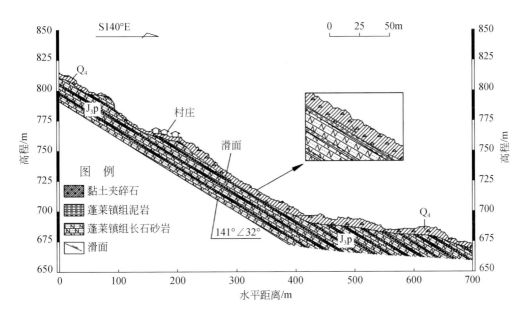

图 17.13　岩口滑坡剖面图

图 17.14　大坪组滑坡整体形态及边界情况

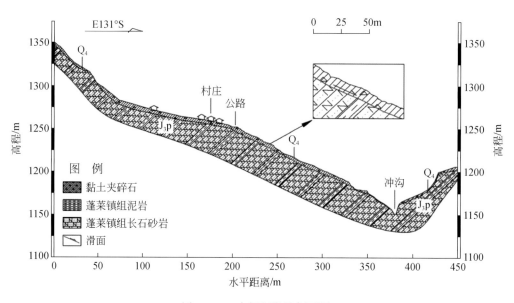

图 17.15　大坪组滑坡剖面图

慢形成过程中。滑面位于上侏罗统蓬莱镇组砂泥岩互层与上覆第四系残破积层的交界位置，主要为黏土和少量碎石，滑面沿基岩呈近直线形。滑床为上侏罗统蓬莱镇组砂泥岩互层，中风化到强风化，岩体结构较完整，产状为 346°∠46°。

3. 门关桠滑坡

　　根据现场调查情况，结合滑坡的变形特征和对滑坡产生机制初步分析，岩口滑坡属于浅层土质滑坡。滑坡体走向 210°，中心轴线长约 140m、宽为 80～120m、厚约 5m，方量约 7.0 万 m³，属于小型滑坡。门关桠滑坡整体形态呈圈椅状，后缘边界位于斜坡后部公路处，长约 40m；左、右缘边界位于斜坡两侧突出的 "脊" 处，长约 100m。该斜坡当前变形破坏迹象主要集中在后缘和左缘，按照变形迹象可将斜坡分为形变区和潜在危险区。门关桠滑坡整体形态及边界情况如图 17.16 所示，剖面图如图 17.17 所示。

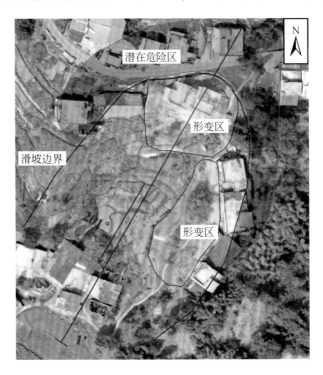

图 17.16　门关桠滑坡整体形态及边界情况

　　根据现场调查情况，结合斜坡变形迹象，经过科学分析得出该滑坡为第四系浅层土质滑坡，滑体厚度约 5m。当前斜坡处于缓慢变形阶段，后缘及左缘边界明显，右缘边界尚不明显，说明当前滑面还未贯通，正处于扩张延伸阶段。滑面位于上三叠统须家河组砂岩与第四系残破积交界处，主要为黏土和少量碎石，滑面沿基岩面呈曲线状。滑床为下部的基岩，岩性为砂岩，中风化到强风化，产状为 35°∠9°。

17.2.2　变形特征

1. 岩口滑坡

1）历史变形

自 1999 年以来，该斜坡长期处于缓慢滑移变形过程中，后缘边界随时间增加日趋明

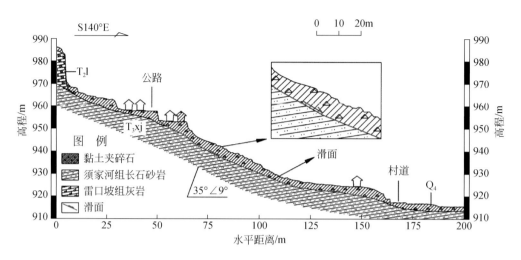

图 17.17　门关桠滑坡剖面图

显，但整体变形不明显，其余边界还未形成，如图 17.18 所示。近年来，坐落于后缘边界附近的居民房屋出现不同程度的墙体变形、地面下沉等现象，变形程度随时间增加呈现加大趋势，现已直接威胁 16 户居民，受影响的人口达 80 人。为监测该斜坡的变形和保障区域内居民的生命财产安全，现已在斜坡中后部设立了 GNSS 地表形变监测仪器及雨量计，如图 17.19 所示。

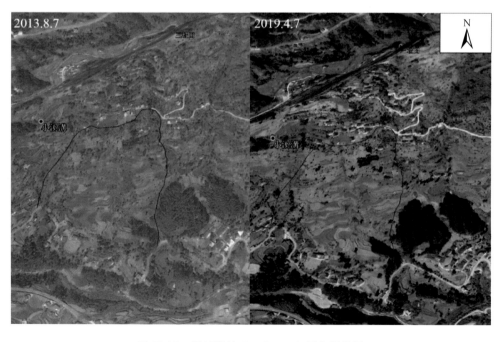

图 17.18　岩口滑坡 Google Earth 历史影像图

图 17.19　斜坡现有监测仪器图

2020 年 6 月 30 日桐梓县出现大面积强降水，该斜坡受强降水的影响，在后缘产生四处局部溜滑，规模不一，其中最大为溜滑③，方量约 0.2 万 m³，如图 17.20 所示。溜滑使得农田受毁，坡表树木倾倒，居民房屋院坝沉降垮塌，无人员伤亡。

图 17.20　2020 年 6 月因强降水引发的局部溜滑图

2）滑坡变形迹象

墙体开裂：如图 17.21 所示，位于滑坡体后缘边界附近的居民房屋，墙体出现开裂现象，裂缝岩窗户斜向延伸，长度约 5m，宽 1~10cm，房屋受损较严重，已无法居住。

图 17.21　居民房屋墙体开裂图

院坝沉降：如图 17.22 所示，位于滑坡体后缘的房屋院坝出现沉降垮塌及裂缝，下沉约 1m，裂缝延伸长度约 10m，走向约 47°。

图 17.22　院坝沉降及裂缝图

农田局部下滑：如图 17.23 所示，滑坡体后部农田局部出现下滑现象，走向 139°，下滑区域边界较明显，树木有倾倒现象，后部可见下滑台坎，台坎高度约 2m，左右两侧变形明显。坡表变形虽已被人类活动所掩盖，但从整体来看坡体下滑现象还是相当明显。

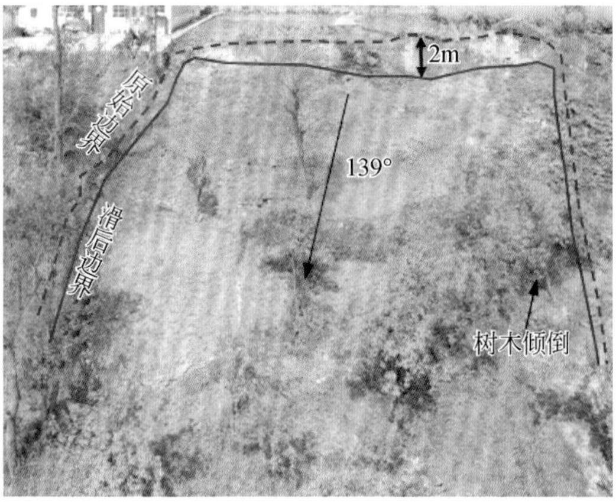

村道路基垮塌：如图 17.24 所示，位于滑坡体后部的村道路基局部垮塌，致使路面变窄、脱空，可见路基垮塌长度约 25m，脱空高度约 50cm。

2. 大坪组滑坡

1）历史变形

通过实地调查、走访当地居民及往期监测数据，了解到该斜坡在 2020 年前长期处于缓慢变形阶段，潜在威胁 7 户 30 人。图 17.25 为大坪组滑坡 Google Earth 历史影像图，滑坡整体无明显变形特征，地表无明显裂缝、溜滑及垮塌等变形迹象。

图 17.23　农田局部下滑图

图 17.24　村道路基垮塌图

2020 年 6 月习水县短期出现大面积强降水，受强降水的影响，该斜坡在后缘"桐梓—两路"公路处产生滑坡（即上文所述主要形变区Ⅰ的历史变形），长约 70m，宽约 30m，方量约 1.05 万 m³，同时在滑坡体上发育两个次级小滑坡，如图 17.26 所示。

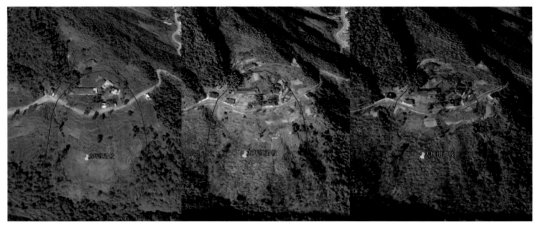

　　(a) 2013年8月27日　　　　　　(b) 2018年2月28日　　　　　　(c) 2018年11月28日

图 17.25　大坪组滑坡 Google Earth 历史影像图

图 17.26　2020 年 6 月因强降水导致的滑坡图

　　此次滑坡变形破坏边界明显，后缘公路下滑错断，完全损毁，水平位移约 2.2m，竖直位移约 1.8m，如图 17.27 所示；右缘边界为坡体右侧冲沟，在冲沟内可见明显的冲刷、滑动等痕迹，坡表土体的滑动使得基岩出露；坡表农田受损严重，树木、电线杆及监测仪器倒伏，如图 17.28 所示。

图 17.27　公路下滑错断图

图 17.28　坡表树木、电线杆及监测仪器倒伏

2）滑坡变形迹象

现场调查发现，自 2020 年 6 月发生滑坡后，斜坡的已有变形现象一直处于持续扩张过程中，变形由坡体右侧向坡体中部发展，现已形成两个主要变形区（Ⅰ、Ⅱ），变形迹象分述如下。

（1）变形区Ⅰ：为历史滑坡区，已有变形程度加深、规模加大。公路下滑错断水平位移由原来的 2.2m 增加至 3m，竖直位移由原来的 1.8m 增加至 2.5m。坡表树木、电线杆倒伏倾角加大，监测仪器倾斜程度加大，如图 17.29 所示。

图 17.29　变形区 I 变形特征图

（2）变形区 Ⅱ：为新发育的变形区，位于斜坡中部、变形区 I 左侧，变形程度和规模较变形区 I 略小。该区变形表现为后侧公路旁居民房屋倾斜、前部监测仪器处垮塌及前部横向裂缝，如图 17.30 所示。

图 17.30　变形区 Ⅱ 变形特征图

3. 门关桠滑坡

1) 历史变形

通过实地调查、走访当地居民及往期监测数据，了解到该斜坡在 2020 年以前长期处于缓慢变形阶段，直接威胁对象为 6 户 18 人。图 17.31 为门关桠滑坡 Google Earth 历史影像图，斜坡整体无明显变形迹象，地表无明显裂缝、溜滑及垮塌等变形迹象。

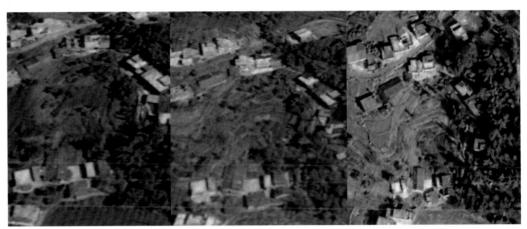

(a) 2013年8月27日　　　　　(b) 2014年10月5日　　　　　(c) 2018年11月28日

图 17.31　门关桠滑坡 Google Earth 历史影像图

2) 滑坡变形迹象

通过现场调查和走访当地村民，获悉该滑坡在 2019 年后开始出现明显变形，居民房屋、院坝及公路出现明显变形现象，变形分为两个区域，分别位于滑坡后缘和滑坡左缘的居民房屋处。如图 17.32 所示，后缘变形区居民房屋墙体开裂、倒塌，院坝边缘沉降垮塌，已有监测仪器发生倾斜，后缘公路外缘下沉，左缘房屋墙体出现开裂、鼓包外凸等现象，裂缝最宽约 5mm，墙体外凸约 2cm。

17.3　遵义市滑坡群成因机制分析

三处滑坡均位于斜坡地形上，原始的斜坡地形为滑坡发育提供了良好的先决条件。在自然条件和人类后期改造条件下，斜坡表层的覆盖层厚度不一，在较薄的位置处抗滑力较小，在整个斜坡中形成了一个薄弱点。当斜坡失稳时，首先在薄弱位置处发生较大的变形，并依次向四周扩展延伸。研究区内基岩缓倾坡外或近水平分布，加之基岩残余强度较大，基岩自稳性加强，因此斜坡变形主要发生在浅表部的覆盖层中，非极端情况下不会发生基岩失稳现象。

浅层土质滑坡多发生于降水条件下，尤其是在强降水后。降水是浅层土质滑坡的主要诱因，雨水下渗后土体含水率上升，自重增大，力学强度降低，水的下渗打破了斜坡的力学平衡状态，使得斜坡自身的抗滑力逐渐小于下滑力，进而发育成浅表层土质滑坡。

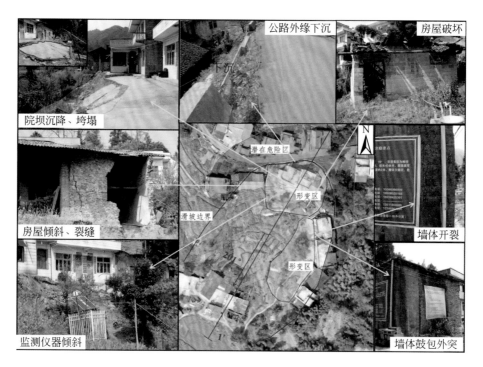

图 17.32　滑坡变形迹象图

17.4　经验及教训

通过上述三个滑坡分析，可以总结出浅层土质滑坡除了具有普遍性的特点外，也具有区域性发育的特点，降水是导致浅层土质滑坡的最直接原因。相较于岩质滑坡而言，浅层土质滑坡具有规模小、危害性小、防控措施多等特点，但同时也具有分布范围广、数量多等特点。因此，在贵州地区应重视这类滑坡的危害，加强群测群防，在有较多威胁对象的潜在灾害点上设置专业监测设备，并在雨季加强灾害排查工作，做到灾害及时发现、及时避让，以避免或降低人民生命、财产损失。

第18章 松桃县甘龙镇石板村滑坡

2020年7月8日凌晨4时左右甘龙镇区域降水量达到168mm，甘龙镇管理部门向县自然资源局报告了雨情，并紧急调度。凌晨5时左右，所长冒雨组织开展石板村梨子树地灾隐患点（距滑坡点不到500m）群众撤离后，从镇政府取警戒警示标识牌返回地灾点途中，发现了滑坡点326国道旁有几栋房屋在开始下沉变形，有着多年地质灾害防治经验的他立刻意识到此处山体开始蠕动并出现了滑坡征兆。于是，所长一边向镇党委政府报告，一边大呼群众快速向安全区域撤离。7月8日上午7时左右，松桃苗族自治县（松桃县）甘龙镇石板村田堡组发生滑坡地质灾害（图18.1），造成5人死亡、2人失联，64栋房屋遭受掩埋、11栋房屋不同程度遭受损坏，326国道（G326）损毁300m、乡村公路损毁1000m，滑坡体两侧交通中断，灾情严重。但由于专业人员及时预警，挽救了74户268人生命安全，避免了更大的伤亡。

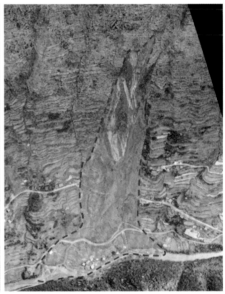

图18.1 滑坡前后地形对比

18.1 研究区自然和地质环境条件

18.1.1 自然地理条件

滑坡所在位置为贵州省东北部的铜仁市，武陵山区腹地，东邻湖南省怀化市，北与重庆市接壤，西北高、东南低，全市以山地为主，大多数地域属中亚热带季风湿润气候区。具体为松桃县甘龙镇石板村 ES124°方向，距离 1200m，秀山—河口公路（G326）直接到达坡体下部，交通便利，地理坐标为 108°42′13.93″E，28°21′25″N。

　　研究区位于铜仁市西北方向，属中亚热带季风湿润气候区。铜仁市内地形复杂，气候立体分布特征明显，大多数地域属中亚热带季风湿润气候区。春温多变，绵雨较多；夏季炎热，光照充足，伏旱较重；秋凉较快，阴雨天多；冬季低温寡照，雨水稀少，有霜期短，物长季长。年平均气温为 15~17℃，年平均降水量为 1100~1300mm。一般风速较小，静风为多，年平均风速最大为 2.3m/s，3 月和 7 月平均风速最大；10 月、12 月平均风速最小。炎热区、温凉区兼备，四季分明。根据表 18.1、图 18.2 分析，铜仁市全年暴雨集中在 5~8 月，年平均气温为 17.0℃；年平均最高气温为 21℃；年平均最低气温为 13℃；历史最高气温 43℃，出现在 1953 年，历史最低气温为-9℃，出现在 1977 年；年平均降水量为 1271mm。

表 18.1　铜仁市各月历史气候信息表

月份	平均最高气温 /℃	平均最低气温 /℃	平均降水量 /mm	历史最高气温 /℃	历史最低气温 /℃
1	9	3	36	29（1967 年）	29（1967 年）
2	11	4	43	32（2003 年）	32（2003 年）
3	16	8	68	37（1988 年）	37（1988 年）
4	22	13	146	38（1958 年）	38（1958 年）
5	27	18	196	38（1969 年）	38（1969 年）
6	30	21	198	40（1952 年）	40（1952 年）
7	33	24	178	41（2002 年）	41（2002 年）
8	33	23	134	43（1953 年）	43（1953 年）
9	29	20	73	40（1997 年）	40（1997 年）
10	23	15	106	37（2005 年）	37（2005 年）
11	18	10	64	33（2005 年）	33（2005 年）
12	12	5	29	25（1975 年）	25（1975 年）

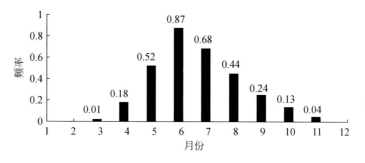

图 18.2　铜仁市暴雨频率分布图

18.1.2 工程地质条件

1. 地形地貌

铜仁市地质构造属扬子准地台南缘，二级构造单元由东向西可分为江南台隆和上扬子台褶带。其中江南台隆又可分铜施台凹和梵净台凸两个次一级构造单元，出露地层主要有寒武系、奥陶系、志留系和二叠系，其次为震旦系、三叠系和古近系（姚朋程，2014）。由于地处云贵高原东部边缘斜坡及四川盆地和湘西丘陵的过波地带，形成西高东低，中部高，四周低，武陵山脉纵贯本区中部的地形。以梵净山为中心的穹窿构造的抬升，使梵净山为主峰的武陵山脉（包括梵净山2572m、老岭山1523m、佛顶山1869m）成为铜仁地区东西两部的分水岭；东部有流入洞庭湖的沅江水系，地貌为低山丘陵，河流切割较浅，平原起伏地面或剥夷面保存较广，风化壳厚度大，沿岸多河谷坝子；西部有流入长江流域的乌江水系，地貌为岩溶山原，河谷多以峡谷形式嵌入山原，山高谷深，相对高差可达600~800m，在远离河谷的山原面上岩溶丘陵洼地分布较广，地面起伏不大，一般相对高差为200~300m，喀斯特发育，重峦叠嶂，河谷幽深，地势高低悬殊，垂直分异明显，表土层薄，山多地少（黄昌庆等，2013）。

研究区属溶蚀中山地貌区，侵蚀切割强烈。斜坡总体坡度为30°~40°，坡向为284°，其方向和倾角基本等于地层产状，坡体形态主要受地层产状控制。前缘坡度较陡，人为改造为梯田系统，较陡的坡度为坡体的破坏提供了一定的临空条件。斜坡类型主要为顺向坡、斜向坡。滑坡范围内最高点位于滑坡正后方，海拔为1140m，最低点位于石板滩聚居点，海拔为584m，相对高差为556m。

2. 地层岩性

研究区域内主要出露地层为第四系全新统—更新统、志留系兰多维列统以及下奥陶统。地层简表如表18.2所示。

表18.2 研究区地层简表

年代		地层代号	主要岩性
系	统		
第四系	全新统—更新统	Q_4-Q_1	黏土及碎石土
志留系	兰多维列统	S_1	砂质泥岩、砂岩、泥岩、页岩
奥陶系	下奥陶统	O_1	灰岩、灰质白云岩、白云岩

（1）第四系（Q_4）：第四系残坡积层（Q_4^{el+pl}）主要为黏土和碎石土，黏土呈黄褐色稍湿可塑状，厚度一般为0.1~0.3m，主要分布于溶槽、溶沟内。碎石土的碎石含量在30%左右，颗粒大小为5~10cm，厚度为0.1~0.2m，广泛分布于调查区范围内。在坡脚部分区域表层分布有耕植土（Q_4^{pd}），褐色，结构松散，含碎、块石及植物根系等，厚度为0.4~0.6m。

（2）志留系（S）：兰多维列统秀山组（S_1），该地层岩性主要为黄褐、黄色泥岩、石英质砂岩、粉砂质泥岩、灰岩。该层一般分为上下两段，下段砂质多，化石较少；上段钙质含量增多，砂质较少，化石较丰富。层内多见石英夹层及硅质团块。该层为滑坡区主要地层，现场见到岩性多为石英质砂岩、灰岩（图18.3），上层为砂岩夹页岩（图18.4）。

（3）奥陶系（O）：下奥陶统（O_1）为开阔台地相沉积，块状砂屑灰岩，粉晶、泥-微晶灰岩及白云岩。

图 18.3　滑坡区岩性分布情况及细部特征图

图 18.4　研究区页岩

18.1.3　地质构造与地震

1. 地质构造

研究区现场见到岩性多为石英质砂岩、灰岩，上层为砂岩夹页岩。研究区东侧有一正断层发育，滑坡区位于断层下盘。同时断层附近为一背斜构造，滑坡区位于其西翼，如图18.5所示。受区域地质构造及地形影响，斜坡岩体节理裂隙发育，岩层（C）产状为274°∠30°，为滑坡的主要控滑结构面。主要发育的两组结构面，发育方向为SW-NE、NW-SE向：第一组（J_1）产状为4°∠79°，节理面光滑平直，张开度为0.5~1.5cm，延伸 50~100cm，充填岩石碎屑，少量充填；第二组（J₂）节理产状为 134°∠43°，节理面光滑平直，微张无充填或少量泥质充填，延伸 50~100cm。根据调查统计所作走向节理统计如图 18.6 所示。

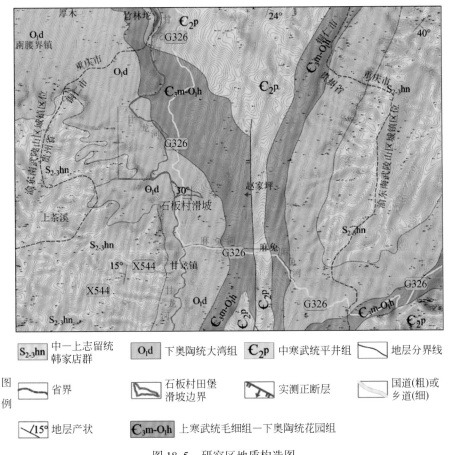

图例

S₂₋₃hn 中—上志留统韩家店群	O₁d 下奥陶统大湾组	€₂p 中寒武统平井组	地层分界线
省界	石板村田堡滑坡边界	实测正断层	国道(粗)或乡道(细)
15° 地层产状	€₃m-O₁h 上寒武统毛细组—下奥陶统花园组		

图 18.5　研究区地质构造图

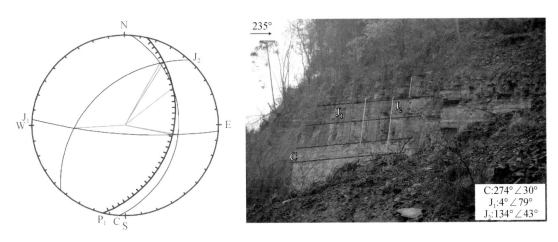

图 18.6　结构面特征图

2. 地震

贵州处于扬子准地台内，地质结构相对较稳定，较有影响的地震主要发生在以下这些深断裂带：垭都-紫云深断裂、松桃-独山深断裂、开远-平塘隐伏深断裂、黔中深断裂和威宁石门坎断裂。

根据 2016 年 6 月 1 日实施的《中国地震动参数区划图》（GB 18306—2015）的资料显示，勘察区在区域上地震动峰值加速度为 0.05g，反应谱特征周期为 0.35s，相应地震基本烈度为Ⅵ度，地震分组为第一组，场地类型为Ⅱ类。

18.1.4　水文地质条件

根据研究区的岩性和地下水的赋存形式，以及富集和水力特征，将地下水划分为松散层孔隙水、基岩裂隙水、碳酸盐岩类岩溶水三类，分述如下：

（1）松散层孔隙水：赋存于滑体及附近的松散层之中，含水层由残坡积含碎块石黏土层组成，根据钻孔及竖井揭露，滑体的富水性较微弱。该类地下水主要富存于第四系（Q）残坡积层的孔隙内，一般情况下流量不大，呈现出季节性的变化，在滑坡北西侧的冲沟中可以观察其变化（图 18.7）。根据室内滑体土测定的渗透系数看，滑体土的渗透性总体较差，地下水主要接受大气降水及地表水补给，动态变化大。

图 18.7　滑坡北西侧冲沟

（2）基岩裂隙水：赋存于滑动光面以下破碎带及滑坡体破碎岩石中，主要受到大气降水和上部松散层孔隙水的补给，地下水的动态变化相对稳定，由于含水层较为破碎，孔隙较大，赋水性较差，在光壁处可见局部的渗水通道（图 18.8）。

（3）碳酸盐岩类岩溶水：碳酸盐岩地层的分布和产状由地质构造所控制，导致不同地段岩溶发育程度及形态特征有所不同。岩溶发育以地层岩性为物质基础，根据地质构造及

图 18.8　光壁渗水通道

岩性情况调查岩溶的分布及发育情况，贵州广泛分布碳酸盐岩，这些碳酸盐岩控制了丰富的岩溶地下水分布。地下水的补给主要为大气降水和自来水破裂补给，通过裂隙、漏斗等渗入地下，于层间裂隙、溶蚀裂隙、岩溶管道、风化裂隙节理之中流动。

地下水的补给、径流、排泄条件：各类含水层中的地下水主要接受大气降水补给，沿基岩裂隙入渗后，顺岩层层面向斜坡坡脚运移，该区地下水由东向西径流，最终在斜坡坡脚甘龙河及人工建房、修路形成的陡坎区域排泄。

18.2　石板村滑坡基本特征

18.2.1　滑坡规模形态及边界特征

根据现场调查情况，结合石板村滑坡的变形特征和对滑坡产生机制的初步分析，对滑坡进行分区，可分为主滑坡区和滑坡影响区。其中又可将主滑坡区分为滑坡物源区和堆积区；滑坡影响区主要为受滑坡失稳滑动影响而不稳定的坡体（又称不稳定区），如图 18.9所示。

1. 滑坡物源区（Ⅰ区）

在 2020 年 7 月 8 日首次滑坡后形成了 WS 向的长条状光面，物源区为光面北侧中上部至后缘呈舌状的山体，主要物源部分靠近北侧。滑坡区域后缘及北侧边界以光面和正常地形交接处界定，滑床向后缘逐渐尖灭，至后缘时边界长度约 106m。南侧边界以坡体滑动后形成的陡壁界定，陡崖高 8～15m，方向 271°，呈直立状，岩性主要为砂岩、泥质砂岩夹页岩（图 18.10）。

滑源区后缘最高处高程约为 841m，前缘最低处高程为 589m，相对高差为 252m（图

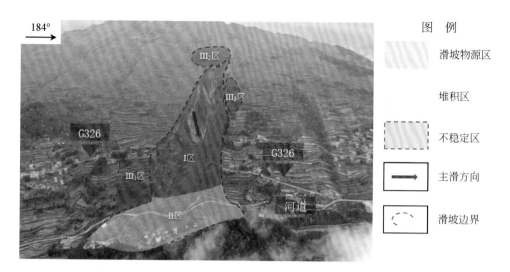

图 18.9　滑坡分区示意图

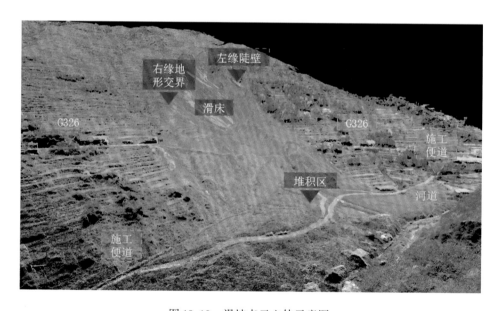

图 18.10　滑坡点云立体示意图

18.11）。其所在斜坡岩体岩性主要以薄-中厚层状砂岩为主，夹薄层状页岩，区域出露厚度为 265～650m。滑源区地层呈单斜产出，地层产状为 274°∠30°，坡向为 284°，坡度为 35°，为顺倾岩质坡体。由于后缘及右缘边界过渡平缓无临空面且地层结构稳定，未产生次生滑动，后缘及坡体中部滑床形成一个大光面。其表面平顺，坡度较陡，为 30°～40°，属薄-中厚层状的砂岩，其表面风化呈弱风化，局部光面上可以见到擦痕。滑床中部可以见到一条间歇性水流，水流流量为 20L/min，流速为 2m/s，水流向坡体下部延伸并分出多个支流，且水流量向下不断加大。

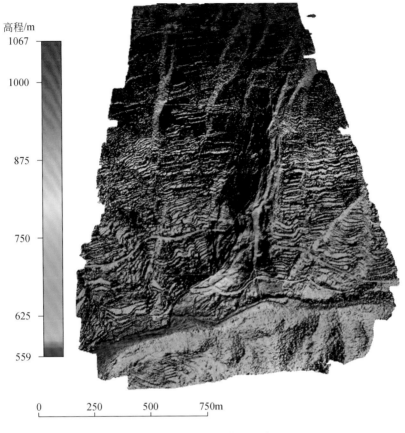

图 18.11　数字表面模型示意图

2. 堆积区（Ⅱ区）

堆积区南侧以陡壁为界，北侧以光面和地形交界为界，前部一直延伸至对面山体坡脚。在空间分布上可以看出，由于滑坡主滑方向是沿着岩层的真倾向方向，越靠近后缘部分，左缘堆积体厚度越厚，右缘堆积体厚度越小直至无堆积。大量滑体在滑动后受到左缘陡壁阻挡，大部分滑体转向右缘最后堆积于右缘外侧坡脚。由于下部地形较陡与层面交角较大，在下部形成了一个潜在的凌空面，下部地形平坦无阻塞，所以滑坡发生后滑体进行较远距离的滑动，一直滑动至对岸山脚淤塞河道。堆积区后缘高程 692m、前缘高程589m，高差约 103m（图 18.12）。

3. 不稳定区（Ⅲ区）

不稳定区域是位于滑体周围因滑坡滑动产生扰动而稳定性降低的区域。受滑坡影响周围区域形成了三个不稳定小区（Ⅲ₁区、Ⅲ₂区、Ⅲ₃区），见图 18.13。Ⅲ₁区和Ⅲ₂区坡体受滑坡扰动较大，坡体前缘有一天然临空面，受滑坡影响其临空条件进一步优化，约束减少，在下一次强降水过程中该部位的稳定性将进一步降低。Ⅲ₃区为滑动后形成的凸出陡壁，高度约为 11m，临空条件良好。同时该区岩体为层状岩体，受节理切割成块状-次块

图 18.12　堆积区照片

状，受滑坡扰动影响节理张开程度大，充填物质较少，强降水过程中水流快速入渗形成的静水压力和扬压力会使坡体稳定性急剧降低。

图 18.13　不稳定区照片

18.2.2　滑体特征

滑坡平面形态近似"舌"形，整体前缘宽，后缘窄。滑坡位于甘龙河右岸（凹岸）斜坡，滑向为270°，平均坡度约26°。滑坡堆积体前缘越过甘龙河冲毁石板滩村寨，左侧以变形错坎为界，右侧以剪切变形裂缝（错坎）为界，基岩出露，后缘位于滑移变形形成的陡坎为界。滑坡纵长约900m、宽为60~200m，前后缘高差约200m，滑体厚度为2~10m，滑坡体积约为70万m³（图18.14）。

图 18.14　失稳前滑体结构特征

　　泥质砂岩、砂岩是构成滑体的主要岩性，岩体的层理面存在泥质薄膜充填，内聚力较低。由于风化作用及区域构造的影响，岩体节理及裂隙较为发育，主要两组节理：① J_1 产状为 $4°∠79°$，节理面光滑平直，张开度为 $0.5 \sim 1.5 cm$，延伸 $50 \sim 100 cm$，充填岩石碎屑，少量充填；② J_2 产状为 $134°∠43°$，节理面光滑平直，微张无充填或少量泥质充填，延伸 $50 \sim 100 cm$。

18.2.3　滑体运动堆积过程分析

　　滑面擦痕和滑体表面特征是研究滑坡滑动方向的直接证据。现场调查统计滑面擦痕方向显示，田堡滑坡后缘光壁分布的大量擦痕主要方向接近 270°，擦痕长度在 2m 左右，深度较浅。结果表明滑坡主滑向是沿层面的倾向与坡向呈小角度相交。通常情况下，沿坡向滑动时滑坡堆积体常呈扇形分布，若沿单向滑动则滑动方向侧堆积体分布面积较大，其厚度也较厚。而现场堆积体基本呈倒 "7" 型分布，堆积体主要分布在主滑方向的另一侧（右缘）。滑体表面右缘中部保存了一块较完整的梯田结构，根据该标志地物滑前滑后的对比分析可以看出，该侧土体受主滑体的牵引主要沿坡向向下滑动。

　　通过对这些特征的分析可以在滑体运动堆积过程中得到滑动方向组合图（图 18.15）：滑坡启动后Ⅰ区主滑体沿 270° 方向滑动，滑动过程中受左缘陡壁的阻挡形成了壅高，继而大部分滑体向滑坡右缘转向。由于前缘地形平坦没有阻挡，所以滑体快速向右前方运动直到受到对岸山体的阻挡。最终形成右缘堆积体厚度大面积广的特征。Ⅱ区滑体受主滑体的牵引主要沿坡向向下滑动，但其由于下滑力分力不足和转向后主滑体的阻挡作用很快便停止了滑动，其位移距离较小。

18.2.4　滑带特征

　　该滑坡滑带发育在一层厚为 $1 \sim 2 cm$ 的均质石英夹层中，石英呈乳白色，表面粗糙，

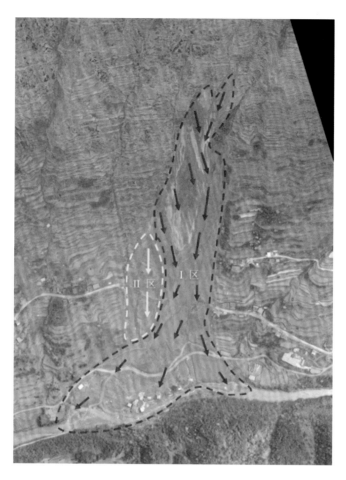

图 18.15　滑动方向组合图

该夹层广泛分布于滑床上。其上层为一层厚约 8cm 的石英质砂岩，该层砂岩已发生一定的变质现象，具备一定的板理化特征。其强度较主要岩性灰岩低，构成一个相对软弱层（图 18.16、图 18.17）。

图 18.16　滑床上部石英夹层

图 18.17　滑带结构特征

18.2.5　滑床特征

将滑带土及滑带土所在软弱夹层以下看做滑床部分，根据坡脚处现场实际情况来看：滑床主要位于兰多维列统秀山组（S_1）灰岩处，滑床沿岩层面展布，岩层层面清晰可见，岩层倾向为274°，倾角在30°左右，潜在滑床基岩与坡面呈小角度相交。滑坡 1-1′剖面图如图 18.18 所示。

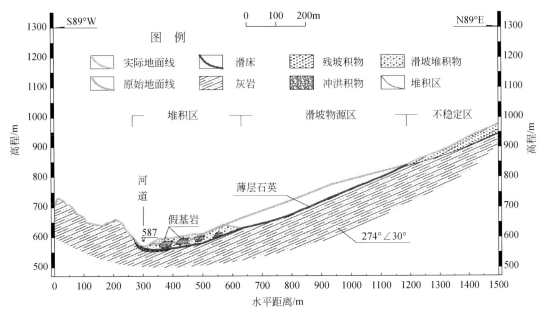

图 18.18　石板村滑坡 1-1′剖面图

18.3　石板村滑坡失稳破坏过程及成因分析

18.3.1　地形条件

石板村滑坡所在区域为低–中山溶蚀斜坡地貌，地形总体西北高、东南低，地形坡度较大，自然地形坡度平均约为35°，滑源区地层单斜产出，岩层产状为274°∠30°，自然地形坡度与岩层倾角小角度相交，属岩质顺向坡，此类坡型有利于滑坡的形成。在滑坡区前部地面坡度变陡，地形坡度大于地层坡度，形成潜在的临空面，是滑坡产生的重要因素。

18.3.2　地质条件

研究区东侧有一正断层发育，滑坡区位于断层下盘。同时断层附近为一背斜构造，滑坡区位于其西翼。在构造作用的影响下，岩石节理裂隙发育，且以两组裂隙为主：① J_2 产状为 134°∠43°，切割岩石形成外倾结构面；② J_1 产状为 4°∠79°，切割岩石形成滑坡侧缘的控滑结构面，此不利的构造条件有利于滑坡的形成。

含软弱夹层的岩质斜坡的失稳破坏，起主导作用的往往是软弱夹层。在几十年，几百年甚至上千年的演化过程中，软弱夹层受到构造运动、荷载及外界环境的各种因素的综合作用，在软硬交界面或者软岩内部层理面由于物理性质的差异而产生应力集中，形成与层面平行的力偶作用，从而导致发生层间剪切错动。循环往复的剪切错动导致了原岩的结构破坏，岩体碎裂甚至泥化，形成滑面。

滑坡滑体的主要组成部分为薄-中厚层状灰岩，该滑坡滑带发育在一层厚为 1~2cm 的均质石英夹层中，石英呈乳白色，表面粗糙，该夹层广泛分布于滑床上。其上层为一层厚约 8cm 的石英质砂岩，该层砂岩已发生一定的变质现象，具备一定的板理化特征。灰岩整体坚硬，完整性较好，属硬质岩，下部变质石英砂岩相对较软。如此的岩体组合下主要产生了两方面的变形：一是在构造作用下，强度差异明显的软硬互层状岩体沿软硬岩交界面产生应力集中，造成层间剪切错动现象，发生剪切变形破坏；二是经过长期的水岩作用，软层的强度逐渐降低，上部硬质岩在重力作用下对其产生挤压，软弱层发生压缩变形，且越靠近临空边缘挤压变形量越大。剪切压缩变形的同时发展，导致软弱夹层之上的硬质岩体产生向临空面的微倾倒现象，从而引起后缘产生由坡表向坡内发展的拉裂缝，拉裂缝不断发展，并逐渐贯通后最终导致滑坡产生，滑坡形成过程剖面示意图如图 18.19 所示。

如此硬质岩夹软弱夹层的组合，构成了滑坡形成的物质基础，是滑坡形成的关键原因。

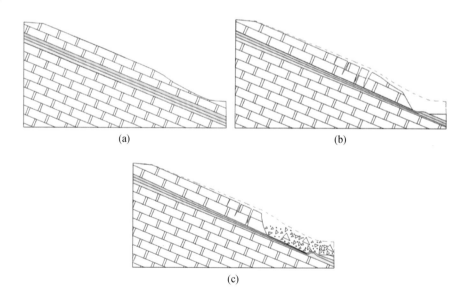

图 18.19　滑坡形成过程剖面示意图

18.3.3　环境因素

水在滑坡的形成过程中通常都起着至关重要的作用。在滑坡的发展过程中，影响因素之一的水来自两个方面：地表水和通过坡体渗流通道的渗流水。

研究区大气降水丰富，年均降水量为 1271mm，暴雨集中且单次降水量大。2020 年 6 月 30 至 7 月 6 日的持续降水及 7 月 7 ~ 8 日的强降水是诱发滑坡产生的直接因素。根据 24h 降水量等级划分 6 月 30 日至 7 月 8 日，出现了三天小雨、三天中雨、一天大雨、暴雨两天（表 18.3）。

表 18.3　灾害发生前一周降雨量表

时段	降水量/mm
6 月 30 日 20 时至 7 月 1 日 20 时	15.7
7 月 1 日 20 时至 7 月 2 日 20 时	12.6
7 月 2 日 20 时至 7 月 3 日 20 时	0.7
7 月 3 日 20 时至 7 月 4 日 20 时	2.3
7 月 4 日 20 时至 7 月 5 日 20 时	4.2
7 月 5 日 20 时至 7 月 6 日 20 时	42.0
7 月 6 日 20 时至 7 月 7 日 20 时	24.4

根据 7 月 7 ~ 8 日的逐时降雨图（图 18.20），8 日 3 ~ 5 时的小时降水量均达到暴雨级别。尤其 4 时降水量达到了 96.2mm，是暴雨划分标准 16mm 的六倍。

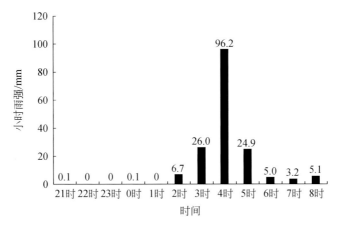

图 18.20　7 月 7 日 21 时至 8 日 8 时逐时降水情况图

此外滑坡后部有一条间歇性冲沟恰好延伸至软弱夹层，暴雨过程中汇水面汇集的水流，持续补给软弱层内地下流，软弱夹层与水作用后软化，剪切强度降低，压缩性增大。同时由于软弱层和滑体均有一定的隔水能力，所以在其间形成了一层含水层。水产生铅直向上的力扬压力，它减小了滑体作用在地基上的有效压力，从而降低了的抗滑力。此外持续的降水不断增加坡体的自重并劣化坡体的物理力学参数，将进一步降低坡体稳定性。上部硬质岩如同置于一光滑斜板上，更容易向临空面滑出，导致滑坡产生。

综上所述，滑坡是在不利的地形条件下，在持续降水及短时暴雨的作用下易产生滑坡的地层结构。斜坡下部第四系覆盖层逐渐进入饱水状态，其力学性质降低，同时斜坡上部入渗水体沿滑移面运移、汇集至斜坡中、下部，引起斜坡水压力剧增，致使斜坡下部第四系覆盖层发生溃决式失稳变形，形成渐进后退式的顺层岩质滑坡，其演化过程集地形、地貌、水文、环境等多种因素的影响。

18.4　经验与教训

2020 年 7 月 7 日贵州省启动 II 级地质灾害防御响应，晚上 10 时，松桃县地质灾害防治指挥部结合气象数据立即向各乡镇发布预警信息，尤其是甘龙、牛郎等将出现大暴雨天气的乡镇。进一步要求各乡镇做好防汛救灾工作，严格落实地质灾害各项防范措施。接到通知后，甘龙镇人民政府立即对辖区内在册的 10 处地质灾害隐患点受威胁群众组织撤离，并要求各村脱贫攻坚指挥部立即对重要地段易发生地质灾害隐患风险区域进行布控监测。

7 月 8 日，松桃县甘龙镇石板村和寨地村各成功避灾一起，其中，石板村梨子树组和何家组监测员提前预警撤离群众。这两次紧急撤离，充分体现了"群测群防"的力量，以及当地各级各部门对"三个紧急撤离"的防灾避灾做法落实到位。

（1）负有责任心并具有一定辨灾识灾能力的防灾责任人是基层减灾防灾的关键。

（2）加强自然斜坡风险区的排查巡查。地质灾害隐患固然可怕，但是我们防灾人员仅仅盯牢了，危险就可以消除在滑坡滑动之前。但是很多地质灾害发生具有突发性和隐蔽性，我们应该对地质灾害进行深度研究，寻找成灾、孕灾的内在规律，超前识别成灾风险区或风险斜坡，提前采取应对措施，达到减灾防灾的目的。

（3）健全的防灾机构。石板村田堡组滑坡地质灾害发生后，地质灾害防治职能部门、机构立即响应，有条不紊地开展地质灾害应急处置工作。

（4）畅通的信息传送通道。灾害发生后，滑坡灾害区电信中断，后勤保障部门积极应对，迅速使通信恢复，这是应急救援的重要保证。

第 19 章 德江县荆角乡角口村滑坡

2018 年 9 月 13 日 16 时 10 分，德江县荆角乡角口村小尖山组发生滑坡地质灾害，造成九栋房屋倒塌，S303 道路严重变形破坏，破坏长度约 160m，阻断交通运行。由于预警及时，未造成人员伤亡，目前滑坡处于欠稳定状态（羊永夫等，2020）。铜仁市委市政府、国土局等职能部门，以及德江县委县政府、国土资源局等职能部门和荆角乡人民政府等各级领导高度重视，及时组织相关职能部门亲临现场查看灾情，并及时启动地质灾害应急排查预案。

经现场踏勘，确定该滑坡为古滑坡复活形成的中层岩土体混合顺向滑坡（图 19.1），目前该滑坡处于欠稳定状态，滑坡造成九栋房屋倒塌，S303 道路严重变形破坏，通行受阻，输电线路损坏 35AV 约 1170m，110AV 约 2000m，导致送电中断。截至 2018 年 9 月 14 日，该滑坡影响涉及 102 户居民，威胁人数 401 人，其中常住人口有 54 户 143 人，直接威胁 28 户 98 人，未造成人员伤亡，直接经济损失预计约 500 万元，潜在经济损失约 4000 万元，灾情等级为中型，险情等级为大型。

图 19.1 角口村滑坡全貌

19.1　研究区自然和地质环境条件

19.1.1　自然地理位置

滑坡所在位置为贵州省东北部的德江县，隶属于贵州省铜仁市，位于贵州省东北部、铜仁市西部，东邻印江县，西接遵义市凤冈县，南与思南县接壤，北部插入沿河土家族自治县（沿河县）、务川仡佬族苗族自治县（务川县）之间，介于107°46′~108°00′E，28°00′~28°38′N，南北长为67km、东西宽为63km，总面积为2065.57km²。德江县地处云贵高原东北部阶梯状斜缓坡面上的娄山山系与武陵山系交界处，地势西北部高，中部较缓，东部稍低。最高为西北部与务川县交界处的羊角脑山峰，海拔为1534m，最低为东部的望牌乌江渡口，海拔为320m，相对高差为1214m，属鄂西北中低山地貌区。县内喀斯特地貌与常态侵蚀地貌相间出现。具体为德江县荆角乡角口村348.26°WN方向，距离为1233m，坡体中部有一条公路穿过，坡脚位置为省道303线，交通便利，地理坐标为108°7′19.16″E，28°22′35.97″N。

19.1.2　工程地质条件

1. 地形地貌

德江县地形具有西北部高、中部较平缓、东部较低的特征。德江县地形主要由低中山和低山组成。其中，低中山地形海拔为1000~3500m，切割深100~500m，分布于北部泉口乡的和尚至西部平原乡的桤木窝一带。出露的地层为寒武系、奥陶系、志留系和二叠系，寒武系、奥陶系岩性以白云岩、灰岩为主；志留系岩性以页岩为主。该区沟谷切深强烈，水系较发育。低山地形的海拔为500~1000m，切割深100~500m，分布于德江县中部一带。出露寒武系、奥陶系和志留系地层，寒武系、奥陶系岩性以白云岩、灰岩为主；志留系岩性以页岩为主。该区河谷切深较浅，水系呈树枝状（赵锐，2014）。

研究区属鄂西北中低山地貌区，区内喀斯特地貌与常态侵蚀地貌相间出现，侵蚀切割强烈。光面坡度为17°，坡向为300°，其方向和倾角基本等于地层产状，坡体形态主要受地层产状控制。坡体前缘开挖新建公路，形成的临空面是滑坡形成的有利因素。斜坡类型主要为顺向坡。在区域上属侵蚀沟谷、缓坡地貌。调查区山体斜坡总体呈缓坡型，地形坡度约25°，为顺向坡，滑坡区植被较发育，主要以灌木、乔木为主。滑坡后缘接近山脊顶部，前缘为公路下方约40m稻田处，左右侧均为山脊处，主滑方向为300°。滑坡前缘分布有居民点、耕地。该滑坡影响范围内居民户有102户401人，建筑物以1~2层为主，砖混结构，基础为浅基础（图19.1）。

2. 地层岩性

根据实地调查结合区域地质资料，研究区内出露地层从新至老为第四系（Q₄）、中志留统罗惹坪群（S_2lr）及中志留统龙马溪群（S_1lm）（表 19.1），各地层覆盖关系及其岩性分述如下。

表 19.1 研究区地层简表

年代			地层代号	主要岩性
系	统	群/组		
第四系	全新统—更新统		Q_4	黏土及碎石土
志留系	中统	罗惹坪群	S_2lr	页岩夹粉砂岩，底部为灰岩
志留系	中统	龙马溪群	S_1lm	页岩、粉砂岩

1）第四系（Q_4）

第四系残坡积层（Q_4^{el+pl}）：主要为黏土和碎石土，黏土呈黄褐色稍湿可塑状，厚度不等，主要分布于溶槽、溶沟内。碎石土的碎石含量在 15% 左右，颗粒大小为 5～10cm，厚度为 2.5～3.0m，广泛分布于调查区范围内。

在坡脚部分区域表层分布有耕植土（Q_4^{pd}），褐色，结构松散，含碎、块石及植物根系等，厚度为 0.4～0.6m。

2）中志留统罗惹坪群（S_2lr）

该地层岩性主要为黄褐、黄色泥岩、砂岩、粉砂质泥岩、页岩，偶夹钙质泥岩或薄层灰岩。该层一般分为上下两段，下段砂质多，化石较少；上段钙质含量增多，砂质较少，化石较丰富。

3）中志留统龙马溪群（S_1lm）

该地层岩性主要是灰、灰绿、深灰黑色的砂质页岩，含有钙质砂质页岩和钙质粉砂岩。该群组分为两段：第一段中上部（166～295m）为灰绿、黄绿色页岩夹粉砂质页岩，顶部或上部（31～42m）常为薄-中厚层状粉砂岩及泥质粉砂岩；第二段以灰绿、黄绿色页岩、粉砂质页岩及粉砂岩为主，其顶常为数米至数十米厚的钙质页岩或泥灰岩。

由于滑坡总体规模不大，现场勘查时仅发现中志留统龙马溪群（S_1lm）粉砂岩 ［图 19.2（a）］夹页岩 ［图 19.2（b）］。

(a) 粉砂岩 　　　　　　　　　(b) 夹页岩

图 19.2 滑坡区岩性分布情况及细部特征图

3. 地质构造

研究区主要岩性多为粉砂岩偶夹页岩。研究区西侧及北侧无大型断层发育，但其东侧及南侧地质构造活动强烈，发育多条以 SN 走向为主的断层及次级断层，研究区内无断层直接穿过。同时断层附近为一向斜构造，滑坡区位于其东南翼，研究区内未见向斜的核部。

受区域地质构造及地形影响，斜坡岩体节理裂隙一般发育，岩层产状为 305°∠18°，为滑坡的主要控滑结构面。主要发育的两组结构面发育方向为 SW–NE、NW–SE 向，第一组节理（J_1）产状为 240°∠86°，节理面凹凸不平，张开度为 3~4cm，延伸 170~200cm，无充填；第二组节理（J_2）产状为 347°∠77°，节理面凹凸不平，张开度为 0.5~1cm，延伸 50~100cm，少量泥质充填。在滑床的光壁上可以见到大量 J_1 和 J_2 组成的 X 型节理，由于该组节理的存在加上滑坡后卸荷与物理风化的作用，滑床的表面岩体解体碎裂。滑床可以见到大量节理裂隙的存在，如图 19.3 所示，结构面特征如图 19.4 所示。

图 19.3　滑床上 X 型节理

4. 地震

贵州处于扬子准地台内，地质结构相对较稳定，较有影响的地震主要发生在以下深断裂带：垭都–紫云深断裂、松桃–独山深断裂、开远–平塘隐伏深断裂、黔中深断裂和威宁石门坎断裂。

根据 2016 年 6 月 1 日实施的《中国地震动参数区划图》（GB 18306—2015）的资料显示，勘察区在区域上地震动峰值加速度为 0.05g，反应谱特征周期为 0.35s，相应地震基本烈度值为Ⅵ度，地震分组为第一组，场地类型为Ⅱ类。

5. 水文地质条件

根据工作区的岩性和地下水的赋存形式，以及富集和水力特征，将地下水划分为松散层孔隙水、基岩裂隙水和碳酸盐岩类岩溶水三类，分述如下。

（1）松散层孔隙水：赋存于滑体及附近的松散层之中，含水层由残坡积含碎块石黏土

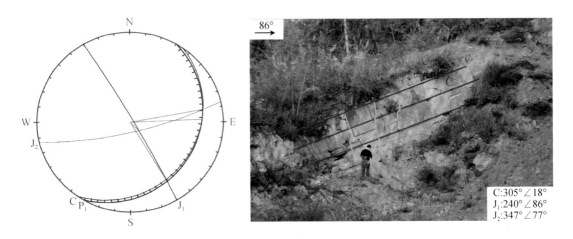

图 19.4　结构面特征图

层组成，根据钻孔及竖井揭露，滑体的富水性较微弱。该型地下水主要富存于第四系（Q）残坡积层的孔隙内，一般情况下流量不大，呈现出季节性的变化，在滑坡北西侧的冲沟中可以观察其变化。根据室内滑体土测定的渗透系数看，滑体土的渗透性总体较差，地下水主要接受大气降水及地表水补给，动态变化大（图 19.5）。

图 19.5　松散层孔隙水

　　（2）基岩裂隙水：赋存于滑动光面以下破碎带及滑坡体破碎岩石中，主要受大气降水和上部松散层孔隙水的补给，地下水的动态变化相对稳定，含水层较为破碎，孔隙较大，赋水性较差。由于节理和层面均呈一定程度的张开状态，可在滑坡前部看到呈连珠分布的渗水口，受降水补给，流量不稳定，流速较慢（图 19.6）。
　　（3）碳酸盐岩类岩溶水：碳酸盐岩地层的分布和产状由地质构造所控制，导致不同地

图 19.6　基岩裂隙水

段岩溶发育程度及形态特征有所不同。岩溶发育以地层岩性为物质基础，根据地质构造及岩性情况调查岩溶的分布及发育情况，贵州广泛分布碳酸盐岩，这些碳酸盐岩控制了丰富的岩溶地下水分布。地下水的补给主要为大气降水和自来水破裂补给，通过裂隙、漏斗等渗入地下，于层间裂隙、溶蚀裂隙、岩溶管道、风化裂隙节理之中流动。

　　研究区位于山体斜坡处，地表水主要为雨源性地表片流及冲沟径流，地下水主要为基岩裂隙水、土层孔隙水，为上层滞水，大气降水补给，具有含水性差、降水影响显著、径流距离短、就近排泄的特点。

　　研究区汇水面积约 30 万 m^2，按年平均降水量 1230.7mm 计，约 1011t/d，雨水下渗汇于缓坡两侧沟谷处，山体中部已修排水沟，滑坡发生后已被毁坏。

19.2　角口村滑坡基本特征

19.2.1　滑坡规模形态及边界特征

　　滑坡体平面呈"舌"形，滑坡主滑方向 300°，整体坡度约 25°，总体位于缓斜坡处，前缘地形较为平坦，后缘滑距为 20～30m，深 10～15m，左侧以鼓裂缝为界，右侧以拉张裂缝为界，滑坡纵长 500m、宽 120～220m，平均宽度约 180m，厚度为 10～20m，平均厚度约 15m，滑体方量初步估算为 120 万 m^3，属中层大型岩土体混合滑坡。

　　根据现场调查情况，结合滑坡的变形特征和对滑坡产生机制的初步分析，对滑坡进行分区，可分为滑动区（Ⅰ区）、影响区（Ⅱ区）和监测区（Ⅲ区）。滑动区为滑坡首次滑动破坏的区域；影响区为滑动后产生了显著变形的区域，随时发生次生滑动的可能性较大；监测区主要为受滑坡失稳滑动扰动影响而稳定性显著降低的坡体（图 19.7）。

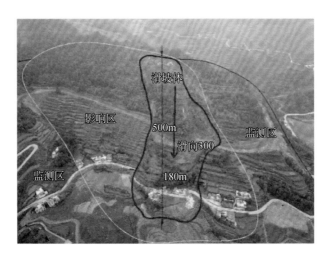

图 19.7　滑坡分区示意图

1. 滑动区（Ⅰ区）

滑坡处于不稳定状态，滑坡周界明显，滑坡前缘剪出口位于公路边坡形成的临空面处，剪出距离约 40m，推挤前缘稻田凸起，有明显鼓丘；后缘形成 96m 宽的光壁，光壁为完整基岩层面。后缘右侧可见层状基岩陡壁，高约 8.3m。左缘为堆积体。滑距为 20～30m，深度为 10～15m；左侧以鼓裂缝为界，裂缝宽 5～10m、深 5～10m；右侧以拉张裂缝为界，裂缝宽 6～10m、深 5～10m。影响范围内房屋倒塌 9 栋，S303 道路损毁，导致车辆无法通行。滑动区内滑体后部由于拉张和长大节理共同作用形成多条拉陷槽，岩体拉张破碎树木倒伏。而滑体中部和下部坡体内未见长大裂缝，仅有相对较小的裂缝，延伸长度较短，树木未见倒伏，但局部有隆起现象，房屋未坍塌，基本呈整体下滑。左缘中部由于滑坡变形的影响，以及地质构造情况和主滑动区相似，形成了一个宽约 46m、长 100m 的次级滑坡，滑坡前缘以在建公路为界（图 19.8）。

(a) 滑坡后缘

(b) 滑坡前缘

(c) 滑坡右缘   (d) 滑坡左缘

(e) 次级滑坡边界

图 19.8   滑坡边界

2. 影响区（Ⅱ区）

由于坡体的结构特征及滑坡滑动的影响，在滑坡周围形成了一片较大范围的影响区域。影响区内坡体结构和滑动区基本一致，均为单斜顺层滑坡，坡向和岩层产状一致。坡体前部公路切坡，可见连珠分布的渗水口并持续有小股地下水流出，可以推断坡体内存在潜在的贯通性滑动面，坡体稳定性差。坡体滑动过程中，影响区域的凸出部位受滑体的推动，在其后缘形成了一条长大裂缝（图 19.9），节理面 J_1 及层面也因此呈张开状态。后期调查过程中，已在影响区距公路高约 4m 的部位设置了一条混凝土挡墙支护，挡墙上布置间距 0.3m 上下的两排预应力钢筋（图 19.10）。

3. 监测区（Ⅲ区）

监测区是位于滑体周围因滑坡滑动产生扰动而稳定性有一定程度降低的区域。此区域内树木有向临空面倾斜的趋势，地表产生了部分细小的裂缝，此区域整体稳定性相对较好。

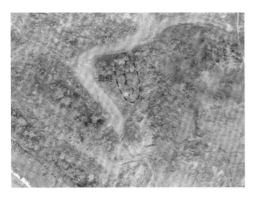

图 19.9　影响区裂缝　　　　　　　　　　　图 19.10　挡墙

19.2.2　滑体特征

滑动区内滑体后部由于拉张和长大节理共同作用形成多条拉陷槽，岩体拉张破碎，树木见倒伏。而滑体中部和下部坡体内未见长大裂缝，仅有相对较小的裂缝，延伸长度较短，树木未见倒伏，但局部有隆起现象，房屋未坍塌，基本呈整体下滑。

粉砂岩是构成滑体的主要岩性。受区域地质构造及地形影响，斜坡岩体节理裂隙一般发育，岩层（C）产状为 305°∠18°，为滑坡的主要控滑结构面。主要发育两组结构面，主要发育方向为 SW–NE、NW–SE 向：第一组节理（J_1）产状 240°∠86°，节理面凹凸不平，张开 3～4cm，延伸 170～200cm，无充填；第二组节理（J_2）产状 347°∠77°，节理面凹凸不平，张开 0.5～1cm，延伸长 50～100cm，少量泥质充填。在滑床的光壁上可以见到大量 J_1 和 J_2 组成的 X 型节理，由于该组节理的存在加上滑坡后卸荷与物理风化的作用，滑床的表面岩体解体碎裂可以见到大量的节理面。

19.2.3　滑带特征

该滑坡滑带发育在页岩层中。页岩在滑体的重力与渗水的共同作用下，性能逐渐劣化。在滑坡长期的蠕变过程中该层逐渐泥化为软弱夹层，从而形成潜在的贯通性滑面，滑带平行于滑面。

19.2.4　滑床特征

滑坡滑床是由层面形成的平直滑动面，根据坡脚处现场实际情况来看：滑床主要位于中志留统龙马溪群（S_1lm）粉砂岩内，岩层层面清晰可见，潜在滑床基岩产状与坡面几乎一致。坡体滑动后滑床基岩节理及层面普遍张开，无充填或弱充填。滑坡 1-1′剖面图如图 19.11 所示。

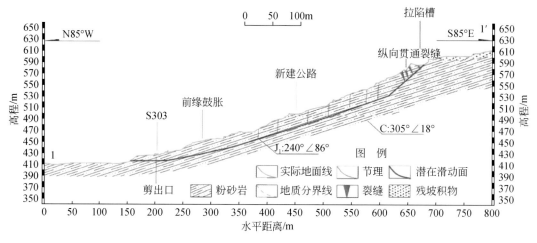

图 19.11　角口村滑坡 1-1′剖面图

19.3　角口村滑坡失稳破坏过程分析

根据现场地形和地质条件的综合分析，推测滑坡的失稳破坏过程分为下面三个阶段。

（1）第一阶段：斜坡形成阶段。受新构造运动影响，研究区地表抬升，伴随着地表径流侵蚀和风化作用河流下切作用加剧，坡体内部发生较大的应力重分布。下切作用不断揭露深层的顺层坡体的层面，垂直于层面方向坡表向临空面方向卸荷，层面间隙逐渐扩张。顺层面方向剪应力随着下切深度的增加集中于揭露的最下层揭露层面上。同时下滑力相应增长，坡体内与层面大角度相交的结构面开始扩展，部分区域裂缝开始出现，坡体整体结构逐渐呈现出松散状态。整个过程中坡体的稳定性逐步降低，但是裂缝较小仅在局部有限的区域内产生，坡体整体处于稳定状态。

（2）第二阶段：裂缝扩展阶段。该阶段主要为人为因素、气象水文因素的作用，由于前缘人为和河流深切坡脚形成的临空面为滑体的下滑提供了潜在的剪出口，坡体内的剪应力进一步向前缘集中。干燥条件时坡体稳定性较好，但在长期的降水条件下，雨水顺着逐渐扩张的结构面和裂隙下渗，坡体内部及结构面物理力学性能快速下降，裂缝沿着软弱的层面快速向坡体前缘扩展。后部坡体向前缘蠕滑，裂缝急剧扩展和贯通，同时由于软化作用和滑体滑床之间的挤压"研磨"作用，在层面上形成一层泥化的软弱夹层，该层的抗剪力下降，剪应力向坡体前缘集中加剧。降水下渗引发裂缝扩展，裂缝扩展了促进降水下渗，坡体内滑面贯通不断加速。

（3）第三阶段：裂缝贯通阶段。在前期的裂缝发展的不断积累的条件下，坡体稳定性近于临界状态。坡体中部开始新建公路切坡揭露了潜在的滑面加之暴雨的影响，滑面完全贯通滑坡启动。坡体后缘开始向前部加速滑移，坡体前缘剪出口也开始形成，但前缘抗滑力勉强能平衡下滑力，受两种力的作用在前缘快速隆起，在地表形成大量的鼓胀裂缝。现场监测到变形加速，及时设置支护结构并清除了中部公路上部的滑移体，故坡体未完全启动。

19.4　角口村滑坡失稳因素分析

19.4.1　地形条件

滑坡所在区域为低–中山溶蚀斜坡地貌,地形总体西北高东南低,地形坡度较大,自然地形坡度平均约25°,滑源区地层单斜产出,岩层产状为305°∠18°,自然地形坡度与岩层倾角几乎一致,属岩质顺向坡,此类坡型有利于滑坡的形成。在滑坡区前部及中部公路开挖切坡,形成临空面,是滑坡产生的重要因素。

19.4.2　地质条件

研究区西侧及北侧无大型断层发育,但其东侧及南侧地质构造活动强烈,发育多条以SN走向为主的断层及次级断层,研究区内无断层直接穿过。同时断层附近为一向斜构造,滑坡区位于其东南翼,研究区内未见向斜的核部。在构造作用的影响下,岩石节理裂隙发育,且以两组节理为主:J_1产状为240°∠86°;J_2产状为347°∠77°。两组节理以大角度相交与层面共同将岩体切割成菱形块体,此不利的地质条件有利于滑坡的形成。

含软弱夹层的岩质斜坡的失稳破坏,起主导作用的往往是软弱夹层。在几十年、几百年甚至上千年的演化过程中,软弱夹层受到构造运动、荷载及外界环境的各种因素的综合作用,在软硬交界面或者软岩内部层理面由于物理性质的差异而产生应力集中,形成与层面平行的力偶作用,从而导致发生层间剪切错动。循环往复的剪切错动导致了原岩的结构破坏,岩体碎裂甚至泥化,形成滑坡滑面。

该滑坡滑带发育在页岩层中。在构造作用下,强度差异明显的软硬互层状岩体沿软硬岩交界面产生应力集中,造成层间剪切错动现象,发生剪切变形破坏;再经过长期的水岩作用,软层的强度逐渐降低,上部硬质岩在重力作用下对其产生挤压,软弱层发生压缩变形,且越靠近临空边缘挤压变形量越大。页岩在滑体的重力与渗水的共同作用下,性能逐渐劣化。在滑坡长期的蠕变过程中该层逐渐泥化为软弱夹层,从而形成潜在的贯通性滑面。如此硬质岩夹软弱夹层的组合构成了滑坡形成的物质基础,是滑坡形成的关键原因。

19.4.3　环境因素

暴雨过程中汇水面汇集的水流持续补给软弱层内地下流,软弱夹层与水作用后软化,剪切强度降低,压缩性增大。同时由于软弱层和滑体均有一定的隔水能力,所以在其间形成了一层含水层。水产生铅直向上的力扬压力,减小了滑体作用在地基上的有效压力,从而降低了的抗滑力。此外持续的降水不断增加坡体的自重并劣化坡体的物理力学参数,将进一步降低坡体稳定性。上部硬质岩如同置于一光滑斜板上,更容易向临空面滑出,导致滑坡产生。

综上所述，滑坡是在有利的地形条件下，拥有易产生滑坡的地层结构，在持续降水及短时暴雨的作用下，以及坡脚潜在临空面的影响下沿潜在滑动面整体下滑的顺层岩质滑坡，其演化过程集地形、地貌、水文、环境等多种因素的影响。

19.5　角口村滑坡监测预警及应急响应

9月12日15时49分，贵州省发布地灾气象预警信息：12日夜间至13日白天，盘州市、兴义市、德江县等地灾气象风险较高。信息发布后，贵州省国土资源厅立即安排部署，各驻县工作组分赴现场，靠前指挥，积极应对。

9月13日16时，德江县荆角乡角口村群测群防员巡查时发现附近高压线路碰电冒火花，房屋院坝、墙体出现拉裂缝。群防员迅速通知村民紧急撤离。随后，驻县工作组、县乡党委政府立即组织相关单位赶赴现场。专家组现场展开应急调查，发现滑坡体在持续变化中，要求危险区内48户258人紧急撤离。群众刚撤离至安全区域，滑坡就发生整体失稳。

由于预警及时，102户的401名群众及时撤离，直接避免54户143人伤亡。

第 20 章　印江县横镇革底村滑坡

2014 年 7 月 17 日凌晨 4 时 30 分左右，位于贵州省铜仁市印江县木黄镇革底村发生山体滑坡（图 20.1），造成 3 人受伤、260 栋房屋及一所小学校舍倒塌（图 20.2），破坏耕地约 8.0hm²，84 头猪、牛死亡，造成严重的经济损失，共涉及 334 户 1024 人，所幸未造成人员死亡（李宗发等，2020）。该滑坡体长 800m、宽 500m、平均厚约 6m，体积达到 240 万 m³。据国土资源部门专家实地调查，认定这是 2014 年贵州省发生的规模最大的一次山体滑坡。

图 20.1　革底村滑坡全貌

图 20.2　革底村滑坡导致房屋倒塌、开裂等破坏（新华社，左禹华摄）

革底村滑坡长 750m、宽 500m、平均厚约 10m，体积达到 200 万 m^3，属于大型滑坡。通过印江县气象站监测数据显示，从 2014 年 7 月 13 日 20 时至 7 月 17 日 8 时，印江县总共 37 个雨量监测点的数据中，有 10 个监测点累积降水量超过 400mm。其中，木黄镇监测点的累积雨量达 418.5mm（李俊杰，2015）。

滑坡发生前，由于监测预警及时到位，在当地政府部门和村委会的共同努力下，革底村 275 名在家的老乡全部被紧急转移到安全地带，成功躲过了一场灭顶之灾。

20.1　研究区自然和地质环境条件

20.1.1　地形地貌

革底村滑坡所处斜坡是一个顺层缓倾结构斜坡，自然条件下坡顶坡度为 7°、中部坡度为 15°、坡脚坡度为 10°。斜坡的坡顶高程为 1050m、坡脚高程为 875m。斜坡分为两级台阶：一级台阶位于坡脚，高程为 940m，台坎纵向长约 250m，坡表主要为村民房屋和农田；二级台阶位于坡顶，高程为 1040m，台坎纵向长约 250m，坡表主要为农田（图 20.3）。

20.1.2　地层岩性

革底村滑坡所在斜坡的地层主要是全新统第四系残坡积物和下奥陶统大湾组（O_1d）（图 20.4）。自然条件下，斜坡表面主要分布第四系残坡积（Q_4^{el+dl}），厚度较薄，仅有 1m 左右。斜坡基岩岩性为紫红、灰绿色泥灰岩。大湾组泥灰岩主要是灰质（碳酸盐岩）和泥质（黏土矿物），根据现场调查，泥灰岩的矿物成分主要有方解石、铁质氧化物、伊利

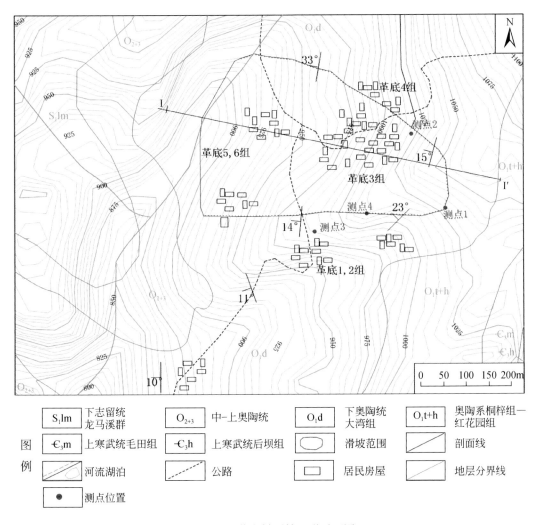

图例

S₁lm	下志留统龙马溪群	O₂₊₃	中-上奥陶统	O₁d	下奥陶统大湾组	O₁t+h	奥陶系桐梓组—红花园组

图 20.3　革底村原始地形平面图

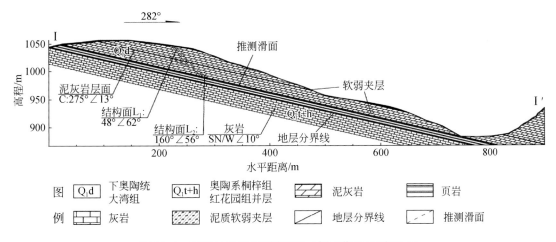

图 20.4　革底村滑坡 I-I′剖面图（剖面位置见图 20.3）

石，含有大量化石，在成岩过程中受到压力的作用，致使两种成分紧密地结合。泥灰岩为泥晶薄层状结构，断口呈次贝壳状，产状为 N4°E/NW∠16°，泥灰岩的层间还夹有泥质条带，属于泥夹碎屑类型的夹层，主要成分为黏土矿物和非黏土矿物两类，黏土矿物主要为伊利石，次为高岭石，含少量绿泥石；非黏土矿物成分主要为方解石、云母和石英。

20.1.3　地质构造

区内 NNE 向和 NE 向多字型构造东缘以梵净山背斜为主体，轴部出露中元古宙及晚元古宙地层，其西为古生界至中生界组成一系列褶皱。褶皱排列方式以排列轴近 NE 走向纵排[①]。背斜轴部常出露寒武系，向斜核部多保留三叠系。褶皱长数十千米，宽 10km，由于岩性的影响和构造条件的控制，常出现向斜的地势高起，背斜的地势注下的现象。正断层常与背斜相伴发育，见图 20.5。

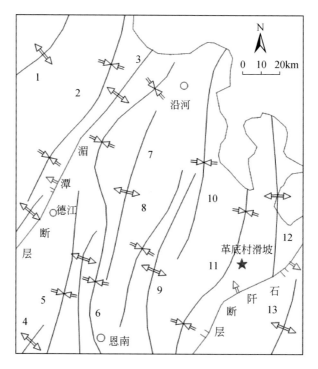

图 例　⚡背斜轴线　⚡向斜轴线　⚡正断层　⚡逆断层

图 20.5　研究区地质构造图

区域内主要褶皱构造由南东向西北有：1. 金鸡岭背斜；2. 长丰向斜；3. 土地坳背斜；4. 黄土背斜；5. 许家坝向斜；6. 塘头向斜；7. 沿河背斜；8. 谯家铺向斜；9. 石阡背斜；10. 铜西向斜；11. 郎溪向斜；12. 鸡公岭背斜；13. 梵净山背斜。主要断裂由西至东为湄潭断裂带、石阡断裂带

①　谢俊邦 . 1987. 贵州省区域地质志 . 贵州省地矿局。

20.1.4　气象水文

研究区气候类型属中亚热带温暖湿润季风气候，夏无酷暑，冬无严寒，冬秋气候干燥，年平均气温为 16.8℃，月均温为 5.5℃，最低气温为-9℃。冬季低温少雨，无霜期为 299 天，年降水量为 900~1100mm，其东南部降水量偏高，西北部偏低，降水主要集中在 5~9 月，占年降水量的 70% 以上，2014 年各月降水量、平均气温数据见表 20.1。县内少数年份局部会发生干旱、倒春寒、冰雹、大风、暴雨等灾害性气候，对农、林、牧业生产有一定的影响。革底村滑坡发生时的连续降水的降水数据见表 20.2，总降水量达到 467mm，连续降水天数为六天（图 20.6）。

表 20.1　铜仁市 2014 年平均气温和降水量统计表

月份	平均气温/℃	降水量/mm
12	7.8	6.3
11	12.4	84.2
10	19.6	95.5
9	25.6	204.3
8	26.2	310
7	26.4	398.7
6	24	189.8
5	22.4	214.2
1~4	10.7	209.3

表 20.2　印江雨量站 2014 年 7 月 13~18 日降水量统计表

时间	13 日 7 时	14 日 7 时	15 日 7 时	16 日 7 时	17 日 7 时	18 日 7 时
降水量/mm	13	80	165	119	80	10

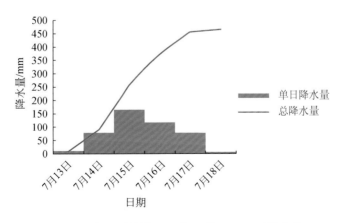

图 20.6　印江雨量站 2014 年 7 月 13~18 日降水量

滑坡所在区域的水文条件主要有地表水和地下水。其中，地下水的主要类型有孔隙水、裂隙水和岩溶水。区域内的地下水补给的主要来源是大气降水（降雨、雪等）。

在不同的地层中的地下水类型有所差异，在研究区域内主要有以下三类。

第四系（Q_4）：主要是残坡积物、冲洪积物。这类岩土体的结构松散，孔隙较大，含有孔隙水，具有较强的富水性和透水性。

下奥陶统大湾组（O_1d）：地层上部岩性为黄绿色厚层泥灰岩夹砂质页岩，中部岩性为紫红、灰绿色泥灰岩，下部岩性为黄绿色页岩及生物灰岩。这一地层中地下水的类型有裂隙水、岩溶水，富水性较强，但分布不均匀，属于含水层。

下奥陶统红花园组与桐梓组并层（O_1h+t）：岩性为厚层灰岩和灰岩夹页岩过渡到钙质石英砂。上部厚层白云质灰岩夹白云岩，下部厚层灰岩夹黄绿色页岩。这一地层的地下水类型有裂隙水、岩溶水，富水性强，属于含水层。

20.2 革底村滑坡基本特征

20.2.1 滑坡边界特征

革底村滑坡是一个典型的圈椅状的滑坡，滑坡后壁的形态为近似弧形，宽度约160m，后壁高差达到25m，坡度约为25°，坡倾向为292°；上游侧边界形态为一条折线，坡体中上部分边界走向为306°，长度约450m，边界高差最大达到5m，坡体下部边界走向为280°，长度约250m，这一段滑坡边界无陡壁，属于滑坡的加积带，主要是滑体堆积的区域；下游侧边界形态近似直线，走向EW，长度约750m，边界后缘陡壁高差达到20m，下游侧加积带所在为原坡脚位置；滑坡堆积体前缘的物质主要为碎石土，与对岸斜坡相接触，在沟底形成堆积体，高约10m，前缘堆积体宽约500m，见图20.7。

1. 滑坡后壁及后缘裂缝

滑坡后壁位于斜坡顶部，高程为1020～1040m，后壁高差为20m，后缘坡度为30°～40°，坡表堆积物由块碎石土构成，大部分为泥灰岩和页岩破坏后解体的碎块石，平均粒径为0.5～10cm，分布特征是由中间向两侧边界分布，越接近两侧边界，碎块石的直径越大。后壁顶部的树木倾向坡体临空方向。滑坡发生后，后缘形成了多条明显的拉裂缝（图20.8），分布极不均匀，大多为SN走向，且越靠近滑坡后缘边界，拉裂缝的张开度越大，最大张开度达到2m，深度约5m，延伸长度最大可达到46m。随着降水与时间的推移，后缘处的拉裂缝还在不断扩大，甚至出现局部崩滑现象。

后壁中部发育有拉裂缝，裂缝长约20m，走向NNE，张开度为5cm，可见深度为0.2m，裂缝中间有出露泥质夹层。后缘顶部发育有大量的拉裂缝，上部坡体仍然在向滑坡方向变形和垮塌。

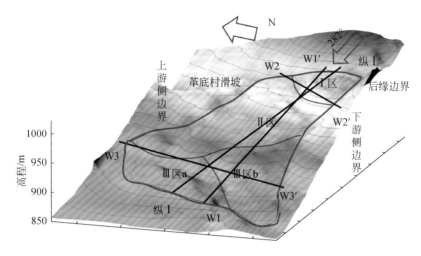

图 20.7　革底村滑坡边界示意图

2. 上游侧边界

革底村滑坡上游侧边界位于革底村四组村民聚居区，高程从坡脚 950m 延伸至坡顶 1050m 处，走向为 306°，形态为一条折线，受地形影响，前缘堆积区的边界走向转变为 272°。上游侧边界穿过革底村四组村民房屋屋角，形成高差为 5m、倾角最大为 70°的陡壁，上游侧边界处陡壁高差受坡形的影响，越靠近坡脚，高差越小，与在一级台阶高程处的边界被堆积体所掩埋，坡脚附近的堆积体边界受到冲沟的控制，根据堆积体物质组成与天然斜坡田坎形态区分边界。

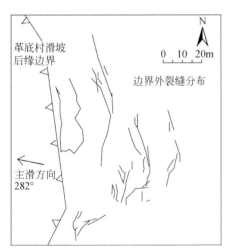

图 20.8　滑坡后缘拉裂缝

3. 下游侧边界

下游侧边界后缘沿树林与耕地的分界地段向上延伸，顶部沿一条小路路堑延伸至后缘；前缘的坡体受植被的影响，边界沿着树木北侧向下延伸，切过另外一条小路，可以在下游边界的陡壁上看到树木的根系对岩体起到了加固的作用。下游侧边界走向为100°，边界陡坎的坡度约为60°，高差最大为15m。出露的基岩有大湾组（O₁d）的紫红色层状泥灰岩、紫红色泥灰岩、黄绿色页岩，层面产状为N5°E∠NW16°，其中还夹有泥质夹层，位于层间。层厚为10~30cm，颜色为灰色，大湾组是泥灰岩的淡水碳酸盐岩沉积旋回组合泥灰岩中泥质和灰质的沉积物，压密胶结现象明显，其中还夹有方解石矿物。后缘侧壁明显有大量岩体滑动破坏时擦痕。下游侧的边界已开始形成冲沟，地表水沿着凹槽顺沟流下至坡底的河道中，沟中有大量冲刷而下的碎石土，见图20.9。

(a) 滑坡下游侧边界全貌图

(b) 滑坡下游侧边界擦痕及方解石

(c) 滑坡下游侧边界错断现象

图20.9　滑坡下游侧边界

4. 滑坡堆积体前缘

滑坡堆积体前缘呈趾状，堆积体宽度约500m，高程为850~890m。在整体形态上，受沟谷地形影响，整体向下游处偏移，上游侧与堰塞湖相接，下游侧形成一个陡坎，部分堆积物向沟谷的下游侧垮塌（图20.10）。堆积体前缘达到对岸的斜坡，并形成堆积高台，高约10m，堵塞沟谷形成堰塞湖。

图 20.10 滑坡前缘鼓出上翘

20.2.2 滑坡结构特征

为了研究滑坡堆积体的结构，在地表调查的基础上采用高密度电法探明滑坡的结构。以此为目的，布置了一条纵剖面（剖面 W1-W1′）、两条横剖面（剖面 W2-W2′、W3-W3′）。

剖面 W1-W1′（图 20.11）：测线长度为 700m。电极距为 10m，测线方位为 285°。实测结果如图 20.11 所示，位于滑坡堆积体中轴线附近，顶部达到后壁顶部，前缘到达滑坡底部应急通道外侧 20m，受到前缘堆积体表面分布的大量建渣影响，无法继续布置电极，且推测已超出原边坡前缘软弱面滑出位置，故剖面 W1-W1′已满足探测滑面的要求。根据物探图形，推断在该条剖面上滑坡滑床长为 600m，滑坡堆积体最厚部位分布在堆积体前缘，厚度为 40～50m，滑坡后缘厚度为 15～20m。将物探剖面图与工程地质剖面图相对比，滑面位置与物探剖面图中一系列互相平行的延伸长度的曲线一致，基本可以吻合，同时结合现场观察到的滑床的出露位置和产状，三者基本吻合，推测滑面的位置形态与实际情况基本一致。纵剖面上前缘堆积受上游侧堰塞湖水位影响，下部电阻较低，可以分析为受地下水位抬升的影响，电阻率为低电阻异常区。

剖面 W2-W2′（图 20.12）：位于滑坡后缘垂直于主滑方向的剖面，剖面长度为 300m，电极距为 10m，方位为 4°，剖面线穿过滑坡堆积体 1 区前缘和 2 区上游侧后缘，受两侧边界地形影响，剖面线起点和终点均位于边界陡壁，实测物探解译剖面图见图 20.12。根据图形可以大致推断出，滑坡前缘宽为 500m，厚度为 25～30m。堆积体在下游侧厚度较厚，上游侧厚度较薄，上游侧后缘可以见出露的滑床。由于滑坡堆积体有大量的裂缝产生，有利于地表水的下渗，因此在图 20.12 上显示，右侧电阻率较低，推测该处堆积物中地下水较丰富。

(a) W1-W1′ a-a′ 物探剖面

(b) W1-W1′ a-a′ 剖面Ⅰ区特征

(c) W1-W1′ a-a′ 剖面Ⅰ区边界特征

(d) W1-W1′ 工程地质剖面图

(e) W1-W1′ b-b′ 剖面Ⅱ区特征

(f) W1-W1′ b-b′ 剖面边界特征

(g) W1-W1′ b-b′物探剖面

图 20.11　W1-W1′物探解译–工程地质剖面图

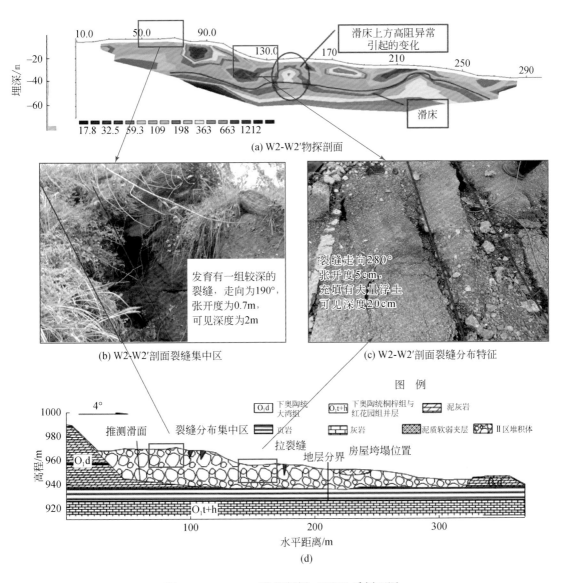

图 20.12　W2-W2′物探解译–工程地质剖面图

　　剖面 W3-W3′：位于滑坡前缘横向剖面，剖面长度为 600m，电极距为 10m，方位为 24°。剖面线穿过滑坡堆积区 2 和堆积区 3，起点位于滑坡下游侧边界侧壁上，终点位于上游侧边界以外的农田里面。根据实测结果，滑坡前缘宽为 500m，厚度为 25～30m。由于滑坡堆积体前缘物质粒径较小，且受到堰塞湖影响，导致地下水位上涨，在整条剖面上，低电阻区域范围分布广，特别是右侧电阻率低的电场分布也比较广，说明此处的地下水位很浅，在上游侧的农田里面，电场电阻率升高，推测在滑坡堆积体的前缘地下水较丰富。

20.2.3　滑带

革底村滑坡发育有软弱夹层，滑带为下奥陶统泥灰岩层面之间的泥化夹层［图20.13（a）］。软弱面沿层面 N5°E∠NW16°发育，厚度为 5～10cm，埋深特点为坡顶埋深较深，为 25～20m，向坡底方向逐渐变浅，在前缘出露地表；从上游侧向下游侧由浅变深。滑带处泥质夹层类型属于泥夹碎屑，黏粒成分（粒径小于0.005mm）的含量为 20%～30%，粗粒成分（粒径大于2mm）的含量为 10%～20%，砾砂组（0.05mm<粒径<2mm）含量超过40%。黏土矿物成分以伊利石为主，次为高岭石，含少量绿泥石；非黏土矿物成分主要包括方解石、云母和石英。

20.2.4　滑床

革底村滑坡的滑床为下奥陶统大湾组绿色钙质页岩［图20.13（b）］，岩体结构为薄层状，层厚为5cm，在滑坡上游侧边界后缘被破坏的公路陡坎下出露层面，层面（C）产状为 N4°E/NW∠16°，发育有两组结构面，L_1：N42°W/NE∠63°，L_2：N55°E/SE∠51°，与层面相交，将岩体切割成棋盘状。

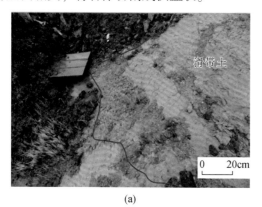 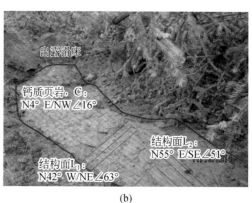

(a)　　　　　　　　　　　　(b)

图20.13　滑带土及出露滑床

20.2.5　滑坡岩土体力学参数

革底村滑坡坡体以泥灰岩为主，层间夹有泥质软弱夹层。岩体的结构面发育，且变形破坏时受到降水影响。斜坡的变形和稳定性主要受到滑面泥质软弱夹层和坡体上部泥灰岩的岩体和结构面力学强度特性控制。因此，针对这两类岩体进行相关的岩体的力学参数试验。在实验室取得的岩石力学参数基础上，参考工程类比法和考虑试验试样与实际地质情况的尺寸效应，最终确定研究区域内相关岩土体的物理力学参数指标，为后期的斜坡变形破坏特征和变形破坏机制的数值模拟提供参数依据。

所取岩土体的样品包括泥灰岩、泥质软弱夹层。后制作岩石标准式样 96 件，包括抗压强度试验 28 件、抗剪强度试验 68 件，其中泥灰岩结构面携剪试样 24 件，还有两组泥质软弱夹层的土工试样。具体试样规格和要求见表 20.3。

表 20.3　试样规格和要求

岩性	试验项目	规格/cm	数量	制样要求
泥灰岩	单轴抗压试验	Φ5×10	每组数量≥6 个	直径误差不超过 0.3mm，两端面不平行度不超过 0.05mm；端面与轴的垂直度，最大不超过 0.25°
	直剪试验	5×5×5	每组数量≥5 个	试件端面平整，垂直度好
	携剪试验	约 7×7×7	每组数量≥5 个	试样浇筑后沿拟剪面剪切
泥质夹层	滑带土直剪	Φ9×3	每组数量≥5 个	按照不同含水率进行重塑

天然状态下的泥灰岩岩样，整体剪切破坏比较规则 [图 20.14（a）]，破坏后的上下两个部分比较完整，在泥质部分会留下明显的擦痕，岩样侧面有张性裂缝，发育方向与剪应力方向呈 50°~70° 范围的夹角。剪切面表现为成岩时泥质颗粒或者灰质颗粒的天然起伏状，形状不规则。

 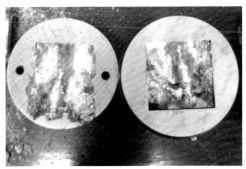

(a) 天然状态　　　　　　　　　　(b) 饱水状态

图 20.14　天然状态和饱水状态泥灰岩剪切破坏特征

饱水状态下的泥灰岩岩样，整体破坏不规则，破坏后岩石呈碎裂状态 [图 20.14（b）]，破裂面与剪切方向夹角近似垂直，剪切面有明显擦痕，岩体中成岩物质在剪切面附近呈粉末状，剪切面的表现未与天然状态下一致，为成岩时泥质颗粒或灰质颗粒的天然起伏状，形状不规则（图 20.15、图 20.16）。

试验需要得到不同含水率的滑带土抗剪强度，因此，制样时对土体进行不同含水率的重塑。试验共采用五组含水率，分别为 18%、20%、22%、24%（图 20.17）、27%。其中，含水率为 27% 是土样的液限，故对其余四组进行数据统计。试验施加的四级垂直压力分别为 50kN、100kN、150kN、200kN。土体的含水率与土体的内聚率符合半对数分布。说明滑带土受到地表水入渗的影响，含水率逐渐升高，土体的抗剪强度参数中的内聚力会随之降低，从而影响边坡的整体稳定性；而内摩擦角的变化并没有明显与之耦合的函数。

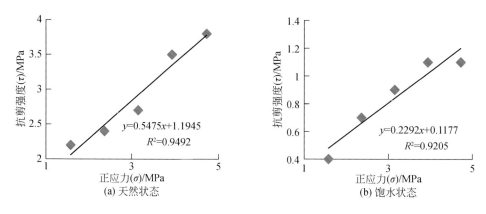

图 20.15　天然状态和饱水状态泥灰岩抗剪强度

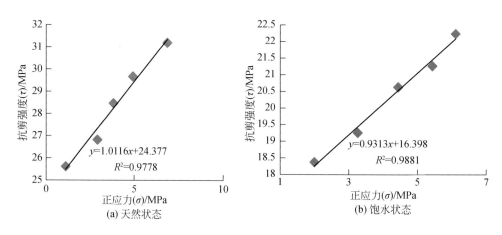

图 20.16　天然状态和饱水状态结构面抗剪强度

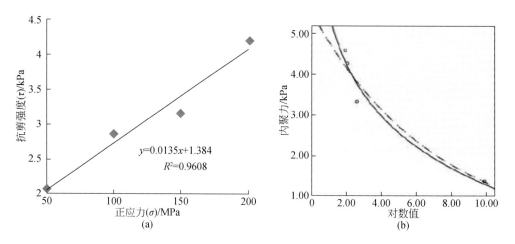

图 20.17　含水率为 24% 的滑带土抗剪强度（a）及含水率与内聚力（b）关系图

根据上述的室内岩土体力学参数试验获得的数据和现场的勘察的岩体特征，同时与具有相似工程地质条件的坡体的试验参数进行类比，最终获得的岩体物理力学参数见表 20.4 ~ 表 20.6。

表 20.4　岩体力学参数取值表

岩体类别		重度 /(kN/m³)	剪切模量 /GPa	体积模量 /GPa	内聚力 /MPa	内摩擦角 /(°)	抗拉强度 /MPa
泥灰岩	天然	2350	2.8	1.8	24.4	45	18
	饱和	2660	2.2	1.2	1.6	43	14
灰岩		2800	6.5	4.7	4.7	40.5	37

表 20.5　软弱夹层力学参数取值表

含水率/%	20	21	24	25
内聚力/kPa	4.6	4.3	3.3	1.4
内摩擦角/(°)	8.9	8.0	7.6	5.8

表 20.6　结构面力学参数取值表

结构面类型		切向刚度/MPa	法向刚度/MPa	内聚力/kPa	内摩擦角/(°)
软弱夹层	天然	0.7	6	0.005	8.9
	饱和	0.6	5	0.001	5.8
层面（C）	天然	0.7	6	0.005	8.9
	饱和	0.6	5	0.001	5.8
结构面（L_1）	天然	0.8	9	1.19	28.7
	饱和	0.7	8	0.12	12.9
结构面（L_2）	天然	0.8	9	1.19	28.7
	饱和	0.7	8	0.12	12.9

20.3　革底村滑坡成因机制分析

20.3.1　滑坡产生影响因素

岩体结构：革底村滑坡发育一组陡倾坡内的优势结构面，该组结构面与层面为不稳定结构组合，坡体表面大多沿该结构面开裂，在降水条件下，地表水沿着结构面入渗，进一步软化岩体、软弱夹层与结构面的强度，使得岩体沿着软弱夹层逐步滑出，最终形成滑坡。

地层岩性：革底村滑坡属于缓倾顺层岩质边坡，坡体中发育两类软弱岩层，一类为层状泥灰岩，力学参数较低，工程力学性质不良；另一类为泥质夹层，在降雨入渗情况下强度大幅度降低，不利于坡体稳定，而且，泥质夹层中存在大量黏性矿物，属于隔水层，使上部岩体含水率增大，重度增大，降低边坡的稳定性。

地质构造：革底村滑坡地处扬子准地台黔北台隆遵义断拱，整体上是一个复杂的构造区域，在滑坡所在区域存在大量的向斜和背斜构造，受到 NNW 向的地应力挤压作用，使得岩体的结构面发育。

降水：是此次革底村滑坡发生的主要诱发因素，根据对滑坡发生时的情况调查，了解到在滑坡发生前，革底村地区经历了一场长达四天的连续降水，且雨量远远超过了安全阈值。降水不仅软弱岩体与结构面强度，还会为滑面的进一步贯通提供一定的推力作用。

综上所述，降水是革底村滑坡发生的重要诱发因素，而地质构造、地层岩性和岩体结构特征则是滑坡发生的内在因素。

20.3.2　滑坡变形破坏离散元模拟分析

1. 二维离散元模拟分析

根据现场调查与物理力学试验结果，建立如图 20.18 所示的二维离散元数值模型，采用主滑方向的主剖面纵 1，并在坡体内设立三个监测点，模型比例为 1∶1，长 820m、高185m，下边界高程为 860m。灰岩与泥灰岩均为沉积岩，在同样的地应力场中易发育相同的节理，故灰岩节理与泥灰岩节理一致。由于在基岩出露的区域内，岩体风化程度的不同，导致节理的发育程度不同，节理间距采用等比例放大 400 倍。因此，在浅表部强风化泥灰岩的节理间距取 8m，坡体内部较深处中风化泥灰岩的节理间距取 15m。

模型的计算方案：为模拟降水后边坡的变形过程，岩土体和结构面的强度参数均采用饱和状态下的参数值，在自重应力条件下迭代几何参数，直至模型达到最大变形状态。根据各个时步的坡体变形破坏特征，分析革底村滑坡的形成机制。

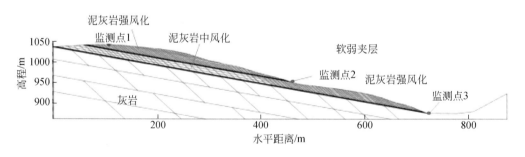

图 20.18　二维离散元数值模型

经过降水的斜坡变形破坏演化过程（图 20.19），对比模型的初始及最终位移和矢量图（图 20.20），坡体从坡肩位置开始下滑，滑面为软弱泥质夹层，滑体堆积在坡脚的沟谷中，形成较高的堆积体，未能模拟块体在运动过程中的分解，因此，在前缘堆积体区域，可以看到堆积体前缘块体的挤压，前缘堆积体的位移矢量图显示，块体均沿着软弱夹层面滑动；在滑坡后壁位置，可以看到在两层软弱夹层中间，泥灰岩区域中已经形成的拉陷槽，没有能够进一步发展，连通至滑面，但已经基本反映了革底村滑坡的运动特征。

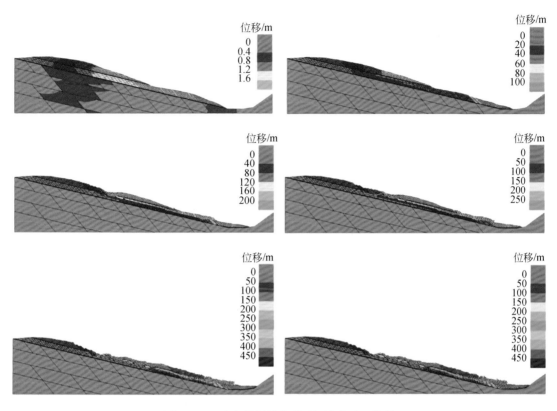

图 20.19　降水的斜坡变形破坏演化过程结果

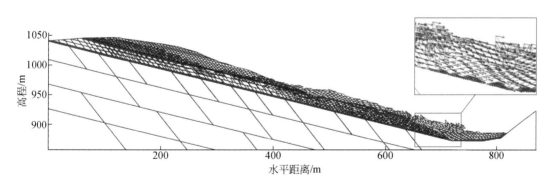

图 20.20　模型初始及最终位移及矢量对比图

2. 三维离散元模拟分析

滑坡不同区域的变形破坏特征不尽相同，采用三维离散元数值模拟方法进一步深入分析滑坡的变形破坏过程，以及坡体在下滑力作用下的位移变化，并对不同分区的滑体的移动方向进行模拟，从而得到革底村滑坡完整的变形破坏演化过程。

　　建立革底村滑坡的三维地质元模型见图 20.21，模型沿 x 轴方向长度为 790m，从沟底指向滑坡坡顶方向 E 为正方向；模型沿 z 轴方向长度为 510m，由高程较低的一侧指向高程较高的一侧方向 N 为正方向；模型的高度为 450m，重力作用方向为负方向。在建模的时候，设置了监测点在坡体的顶部、中部和前缘，以便进行位移观测。由于实际地质模型中，泥质夹层的厚度极薄，厚度为 5~10cm，在模型中把软弱夹层简化为单独的两层软弱层面。

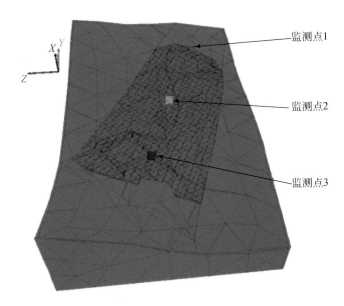

图 20.21　革底村滑坡的三维地质元模型

　　模型的边界采用定边界约束，模型的初始速率默认为 0，计算模型单元的块体和结构面本构模型均采用的是莫尔–库仑弹塑性破坏模型，结构面的计算模型采用的是满足莫尔–库仑弹塑性破坏模型。

　　根据三维离散元模拟计算的结果，革底村滑坡滑体的失稳后破坏过程可以分为如下四个阶段（图 20.22）。

　　坡体开裂滑出阶段：革底村滑坡在天然情况下，并没有发生过明显的变形破坏现象，坡体的变形开始部位主要在坡体下游侧前缘和坡体中部至后缘的浅表层。

　　裂缝扩展坡体中部以下滑动阶段：在滑动过程中产生了多条裂缝。前缘的变形主要向着沟底的低洼地形运动，坡体后缘部分也开始运动，形成拉陷槽。中部出现剪出现象，剪出口位置高程为 950m，位于坡体中部的陡坡与缓坡交界处。

　　坡体完全滑移阶段：坡体的前缘与中部发生整体滑动，从图 20.22 上可以看出，坡体中部整体向坡脚滑动，坡体前缘上游侧的坡体位移较小。因此，上游侧前缘的坡体形成剪出口，后缘滑体在这里剪出，滑体将上游侧的 3~4 组村民的房屋推覆挤压到沟底，而下游侧前缘的滑体将牵引着后缘的滑体同时向前滑动。在上游侧边界的中部，由于受到前缘位移较小的块体的阻挡，这个位置也将出现剪出口，块体向上隆起，并有着向边界外移动

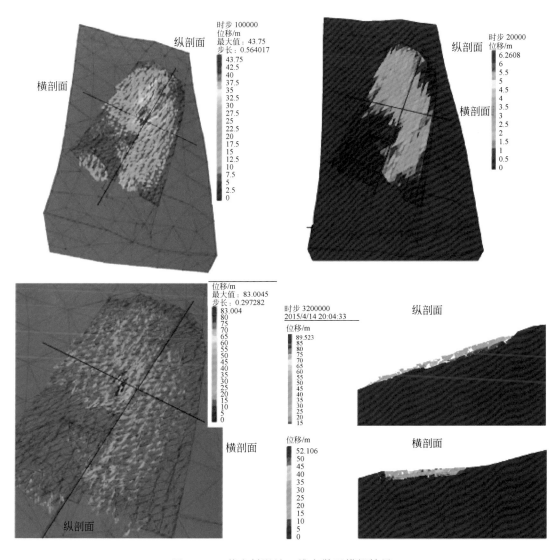

图 20.22　革底村滑坡三维离散元模拟结果

的趋势，后缘的拉陷槽高差已经达到 15m。

　　滑坡堆积阶段：在后缘裂缝贯通到滑面时，滑体整体失稳向下滑动，在滑动过程中出现大量的裂缝。滑坡前缘上游侧的房屋被从后缘滑下的滑体摧毁并推向沟底，下游侧的房屋将随着表面移动的滑体滑动到沟的下游侧形成堆积体。最终，滑坡完全下滑后沿着沟的方向，前缘堆积体冲抵对岸山坡形成坡前的反坡堆积体，高约 20m，并堵塞沟谷，形成堰塞湖。

20.3.3　滑坡变形破坏概化分析

　　通过现场调查与离散元数值模拟分析，革底村滑坡的变形破坏过程有以下四个阶段

（图 20.23）。

　　坡脚岩体滑出：原始斜坡是一个缓倾顺层边坡，坡体中发育有软化系数较高的泥灰岩和泥质软弱夹层，泥灰岩的结构面受含水量的影响，力学强度下降。在强降水条件下，边坡中岩体的重度增大，泥质软弱夹层的强度降低，当泥质软弱面抗剪的阻力降低到低于上覆岩体的下滑力时，坡体开始发生失稳，从坡脚开始滑出。

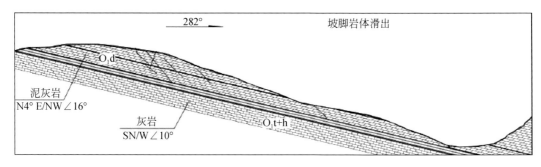

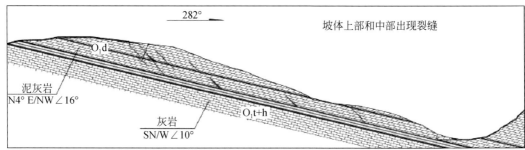

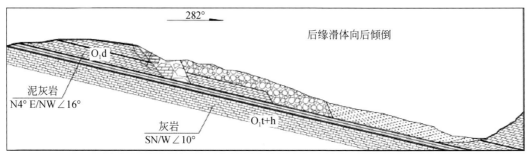

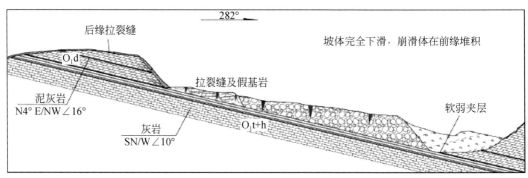

图 20.23　革底村滑坡变形演化阶段

斜坡上部和中部出现裂缝：随着坡脚岩体的进一步滑出，斜坡中部和上部的泥灰岩中优势发育的结构面 L1：N42°W/NE∠63°拉裂形成裂缝，并沿着结构面向坡表发育。

上部下陷向后倾倒变形：随着坡脚的进一步滑出，斜坡中部和上部的拉裂缝不断发育，在斜坡上部坡表发生下陷形成后缘边界，岩体发生向后的倾倒变形现象。

斜坡完全滑移前缘堆积体堵塞沟谷：由于上覆岩层的抗滑力没有远远大于软弱面的抗滑力，滑体的滑动是缓慢进行的。由于前缘的滑体厚度较薄，后缘的滑体除了沿着滑面下滑，还有从前缘堆积体上部挤出的过程。在滑体完全滑动之后，在沟底形成高 10 ~ 15m 的堆积体，堵塞沟底的河流并形成堰塞湖。

20.4　革底村滑坡监测预警、应急响应及灾后综合治理

20.4.1　监测预警及应急响应

2014 年 7 月 13 日晚上，印江县遭遇极端强降水天气，S304 省道被洪水冲断，路基多处塌方……面对险情，木黄镇迅速启动了应急预案，当地安监站、交管站、水利站、国土资源所、派出所等部门按照责任分工，对全镇沿河两岸的村寨、低洼地带、易滑坡山体路段开展逐一巡查，并通过各种渠道，向全镇干部群众发出预警信息，要求全力做好防洪、防地灾的各项准备工作。

降水一直持续到 7 月 16 日早晨，木黄镇革底村四组村民发现自家房屋出现多处裂缝。接到报告后，王德修开着自己的面包车赶往四组，由于村里的路被洪水冲断，他只好下车冒雨从三组一路徒步前行。王德修发现，一些树已倾斜，路上也出现多条裂缝，于是马上将情况向镇里报告。

接到报告，正在星光村组织抢修河堤的镇党委书记迅速带领相关人员赶赴革底村，逐家逐户进行排查。发现三、四组已有多户房屋出现裂缝并有扩大趋势，他立即组织群众疏散，将三、四组的村民转移到村委会，五、六组转移到村里的学校。由于村里留在家的多是老人和小孩，党委书记迅速组织年轻人帮助转移，硬是将不愿撤离的 80 多岁老人背离了灾害点。当天下午 14 时 30 分，革底村 275 名在家的老乡全部转移完毕。

与此同时，印江县委、县政府也接到木黄镇革底村的报告，并紧急集结了人武部、武警、消防、国土资源等单位的近百人应急抢险救援队伍，开着挖掘机，带着铁锹等工具，打通了通往木黄镇的生命线。由于通往木黄镇的三条道路多处塌方，抢险队员不得不绕道板溪、天堂方向进入木黄镇，直到 18 时，抢险救援队伍才抵达革底村。平时只有 1h 的路程，却用了近 8h 才到达。

到达现场后，印江县副县长仔细了解情况后，迅速成立转移安置、巡查观测、通信保障、治安维护等小组，并组织村里的年轻人晚上轮流巡查。晚上 10 时 30 分左右，巡查人员发现学校操场出现裂缝，大量积雨快速下渗，立刻将已经安置在学校的 80 多人向村委会、茶场转移。7 月 17 日凌晨 1 时，人员全部转移到安全地带。

7 月 17 日凌晨 4 时 30 分，革底村三至六组发生特大山体滑坡，滑坡体体积达到 240

万 m³，顷刻间 152 栋房屋被冲毁，成为一片废墟。滑坡过程持续了 2.5h。至 6 时 30 分，周围山体呈现相对稳定态势。

灾情发生后，印江县第一时间启动了灾害处置应急预案，迅速投入到救援工作中，给受灾村民发放大米、食用油、方便面、棉被等救灾物资，并将受灾村民安置在当地新建的廉租房内，保障受灾群众基本生活。

8 月 5 日，记者在滑坡现场看到，挖掘机等设备正对滑坡形成的堰塞湖进行开挖疏浚，当地政府组织人员对一些被冲毁的房屋进行搜索。镇长说："在山体滑坡稳定后的第五天，镇里组织人员对一些村民家的物资进行了抢救，目前已清理出现金 10 万多元。"

20.4.2 灾后综合治理，"险地"变"福地"

1. 险地"破局"

"革底村滑坡后，为进一步保障群众的生命安全，我们在当地蹲守并设立了监测点，看到群众对家园的不舍，我们心中便萌生了利用地质灾害综合治理项目把这片土地有效利用起来的思路，为该村今后的发展创造可利空间。"县自然资源局党组书记、局长回忆道。

革底村滑坡后，印江县委、县政府高度重视，精心谋划如何有效利用灾区土地，以此为思考重点，通过与项目设计单位对接和反复探讨，结合当地实际，决定采取"灾区异地重建+滑坡周边截排水沟+拆除危房及滑坡区水土保持+前缘排导渠疏通堰塞湖"的方案实施治理，为革底村后续产业发展奠定坚实基础。

2. 绝地"逢生"

放眼望去，一大片果园呈现在眼前，空气里弥漫着浓浓的果香味，村民们正哼着歌在园里采摘新鲜的红脆李，脸上洋溢着幸福的笑容。"这是我们村的集体产业，村里组织大家到基地来管护果树，采摘水果，工资 60 元一天，像我们这个年纪，出去打工又困难，就在家种种地，到产业园里干活儿挣点钱补贴家用，我们就非常满足了，生活也很安稳。"村民说道。

木黄镇革底村滑坡地质灾害综合治理对滑坡体进行加固，修建了道路、沟渠，平整了土地，将废墟变为梯土，村里通过土地流转的方式，组织能人带头发展经果林，种植红脆李 1000 多亩。

革底村滑坡后，202 户村民全部安置到木黄集镇，为推动集体经济发展，带动群众增收，该村联合能人大户到镇里将没有务工的村民接到村里的产业基地务工，解决村民的就业问题。今年红脆李正值丰收，村民们高兴的采摘着红脆李，载着希望在这片土地上快乐的劳动着，让这片土地充满新的生机。

"今年的红脆李销售非常好，有位外商来到我们村，说我们的红脆李好吃，运到外面去很好卖，便把我们村的红脆李全部买下了，销售红脆李的钱村里将用于集体分红，这可是我们村的'福地'呀。"木黄镇革底村支书高兴地说道。

印江县山多地险，属于地质灾害易发多发区，可大面积耕作的土地资源十分有限。近年来，为保障群众生命财产安全，有效利用土地资源，县委、县政府高度重视，长远谋划，有力统筹，县自然资源局积极指导全县地质灾害防治工作，严格防守，积极巡查排查，实现全县地质灾害零伤亡。同时印江县利用土地开发整理、地质灾害防治综合治理等项目平整和改造土地，为全县农业产业发展拓展更多的可利用空间。2016 年以来，我县已累计实施土地开发整理项目 359 个，遍及 17 个乡镇（街道）120 多个行政村，建设规模 10 余万亩，投入资金 2.16 亿元，新增耕地 4 万多亩。

第 21 章　六盘水市水城区鸡场镇岩脚组崩塌

2015 年 6 月以来，受持续强降水及采煤活动的影响，鸡场镇坪地村岩脚组崩塌危岩体顶部裂缝变形剧烈（黄海韵，2021），监测数据显示，裂缝最大宽度达 2.0m，裂缝变形速率达 18mm/d，部分下错约 12m。之后，对其分别进行了两期危岩体的排危清除治理工作。此后，斜坡表面断断续续出现局部小型崩塌落石等变形迹象，严重威胁到附近 23 户 115 名村民和附近攀枝花煤矿 500 余名工人的生命财产安全（图 21.1）。

图 21.1　研究区全景图

21.1　研究区自然和地质环境条件

21.1.1　自然地理条件

水城区鸡场镇坪地村岩脚组地质灾害中心地理坐标为 104°42′17.3″E，26°16′51.3″N。该地质灾害点距离六盘水市区直线距离约 82km，距离鸡场镇政府驻地约 5km。鸡场镇与发耳镇、都格镇、营盘乡等乡镇相邻，有 S212 省道及通村公路直达调查区，交通较为方便。

勘查区属亚热带云贵高原山地季风湿润气候区，气候温和，四季分明，雨水充沛，春季干燥，夏秋多雨。降水集中在 5～10 月，占全年降水量的 76%。极端最高气温为 36.7℃、极端最低气温为 −11.7℃。无霜期长（232～276 天）。评估区由于海拔相对高差大，气候的垂直差异十分显著，随着地势增高，不仅具有中亚热带气候的特征，而且具有北亚热带、南暖温带的气候特征。有害性影响天气为冰雹、暴雨、凝冻等。区内河流均属珠江水系，主要属红水河一级支流北盘江流域区，常年性地表河流主要为北盘江及其支流。北盘江在勘查区内为一由北向南汇流的树枝状水系，流域区地形切割强烈，多峡谷险滩，水位变化幅度大，洪水期在 6～10 月，平水期在 3～5 月。

21.1.2　工程地质条件

1. 地形地貌

勘查区位于构造侵蚀而成的盆地凸起的杨梅树向斜盆地的南部，为中山及低中山地形，属中山侵蚀-剥蚀地貌，地形高差较大，区内最高标高为 1820m，北盘江最低侵蚀基准面 880m，相对高差在 940m 左右，总体地形北西高、南东低，自然坡度为 10°～45°，河谷地段因河谷切割相对较陡，该地段自然坡度一般为 20°～70°。煤系地层为较开阔的走向谷及缓坡地形，第四系覆盖面积较大，区内植被较发育。

2. 地层岩性

区内出露地层由新到老依次叙述于下。

1）第四系（Q）

主要为飞仙关组（T_1f）紫灰、灰绿色粉砂岩、泥质粉砂岩的风坡积物。

2）下三叠统

（1）永宁镇组（T_1yn）：永宁镇组三段（T_1yn^3）以灰色薄层状至厚层状灰岩为主，夹泥灰岩；永宁镇组二段（T_1yn^2）以黄灰色钙质泥岩及泥灰岩为主，夹钙质粉砂岩及细砂岩；永宁镇组一段（T_1yn^1）上部厚层白云质灰岩与薄层灰岩互层，下部薄层灰岩、泥灰岩夹钙质泥岩薄层。

（2）飞仙关组（T_1f）：飞仙关组二段（T_1f^2）为黄灰色薄层泥质灰岩夹钙质泥岩及钙质粉砂岩，底部紫红色钙质泥岩、细砂岩；飞仙关组一段（T_1f^1）为黄绿、黄灰色粉砂岩及细砂岩，下部夹泥岩。

3）上二叠统

龙潭组（P_3l）：由细砂岩、粉砂岩、泥质粉砂岩、泥岩和煤组成。

21.1.3　地质构造与地震

调查区区域大地构造属扬子准地台黔北台隆六盘水断陷普安旋扭构造变形区，区内褶皱及断裂主要为 NE-SW 向，攀枝花煤矿位于六盘水断陷普安旋扭构造变形区，以及杨梅树盆形向斜的次一级构造妥倮屯向斜的 SE 翼。地层倾向为 326°～356°，倾角为 25°～46°，上部永宁镇组平均产状为 329°∠29°。区内无较大断裂构造穿过，仅存在部分小型断裂。

根据中华人民共和国国家标准 1∶400 万《中国地震动反应谱特征周期区划图》和《中国地震动峰值加速度区划图》（见 GB 18306—2015），测区地震动峰值加速度值为

0.05g，地震动反应谱特征周期为0.35s，调查区地震基本烈度为Ⅵ度。

21.1.4　水文地质条件

根据工作区内出露的地层岩性、含水介质及地下水动力条件，可将区内地下水类型划分为松散层孔隙水、基岩裂隙水、碳酸盐岩类岩溶水三类，分述如下。

（1）松散层孔隙水：赋存于滑体及附近的松散层之中，含水层由残坡积含碎块石黏土层组成，根据钻孔及竖井揭露，滑体的富水性较微弱。该型地下水主要富存于第四系（Q）残坡积层的孔隙内，一般情况下流量不大，呈现出季节性的变化，在崩塌北西侧的冲沟中可以观察其变化。从室内滑体土测定的渗透系数看，滑体土的渗透性总体较差，地下水主要接受大气降水及地表水补给，动态变化大。

（2）基岩裂隙水：含水岩组岩性为砂质泥岩、粉砂岩、砂岩、页岩，地貌上多形成沿地层走向延伸的槽谷地形，地貌条件有利于降水补给。但由于地层是由薄层的泥岩、粉砂岩互层所组成，对于接受降水的补给量是有限的，因此为弱含水层。

（3）碳酸盐岩类岩溶水：碳酸盐岩地层的分布和产状由地质构造所控制，导致不同地段岩溶发育程度及形态特征有所不同。岩溶发育以地层岩性为物质基础，根据地质构造及岩性情况调查岩溶的分布及发育情况，这些碳酸盐岩控制了丰富的岩溶地下水分布。地下水的补给主要为大气降水和自来水破裂补给，通过裂隙、漏斗等渗入地下，于层间裂隙、溶蚀裂隙、岩溶管道、风化裂隙节理之中流动。在崩塌堆积体岩石表面看到了较多溶蚀和钙化的现象，表明该区域存在部分岩溶现象。含水岩组岩性为灰岩、泥灰岩等，地下水以溶蚀裂隙及岩溶管道为主，属强含水岩组。

21.2　岩脚组崩塌基本特征

水城区鸡场镇坪地村岩脚组崩塌地质灾害位于岩脚组后山斜坡顶部。受北盘江河谷切割侵蚀及溶蚀作用的影响，危岩带所处的斜坡高差达到762m，斜坡地形起伏较大，自然坡度一般为45°~70°，局部形成陡崖、陡坡。整体斜坡顶部为永宁镇组灰岩形成的陡崖，中部为飞仙关组砂岩、粉砂岩、粉砂质泥岩组成的陡坡，下部为二叠系龙潭组煤系地层。整体地形呈现"上硬下软"的岩体结构，且下部攀枝花煤矿采煤活动频发，因此造成上部灰岩中出现多处拉张裂缝。（图21.2）。

根据现场勘查，崩塌危岩带发育于顶部薄至厚层灰岩之中，岩层产状为329°∠29°。危岩带分布高程为1585~1665m，分布宽度约233m，分布高差约80m，面积约14942m²，平均厚度约55m，总体方量达到102.52万m³。整体崩塌方向约123°，失稳方向与岩层倾向近于反倾。在前两期治理的崩塌危岩带上，又形成了多条拉张裂缝，裂缝走向较为凌乱，主要发育有三组拉张裂缝：①组裂缝张开0.1~0.3m，裂缝张开最大0.8m，线密度为3条/m，发育方向为234°；②组裂缝张开0.05~0.5m，线密度为2条/m，发育方向为145°；③组裂缝张开0.05~0.1m，线密度为2条/m，发育方向为198°，裂缝多呈弧形，被碎石土填充，可见深度较小。有众多裂缝隐伏于岩体之内，主要沿竖直方向发育，部分

图 21.2　岩脚组崩塌全貌

裂缝已经发展贯通。在裂缝的切割作用，以及整个崩塌危岩体应力调整作用下，岩体结构较为破碎，且部分裂缝已经贯穿，对崩塌危岩体的稳定性产生影响；目前，危岩带部分岩体已经发生崩塌掉块，崩塌危岩带下部的斜坡上堆积着众多的崩塌体（图 21.3、图 21.4）。

图 21.3　崩塌危岩带上的破碎岩体

　　受威胁的攀枝花煤矿位于崩塌地质灾害所处斜坡的底部位置，靠近北盘江及其支流的河谷地带。由于地形高差大，崩塌危岩体失稳破坏后能量巨大，危害严重。且由于下部采煤活动的影响，坡体上出现多条宽大的拉张裂缝，岩体的整体结构被破坏，稳定性大为降低，在降水、地震等作用下极易发生失稳破坏（图 21.5）。
　　整个崩塌危岩带为高陡斜坡顶部的一处凸出山脊，内侧存在一浅冲沟，将整个山体与崩塌危岩部分相隔离。崩塌危岩带位于河谷切割的山坡顶部外边缘，类似于坡体外缘的加

图 21.4　崩塌危岩带上发育的裂缝

图 21.5　岩脚组崩塌威胁对象

载作用，而坡体下部为软弱岩石，变形协调性大，随着坡体应力调整，顶部硬质岩体逐渐发生变形开裂。

整个崩塌危岩带为高陡斜坡顶部的一处凸出山脊，内侧存在一浅冲沟，将整个山体与崩塌危岩部分相隔离。崩塌危岩带位于河谷切割的山坡顶部外边缘，类似于坡体外缘的加载作用，而坡体下部为软弱岩石，变形协调性大，随着坡体应力调整，顶部硬质岩体逐渐发生变形开裂（图 21.6）。

目前临空位置发育的小型危岩体较多，较为典型的主要有两处，即 WY1 和 WY2。

（1）WY1：该危岩体位于坡体危岩带上部临空面处，危岩体高 5.3m、宽 6.5m、平均厚度为 2.2m，规模约 75.79m³，崩塌方向 140°。危岩体前缘和左右侧缘临空，由于前期抢险工程施工便道造成底部局部开挖，支撑性不足，后缘发育一条裂缝，接近于贯通，仅有部分在层面处形成交错。该危岩体稳定性较差，潜在破坏模式为滑移式（图 21.6、图 21.7）。

图 21.6　岩脚组崩塌危岩体内侧冲沟

图 21.7　WY1 侧视图

（2）WY2：该危岩体位于山体顶部位置，危岩体高 1.8m、宽 1.5m，平均厚度为 1.2m，规模约 3.24m³，崩塌方向为 123°。危岩体前缘和右侧缘临空，左侧缘存在一条贯通裂缝，后缘受裂隙切割，底部岩体已经坠落形成悬空，支撑性不足。该危岩体稳定性较差，潜在破坏模式为坠落式（图 21.8）。

图 21.8　WY2 仰视图

此外，在坡体临空陡崖面上，受裂隙切割形成众多小型不稳定块体，随着风化进行，存在零星掉块的可能。

目前整体崩塌危岩带由于三组裂缝的切割，岩体结构遭到破坏，整体稳定性降低。随着采煤活动引发的上部岩体持续变形，整个危岩带有可能发生整体的溃散变形，然后从表层逐渐崩塌破坏，直至坡体顶部应力达到重新平衡。整个危岩带地形陡、高度大、岩体破碎，有可能发生由外向内的剥离破坏。

21.3　岩脚组崩塌失稳破坏过程分析

21.3.1　地形地貌条件

危岩带微地貌为陡崖、陡坡，地形坡度很陡，平均地形坡度在65°以上。危岩临空面倾角的大小跟危岩的形成密切相关，是危岩形成的必备条件，倾角越大，危岩越易失稳；危岩所处高度越高，其重心越高，越容易出现倾倒失稳。

危岩带所在区域为向斜核部附近，受区域地质构造的影响，区内岩石节理裂隙发育，岩体破碎，完整性差，且存在倾向临空面的结构面，在暴雨冲刷下容易发生滑塌变形（图21.9）。

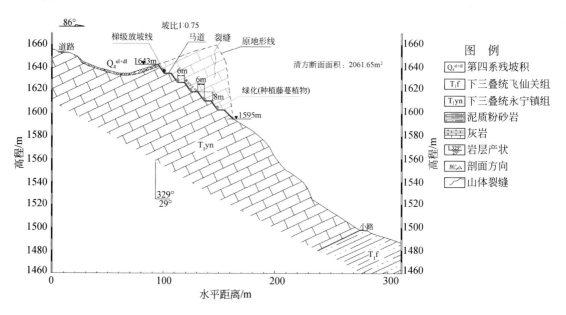

图 21.9　岩脚组崩塌治理工程 1-1′剖面图（剖面位置见图 21.2）

对危岩带沿放坡线进行梯级放坡，放坡高度每级 8m，坡比 1∶0.75，每组之间设置 6m 宽马道，清方量按断面法进行计算；马道内侧缘靠近边坡位置进行覆土 50cm，种植常青藤蔓植物，窝距 30cm

21.3.2　地层岩性、岩体结构

岩性对岩质边坡崩塌落石的控制作用较明显，岩质边坡稳定性主要取决于岩性组合。由于岩层界面的差异性风化卸荷作用，使陡倾层状边坡在局部坡面上，极易形成众多深浅不一的凹岩腔。

岩体结构，特别是软弱结构面对岩质边坡的变形与破坏具有显著的控制作用，它们在边坡中出现的频率及其相互组合是危岩形成和破坏的原因之一，危岩带的崩塌多以这些控制性裂隙为边界进行破坏。危岩带与危岩失稳最密切的岩体结构因素为主控结构面（深度、张开和倾角）和裂隙间距。危岩主控结构面切割越深，越容易失稳，危岩节理缝以上的岩体稳定情况与节理倾角的大小关系密切，直接影响危岩失稳模式，倾角随时可能形成滑移式危岩，倾角较大时可能形成倾倒式危岩；而裂隙间距则直接关系到危岩的强度（图 21.9）。

21.3.3　环境因素

环境影响因素主要有风化作用和水的作用两类。

风化作用主要表现在温度的变化而使岩体膨胀、收缩，造成岩体微裂隙进一步贯通，加快了岩体的变形破坏，加速了危岩体裂隙的扩展，降低了岩体强度，加快了岩体的变形破坏。

雨季是危岩失稳的多发季节，降水强度越大、历时越长越易发生。地表水的入渗量与岩石的裂隙大小、深度及密度息息相关。暴雨期间容易导致岩体中短时间内形成一定的裂隙水压力，从而加速危岩的变形和发展。此外，雨水的下渗还起到了软化和降低岩体力学强度的作用，对危岩抗滑稳定不利。

21.3.4　人为因素

人类工程活动是诱发崩塌地质灾害的重要因素之一。崩塌危岩带底部的采煤活动造成上部岩体结构破坏，局部存在沉陷变形。顶部岩体应力逐渐调整，沿节理裂隙处产生拉张裂缝。

21.3.5　崩塌破坏过程分析

崩塌危岩带所处的山体为反向斜坡，上部灰岩形成高陡直立的陡崖，中下部为粉砂岩、泥岩构成的陡坡，部分岩体结构面临空。陡崖这一微地貌为危岩体的失稳提供了有力的地形条件。

危岩带所处的地层岩性为灰岩，下部地层岩性为粉砂岩与泥岩。由于岩层的差异性风化卸荷作用，使陡倾层状边坡在局部坡面上极易形成众多深浅不一的凹岩腔。这些凹岩腔的产生和发展，使得凹岩腔上覆岩体逐渐发展为危岩。

人类工程活动的扰动，加快了岩体变形演变的过程，使得裂隙更加发育。加之降水作用，雨水汇入各种节理切割形成的裂隙，软化和降低岩体力学强度的同时还向危岩体施加了裂隙水压力使得原本需要很长时间的卸荷斜坡风化变形，在短时间内发生变形破坏（图 21.10）。

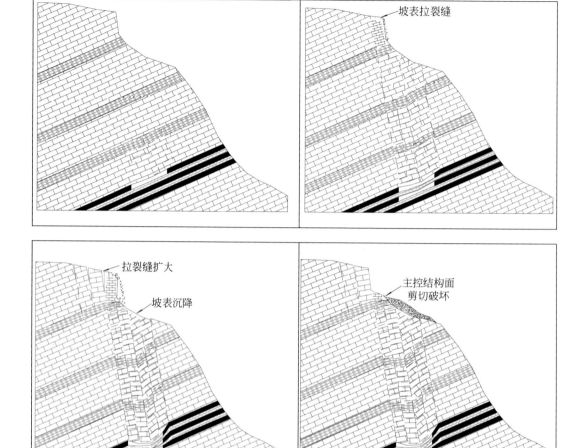

图 21.10　水城区鸡场镇岩脚组崩塌

21.4　岩脚组崩塌监测预警及应急响应

　　2015 年 6 月以来，受持续强降水及采煤活动的影响，水城区鸡场镇坪地村岩脚组崩塌危岩体顶部裂缝变形剧烈，监测数据显示，裂缝最大宽度达 2.0m，裂缝变形速率达18mm/d，部分下错约 12m。之后，对其分别进行两期危岩体的排危清除治理工作，暂时避免了人员伤亡。

　　2018 年随着汛期的强降水影响，如图 21.11 所示，水城区鸡场镇坪地村岩脚组后山危岩带常有零星崩塌发生，一部分崩塌块体堆积在坡面上，另一部分块体顺着冲沟滚落至北盘江，摧毁了沿途房屋。如图 21.12、图 21.13 所示，坡顶裂缝计显示裂缝宽度在不断增加，说明危岩体后部裂缝还在持续发育；GP01 位移监测显示 X、Y、Z 的位移均为负增加，说明坡表出现了向坡体内部采空区的沉降。坡顶发育的危岩带和残留的危岩体对山下居民

及公共设施等构成威胁，近年来，危岩体的裂隙与松动程度变化明显。严重威胁到附近 23
户 115 名村民和附近攀枝花煤矿 500 余名工人的生命财产安全。因此，对崩塌危岩体再一
次发生崩塌时的停积范围的预测显得尤为重要。

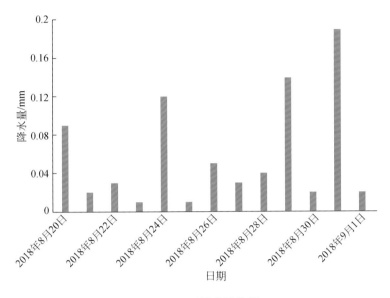

图 21.11　雨量监测数据

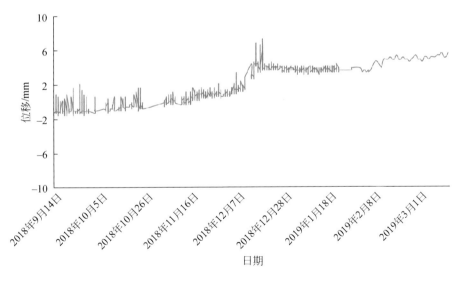

图 21.12　裂缝计监测数据

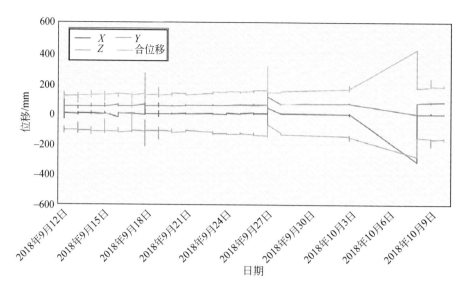

图 21.13　GP01 地表位移监测数据

21.5　经验及教训

长期以来岩脚组常有零星崩塌发生，一部分崩塌块体堆积在坡面上，另一部分崩塌块体顺着冲沟滚落至北盘江，摧毁了沿途房屋，坡顶发育的危岩带和残留的危岩体对山下居民及公共设施等构成威胁，近年来，危岩体的裂隙与松动程度变化明显。严重威胁到附近 23 户 115 名村民和附近攀枝花煤矿 500 余名工人的生命财产安全。因此对崩塌危岩体再一次发生崩塌时的停积范围的预测显得尤为重要。

（1）开展矿山地质灾害排查，防患于未然。矿山的开采导致山体受到不同程度的破坏，地质灾害隐蔽性强，且矿山周边人员集中，排查能最大可能识别和避让地质灾害隐患点，保护人员财产安全。

（2）监测预警。除继续进行现有地表形变和裂缝监测外，在勘查进一步查明坡体特征和成因机理的基础上，及早布设深部位移监测、雨量观测等监测手段，以便更好地进行预警预报，并要求做好崩塌源区和堆积区域的警戒隔离工作。

（3）开展高位隐蔽性地质灾害隐患早期识别工作。发现过去对崩塌灾害的认知不足，对崩塌成灾模式有了新的认识。为防范类似地质灾害的发生，开展全省高位隐蔽性地质灾害隐患的早期识别工作。运用先进技术提升隐患早期识别能力，提高高位隐蔽型地质灾害风险防控能力。

（4）大力实施矿山复绿，保护环境的同时也是对地质灾害隐患点进行整治。利用矿山企业缴存的矿山环境治理恢复保证金，开展矿山地质灾害治理，彻底消除地质灾害隐患；结合矿山复绿行动，对一些有地质灾害隐患又难于治理或治理经费大的，组织一定的生态移民进行避让。

第 22 章 织金县少普乡联盟村崩塌

贵州省织金县少普乡联盟村崩塌危岩带历年来都存在规模大小不等的滚石现象，出现小方量崩塌，但未造成人员伤亡。危岩体前缘没有任何支挡，靠自身底部的摩擦力而保持平衡（图 22.1）。岩体受构造、风化裂隙切割，贯通性较好。在岩体自重和外营力等因素共同影响下，卸荷裂隙也随之加宽加深。危岩体是一大整块，在暴雨或是地震的触发下，当岩体沿坡面方向的重力分量超过底部摩擦力所提供的抗滑力时，岩体将发生滑移、倾倒、滚落，危害性较大（侯江萍等，2016）。

图 22.1　研究区全景图

22.1　研究区自然和地质环境条件

22.1.1　自然地理条件

贵州织金县少普乡联盟村地处贵州省西部，毕节地区东南部，高原中部，北源六冲河与长江水系乌江流域上游鸭池河的南源山岔河交汇地带，地理坐标为 $105°20'17'' \sim 106°11'26''E$，$26°21'14'' \sim 26°57'27''N$，总面积为 $2868km^2$，位于云贵高原的东部边缘，地形地貌以高原丘陵、山地为主，海拔约 1330m。

菁脚组崩塌危岩带地质灾害点位于织金县城南西，距少普乡政府约 3km，地理坐标为 $105°37'32''E$，$26°31'58''N$，高程约 1800m，有织金县到六枝特区的县道从勘查区附近通过，有简易公路直达勘查区，交通较为方便。

　　织金县水资源丰富，气候年均约为14℃，年均降水量约为1400mm，受东南亚季风和印度季风双重影响。其中包含四方井岩溶大泉流域，其流域总面积为60.88km² （占美志，2015）。地层在中、上二叠统出露。处于扬子陆块鄂渝黔褶皱冲断带地区，在 NE 方向上，珠藏向斜北部起端翘起，整个岩层倾角较缓。中二叠统栖霞-茅口组 （P_2q-m） 为含水岩组，主要岩性为中厚层至块状岩夹燧石团块，占研究区主要面积约90%，该地区地下水类型为裂隙-溶洞水。35%以上的研究区被第四系覆盖，植被发育较好，具有典型的裸露-覆盖型岩溶水系统的特点，研究区地下水具有比较稳定的动态和较强的调蓄能力。地形地貌及构造对地下水具有较高影响，形成南西向北径流，使得地下水由向斜两翼向织金县河谷汇集，以岩溶的形式排出。

22.1.2　工程地质条件

1. 地形地貌

　　调查区地势上为低中山地貌，中部及南部较高，北部较低，海拔为 1505 ~ 1798m，最高点位于岩脚煤矿区中部望哨坡，海拔为 1798m，最低点位于矿区北侧的冲沟中，海拔为 1505m，相对高差为 293m。整个危岩带地形坡度陡，约为 76°，崩塌危岩带基本为直立状，山顶地势呈平缓波浪状。

2. 地层岩性

　　调查区大地构造位于扬子准地台黔北台隆起遵义断拱贵阳复杂构造变形区地贵背向斜东南翼西端。构造以 NE 向展布为主。出露地层以上二叠统龙潭组及下三叠统夜郎组为主，上二叠统为一套海陆交互相含煤碎屑岩沉积，下三叠统主要为碳酸盐岩及碎屑沉积岩。

22.1.3　地质构造与地震

　　贵州遵义南北、纳雍东西及威宁北西共同构成三角地带，织金县就处于该三角区紧紧靠此构造带的东西的位置上。由于大规模 EN 向断裂和相伴诞生的褶皱所影响，为织金县地质构造创造了有利的条件。

　　由于台地相碳酸盐岩与陆缘细碎屑岩及煤的盐类组合，织金的构造环境产生沉积物，岩层层状特征好，中等能干性，平行状接触，由于周边三个区域构造带的边界条件限制，以及该地区区域性 EW 向挤压应力作用，构成了现今的地质构造。

　　贵州处于扬子准地台内，地质结构相对较稳定，较有影响的地震主要发生在以下深断裂带：垭都-紫云深断裂、松桃-独山深断裂、开远-平塘隐伏深断裂、黔中深断裂和威宁石门坎断裂。

　　根据2016 年6 月1 日实施的《中国地震动参数区划图》（GB 18306—2015） 的资料显示，勘察区在区域上地震动峰值加速度为 0.05g，反应谱特征周期为 0.45s，相应地震基本烈度值为Ⅵ度，地震分组为第三组，场地类型为Ⅱ类。

22.1.4　水文地质条件

根据工作区内出露的地层岩性、含水介质及地下水动力条件，可将区内地下水类型划分为松散层孔隙水、基岩裂隙水和碳酸盐岩类岩溶水三大类，分述如下。

（1）松散层孔隙水：赋存于滑体及附近的松散层之中，含水层由残坡积含碎块石黏土层组成，根据钻孔及竖井揭露，滑体的富水性较微弱。该型地下水主要富存于第四系（Q）残坡积层的孔隙内，一般情况下流量不大，呈现出季节性的变化，在崩塌北西侧的冲沟中可以观察其变化。根据室内滑体土测定的渗透系数看，滑体土的渗透性总体较差，地下水主要接受大气降水及地表水补给，动态变化大。

（2）基岩裂隙水：赋存于滑动光面以下破碎带及崩塌体破碎岩石中，主要受到大气降水和上部松散层孔隙水的补给，地下水的动态变化相对稳定，但是由于含水层较为破碎，孔隙较大赋水性较差，在光壁处可见局部的渗水通道。

（3）碳酸盐岩类岩溶水：碳酸盐岩地层的分布和产状由地质构造所控制，导致不同地段岩溶发育程度及形态特征有所不同。岩溶发育以地层岩性为物质基础，根据地质构造及岩性情况调查岩溶的分布及发育情况，贵州广泛分布碳酸盐岩，这些碳酸盐岩控制了丰富的岩溶地下水分布。地下水的补给主要为大气降水和自来水破裂补给，通过裂隙、漏斗等渗入地下，于层间裂隙、溶蚀裂隙、岩溶管道、风化裂隙节理之中流动。在崩塌堆积体岩石表面看到了较多溶蚀和钙化的现象，表明该区域存在部分岩溶现象。

22.2　联盟村崩塌基本特征

22.2.1　崩塌规模形态及边界特征

根据现场调查情况，结合联盟村崩塌的变形特征和对崩塌产生机制的初步分析，对崩塌进行分区，可分为崩塌物源区、堆积区和危岩区，如图 22.2 所示。

1. 崩塌物源区（Ⅰ区）

此处位于崩塌物源区上部平台处，26°31′58″N，105°37′32″E，高程为 1800m。基岩裸露，产状分别为 J_1：275°∠84°；J_2：353°∠88°；C：174°∠8°；岩性为砂岩，此处可见崩塌形成的陡壁，陡壁出大面积基岩裸露，风化程度较弱。陡壁上部有多处下错迹象，沿节理向下错动 150~170cm。山体左侧后缘发育有拉陷槽，宽约 8m，下错约 3m，周围植被有明显倒伏现象。陡壁上部发育多处裂缝，宽 15~20cm，深 40~50cm，下错 10~20cm，平行于陡壁（图 22.3）。

2. 堆积区（Ⅱ区）

此次位于崩塌点下部的堆积区，崩塌下部植被茂密，地形平缓，有多级台阶，对落石

图 22.2　联盟村崩塌分区示意图

图 22.3　崩塌物源区（图例同图 22.2）

有很好的阻碍作用。崩塌物多为长方形大石块，崩塌积物从上至下粒径逐渐变大，上部粒径较小，多为碎石；下部粒径较大，多为大块石，边长为 1.5 ~ 3m。陡壁上有两组光面，岩体节理面光滑新鲜（图 22.4）。

3. 危岩区（Ⅲ区）

危岩区主要集中在坡体上部的陡壁处（图 22.5），危岩方量大小不均，节理发育，产状分别为 J_1：275°∠84°；J_2：353°∠88°；C：174°∠8°。

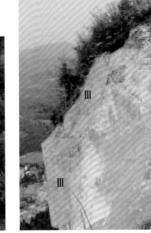

图 22.4 堆积区 (图例同图 22.2)   图 22.5 危岩区 (图例同图 22.2)

22.2.2 崩塌危岩基本特征

联盟村崩塌危岩带位于联盟村箐脚组后山上,地层产状为 225°∠11°。坡顶高程为 1780m、坡脚高程为 1575m,坡度为 45°,陡崖长度约为 60m,高约为 18m,宽约为 5m,方量约 2700m³,坡度为 350°,崩塌危岩带与受威胁村民住地水平距离约 100m,高差约 200m。危岩带已有部分危岩体发生崩塌,在陡崖脚形成堆积体,堆积体在坡脚呈扇形分布,方量约 120m³ (图 22.6)。

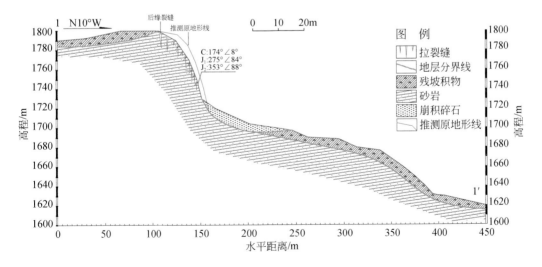

图 22.6 联盟村崩塌 1-1′剖面图 (剖面位置见图 22.1)

22.2.3　崩塌变形特征

危岩带主控结构面为岩层层面与一组节理面，节理产状为 48°∠76°，裂隙面不规则，其内部分被黏土充填。危岩裂隙贯通性较好，局部被后期黏土充填。区内地表发现一条较大的地裂缝，走向为 65°~245°，裂缝宽约 0.4m，深可见 6m，长为 60~70m，并且此裂缝在不断地变宽、变长、变深。

岩体受构造、风化裂隙切割，贯通性较好。在岩体自重和外营力等因素共同影响下，卸荷裂隙也随之而加宽加深，危岩体是一大整块。危岩体前缘没有任何支挡，靠自身底部的摩擦力而保持平衡。在暴雨或是地震的触发下，当岩体沿坡面方向的重力分量超过底部摩擦力所提供的抗滑力时，岩体将发生滑移、倾倒、滚落，危害性较大。事实上该危岩带历年来都存在规模大小不等的滚石现象，出现小方量崩塌，但未造成人员伤亡。

22.3　联盟村崩塌失稳破坏过程分析

22.3.1　稳定性分析

定性评价：根据对区内危岩的调查，结合危岩体范围、规模、危岩破坏模式及已经出现的变形破坏迹象判定，该危岩体处于不稳定状态。在暴雨或是地震的触发下，该危岩体处于极不稳定状态。产生崩落的可能性极大，变形破坏产生崩塌的模式是倾倒式和坠落式。

定量评价：目前，按照不同的标准，危岩分类系统多样，但是从工程防治的角度来看按照危岩失稳类型进行分类更有价值，可将危岩分为滑移式危岩、倾倒式危岩和坠落式危岩三类。当软弱结构面倾向山外，上覆盖体后缘裂隙与软弱结构面贯通，在动水压力和自重力作用下，缓慢向前滑移变形，形成滑移式危岩 [图 22.7（a）]；当软弱夹层形成岩腔后，上覆盖体重心发生外移，在动水压力和自重作用下，上覆盖体失去支撑，拉裂破坏向下倾倒，形成倾倒式危岩 [图 22.7（b）]；多组结构面将岩体切割成不稳定的块体，当底部凹腔发育时，使局部岩体临空，不稳定块体发生崩塌，进而使上部砂岩体失去支撑，卸荷作用加剧，形成切割岩体的结构面，从而形成坠落式危岩 [图 22.7（c）]。箐脚组危岩带属于第二种和第三种类型，即倾倒式危岩和坠落式危岩。

22.3.2　失稳破坏过程分析

崩塌危岩的存在必须有高、陡斜坡作为其载体，崩塌带主要属于陡崖状，其崩塌带就在陡崖上，其成因分析如下。

（1）陡崖本身的地质条件，再加上节理较发育，层面及节理面将岩体分割成块体，处于极不稳定状态。

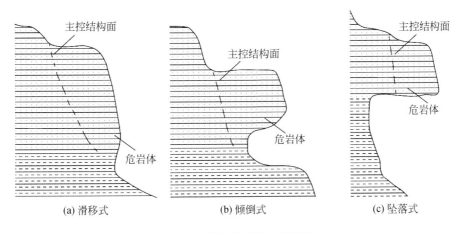

图 22.7　危岩破坏模式示意图

（2）人类工程活动的加剧。主要是煤矿的井下开采，在地下将产生一定的采空区，对地层的地压平衡产生影响，该区地表会产生地面塌陷、地裂缝、滑坡等。

（3）岩体风化比较强烈，风化作用加速了危岩体裂隙的扩展，降低了岩体强度，加快了岩体的变形破坏。

（4）常年在雨水的冲刷下，改变了斜坡岩体原应力场环境：①水的物理化学作用降低了结构面的黏结力；②在陡崖边缘裂缝中的水柱形成静水压力；③入渗滑塌体外倾结构面内形成的扬压力作用，导致岩体结构面产生表生改造作用，其主要特征是：由于卸荷作用，陡崖岩体产生卸荷回弹效应，陡倾角裂隙进一步扩容，形成卸荷裂隙带，卸荷裂隙带沿陡崖呈带状分布，发育宽度为 0.1~0.4m，裂隙间距可达 0.35~0.5 条/m，张开度为 5~150mm，贯通性较好。

（5）在暴雨的作用下导致危岩大规模崩塌（图 22.8）。

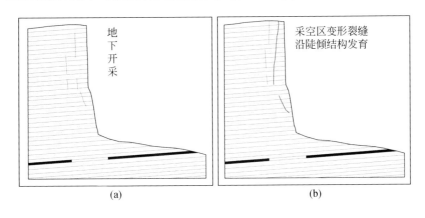

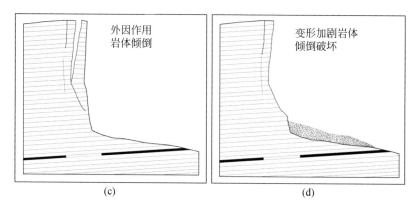

图 22.8　织金县少普乡联盟村崩塌失稳破坏过程图

22.4　经验及教训

　　通过对联盟村崩塌危岩带地质灾害点的地形条件、灾害特征、规模、危害对象及发展趋势的综合考虑。要彻底消除该崩塌危岩带的隐患，保障联盟村箐脚组共 54 户 281 人村民的生命财产安全，建议采用危岩体清除措施+坡下防护网的措施，除了能有效地作崩塌落石防护外，还可用作爆破飞石防护。在保证安全的基础上，防治工程还尽量做到与环境相协调。

　　（1）建议当地职能部门加强对联盟村危岩带的监测，对可能发生崩塌的时间、规模、方向、危害范围等做出预报。

　　（2）禁止以任何形式在危岩带坡顶加载、坡脚切坡，在未进行有效治理前，严禁在危害区进行修房建屋、修路等工程施工。

　　（3）及时开展对崩塌（危岩）的治理，以确保村民、公路及建筑物安全。

　　（4）建议在危险区边缘显著地段设置警示牌（尤其是斜坡下部公路两侧），加大防灾宣传力度，提高全民防灾害意识。

参 考 文 献

白洁. 2020. 顺层岩质滑坡损伤破坏过程及其预警模型研究. 成都：成都理工大学.

白洁, 巨能攀, 张成强, 等. 2020. 贵州兴义滑坡特征及过程预警研究. 工程地质学报, 28 (6)：1246-1258.

毕芬芬. 2013. 中缓倾内上硬下软型边坡失稳机理物理模拟研究. 成都：成都理工大学.

陈立权, 赵超英, 任超锋, 等. 2020. 光学遥感用于贵州发耳镇尖山营滑坡监测研究. 中国岩溶, 39 (4)：518-523.

邓辉, 黄润秋. 1999. 岩口滑坡形成机制及稳定性评价. 地质灾害与环境保护, (3)：12-18.

邓茂林. 2014. 视倾向滑移型滑坡形成条件与失稳机理研究. 成都：成都理工大学.

窦莉. 2014. 水雨情自动监测预警系统在山洪灾害防治中的应用. 农业科技与信息, (12)：50, 53.

段启杉, 孟凡涛, 舒勤峰, 等. 2013. 贵州省黄平县浪洞温泉成因探讨. 地质灾害与环境保护, 24 (1)：47-51.

冯振. 2012. 斜倾厚层岩质滑坡视向滑动机制研究. 北京：中国地质科学院.

葛海龙. 2015. 西部山区大型中倾内软弱基座型滑坡形成机制及识别研究. 成都：成都理工大学.

龚效宇, 曾成, 何春, 等. 2020. 贵州乌江南源上游流域不同岩溶地貌单元的流量衰减分析. 中国岩溶, 39 (2)：154-163.

贵州省毕节地区地方志编纂委员会, 丹玉有. 2004. 毕节地区志, 地理志. 贵州：贵州人民出版社.

郭金城, 汪娟, 刘东烈. 2020. 基于雷达遥感技术的贵州省地质灾害隐患排查研究与应用. 中国科技成果, 21 (15)：26-27, 30.

韩金良, 吴树仁, 汪华斌. 2007. 地质灾害链. 地学前缘, (6)：11-23.

蒿书利, 张青, 史彦新, 等. 2013. 矿山地质灾害监测技术方法研究. 矿物学报, 33 (S2)：695-696.

洪运胜, 李强, 易世友. 2018. 岩溶山区深切河谷河间地块地下水找水方法——以贵州省黔西南州晴隆县为例. 四川地质学报, 38 (4)：644-647.

侯江萍, 麻炳贵, 周俊. 2016. 织金县少普乡联盟村崩塌危岩带地质灾害成因分析论证. 西部探矿工程, (9)：6-9.

皇甫江云. 2014. 西南岩溶地区草地石漠化动态监测与评价研究. 北京：北京林业大学.

黄昌庆, 郝国, 阳兴刚, 等. 2013. 铜仁地区地质演化史综述. 当代旅游, (4)：3.

黄海韵. 2021. 水城县鸡场镇岩脚组崩塌成因机制及稳定性分析. 科技和产业, 21 (2)：269-273.

黄润秋, 许强, 陶连金, 等. 2002. 地质灾害过程模拟和过程控制研究. 北京：科学出版社.

黄润秋, 许强, 等. 2008. 中国典型灾难性滑坡. 北京：科学出版社.

吉世祖. 2015. 缓倾外软硬互层型滑坡失稳机理研究. 成都：成都理工大学.

李彩侠, 马煜. 2019. 贵州望谟县姚家湾沟泥石流成因及力学特征和易发性. 科学技术与工程, 19 (24)：62-67.

李红莉. 2019. 基于 LAPS 雷达资料变分分析技术的暴雨数值模拟及其中尺度结构特征研究. 北京：中国气象科学研究院.

李慧. 2020. 基于光学遥感和 InSAR 技术的滑坡早期识别与监测研究. 广州：广东工业大学.

李金锁. 2020. 贵州省发耳煤矿采动斜坡变形的多层开采效应研究. 成都：成都理工大学.

李俊杰. 2015. 贵州省印江县革底滑坡成因机制研究. 成都：成都理工大学.

李龙, 补翔成. 2015. 滑坡前缘开挖后滑坡变形特征分析及稳定性评价——以贵州省岑巩县大榕滑坡为例. 人民长江, 46(15)：60-64.

李阳春, 田波. 2015. 贵阳市云岩区海马冲"5·20山体滑坡"初析. 地下水, 37(6)：201-203.

李宗发, 吕刚, 杜方哥. 2020. 贵州省印江县革底滑坡基本特征及其稳定性评价. 贵州科学, 38(1)：70-75.

刘传正. 2010. 贵州关岭大寨崩滑碎屑流灾害初步研究. 工程地质学报, 18(5)：623-630.

刘丽萍, 李三忠, 戴黎明, 等. 2010. 雪峰山西侧贵州地区中生代构造特征及其演化. 地质科学, 45(1)：228-242.

刘朋辉, 魏迎奇, 杨昭冬. 2007. 贵州印江岩口滑坡过程的数值模拟分析. 中国水利水电科学研究院学报, (2)：115-120.

刘玉国. 2015. 贵州望谟"6·6"山洪灾害成因、特征和防治. 四川建筑, 35(2)：119-120, 123.

卢运昌. 2018. 贵州水城县鹏政铅锌矿地质特征及成因浅析. 有色金属设计, 45(2)：6-8.

吕波, 焦聚博, 撒李斌, 等. 2010. 中岭井田采勘对比分析. 中州煤炭, (10)：33-35.

罗建平. 1988. 应用卫星图象解译和数理统计方法编制沟谷切割密度图的试验研究. 贵州师范大学学报（自然科学版）, (1)：40-46.

马煜, 余斌, 亓星, 等. 2012. 贵州望谟"20110606"泥石流灾害成因及启动类型. 现代地质, 26(4)：817-822.

宁凤娟, 黄平军, 金涛. 2021. 六枝特区地质灾害影响因素分析. 有色金属设计, 48(1)：84-87.

宁永西, 代稳, 王金凤, 等. 2019. 水城县发耳镇地质灾害成因与防治研究. 绿色科技, (24)：83-85.

彭国喜. 2011. 西南山区"关键块体"控制型滑坡的形成条件与失稳机理研究. 成都：成都理工大学.

亓星, 余斌, 马煜, 等. 2013. 贵州省望谟县"6·6"典型泥石流灾害特征及防治建议. 水土保持通报, 33(2)：256-260.

邱昕. 2015. 高速远程滑坡-碎屑流及其涌浪数值模拟分析. 上海：上海交通大学.

饶红娟, 蔡逸涛, 杨献忠, 等. 2019. 贵州镇远马坪地区钾镁煌斑岩侵位模式及找矿前景. 地质通报, 38(1)：76-92.

任敬. 2019. 基于不同尺度的贵州省滑坡灾害发育分布规律与定量风险评价研究. 成都：成都理工大学.

沈大兴. 2011. 贵州桐梓木瓜庙煤田煤岩特征及二叠系沉积相分析与聚煤规律. 成都：成都理工大学.

石明科, 黄波, 杨涛, 等. 2019. 贵州省大地构造与矿床分布特征浅析. 四川地质学报, 39(4)：536-541.

司江福, 尹海洋, 黎富当, 等. 2012. 贵州水城县地质灾害特征、成因及防治对策. 中国地质灾害与防治学报, 23(1)：111-115.

苏海元. 2013. 西南山区楔形结构岩坡失稳机理及运动过程研究. 成都：成都理工大学.

孙广忠. 1988. 岩体结构力学. 北京：科学出版社.

孙玮. 2013. 基于平行坐标可视化的滑坡预报预警研究. 武汉：武汉大学.

王靖. 2019. 兰海高速桐梓隧道水文地质特征及涌水量预测研究. 成都：西南交通大学.

王俊. 2019. 地下采空引起的斜坡岩体损伤及变形破坏规律研究. 成都：成都理工大学.

王明章. 2009. 贵州省岩溶地下水及地质环境. 贵州省地质调查院.

王涛, 余斌, 亓星, 等. 2012. 贵州望谟县田坝沟泥石流灾害特征及防治建议. 中国地质灾害与防治学报, 23(1)：6-9, 21.

王治华, 郭大海, 郑雄伟, 等. 2011. 贵州2010年6月28日关岭滑坡遥感应急调查. 地学前缘, 18(3)：310-316.

吴彩燕, 乔建平, 王成华, 等. 2006. 贵州省纳雍县鬃岭镇"12·3"大型崩塌灾害分析. 水土保持研究,

（6）：100-102.

吴爽，何政伟，薛东剑，等. 2012. 基于 ArcGIS 地质灾害符号库的创建与应用. 地理空间信息，10（2）：73-75，181.

吴越，刘东升，李明军. 2011. 岩体滑坡冲击能计算及受灾体易损性定量评估. 岩石力学与工程学报，30（5）：901-909.

徐建，艾靖博，方生红. 2021. 贵州省桐梓县道角煤矿危岩体发育特征及成因分析. 山东煤炭科技，39（7）：164-166，170.

徐凯，杨先寿，刘立人. 2015. 基于 GEO-SLOPE 软件的煤矿密集区典型危岩形成机理分析. 贵州科学，33（2）：52-58.

徐兴. 2019. 探究崩塌危岩体稳定性评价. 科技风，（19）：95-96.

许强. 2020. 对滑坡监测预警相关问题的认识与思考. 工程地质学报，28（2）：360-374.

许强，黄润秋，殷跃平，等. 2009a. 2009 年 6·5 重庆武隆鸡尾山崩滑灾害基本特征与成因机理初步研究. 工程地质学报，17（4）：433-444.

许强，曾裕平，钱江澎，等. 2009b. 一种改进的切线角及对应的滑坡预警判据. 地质通报，28（4）：501-505.

许世民，殷跃平，邢爱国. 2020. 基于地震信号的贵州纳雍崩塌–碎屑流运动特征分析. 中国地质灾害与防治学报，31（2）：1-8.

严浩元. 2019. 贵州省发耳煤矿尖山营变形体形成机制研究. 成都：成都理工大学.

羊永夫，解超，李生乾. 2020. 德江县小尖山顺层复合型滑坡变形破坏特征及成因机理分析. 工程技术研究，5（11）：251-253.

杨胜元. 2011. 贵州环境地质研究. 贵阳：贵州省地质环境监测院.

杨胜元，张建江，王林. 2005. 贵州省地质灾害现状与防治成效. 资源环境循环经济——中国地质矿产经济学会 2005 年学术年会论文集，575-581.

杨忠平，蒋源文，李滨，等. 2020. 采动作用下岩溶山体深大裂隙扩展贯通机理研究. 地质力学学报，26（4）：459-470.

姚朋程. 2014. 沙坝河乡地质灾害及防治管理调查报告. 知行铜仁，（4）：5.

余冲. 2017. 贵州晴隆大厂锑矿流体包裹体特征研究及意义. 成都：成都理工大学.

余天彬. 2015. 黄河茨哈峡水电站坝址区左岸层状岩质斜坡失稳模式及稳定性研究. 成都：成都理工大学.

余道道. 2020. 岩溶山区平缓反倾采动斜坡变形破坏机制研究. 贵阳：贵州大学.

曾辉. 2014. 贵州凯里市龙场镇崩塌形成机制研究. 成都：成都理工大学.

翟克礼. 2019. 贵州省毕节市崩塌、滑坡地质灾害易发性评价研究. 长春：吉林大学.

占美志. 2015. 基于 GIS 的织金县地质灾害数据库建设研究. 成都：成都理工大学.

张建江，杨胜元，王瑞. 2010. 贵州关岭"6·28"特大地质灾害的启示. 中国地质灾害与防治学报，21（3）：137-139.

张楠，徐永强，闫慧. 2017. 岩溶山区浅层基岩滑坡失稳机理研究——以大方县金星组滑坡为例. 水文地质工程地质，44（6）：142-146，162.

张远娇. 2013. 高山峡谷区典型高速远程滑坡–碎屑流动力特性模拟研究. 上海：上海交通大学.

郑光，许强，巨袁臻，等. 2018. 2017 年 8 月 28 日贵州纳雍县张家湾镇普洒村崩塌特征与成因机理研究. 工程地质学报，26（1）：223-240.

郑光，许强，刘秀伟，等. 2020. 2019 年 7 月 23 日贵州水城县鸡场镇滑坡–碎屑流特征与成因机理研究. 工程地质学报，28（3）：541-556.

郑魁浩，刘宏. 1993. 西北区域经济发展中的交通运输研究. 当代经济科学，（1）：81-84.

周晓东, 赵胜, 卢峰. 2011. 关于贵州省安顺市关岭县"6·28"特大山体滑坡抢险救援的体会与思考. 消防技术与产品信息, (2): 14-16, 55.

赵锐. 2014. 贵州省德江县香树坪滑坡形成机制研究. 成都: 成都理工大学.

朱登科, 胡卸文, 梅雪峰, 等. 2019. 九寨沟县上四寨保护站崩塌堆积体稳定性评价. 四川建筑, 39(5): 94-97, 99.

朱和书, 陈建书, 彭成龙, 等. 2019. 贵州水城地区二叠纪峨眉山玄武岩地质特征及其成矿响应探讨. 贵州地质, 36(1): 37-48.

朱星, 许强, 亓星, 等. 2016. 一种反馈型事件驱动式模拟信号变频采集电路. 中国专利: CN205193523U, 2016-04-27.

朱要强. 2020. 贵州岩溶山区特大崩(滑)-碎屑流致灾机理研究. 成都: 成都理工大学.

朱要强, 邹银先, 张鸿晶, 等. 2018. 兴仁县新龙场镇"采空"结构型滑坡变形机制与监测预警. 贵州地质, 35(3): 233-239.

朱渊, 余斌, 陈源井, 等. 2012. 贵州望谟打蒿沟"6·06"泥石流特征. 山地学报, 30(5): 599-606.

邹宗兴, 唐辉明, 熊承仁, 等. 2012. 大型顺层岩质滑坡渐进破坏地质力学模型与稳定性分析. 岩石力学与工程学报, 31(11): 2222-2231.

Intrieri E, Carlà T, Gigli G. 2019. Forecasting the time of failure of landslides at slope-scale: a literature review. Earth-Science Reviews, 193: 333-349.

Pecoraro G, Calvello M, Piciullo L. 2018. Monitoring strategies for local landslide early warning systems. Landslides, 16: 213-231.